国 家 科 技 重 大 专 项

大型油气田及煤层气开发成果丛书

（2008—2020）

卷 38

煤层气高效增产及排采关键技术

徐凤银　侯　伟　张　雷　王玉斌　熊先钺　梅永贵　等编著

石油工业出版社

内 容 提 要

　　本书以国家油气重大专项子项目"煤层气高效增产及排采关键技术研究"所取得的最新研究成果为基础，系统总结了"十三五"期间我国煤层气开发研究领域取得的重大进展，以及相关新理论、新技术、新方法在开发实践中取得的显著应用效果。本书主要内容包括煤层气藏精细描述与产能评价、煤层气高效开发及开发指标优化、煤层气高效增产技术、煤层气定量化排采工艺技术及设备等。

　　本书可作为从事煤层气研究的科研人员、工程技术人员和高等院校相关专业师生的参考用书。

图书在版编目（CIP）数据

煤层气高效增产及排采关键技术 / 徐凤银等编著 .
—北京：石油工业出版社，2023.3
（国家科技重大专项·大型油气田及煤层气开发成果丛书：2008—2020）
ISBN 978-7-5183-5413-9

Ⅰ . ① 煤… Ⅱ . ① 徐… Ⅲ . ① 煤层 – 地下气化煤气 –
油气开采 Ⅳ . ① P618.11

中国版本图书馆 CIP 数据核字（2022）第 093235 号

责任编辑：张　贺　吴英敏
责任校对：郭京平
装帧设计：李　欣　周　彦

出版发行：石油工业出版社
　　　　　（北京安定门外安华里 2 区 1 号　　100011）
　　　　　网　　址：www.petropub.com
　　　　　编辑部：(010)64523546　图书营销中心：(010)64523633
经　　销：全国新华书店
印　　刷：北京中石油彩色印刷有限责任公司

2023 年 3 月第 1 版　2023 年 3 月第 1 次印刷
787×1092 毫米　开本：1/16　印张：22.5
字数：560 千字

定价：220.00 元

ISBN 978-7-5183-5413-9

《国家科技重大专项·大型油气田及煤层气开发成果丛书（2008—2020）》

◇◇◇ 编委会 ◇◇◇

《煤层气高效增产及排采关键技术》

编写组

组　　长：徐凤银

副组长：侯　伟　张　雷　王玉斌　熊先钺　梅永贵

成　　员：（按姓氏拼音排序）

陈　明	陈梦希	陈勇智	成前辉	代由进	杜慧让
樊洪波	冯　堃	冯延青	郭智栋	郝　帅	胡　雄
季　亮	江　山	全国辉	兰文剑	李　兵	李　靖
李晶鑫	李曙光	李相方	李小军	李永臣	李兆明
李志军	李子玲	连小华	林文姬	刘其虎	刘新伟
鹿　倩	罗东坤	庞　斌	石军太	孙　伟	孙　政
汤达祯	唐淑玲	王　伟	王　渊	王凤林	王早祥
王虹雅	王景悦	王仙之	王艳芳	魏振吉	吴仕贵
武　男	夏良玉	肖芝华	徐博瑞	许　浩	薛占新
闫　霞	杨　赟	姚　伟	翟雨阳	张　亮	张　硕
张　伟	张　月	张全江	张双源	张天翔	张晓东
赵培华	赵天天	赵增平	甄怀宾	朱卫平	朱文涛

丛书·序

能源安全关系国计民生和国家安全。面对世界百年未有之大变局和全球科技革命的新形势，我国石油工业肩负着坚持初心、为国找油、科技创新、再创辉煌的历史使命。国家科技重大专项是立足国家战略需求，通过核心技术突破和资源集成，在一定时限内完成的重大战略产品、关键共性技术或重大工程，是国家科技发展的重中之重。大型油气田及煤层气开发专项，是贯彻落实习近平总书记关于大力提升油气勘探开发力度、能源的饭碗必须端在自己手里等重要指示批示精神的重大实践，是实施我国"深化东部、发展西部、加快海上、拓展海外"油气战略的重大举措，引领了我国油气勘探开发事业跨入向深层、深水和非常规油气进军的新时代，推动了我国油气科技发展从以"跟随"为主向"并跑、领跑"的重大转变。在"十二五"和"十三五"国家科技创新成就展上，习近平总书记两次视察专项展台，充分肯定了油气科技发展取得的重大成就。

大型油气田及煤层气开发专项作为《国家中长期科学和技术发展规划纲要（2006—2020年）》确定的10个民口科技重大专项中唯一由企业牵头组织实施的项目，以国家重大需求为导向，积极探索和实践依托行业骨干企业组织实施的科技创新新型举国体制，集中优势力量，调动中国石油、中国石化、中国海油等百余家油气能源企业和70多所高等院校、20多家科研院所及30多家民营企业协同攻关，参与研究的科技人员和推广试验人员超过3万人。围绕专项实施，形成了国家主导、企业主体、市场调节、产学研用一体化的协同创新机制，聚智协力突破关键核心技术，实现了重大关键技术与装备的快速跨越；弘扬伟大建党精神、传承石油精神和大庆精神铁人精神，以及石油会战等优良传统，充分体现了新型举国体制在科技创新领域的巨大优势。

经过十三年的持续攻关，全面完成了油气重大专项既定战略目标，攻克了一批制约油气勘探开发的瓶颈技术，解决了一批"卡脖子"问题。在陆上油气勘探、陆上油气开发、工程技术、海洋油气勘探开发、海外油气勘探开发、非常规油气勘探开发领域，形成了6大技术系列、26项重大技术；自主研发20项重大工程技术装备；建成35项示范工程、26个国家级重点实验室和研究中心。我国油气科技自主创新能力大幅提升，油气能源企业被卓越赋能，形成产量、储量增长高峰期发展新态势，为落实习近平总书记"四个革命、一个合作"能源安全新战略奠定了坚实的资源基础和技术保障。

《国家科技重大专项·大型油气田及煤层气开发成果丛书（2008—2020）》（62卷）是专项攻关以来在科学理论和技术创新方面取得的重大进展和标志性成果的系统总结，凝结了数万科研工作者的智慧和心血。他们以"功成不必在我，功成必定有我"的担当，高质量完成了这些重大科技成果的凝练提升与编写工作，为推动科技创新成果转化为现实生产力贡献了力量，给广大石油干部员工奉献了一场科技成果的饕餮盛宴。这套丛书的正式出版，对于加快推进专项理论技术成果的全面推广，提升石油工业上游整体自主创新能力和科技水平，支撑油气勘探开发快速发展，在更大范围内提升国家能源保障能力将发挥重要作用，同时也一定会在中国石油工业科技出版史上留下一座书香四溢的里程碑。

在世界能源行业加快绿色低碳转型的关键时期，广大石油科技工作者要进一步认清面临形势，保持战略定力、志存高远、志创一流，毫不放松加强油气等传统能源科技攻关，大力提升油气勘探开发力度，增强保障国家能源安全能力，努力建设国家战略科技力量和世界能源创新高地；面对资源短缺、环境保护的双重约束，充分发挥自身优势，以技术创新为突破口，加快布局发展新能源新事业，大力推进油气与新能源协调融合发展，加大节能减排降碳力度，努力增加清洁能源供应，在绿色低碳科技革命和能源科技创新上出更多更好的成果，为把我国建设成为世界能源强国、科技强国，实现中华民族伟大复兴的中国梦续写新的华章。

中国石油董事长、党组书记
中国工程院院士　　戴厚良

丛书·前言

石油天然气是当今人类社会发展最重要的能源。2020 年全球一次能源消费量为 $134.0 \times 10^8 t$ 油当量,其中石油和天然气占比分别为 30.6% 和 24.2%。展望未来,油气在相当长时间内仍是一次能源消费的主体,全球油气生产将呈长期稳定趋势,天然气产量将保持较高的增长率。

习近平总书记高度重视能源工作,明确指示"要加大油气勘探开发力度,保障我国能源安全"。石油工业的发展是由资源、技术、市场和社会政治经济环境四方面要素决定的,其中油气资源是基础,技术进步是最活跃、最关键的因素,石油工业发展高度依赖科学技术进步。近年来,全球石油工业上游在资源领域和理论技术研发均发生重大变化,非常规油气、海洋深水油气和深层—超深层油气勘探开发获得重大突破,推动石油地质理论与勘探开发技术装备取得革命性进步,引领石油工业上游业务进入新阶段。

中国共有 500 余个沉积盆地,已发现松辽盆地、渤海湾盆地、准噶尔盆地、塔里木盆地、鄂尔多斯盆地、四川盆地、柴达木盆地和南海盆地等大型含油气大盆地,油气资源十分丰富。中国含油气盆地类型多样、油气地质条件复杂,已发现的油气资源以陆相为主,构成独具特色的大油气分布区。历经半个多世纪的艰苦创业,到 20 世纪末,中国已建立完整独立的石油工业体系,基本满足了国家发展对能源的需求,保障了油气供给安全。2000 年以来,随着国内经济高速发展,油气需求快速增长,油气对外依存度逐年攀升。我国石油工业担负着保障国家油气供应安全,壮大国际竞争力的历史使命,然而我国石油工业面临着油气勘探开发对象日趋复杂、难度日益增大、勘探开发理论技术不相适应及先进装备依赖进口的巨大压力,因此急需发展自主科技创新能力,发展新一代油气勘探开发理论技术与先进装备,以大幅提升油气产量,保障国家油气能源安全。一直以来,国家高度重视油气科技进步,支持石油工业建设专业齐全、先进开放和国际化的上游科技研发体系,在中国石油、中国石化和中国海油建立了比较先进和完备的科技队伍和研发平台，在此基础上于 2008 年启动实施国家科技重大专项技术攻关。

国家科技重大专项"大型油气田及煤层气开发"（简称"国家油气重大专项"）是《国家中长期科学和技术发展规划纲要（2006—2020 年）》确定的 16 个重大专项之一，目标是大幅提升石油工业上游整体科技创新能力和科技水平，支撑油气勘探开发快速发展。国家油气重大专项实施周期为 2008—2020 年，按照"十一五""十二五""十三五"3 个阶段实施，是民口科技重大专项中唯一由企业牵头组织实施的专项，由中国石油牵头组织实施。专项立足保障国家能源安全重大战略需求，围绕"6212"科技攻关目标，共部署实施 201 个项目和示范工程。在党中央、国务院的坚强领导下，专项攻关团队积极探索和实践依托行业骨干企业组织实施的科技攻关新型举国体制，加快推进专项实施，攻克一批制约油气勘探开发的瓶颈技术，形成了陆上油气勘探、陆上油气开发、工程技术、海洋油气勘探开发、海外油气勘探开发、非常规油气勘探开发 6 大领域技术系列及 26 项重大技术，自主研发 20 项重大工程技术装备，完成 35 项示范工程建设。近 10 年我国石油年产量稳定在 $2 \times 10^8 t$ 左右，天然气产量取得快速增长，2020 年天然气产量达 $1925 \times 10^8 m^3$，专项全面完成既定战略目标。

通过专项科技攻关，中国油气勘探开发技术整体已经达到国际先进水平，其中陆上油气勘探开发水平位居国际前列，海洋石油勘探开发与装备研发取得巨大进步，非常规油气开发获得重大突破，石油工程服务业的技术装备实现自主化，常规技术装备已全面国产化，并具备部分高端技术装备的研发和生产能力。总体来看，我国石油工业上游科技取得以下七个方面的重大进展：

（1）我国天然气勘探开发理论技术取得重大进展，发现和建成一批大气田，支撑天然气工业实现跨越式发展。围绕我国海相与深层天然气勘探开发技术难题，形成了海相碳酸盐岩、前陆冲断带和低渗—致密等领域天然气成藏理论和勘探开发重大技术，保障了我国天然气产量快速增长。自 2007 年至 2020 年，我国天然气年产量从 $677 \times 10^8 m^3$ 增长到 $1925 \times 10^8 m^3$，探明储量从 $6.1 \times 10^{12} m^3$ 增长到 $14.41 \times 10^{12} m^3$，天然气在一次能源消费结构中的比例从 2.75% 提升到 8.18% 以上，实现了三个翻番，我国已成为全球第四大天然气生产国。

（2）创新发展了石油地质理论与先进勘探技术，陆相油气勘探理论与技术继续保持国际领先水平。创新发展形成了包括岩性地层油气成藏理论与勘探配套技术等新一代石油地质理论与勘探技术，发现了鄂尔多斯湖盆中心岩性地层大油区，支撑了国内长期年新增探明 $10 \times 10^8 t$ 以上的石油地质储量。

（3）形成国际领先的高含水油田提高采收率技术，聚合物驱油技术已发展到三元复合驱，并研发先进的低渗透和稠油油田开采技术，支撑我国原油产量长期稳定。

（4）我国石油工业上游工程技术装备（物探、测井、钻井和压裂）基本实现自主化，具备一批高端装备技术研发制造能力。石油企业技术服务保障能力和国际竞争力大幅提升，促进了石油装备产业和工程技术服务产业发展。

（5）我国海洋深水工程技术装备取得重大突破，初步实现自主发展，支持了海洋深水油气勘探开发进展，近海油气勘探与开发能力整体达到国际先进水平，海上稠油开发处于国际领先水平。

（6）形成海外大型油气田勘探开发特色技术，助力"一带一路"国家油气资源开发和利用。形成全球油气资源评价能力，实现了国内成熟勘探开发技术到全球的集成与应用，我国海外权益油气产量大幅度提升。

（7）页岩气、致密气、煤层气与致密油、页岩油勘探开发技术取得重大突破，引领非常规油气开发新兴产业发展。形成页岩气水平井钻完井与储层改造作业技术系列，推动页岩气产业快速发展；页岩油勘探开发理论技术取得重大突破；煤层气开发新兴产业初见成效，形成煤层气与煤炭协调开发技术体系，全国煤炭安全生产形势实现根本性好转。

这些科技成果的取得，是国家实施建设创新型国家战略的成果，是百万石油员工和科技人员发扬艰苦奋斗、为国找油的大庆精神铁人精神的实践结果，是我国科技界以举国之力团结奋斗联合攻关的硕果。国家油气重大专项在实施中立足传统石油工业，探索实践新型举国体制，创建"产学研用"创新团队，创新人才队伍建设，创新科技研发平台基地建设，使我国石油工业科技创新能力得到大幅度提升。

为了系统总结和反映国家油气重大专项在科学理论和技术创新方面取得的重大进展和成果，加快推进专项理论技术成果的推广和提升，专项实施管理办公室与技术总体组规划组织编写了《国家科技重大专项·大型油气田及煤层气开发成果丛书（2008—2020）》。丛书共62卷，第1卷为专项理论技术成果总论，第2～9卷为陆上油气勘探理论技术成果，第10～14卷为陆上油气开发理论技术成果，第15～22卷为工程技术装备成果，第23～26卷为海洋油气理论技术装备成果，第27～30卷为海外油气理论技术成果，第31～43卷为非常规油气理论技术成果，第44～62卷为油气开发示范工程技术集成与实施成果（包括常规油气开发7卷，煤层气开发5卷，页岩气开发4卷，致密油、页岩油开发3卷）。

各卷均以专项攻关组织实施的项目与示范工程为单元，作者是项目与示范工程的项目长和技术骨干，内容是项目与示范工程在2008—2020年期间的重大科学理论研究、先进勘探开发技术和装备研发成果，代表了当今我国石油工业上游的最新成就和最高水平。丛书内容翔实，资料丰富，是科学研究与现场试验的真实记录，也是科研成果的总结和提升，具有重大的科学意义和资料价值，必将成为石油工业上游科技发展的珍贵记录和未来科技研发的基石和参考资料。衷心希望丛书的出版为中国石油工业的发展发挥重要作用。

国家科技重大专项"大型油气田及煤层气开发"是一项巨大的历史性科技工程，前后历时十三年，跨越三个五年规划，共有数万名科技人员参加，是我国石油工业史上一项壮举。专项的顺利实施和圆满完成是参与专项的全体科技人员奋力攻关、辛勤工作的结果，是我国石油工业界和石油科技教育界通力合作的典范。我有幸作为国家油气重大专项技术总师，全程参加了专项的科研和组织，倍感荣幸和自豪。同时，特别感谢国家科技部、财政部和发改委的规划、组织和支持，感谢中国石油、中国石化、中国海油及中联公司长期对石油科技和油气重大专项的直接领导和经费投入。此次专项成果丛书的编辑出版，还得到了石油工业出版社大力支持，在此一并表示感谢！

中国科学院院士　贾承造

《国家科技重大专项·大型油气田及煤层气开发成果丛书（2008—2020）》

◇◇◇◇◇◇ 分卷目录 ◇◇◇◇◇◇

序号	分卷名称
卷 29	超重油与油砂有效开发理论与技术
卷 30	伊拉克典型复杂碳酸盐岩油藏储层描述
卷 31	中国主要页岩气富集成藏特点与资源潜力
卷 32	四川盆地及周缘页岩气形成富集条件、选区评价技术与应用
卷 33	南方海相页岩气区带目标评价与勘探技术
卷 34	页岩气气藏工程及采气工艺技术进展
卷 35	超高压大功率成套压裂装备技术与应用
卷 36	非常规油气开发环境检测与保护关键技术
卷 37	煤层气勘探地质理论及关键技术
卷 38	煤层气高效增产及排采关键技术
卷 39	新疆准噶尔盆地南缘煤层气资源与勘查开发技术
卷 40	煤矿区煤层气抽采利用关键技术与装备
卷 41	中国陆相致密油勘探开发理论与技术
卷 42	鄂尔多斯盆缘过渡带复杂类型气藏精细描述与开发
卷 43	中国典型盆地陆相页岩油勘探开发选区与目标评价
卷 44	鄂尔多斯盆地大型低渗透岩性地层油气藏勘探开发技术与实践
卷 45	塔里木盆地克拉苏气田超深超高压气藏开发实践
卷 46	安岳特大型深层碳酸盐岩气田高效开发关键技术
卷 47	缝洞型油藏提高采收率工程技术创新与实践
卷 48	大庆长垣油田特高含水期提高采收率技术与示范应用
卷 49	辽河及新疆稠油超稠油高效开发关键技术研究与实践
卷 50	长庆油田低渗透砂岩油藏 CO_2 驱油技术与实践
卷 51	沁水盆地南部高煤阶煤层气开发关键技术
卷 52	涪陵海相页岩气高效开发关键技术
卷 53	渝东南常压页岩气勘探开发关键技术
卷 54	长宁—威远页岩气高效开发理论与技术
卷 55	昭通山地页岩气勘探开发关键技术与实践
卷 56	沁水盆地煤层气水平井开采技术及实践
卷 57	鄂尔多斯盆地东缘煤系非常规气勘探开发技术与实践
卷 58	煤矿区煤层气地面超前预抽理论与技术
卷 59	两淮矿区煤层气开发新技术
卷 60	鄂尔多斯盆地致密油与页岩油规模开发技术
卷 61	准噶尔盆地砂砾岩致密油藏开发理论技术与实践
卷 62	渤海湾盆地济阳坳陷致密油藏开发技术与实践

　　我国煤层气资源丰富，全国 39 个盆地（群）埋深 2000m 以浅煤层气地质资源量为 $30.05 \times 10^{12} m^3$，发展前景十分广阔，其开发利用对增加清洁能源供应、保障煤矿安全生产、减少温室气体排放具有重要意义。但煤层气地质条件复杂，开发起步较晚，发展面临诸多技术瓶颈。煤层气地面开发始于 20 世纪 90 年代初，"八五""九五"和"十五"期间，进行了煤层气理论技术研究和勘探试验，在全国 30 多个地区开展了大范围的勘探评价，相继启动了 10 多个开发试验项目。"十一五""十二五"和"十三五"期间，加大了科技攻关和政策支持力度，设立了国家科技重大专项"大型油气田及煤层气开发"，开展了沁水盆地和鄂尔多斯盆地东缘两个产业化基地建设，煤层气勘探开发理论技术研究取得重大进展，煤层气产业发展实现了快速进步。

　　在"十一五"和"十二五"研究成果的基础上，"十三五"国家科技重大专项"大型油气田及煤层气开发"子项目"煤层气高效增产及排采关键技术研究"取得了重要进展，取得了一系列重要成果。在地质理论方面，揭示了煤储层固气与固液气两种状态协同解吸机理，打破了传统的单一固气吸附理论，深化了煤层气微观赋存特征和产出规律；在评价技术方面，创新建立了煤层气藏动态分析及开发指标优化技术，包括煤层气藏精细描述、煤层气井产能评价、煤层气开发指标预测、煤层气井网井距优化等关键技术，为煤层气开发方案编制提供了科学依据；在压裂技术方面，创新形成了煤储层高效压裂改造技术，包括低伤害高效能压裂液体系和碎软煤间接压裂、深层煤层气体积酸压等关键技术，解决了构造煤煤层气效益开发难题，突破了 2000m 以深煤层压裂改造技术瓶颈，推动了煤层气开发从中浅层向深层的转变；在排采技术方面，创新形成了煤层气定量化排采和无杆举升技术，包括定量化排采多目标优化设计、煤层气井无杆举升、多层合采井产出剖面测试等关键技术，推动了煤层气排采控制由定性向定量的转变，解决了丛式井组集成化排采和水平井下倾排采难题；在低产井治理技术方面，创新发展了煤层气低产井增产工艺技术，包括负压抽排增产、注剂解锁增产等关键技术，有效提高了低产井产量；在稳产增产技术方面，创新提出了高煤阶煤层气稳产增产技术，包括大直径水平井应力释放采气、煤层气可控温注氮驱替增产等关键技术，提高了煤层气采收率，为实现煤层气二次开发提供了技术储备。

项目成果支撑中国石油煤层气开发取得了一系列重大突破，储量规模持续增长，产量快速攀升，经济效益和社会效益明显。"十三五"期间，项目研究成果支撑中国石油在鄂尔多斯盆地东缘和沁水盆地累计新增探明储量 $1536 \times 10^8 m^3$，累计新增商品气量 $76.10 \times 10^8 m^3$，实现销售 125.21 亿元，鄂尔多斯盆地东缘主力开发单元采收率提高 9%～11%，煤层气井平均检泵周期延长 227 天，修井作业费用减少 1631 万元，有效支撑了鄂尔多斯盆地东缘和沁水盆地两个国家级煤层气产业化基地建设，对中国煤层气产业发展起到了重要的推动作用。

本书是《国家科技重大专项·大型油气田及煤层气开发成果丛书（2008—2020）》的一个分卷，全面阐述了"十三五"期间国家油气重大专项子项目"煤层气高效增产及排采关键技术研究"所取得的最新进展。在内容安排上，没有按照传统的煤层气勘探开发所涉及的学科内容进行编写，而是以"十三五"期间项目所取得的最新研究成果为基础进行编写。因此，本书给读者呈现的是项目组勇于创新和大胆探索的智慧结晶，是对中国煤层气开发理论不断丰富、技术不断发展的最新成果。

本书由"煤层气高效增产及排采关键技术研究"项目长徐凤银担任编写组组长，负责前言编写，提出全书编写思路和内容框架，审定核心学术观点和技术内涵。全书共五章。第一章由侯伟、武男、林文姬、王虹雅、郝帅、冯延青、李靖、孙政等编写，第二章由张雷、闫霞、李子玲、赵增平、徐博瑞、许浩、夏良玉等编写，第三章由王玉斌、朱卫平、孙伟、甄怀宾、李兵、张天翔等编写，第四章由熊先钺、冯堃、庞斌、杜慧让、陈勇智、石军太、兰文剑等编写，第五章由梅永贵、李志军、王景悦、王凤林、姚伟、薛占新、张晓东、张硕等编写。全书由徐凤银、侯伟、李曙光、赵培华、鹿倩、张双源负责统稿、校对，徐凤银最终定稿。

感谢国家重大专项领导小组和办公室、中石油煤层气有限责任公司、中国石油华北油田公司、中联煤层气国家工程研究中心有限责任公司（煤层气开发利用国家工程研究中心）、中国石油大学（北京）、中国地质大学（北京）、中国石油大学（华东）、石油工业出版社等单位在本书编写过程中给予的大力支持和帮助。向参与项目研究、默默奉献的同事以及对本书的编写付出辛勤工作的同仁表示感谢。在项目研究和本书编写过程中，得到了罗平亚院士、贾承造院士、高瑞琪、王慎言、接铭训、宋岩、张遂安、李相方、胡爱梅、李景明、吴仕贵等专家教授的指导和帮助，在此表示衷心感谢。

　　由于笔者水平有限，书中不妥之处在所难免，敬请广大读者批评指正。

目 录

第一章 煤层气藏精细描述与产能评价技术

我国煤层气地质条件复杂，具有低压、低渗透、低饱和及非均质性高的特点。"十二五"期间，虽通过大量的实验分析测试和生产数据，在煤层气储层描述、煤层气赋存与采出机理及煤层气井产能评价方面取得了一定成果，然而，前期研究多局限在个别井点、观察点气藏静态特征某些要素的描述，远远不能解释"相邻井单井产气量往往差异很大，煤储层非均质性强"等现象；同时，在煤层气藏赋存及产出机理方面，虽然已形成了中低煤阶煤层气"多源共生"富集地质理论，但尚未形成完整的煤层气赋存与产出理论。本章以"十三五"国家油气重大专项项目"煤层气高效增产及排采关键技术研究"课题 1 "煤层气藏精细描述与产能评价"研究成果为依托，从煤储层孔隙—裂隙类型及特征、煤岩润湿性特征及其影响因素、煤层气固气液界面吸附特征入手，阐述煤层气赋存与产出机理，阐明了煤层气井压力传播规律；系统讲述了煤层气藏精细描述技术中的"18 项内容、7 个步骤、3 表 9 图 3 模型"；介绍了以参数拟合法、曲线类比法及动态分析法 3 种煤层气单井稳定产气量分析方法为主体的煤层气井产能综合评价技术，为制订煤层气藏的稳产方案和改进措施提供依据，最终达到高效开发煤层气藏的目的。

第一节 煤层气赋存与产出机理

长期以来，煤层气开发过程中储层动态变化规律研究一直是个重大理论难题，没有得到很好解决。本节在"十三五"国家油气重大专项成果基础上，从煤层气地质成藏角度出发，研究了煤层气赋存及产出的水环境特征，在理论上提出了新认识，进一步揭示出孔隙水对煤层气产出的影响规律，为煤层气储层评价奠定了新的理论基础。

一、煤岩孔隙热演化过程气水形成及分布特征

1. 煤岩原始沉积水环境

煤储层是由基质块、气、水三相构成的。基质块是被割理分隔开的最小基质单元，由有机质煤岩组分和无机质矿物质组成，为煤中的固相介质。气组分有 3 种形态，包括游离气、吸附气和溶解气。水组分也有 3 种形态，即微裂隙 / 孔隙中的束缚水，较大孔隙、割理中的自由水，以及煤中矿物质发生物理化学反应后的生成水。

目前研究一般认为，原始环境下煤储层孔隙被水充填，孔隙内表面吸附甲烷，游离气赋存在大孔隙与裂隙（割理）中，如图 1-1-1 所示。

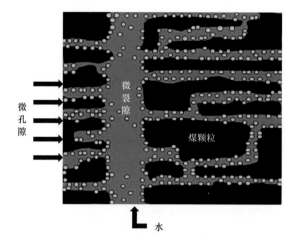

图 1-1-1　煤储层基质孔隙气水分布示意图

2. 原生孔隙气水演变特征

原生孔隙是指成煤植物在水环境下压实、沉积过程中遗留的孔隙。随着热演化程度的加深，有机质开始不断地生烃，煤岩孔隙内由原始状态的水相向气水两相转变；热演化阶段不同，煤岩原生孔隙尺度与其内流体赋存特征也不同。

成岩阶段原生孔隙内的水分含量主要受到压实作用的影响，如图 1-1-2 所示（Flores，2013）。虽然在该过程中，煤岩原生孔隙减小、水分排出，但是沉积水分被保留，原生孔隙内仍然主要被水充填。褐煤及亚烟煤水分含量高达 20%～40%，其中沉积水占有相当重要的比例。沉积水分占据成煤原生孔隙的主要空间。

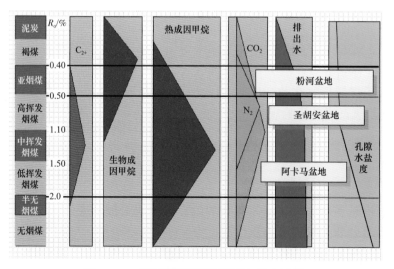

图 1-1-2　不同煤阶煤层气形成与排水过程
R_o—镜质组反射率

在低成熟阶段（0.5%<R_o<0.8%），煤岩有机质变质程度低，原生孔隙（植物细胞孔、组织孔）是该阶段的主要孔隙，变质孔隙并不发育。此类原生孔隙尺度通常为微

米—纳米级。因煤岩的沉积过程是在水作用下完成的，故煤岩早期演化物中含水最多，水相充填了大部分的孔隙空间。随着煤岩有机质在无氧环境下生烃作用的进行，气泡会占据部分孔隙，整个煤岩仍呈现为连续的水相。随着煤岩热演化程度的增加，原生孔隙被压实，孔径缩小甚至闭合，但是孔隙内含水饱和度可能依旧很高，如图 1-1-3 所示。

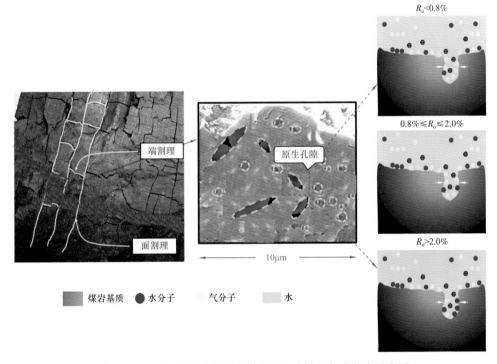

图 1-1-3　不同热演化阶段下煤岩原生孔隙内气水分布示意图

3. 变质孔隙气水演变特征

变质孔隙指变质过程中由生气和聚气作用形成的孔隙，孔隙内以气相为主。变质孔隙主要在煤岩有机质演化的中后期发育，伴随热成因甲烷的生成，同时也有部分水分产出。水不仅是成煤作用的关键反应物，也是成煤作用的重要生成物（虞继舜，2000）。成煤植物经历泥炭化作用及早期煤化作用演变为烟煤时，反应物为 1mol 植物，生成物为 64mol 水；煤化作用下中阶烟煤转化为半无烟煤时，反应物为 1mol 烟煤，生成物为 8mol 水；煤化作用下在半无烟煤转化为高阶无烟煤时，反应物为 1mol 半无烟煤，生成物为 1mol 水。对于变质作用形成的微纳米级孔隙，内在水分是指通常以物理化学方法赋存在 200nm 左右基质孔隙中的水分（Francis，1980），以毛细水、强结合水及弱结合水 3 种形式存在。

下面按照以下 4 个热演化阶段对煤岩变质孔隙内的气水分布特征进行探讨，如图 1-1-4 所示。

图 1-1-4（a）所示为第一阶段，即低成熟阶段（$0.5\% < R_o < 0.8\%$）。该阶段有机质颗粒局部生烃，大部分甲烷最初吸附在基质表面，少量甲烷溶解于孔隙水中，此阶段形成

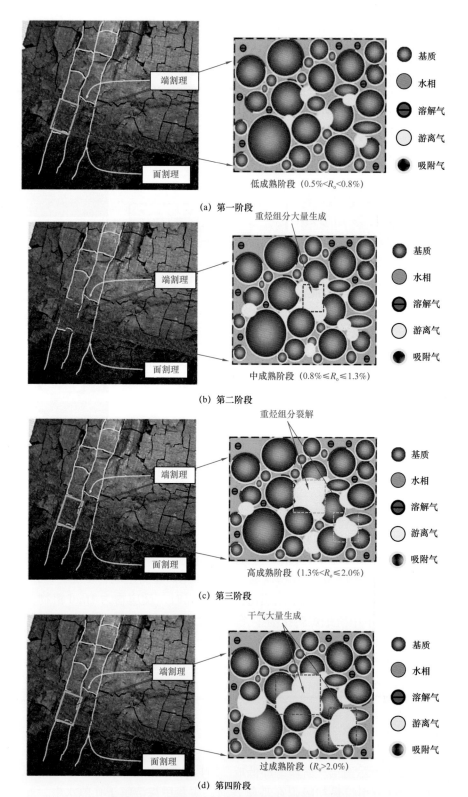

图 1-1-4　煤岩变质孔隙内气水分布演化过程

亚显微组分分子间孔，其内赋存吸附气与水蒸气。在供气过程中波及的部分邻近较小亚显微组分分子间孔内赋存吸附气、水蒸气及充填水。部分邻近较大亚显微组分分子间孔中赋存自由气、吸附气、水蒸气及充填水。该热演化阶段对应为低煤阶。

图 1-1-4（b）所示为第二阶段，即中成熟阶段（$0.8\% \leq R_o \leq 1.3\%$）。此阶段大量脂肪侧链断裂形成烃类，大量的亚显微组分减少，甚至消失，有机质达到液态烃产出高峰，并伴随孔隙水的排出，孔隙空间内主要为游离态的重质烃，甲烷等一般以吸附态或溶解态形式存在。热演化作用形成大量的内部油孔，其内赋存自由气、吸附气及水蒸气。脂族分子间孔内赋存吸附气、水蒸气及充填水。该热演化阶段也对应为低煤阶。

图 1-1-4（c）所示为第三阶段，即高成熟阶段（$1.3\% < R_o \leq 2.0\%$）。此阶段亚显微组分继续减少，热演化作用下煤岩基质内出现大量的内部气孔，其内赋存气芯、自由气、吸附气及水蒸气。此阶段产气能力较强，该热演化阶段对应为中煤阶。

图 1-1-4（d）所示为第四阶段，即过成熟阶段（$R_o > 2.0\%$）。此阶段有机质发生缩聚反应，主要的亚显微组分均完全分解，生成油链，只有部分凝胶煤素质被保存下来。二次生气作用形成了气孔，其内赋存自由气、吸附气及水蒸气。该热演化阶段对应为高煤阶。

随着煤岩热演化程度的增加，有机质会生成新的微孔隙，有机质骨架上含氧官能团数量减少，故吸附极性水分子能力降低。对于热演化程度较高的煤岩，其变质孔隙内以气相为主，少量水分子可能以吸附态形式存在于极性官能团附近，如图 1-1-5 所示。

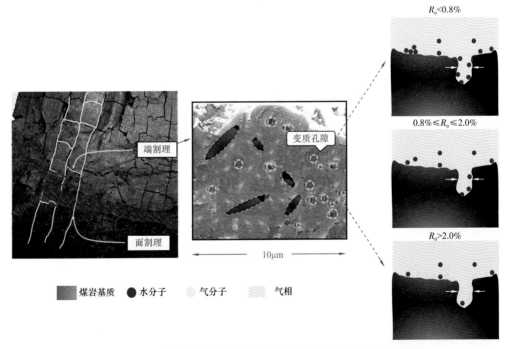

图 1-1-5　不同热演化阶段下煤岩变质孔隙内气水分布示意图

二、煤层气固气与固液协同吸附特征

1. 煤层气储层固气界面吸附

在研究煤层气时，通常认为煤层气中的煤岩基质与气相甲烷分子仅存在固相和气相的固气界面吸附，如图 1-1-6 所示。

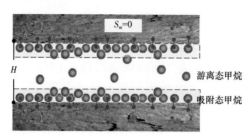

图 1-1-6　固气界面吸附孔隙甲烷分布示意图
H—孔隙直径；S_w—含水饱和度

由于气体分子在固体上的吸附比较简单，国内外研究较为成熟，有着较为完善的理论体系。目前，煤层气研究大多采用 Langmuir 吸附模型，该模型是吸附理论中描述吸附等温线最经典的模型之一，这个模型假设固体表面存在一定数目的吸附位，气体分子以单层吸附的形式被吸附在各个吸附位上，被吸附分子间的横向作用力可忽略，即单个吸附分子不影响邻近的其他吸附位上的分子。

Langmuir 方程的具体表达形式如下：

$$V = \frac{V_L p}{p_L + p} \qquad (1-1-1)$$

式中　V——吸附量，m^3/t；

　　　V_L——兰氏体积，m^3/t；

　　　p——储层压力，MPa；

　　　p_L——兰氏压力，MPa。

p_L 指当煤吸附量等于煤层最大吸附量（兰氏体积 V_L）的一半时对应的压力。p_L 与 V_L 的取值取决于煤的性质，可以由等温吸附实验得到。

在实际应用中，将单位质量煤体所吸附的标准条件下的气体体积称为吸附量或吸附体积（也可用单位体积煤体吸附的气体质量或单位体积煤体吸附的气体体积）。吸附量与压力、温度等因素有关。当温度一定时，吸附量随压力的升高而增大；当压力一定时，吸附量随温度的升高而减小，且当压力达到一定程度时，煤的吸附量达到饱和。在等温条件下，吸附量与压力的关系曲线称为吸附等温线。煤层的吸附等温线是评价煤层气吸附饱和度的重要特性曲线，可由实验测得。煤层气吸附等温线的影响因素主要包括煤阶、压力（深度）、温度及煤质等。

尽管 Langmuir 吸附模型在大量实际应用中取得了较好的效果，但也有大量学者指出了该吸附模型的局限性：（1）Langmuir 吸附模型假设固体为开放表面，而煤储层为多孔介质，煤中大量的微孔喉会导致煤中空腔长度有成千上万个分子的直径，而宽度只有几个分子的直径，因此，吸附质和吸附位点之间没有无限制的通道，不像开放的表面般自由；（2）Langmuir 吸附模型假设为固体与气体直接接触面的吸附，而煤储层中含有大量的液相水。

2. 煤层气储层固液界面吸附

考虑到实际煤储层中有大量液相水存在，因此实际煤层气中势必存在一定数目的甲烷分子是在水中吸附于固相表面的，这种吸附方式被称作固液界面吸附，如图 1-1-7 所示。

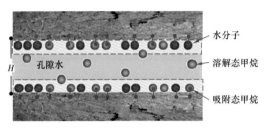

图 1-1-7　固液界面吸附孔隙甲烷分布示意图

与固气界面吸附相比，固液界面吸附除了考虑甲烷分子和固相分子间的相互作用外，还必须考虑甲烷分子和水分子，以及固相分子和水分子之间的相互作用，体系中同时存在吸附—解吸和溶解—析出两个化学平衡，其复杂程度远远高于固气界面吸附，因此目前还没有较为完善的理论体系。

1）固液界面吸附模型

常用的固液界面吸附理论可以按照公式中常数个数分类，其中常数越多，精度越高，但使用所需参数及难度越大，因此较为常用的有 Langmuir 固液界面吸附模型。

由于绝大多数固液吸附为单层吸附，因此如果忽略水相的吸附，所述的基于气相单层吸附的 Langmuir 理论对液相吸附也成立，此时用浓度 C 代替压力 p 就能得到如下 Langmuir 吸附方程（近藤精一等，2006）。

$$V = V_L \frac{bC}{1+bC} \qquad (1-1-2)$$

尽管利用 Langmuir 固液界面吸附模型计算的大多数的固液吸附数据都有较好的计算精度，但并不能说明 Langmuir 吸附模型适用于固液吸附。实际上，对于固液吸附，吸附剂表面的吸附位的分布极其复杂，且并不像固气吸附一样一个吸附位对应一个吸附质分子，因此，实际上 Langmuir 固液界面吸附模型计算的数据仅为数值解，无法讨论各参数的实际物理意义和适用性。

2）固液界面吸附特征

通过固液界面吸附的模型可以看出，固液界面吸附与固气界面吸附最大的差异在于固气界面吸附量受压力（或压力与饱和压力的比值）的影响，而固液界面吸附受吸附相浓度（或浓度与饱和浓度的比值）的影响。

因此，对于煤储层中充填液相水的孔隙，在成藏作用阶段，随着压力不断增加，液相水中甲烷浓度和饱和浓度同时增加，甲烷经历溶解—吸附的过程逐渐吸附于固相表面，最终吸附量与固气界面吸附结果相似；而在开发作用阶段，随着压力不断降低，液相水中甲烷浓度和饱和浓度同时降低，但液相水始终处于溶解饱和或过饱和的状态，此时已经吸附的甲烷很难进入液相水中，因此与固气界面解吸结果差异很大，即很难发生解吸作用。

三、煤层气固气与固液协同解吸特征

在煤层气吸附解吸机理、实验方法及其模型的研究过程中，采用的煤样经历了最初的干燥煤→后来常用的平衡水煤样→目前不同含水饱和度煤样。其目的在于尽可能地还原煤层实际吸附解吸环境，因此发展到目前的不同含水饱和度煤样的吸附解吸机理、实验方法及其模型，更能符合煤层气吸附解吸实际。但是鉴于煤层的复杂性和煤层初始含水饱和度的不可预知性，制约着不同含水饱和度煤样的吸附解吸机理、实验方法及其模型在煤层气开发矿场的实际应用，目前最为通用、使用更为简便的煤层气吸附解吸机理、实验方法及模型仍然基于平衡水煤样。

1. 煤层气固气界面解吸机理

干煤样吸附解吸机理实际上属于气固界面吸附解吸，平衡水煤样吸附解吸机理实际上属于部分气固界面吸附解吸，不同含水煤样中的特例——饱含水煤样吸附解吸机理实际上属于液固界面吸附解吸，其他不同含水煤样吸附解吸机理实际上属于部分气固、部分液固界面吸附解吸。

甲烷在干燥煤样的吸附属于典型的固气界面吸附［图1-1-8（a）］，仅存在气态甲烷分子与颗粒表面相互作用，吸附量随压力增加而增加，因此满足固气界面的Langmuir等温吸附规律，但该实验与储层连续的孔隙水条件差异很大。

而煤层气藏孔隙中存在水是大家普遍接受的，后来普遍采用平衡水煤样实验［图1-1-8（b）］考察少量含水量对甲烷吸附量的影响。平衡水煤样是干燥煤样在96%～97%湿度环境下处理后的煤样，煤岩颗粒表面及孔隙含有一定水量。由于煤岩颗粒表面同时分布有机显微组分与无机矿物质，在氢键作用下水分子（蒸汽）易吸附于无机矿物质表面。甲烷分子在平衡水煤样吸附时，表现为甲烷分子与气态水分子的竞争吸附，气态水分子主要吸附于煤岩颗粒含氧官能团表面，甲烷分子吸附于煤岩颗粒有机质表面。对比干燥煤样与平衡水煤样对甲烷分子的吸附，由于水分子的存在会占据颗粒表面部分甲烷吸附位，同时孔隙内填充水分子（微孔填充）及液态水（毛细凝聚）致使部分孔隙阻塞阻碍甲烷吸附，因此甲烷在平衡水煤样的吸附量明显小于干燥煤样。

显然，平衡水煤样吸附解吸实验实际上保留了固气界面吸附特征。虽然平衡水处理在一定程度上还原了煤层水分，但仅适合于品质极好的煤层，与大部分煤层原始储层孔隙较多含水的情况不符。在孔隙连续水相环境下，原始储层吸附为典型固液界面吸附。

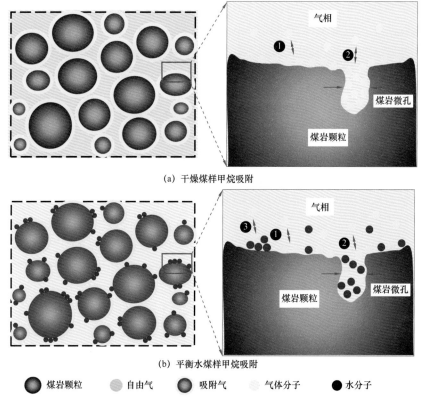

(a) 干燥煤样甲烷吸附

(b) 平衡水煤样甲烷吸附

● 煤岩颗粒　　○ 自由气　　● 吸附气　　○ 气体分子　　● 水分子

图 1-1-8　干燥煤样与平衡水煤样甲烷吸附特征
① 甲烷分子在固体表面吸附；② 甲烷分子在孔隙中吸附；③ 甲烷分子与水分子作用

同时，大量的室内实验表明，甲烷在干燥煤样及平衡水煤样的吸附／解吸曲线基本重合，也即满足固气界面解吸特征，如图 1-1-9 所示。

2. 煤层气固液界面解吸机理

固液吸附形成于成藏过程中，水中的甲烷分子从高浓度到低浓度扩散，逐渐以液相甲烷分子吸附于固体表面，形成液固吸附；固液解吸过程，只有水中的甲烷液体分子欠饱和时，吸附在固体表面的甲烷液态分子才能从固体表面解吸，之后溶解于水中。

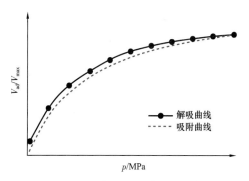

图 1-1-9　固气界面吸附／解吸曲线

原始煤储层存在气、液、固三相，由于其孔隙比表面积很大，三相平衡过程中三相界面作用将很明显。对于煤层气藏，储层水是普遍存在的。如图 1-1-10（a）所示，在漫长的地质演化过程中，有机质颗粒在储层水环境下压实、生烃、排水、排烃。

在热演化过程中，有机质颗粒产生甲烷，产出的甲烷气除供自行吸附外，剩余的甲烷溶解在水中，并在浓度差作用下发生扩散，从而吸附到远端固相颗粒表面的有机质上。

随着有机质颗粒排烃量增多，甲烷分子在有机质颗粒表面的吸附量与甲烷分子在水中的溶解量在储层温度、压力条件下达到饱和，如图 1-1-10（b）所示。在孔隙水连续的情况下，煤岩颗粒表面对甲烷气的吸附属于固液界面吸附范畴，根据吸附学理论，固液界面吸附比固气界面的吸附更为复杂，这是因为与固气界面吸附相比，固液界面吸附多了溶剂水的影响，其吸附平衡是溶质与溶剂在吸附界面竞争吸附的结果。

在一定的储层温度、压力条件下，由于固液界面吸附多为单层吸附，当甲烷在储层固相颗粒吸附饱和与液相溶解饱和后，根据气液界面力学原理，同类分子容易产生内聚力，引起同类物质的凝聚和抱团，继续生产的甲烷不能再溶解。随着有机质进一步生烃，过剩的甲烷分子聚集，形成独立气相，并进一步形成气泡，在气水界面张力作用下趋于球状，在黏附力作用下依附于有机质颗粒表面，如图 1-1-10（c）所示。

随着有机质生烃量增多，甲烷分子进入气泡内部，促使其生长，气泡半径不断增大，如图 1-1-10（d）所示。当两个气泡相互接近时，其间会形成薄液膜，气泡最终聚并。游离气相在不同尺寸的孔隙中以不同尺寸的气泡形式存在，如图 1-1-10（e）所示。

综上所述，对于煤层气藏，固液吸附理论与传统的固气吸附有很大不同。对于固气界面吸附，吸附气量与压力直接相关，压力降低对于吸附气解吸完全为动力。而对于固液界面吸附，压力间接作用于固液气三相系统，且压力降低产生浓度与溶解度两个因素的耦合作用，造成储层溶解气析出、吸附气解吸、溶解气吸附 3 个过程同时发生，溶解 / 析出平衡、吸附 / 解吸平衡两个系统不断变化。其中，浓度因素影响对于甲烷气的生产是动力作用，而溶解度因素影响对于甲烷气的生产是阻力作用，并直接导致了煤层气生产降压过程储层吸附气解吸受阻，这对目前煤层气生产现状中存在的临界解吸压力低、解吸滞后等现象可能做出一定解释。

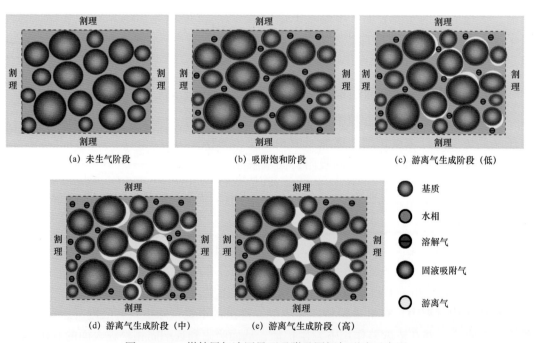

（a）未生气阶段　　　　（b）吸附饱和阶段　　　　（c）游离气生成阶段（低）

（d）游离气生成阶段（中）　　　　（e）游离气生成阶段（高）

基质
水相
溶解气
固液吸附气
游离气

图 1-1-10　煤储层气液固界面吸附及圈闭气形成示意图

四、煤层气产出机理及模型

1. 煤层气扩散机理

1）煤层游离气气相扩散机理

Karn 等（1970）、Kolesar（1984）、周世宁等（1992）认为，煤层气主要以吸附态赋存于煤基质孔隙中，游离气和溶解气量很少。其产出过程（图 1-1-11）主要为：（1）通过排水降低割理系统的压力，使吸附气从煤基质微孔的内表面解吸；（2）解吸气在浓度差的作用下，以扩散方式从微孔向较大的孔隙、裂缝运移；（3）解吸气进入大孔隙和裂缝后，在压差作用下以达西流的方式向生产井方向流动。

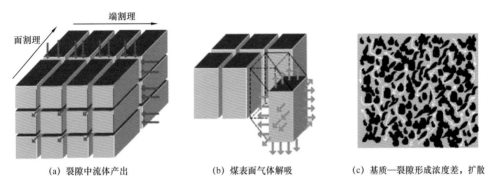

(a) 裂隙中流体产出　　(b) 煤表面气体解吸　　(c) 基质—裂隙形成浓度差，扩散

图 1-1-11　煤层气解吸—扩散—渗流模式

解吸气主要以气相扩散的方式从基质运移至割理，并根据克努森数（Kn），将气相扩散分为 Fick 型、过渡型和 Knudsen 型（图 1-1-12）。

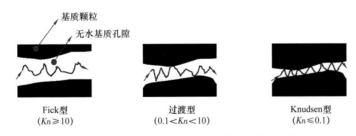

Fick型　　　　过渡型　　　　Knudsen型
(Kn≥10)　　(0.1<Kn<10)　　(Kn≤0.1)

图 1-1-12　解吸气在煤基质孔隙中的气相扩散过程分类（据 Bird，1956）

然而，现有的煤层气扩散理论忽视了基质孔隙中水的存在。原始煤层的基质孔隙中存在水，水占据了孔隙通道，阻碍了解吸气气相扩散过程的发生。吸附气解吸后一部分呈游离态，一部分呈溶解态，其中游离气进入割理的方式不是气相扩散，而是非线性渗流。

2）煤层溶解气液相扩散机理

储层压力降低到临界解吸压力以后，吸附在煤颗粒表面的气体部分被解吸出来溶解在水中。甲烷气溶解机理为间隙填充和水合作用，由于水分子间隙小，气体分子填充量有限；加上甲烷在煤层温度下水合作用程度低，可知甲烷在水中的溶解度不大。

图 1–1–13 是甲烷在纯水中的溶解度曲线（其中甲烷体积已经转换成标况条件下体积），当温度为 20～50℃、压力为 1～6MPa 时，甲烷的溶解度为 0.2～2m³/m³，表明甲烷在纯水中的溶解度很低。由于受到煤层水中矿化度的影响，甲烷在煤层水中的溶解度比图 1–1–13 中的计算值更低。

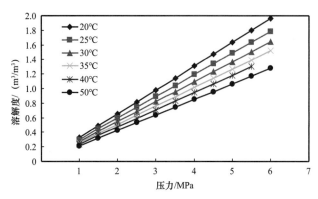

图 1–1–13　甲烷在水中的溶解度

溶解气的扩散过程如下：

（1）原始状态下溶解气分子均匀分布在基质孔隙与割理水中。

原始条件下煤层充满水，吸附气、溶解气以及水保持相态平衡，溶解气均匀分布在基质和割理水相中。由于基质和割理水中的溶解气没有浓度差，溶解气不会发生扩散。

（2）溶解气分子从基质孔隙扩散进入割理。

随着排水降压的进行，且压力降到解吸压力之后，吸附气从煤表面脱附并溶解在水中。基质孔隙水中的溶解气浓度增大，使得基质和割理水中溶解气浓度出现差异，溶解气在浓度差的作用下从基质扩散进入割理。

2. 煤层气渗流机理

1）割理压力刚低于临界解吸压力情况

（1）邻近割理的基质孔隙首先解吸，并在储层水中溶解扩散。

随着煤层气井不断排水，割理压力不断下降，如图 1–1–14（a）所示。由于基质孔隙较为致密，压降较割理缓慢，从而形成基质孔隙压力高、割理压力低的压力场分布。当割理压力降到临界解吸压力以下后，邻近割理的基质孔隙上的吸附气开始解吸溶解。对于原始溶解未饱和情况，解吸气分子不断溶解在吸附表面附近水中，溶解气在水中扩散进入割理中，如图 1–1–14（b）所示。由于甲烷在煤层条件下溶解度低，且溶解传质速度慢，吸附表面附近水中溶解气很快达到过饱和状态。对于原始溶解饱和情况，解吸出的气体分子会直接逸出形成气核、气泡。

（2）解吸气溶解饱和后聚集成气泡汇入割理。

随着割理压力继续降低，基质压力由表及里逐渐降低，基质孔隙吸附气逐渐解吸，当溶解气达到溶解饱和时，溶解气脱溶形成游离气泡，如图 1–1–14（c）所示。部分气泡在浮力及水动力的作用下直接进入割理；部分气泡则在界面张力等阻力作用下束缚在孔

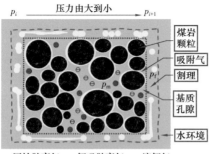

● 原始游离气　○ 解吸游离气　⊖ 溶解气

(a) 开发初始阶段基质割理气水分布

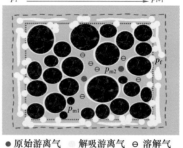

● 原始游离气　○ 解吸游离气　⊖ 溶解气

(b) 割理压力降至临界压力，割理附近吸附气解吸

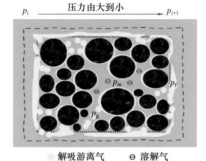

○ 解吸游离气　⊖ 溶解气

(c) 溶解气达到饱和，基质内溶解气形成游离气泡

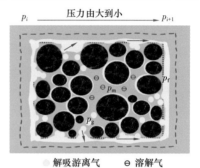

○ 解吸游离气　⊖ 溶解气

(d) 靠近割理连续气柱开始流动

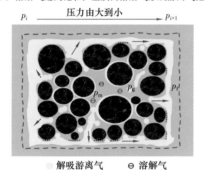

○ 解吸游离气　⊖ 溶解气

(e) 基质内气泡逐渐聚并进入割理附近气柱

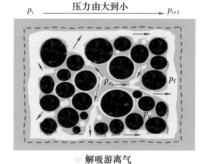

○ 解吸游离气

(f) 连续气相逐渐充满基质内部

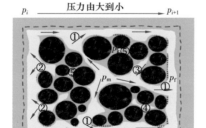

(g) 基质—割理不同类型孔隙气水流动模式

图 1-1-14　煤层气排水—解吸—扩散—渗流微观机理示意图

p_i—i 时刻储层压力；p_{i+1}—$i+1$ 时刻储层压力；p_m—原始基质压力；p_f—原始割理压力；p_{m1}—割理附件基质压力；p_{m2}—基质中心压力；p_g—孤立气泡压力；①基质割理连通（渗流大通道）；②与③基质割理部分 / 间接连通（渗流小通道）；④与⑤基质割理不连通（死气区）

喉处，如图 1-1-14（d）所示。

（3）气泡不断聚并形成连续气柱，吸附气在连续气柱中不断解吸，形成基质排水排气的主要通道。

如图 1-1-14（e）所示，随着吸附气的不断解吸，基质含气饱和度不断增加，气泡聚并形成段塞气柱占据孔隙。气柱内吸附气不断解吸，使得气柱不断膨胀，将孔隙内的水及游离气排入割理。同时，在基质孔隙深部由于解吸形成的排水排气作用，不断推动气柱向割理运动。在排水排气过程中，压降逐渐传入基质深部孔隙，逐渐形成连通的渗流通道。

此时基质游离气以两种形式存在：基质—割理表面及附近以段塞气柱形式存在，而基质孔隙内部为分散的气泡。由此可见，基质孔隙压力分为两个区域：割理附近段塞气柱压力 p_{m1}，其等于割理压力 p_{fk}；基质内部分散气泡区域压力 p_{m2}，其中气泡压力为 p_{mg}，水相压力为 p_{mw}，此处以水相压力为主；并且 $p_{mg} > p_{mw} > p_{fk}$，解吸气在压差作用下有进入割理的趋势。割理系统解吸气逐渐增多，部分形成气柱，部分气柱在生产压差下流入井筒。

2）割理压力持续低于临界解吸压力情况

（1）压降逐渐传入基质深部，深部吸附气开始解吸排气。

随着基质压力逐渐降低及压降的传递，深部的吸附气开始脱附，更多气体解吸出来，在基质深部孔隙形成游离气泡，并聚集形成连续气柱。随着吸附气的解吸及溶解气的脱溶，气相不断膨胀，并逐渐连通，如图 1-1-14（f）所示，将深部的气水排至基质表面孔隙进入割理。

（2）排水后期连续气柱占据主要基质孔隙，形成游离气运移通道。

随着割理压力继续降低以及时间的推移，基质吸附气大量解吸，连续气柱贯通基质内部主要大孔隙，形成优势通道，割理与基质气相连通，如图 1-1-14（g）所示。基质内部气体运移阻力减小，压降传播速度较气水两相时快。尽管割理压降速度快，气体流速快，但对于单个基质块来说，基质孔隙中连续气体的运移是个无限缓慢的过程，气相可近似认为静止，其中的压力梯度可忽略，则基质系统连续气相压力等于割理系统气相压力。也就是说，基质—割理连续气相所到之处，压力便等于割理压力，导致基质孔隙深处气体不断解吸，逐步形成优势渗流通道。

3. 煤层气井产能预测模型

1）双孔单渗模型

国内外学者普遍认同双孔单渗模型（Saghafi et al.，1987；吴世跃，1994；Ma，2004），其基本观点为（图 1-1-15）：（1）气体自基质表面解吸；（2）解吸气从基质孔隙扩散到割理—裂隙系统，满足 Fick 扩散定律；（3）气体在割理—裂隙系统中渗流到井眼，满足达西渗流定律。

2）三孔双渗模型

（1）Reeves & Pekot 模型。

针对低阶煤基质孔隙较大的特点，提出了三孔双渗模型，模型原理如图 1-1-16 所示

(a) 从煤的内表面解吸　　(b) 通过基质和微孔隙扩散　　(c) 在天然裂缝网络中流动

图 1-1-15　煤层气解吸—扩散—渗流模式

（Reeves et al.，2001）。其中："三孔"指割理—裂隙系统、基质大孔隙和基质微孔隙；"双渗"指基质大孔隙到井眼渗流、裂缝到井眼渗流和基质裂缝间窜流。该模型认为基质微孔隙中气体解吸扩散进入大孔隙，满足扩散定律。

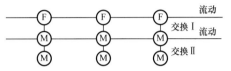

图 1-1-16　三孔双渗模型原理

M—基质；F—裂缝；交换Ⅰ—基质与裂缝间气体窜流；交换Ⅱ—微孔隙到大孔隙气体扩散

（2）三级扩散—渗流模式。

傅雪海等（2005）基于煤储层三元结构系统（宏观裂隙、显微裂隙、孔隙），总结出煤层气排水降压开发存在着三级渗流场，即宏观裂隙系统（包括压裂裂缝）——煤层气的层流—紊流场、显微裂隙系统——煤层气的渗流场，以及煤基质块（孔隙）系统——煤层气的扩散场。基于煤层气孔隙尺度特征的流动特征类型见表 1-1-1。

表 1-1-1　基于煤层气孔隙尺度特征的流动特征类型

孔隙分级	孔隙分类	孔半径 /nm	煤层气流动特征
扩散	微孔	<8	表面扩散
	过渡孔	8～20	混合扩散
	小孔	20～65	Knudsen 扩散
渗流	中孔	65～325	稳定层流
	过渡孔	325～1000	剧烈层流
	大孔	>1000	紊流

产能预测模型认为，煤层气解吸后均以扩散的方式运移，且满足气相扩散定律（以 Fick 扩散为主，部分假设为 Knudsen 扩散）。其中，三孔双渗模型除了以上假设外，还假设解吸后形成的自由气从基质大孔到割理—裂隙系统的运移方式是达西渗流。然而，目前的产能预测模型并未充分考虑煤岩基质孔隙中的水，同时也普遍接受煤层气固气界面解吸特征，这也是目前煤层气数值模拟软件不能很好地预测实际煤层气井生产动态的原因之一。

未来的发展趋势是在充分考虑煤岩基质孔隙水的基础上，研究煤层气基质孔隙微观解吸渗流机理，揭示复杂气水分布特征下煤层气开发特征，编制符合煤层气藏开发动态的数值模拟器，对煤层气井产能评价与开发技术策略的制定至关重要。

第二节　煤层气藏精细描述技术

一、煤层气藏精细描述的主要特点、重点内容和技术要求

1. 主要特点

1）煤层气藏精细描述的范畴

煤层气藏精细描述是指煤层气藏开发后，以搞清煤层气藏精细地质特征和剩余储量分布特征，提供精细地质特征及剩余储量模型为目标所进行的多学科综合研究，研究成果直接服务于煤层气藏高效开发和提高采收率。煤层气藏精细描述范畴包括开发建产和稳产阶段、开发后期调整阶段煤层气藏描述。

2）煤层气藏精细描述的基础资料

（1）基础地质资料。

地震资料：二维、三维地震资料。

钻井资料：研究区内所有的探井、参数井、开发井资料，包括井别、井位坐标、补心高、补心海拔、完钻井深、完钻层位、目的煤层坐标等信息。

测井资料：常规测井曲线、特殊测井（核磁共振测井、成像测井等）曲线。

井斜资料：斜井、侧钻井、水平井的数字化井轨迹数据。

（2）开发动态资料。

开发数据：气田、开发单元及单井的开发数据，包括产水量、产气量、井底流压、动液面、套压、井史资料（射孔、封堵、措施等数据）等。

动态监测资料：地层压力、压降半径、气体组分、地层水成分等监测资料。

（3）开发实验资料。

取心井资料：煤心观察描述、煤岩煤质、含气性、物性、煤层顶底板力学性质等资料。

天然气性质：成分、密度等。

地层水性质：矿化度、水型，不同时间内水型及水质变化数据。

（4）已有成果资料。

以前开展研究的成果：包括文字报告、图件、表格及数据库等。

（5）资料核实与修正。

数据存在常规性错误，或数据之间存在逻辑错误在所难免，为使研究成果更加准确、可靠，必须对数据进行检查与修正，减少数据的出错率，提高基础数据质量。

3）煤层气藏精细描述的特点

精细程度高：应描述出幅度不大于5m的微构造；断距不大于5m、长度小于100m的断层；微构造图等高线不大于5m；建立的三维地质模型网格精度应在100m×100m×（0.2～1.0m）以内（测井解释煤层的分辨率可达到0.2m）。

基本单元小：纵向上描述的基本单元是单煤层，平面上描述的基本单元是开发单元。

与动态资料结合紧：煤层气藏精细描述不是一个单一的地质静态描述，必须与气田生产动态资料紧密结合。用动态的历史拟合修正静态的地质模型。动静态符合率大于80%。

预测性强：能比较准确地预测煤层及其物性、含气性的空间分布，预测符合率大于80%。

计算机化程度高：有完整的煤层气藏精细描述数据库；气藏描述和地质建模相关软件应用广泛，大多数（80%以上）图件由计算机制作完成。

4）煤层气藏精细描述的主要任务

充分利用各种静态和动态资料，研究煤层气藏参数的三维分布、排采过程中储层参数和流体性质及其分布的动态变化，建立定量化的煤层气藏属性模型，并通过对含气量、渗透率动态变化、压降扩展规律等深入研究，建立剩余储量分布模型，为下一步开发调整方案提供地质依据。

5）煤层气藏精细描述的流程

煤层气藏精细描述的流程包括静态特征描述、动态特征描述、开发单元划分、地质模型建立、开发单元评价、剩余储量评价及勘探开发建议7个步骤。

6）煤层气藏精细描述的结果

煤层气藏精细描述的结果为"3表9图3模型"，"3表"包括储层特征统计表、排采成果统计表和剩余储量计算表，"9图"包括煤层顶面构造图、煤层埋深图、煤层含气量图、煤层厚度图、煤层临储压力比图、水文单元划分图、宏观煤岩类型分布图、压降分布图和动态渗透率变化图，"3模型"包括构造—地层模型、储层属性模型和剩余储量分布模型。

2. 重点内容和技术要求

1）静态特征描述

静态特征描述的核心任务是细化分层，提高研究精度，重点刻画静态特征对产气量的影响，主要描述参数包括构造、煤层厚度、煤岩类型和煤体结构、含气性、煤层顶板特征、水文特征、地应力、岩石力学等。

煤层顶面构造：利用钻井、测井和地震资料，描述研究区含煤地层构造形态、主要褶曲、断层和陷落柱的分布特征，详细描述主要断层的产状、性质、断距、延展长度、断层起始与消失部位的地层、两盘对接地层和岩性、断层开启与封闭性等。

煤层厚度：综合钻井、测井、地震资料，描述煤层净厚度、煤层累计厚度、夹矸数量及厚度，阐述主力煤层平面和垂向上的分布特征。

煤岩类型和煤体结构：描述煤的物理性质、结构和构造特征，划分煤的宏观煤岩类型，阐述各宏观煤岩成分的所占比例、分布特征。宏观煤岩类型的划分按照GB/T 15588—2013《烟煤显微组分分类》的规定执行；综合煤心、钻井、测井、地震资料，划分主力煤层的煤体结构，分为块煤、碎裂煤、碎粒煤和糜棱煤。

含气性：阐述含气量、天然气组分，结合地层压力、兰氏体积和兰氏压力特征，确定含气饱和度，分析煤层甲烷风化带范围、含气性的分布规律和影响因素。含气量的测试方法按照 GB/T 19559—2008《煤层气含量测定方法》的规定执行。

储层物性：描述裂隙的类型、密度等级、连通性等级和空间分布规律，分析裂隙对煤层气运移和产出的影响。裂隙的描述方法按照 MT/T 968—2005《煤裂隙描述方法》的规定执行；描述端割理、面割理的延展方向、密度、填充情况；描述孔隙类型、结构、形态、孔喉分布特征和连通性特征，分析煤层气储集能力。孔隙的分类方法按照 Q/SY CBM0013《煤层气储层评价方法》的规定执行；确定煤储层孔隙度、渗透率，分析研究区内煤储层物性分布特征及其影响因素。孔隙度和渗透率的测试方法按照 GB/T 29172—2012《岩心分析方法》的规定执行。

煤层顶板特征：根据测井和录井资料，描述煤层顶板岩性、厚度及分布特征。

水文特征：阐明研究区所处的水文地质单元及含水层、隔水层，区域地下水的补给、径流、排泄等水文地质条件，分析水动力场对煤层气赋存和气井产能的影响。

埋深与地应力：分析煤层顶面埋深特征、分布范围和变化规律；现今地应力场不仅控制割理的开启程度，还影响着水力压裂裂缝的形态和缝长。理论上，垂向应力（σ_v）、水平最小主应力（σ_{hmin}）与水平最大主应力（σ_{hmax}）三者的配置关系决定地应力状态。在实际应用中，三向应力值获取存在较大难度和误差、较高的测试成本，也很难覆盖整个研究区。一般根据不同地应力三向应力配置关系发生的断层属性和煤层产状的差异确定地应力场状态，具体如下：拉张应力 $\sigma_v > \sigma_{hmax} > \sigma_{hmin}$，仅发育正断层，煤层产状平缓，小微构造不发育；过渡应力 $\sigma_{hmax} > \sigma_v > \sigma_{hmin}$，少量发育逆断层，煤层小微构造十分发育；挤压应力 $\sigma_{hmax} > \sigma_{hmin} > \sigma_v$，大量发育逆断层，煤层倾角大（张金才等，2014；朱庆忠等，2017；尹帅等，2017）。

岩石力学：通过煤层顶底板岩样岩石力学试验，结合煤层压裂资料，确定研究区主力煤层及其顶底板岩石的泊松比、杨氏模量、剪切模量、体积模量、地层破裂压力等岩石力学参数，总结岩石力学特征，分析影响因素，评价煤层及其顶底板的可压性。

2）动态特征描述

动态特征描述的核心任务是分析气藏压力、压降扩展、井间连通关系及对产气量的影响，主要描述参数包括等温吸附特征、临界解吸压力、储层压力、井底压力、压降扩展、单位压降产气量、产气量、产水量及剩余可采储量等。

等温吸附特征：利用兰氏体积、兰氏压力、含气饱和度和临界解吸压力，分析煤层的吸附特征。等温吸附曲线的测试方法按照 GB/T 19560—2008《煤的高压等温吸附试验方法》的规定执行。

临界解吸压力：在煤层降压过程中，气体开始从煤基质表面解吸时所对应的压力值。煤层气井见套压 / 产气时井底流压近似等于实际临界解吸压力；理论临界解吸压力利用等温吸附曲线和实测含气量求取。

储层压力、井底压力、产气量、产水量：按照年、季、月时间间隔，分析单井和气藏的储层压力、井底压力、产气量、产水量的变化特征。

压降扩展、单位压降产气量：利用储层展布、流体分析、干扰测试、生产数据等资料，确定单井控制范围，分析气藏压降扩展范围，结合产气量，分析单位压降产气量。

剩余可采储量：利用初始含气量和单井累计产气量，结合井底流压、压降扩展等，计算剩余可采储量。

二、煤层气藏精细描述典型实例

1. 韩城区块高煤阶煤层气藏精细描述

1）静态特征描述及认识

应用含气量地质测井综合评价模型、煤体结构测井识别方法、煤层顶底板评价方法、水文地质区带划分方法等关键技术，对含气量、煤体结构、煤层顶底板岩性、水文特征进行重点描述。

（1）含气量。

从影响煤层气含气量的众多因素中，梳理出含气量的主控因素为构造和水动力条件，再结合灰分、密度测井，建立含气量的地质测井综合评价模型。其中，5号煤层拟合现今含气量模型为：

$$V_{gas}=7.065e^{-0.039A}-2.494\ln B+0.001C-0.037D+4.81 \qquad （1-2-1）$$

11号煤层拟合现今含气量模型为：

$$V_{gas}=3.578\ln A-1.302\ln B+9.458C/100000+0.843D+26.637 \qquad （1-2-2）$$

式中　V_{gas}——现今含气量，m^3/t；

A——灰分含量，%；

B——测井密度，g/cm^3；

C——地层水矿化度，mg/L；

D——地层曲率。

与实验室含气量检测结果对比，该模型预测符合率达到82%以上。利用该模型评价含气量，韩城区块主力开发区煤层含气量为6～14m^3/t，其中薛峰、板桥开发单元中部含气量相对较高，一般大于10m^3/t。

（2）煤体结构。

在明确煤体结构划分依据的基础上，依托测录井资料进行取心标定，建立煤体结构测井识别图版，精细评价煤体结构。识别结果表明，韩城区块主力煤层煤体结构主要为碎裂煤和碎粒煤，局部区域发育原生结构煤。自东向西随埋深增加，碎粒煤所占比例逐渐增加。东部埋深浅，煤层煤体结构相对较好；西部埋藏深，煤体机械强度低，煤层煤体结构差，以碎粒煤为主。

韩城区块主力煤层纵向非均质性强，5号煤层和11号煤层上段以原生结构煤、碎裂煤为主；下段煤体结构较差，多种煤体结构互层叠置。实验表明，其会增加压裂改造过程中人工裂缝的复杂性。进一步分析了煤体结构与生产的关系。实际生产过程中，从碎粒煤、碎裂煤到原生结构煤，平均单井日产气量逐步提高（图 1-2-1），低产井占比逐步减小，中高产井占比逐步增大。单井累计产气量与原生结构煤层厚度呈现出明显的正相关性。

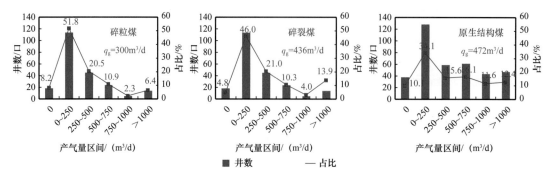

图 1-2-1　韩城区块 11 号煤层不同煤体结构产气量分布

（3）煤层顶板特征。

通过精细地层对比，精细刻画顶板岩性、厚度和沉积特征。韩城区块 5 号煤层顶板主要为砂岩，大部分区域砂岩厚度大于 4m。11 号煤层顶板主要为泥岩，大部分区域泥岩厚度为 4～5m，砂岩厚度小于 2m。

通过对顶板砂体沉积特征的描述，结合韩城区块 2020 年实施的 5 号煤层顶板压裂改造项目发现，5 号煤层顶板砂体沉积特征以正韵律、均质韵律为主，顶板压裂后产气量相对较好（图 1-2-2）。

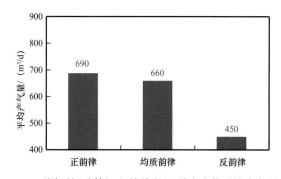

图 1-2-2　不同顶板砂体沉积韵律的压裂改造井平均产气量分布

（4）水文特征。

根据采出水分析资料，结合区域构造，分析韩城区块含煤地层地下水动力特征和水化学特征，从平面上将水文地质区带划分为自由交替带、交替阻滞上亚带、交替阻滞下亚带和交替停滞带（刘方槐等，1991；肖长来等，2016）。

韩城区块煤层气富集条件水文地质参数指标见表 1-2-1。韩城区块含煤地层水动力由南东向北西方向交替逐渐减弱，水文地质带由自由交替带、交替阻滞带逐渐过渡到交替停滞带。边浅部和断层区域属于自由交替带，受渗入水的影响较强，水动力较为活跃，封闭性差。结合韩城区块生产实际，自由交替带水动力活跃，保存条件差，含气量低，产水量高，矿化度多低于1500mg/L，区域开发效果差，低产低效井占比高。从产气井平面分布来看，高产井主要位于交替阻滞带。

表 1-2-1 韩城区块煤层气富集条件水文地质参数指标

区块划分	不富集区	过渡区	富集区	
水动力带划分	自由交替带	交替阻滞上亚带	交替阻滞下亚带	交替停滞带
水动力作用	水力冲洗	水力冲洗和水力封堵	水力封堵	水动力弱
水动力	补给区，水力交替最活跃	中等径流区，水力交替较强	弱径流区，水力交替较活跃	阻滞—弱还原区地下水径流作用极弱
水成因	大气降水或地表水渗入	原生沉积水与地表渗入水的混合为主	以溶滤水和沉积水为主	原生沉积封存水
矿化度/(mg/L)	900~1300	1300~3000	3000~8000	>8000
钠氯系数	由低变高			
脱硫系数				
水相	Na—HCO₃Cl	Na—HCO₃.ClSO₄	Na.Ca—Cl.SO₄	Na—Cl
水型	碳酸氢钠型	碳酸氢钠型	硫酸钠型和碳酸氢钠型	氯化镁型和氯化钙型
成藏模式	—	向斜—水动力封堵模式和侧向水动力封堵模式	向斜—水动力封堵模式，侧向水动力封堵、承压水模式	承压水模式

2）动态特征描述及认识

主要应用了地层压力测试、压力恢复测试、物质平衡法、数值模拟法、井间干扰测试等关键技术，对储层压力、压降半径、压降扩展进行分析。

（1）储层压力。

通过对韩城区块地层压力的分析评价，得到韩城区块不同开发单元现今地层压力，见表1-2-2。韩城区块由于储层非均质性强，井区降压呈蜂窝状。埋深大于900m的区域储层渗透性差，降压困难；断层区域渗透性好，部分区域受地下水越流补给影响，地层压力较高。韩城区块主力产气区单井控制范围内地层压力约为2MPa，其中薛峰开发单元平均地层压力为2.13MPa，板桥开发单元平均地层压力为1.63MPa。

表 1-2-2 韩城区块不同开发单元压力参数

开发单元	单井平均产气量/m³/d	套压/MPa	井底流压/MPa	平均地层压力/MPa
薛峰开发单元	727	0.14	0.74	2.13
板桥开发单元	625	0.13	0.7	1.63
烽火开发单元	647	0.19	0.82	1.52
芝源开发单元	240	0.37	0.91	<1

（2）压降半径。

韩城区块部分老井已达到拟稳态流动阶段，可以利用物质平衡法和数值模拟法计算该类井的压降半径。计算结果显示，压降半径与煤层埋深呈负相关关系。薛峰开发单元和板桥开发单元煤层埋深相对较小，压降半径相对较大，压降半径最大在100m左右，烽火开发单元和芝源开发单元煤层埋深相对较大，压降半径相对较小，最小压降半径仅为12m，见表1-2-3。

表1-2-3　韩城区块不同开发单元不同埋深煤层的压降半径

开发单元	煤层埋深范围/m	压降半径/m
薛峰开发单元	550~650	63~94/82
	650~750	58~82/68
	750~850	31~52/40
	850~950	29~45/39
板桥开发单元	400~550	62~101/89
	550~700	58~91/85
	700~850	55~82/77
	850~1000	43~75/68
烽火开发单元	800~900	43~61/52
	900~1000	20~32/26
	1000~1150	18~28/22
芝源开发单元	1050~1250	15~26/19
	1250~1450	12~22/14

注："/"后数据为平均值。

（3）压降扩展。

韩城区块进行了15组井间干扰测试，测试结果表明，在280~350m的井距下，仅在韩3-5-090和韩4-09两个井组出现井间干扰现象。结合压降半径计算结果，分析认为韩城区块面积降压格局尚未形成。

3）开发单元划分

随着对韩城区块认识的不断加深，二级开发单元的划分不断精细化。开发单元的划分主要考虑构造条件、资源条件和保存条件，三者应具有相同或相似特征，同时考虑勘探开发程度，见表1-2-4。

根据开发单元划分原则，对韩城区块开发单元进行了精细划分，在原来薛峰开发单元、板桥开发单元、烽火开发单元、芝源开发单元4个开发单元的基础上，进一步细分为10个开发单元。

表 1-2-4 韩城区块开发单元划分原则

主要考虑因素	涉及方面	参数
构造条件	构造形态、断层	断距、倾向、倾角、构造海拔
资源条件	煤层厚度、含气量	煤层累计厚度、净厚度、含气量
保存条件	封盖能力	顶板岩性和厚度
	水动力条件	矿化度、水文补给径流排泄关系
勘探开发程度	勘探程度	储量、地震、探井
	开发程度	建产规模、开发井数量

4）地质模型建立

煤层气地质建模需要利用开发阶段积累的大量资料，包括地震、钻完井、测井等。利用韩城区块板桥开发单元 219 口井资料，建立了地层—构造模型、属性模型（含气量、孔隙度、渗透率、地应力、煤体结构），共计 22 个模型，实现了煤层气藏三维可视化，为韩城区块综合治理提供参数依据。

（1）煤储层构造—地层格架模型。

韩城区块板桥开发单元发育断层，因此主要建立了韩城区块的断层模型。通过研究断层间的接触关系及断层的性质，选取规模相对较大且对煤层气富集及开采有较大影响的 19 条断层进行了三维建模（图 1-2-3）。韩城区块断层整体上呈东西走向，且正断层多，逆断层少。以分层数据为主体，以层面的等值线数据为约束，建立起研究区的层面模型（1-2-4）。最后进行细分层和垂向网格划分，建立起地层格架（图 1-2-5）。

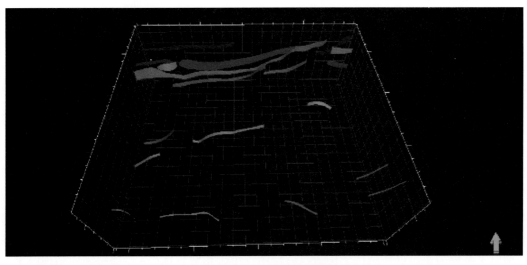

图 1-2-3 韩城区块断层模型

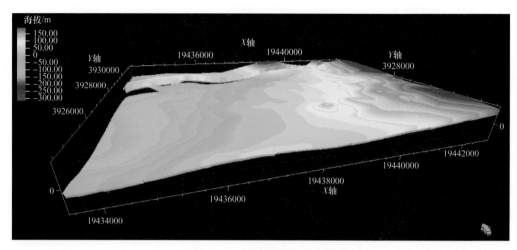

图 1-2-4　韩城区块层面模型

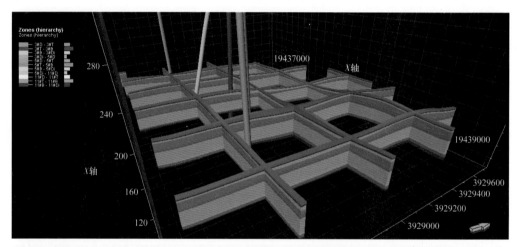

图 1-2-5　韩城区块地层格架栅状图

（2）煤储层属性模型。

韩城区块煤层气井的属性参数是建模的基础，可以通过计算获得。因为煤体结构对煤储层物性特征影响较大，将煤体结构作为煤层孔隙度与渗透率的约束条件，进行约束建模。针对韩城区块，以煤体结构模型为约束，采用序贯高斯模拟算法分别建立了研究区的孔隙度和渗透率模型。以属性平面展布特征为约束，建立了研究区的含气量模型。

通过属性模型可以直观地看出韩城区块不同属性特征。随着埋深的增加，煤层孔隙度逐渐降低，呈现由东向西递减的趋势，5 号煤层孔隙度相对较优，11 号煤层最差。煤层渗透率自东向西逐渐降低，与埋深呈负相关关系，5 号煤层渗透率相对较大，11 号煤层最差。3 号煤层平均含气量为 8.85m³/t，区块中部为含气量高值区；5 号煤层平均含气量为 8.62m³/t；11 号煤层平均含气量为 10.52m³/t，含气量相对较高，利于开发。3 号煤层煤体结构以 I 类煤为主，煤体结构受构造改造作用较小，相对较优。5 号煤层煤体结构以 I 类煤和Ⅲ类煤为主，夹矸含量较高。11 号煤层煤体结构以 I 类煤为主，Ⅱ类煤次之，Ⅲ类煤最少，煤体结构整体较优。

5）开发单元综合评价

根据韩城区块煤层气已有资料情况，同时考虑到评价指标的重要性各异，定性指标与定量指标结合，建立了一套适用韩城区块开发单元评价的参数及指标。评价参数为煤层累计厚度、含气量、封盖能力、埋深、水文地质条件、渗透率、煤体结构和临储压力比8个参数，评价时采用加权求和法。韩城区块开发单元评价参数及指标见表1-2-5。

表1-2-5 韩城区块开发单元评价参数及指标

因素	参数	可开发性好（7~10分）	可开发性中等（4~7分）	可开发性差（<4分）
资源条件	煤层累计厚度	>10m，煤层发育稳定	4~10m，煤层发育较稳定	<4m，煤层发育不稳定
	含气量/（m³/t）	>10	8~10	<8
保存条件	封盖能力（顶底板岩性及厚度）	岩性以泥岩为主，所占区域>80%，泥岩厚度>2m	岩性以泥岩为主，所占区域50%~80%，泥岩厚度1~2m	泥岩所占区域<50%，泥岩厚度<1m
	埋深/m	500~800	800~1000	>1000或<500
	水文地质条件	矿化度>4000g/L	矿化度2000~4000g/L	矿化度<2000g/L
可采条件	渗透率/mD	>0.5	0.1~0.5	<0.1
	煤体结构	原生结构煤	碎裂煤	碎粒煤
	临储压力比	>0.8	0.5~0.8	<0.5

权重制定方法一般应用层次分析法确定权重指标，同时通过专家打分权衡一级评价指标的权重。韩城区块开发单元评价指标直接采用专家对于不同参数的权重赋值。同时，用评价参数与历史产气量做相关性研究，根据相关性对权重值进行修正，得到韩城区块开发单元评价参数权重，保证了评价的正确性及适用性。评价指标权重见表1-2-6。

表1-2-6 评价指标权重

参数	煤层累计厚度	含气量	煤体结构	封盖能力	埋深	水文地质条件	渗透率	临储压力比
权重	0.128	0.128	0.148	0.122	0.1263	0.0567	0.194	0.097

通过上述评价方法对韩城区块开发单元进行综合评价，评价结果见表1-2-7。

一类区4个，煤层厚度大，埋深适中，含气量高，盖层以泥岩为主。二类区3个，煤层厚度大，含气量较高，发育少量断层，盖层以泥岩、砂岩为主。三类区3个，煤层厚度大，埋深适中，含气量高，盖层以泥岩为主。投入排采后，不同类型的开发单元呈现不同的产气特征。一类区临储压力比相对较高、产气情况较好，二类区次之，三类区最差，生产情况与评价结果一致。

表 1-2-7　韩城区块开发单元评价结果统计

分类	开发单元	资源条件		保存条件		可采条件	
		煤层累计厚度/m	含气量/m³/t	埋深/m	水动力条件	煤体结构	临储压力比
一类区	薛峰1、薛峰3、板桥1、板桥2	>8	>9	<900	交替阻滞带、交替停滞带	原生结构煤+碎裂煤>3m	>0.7
二类区	薛峰2、薛峰4、板桥4	>5	>8	600～1200		原生结构煤+碎裂煤1～3m	0.7～0.8
三类区	薛峰5、板桥3、板桥5	>6	>8	700～1200	交替停滞带、自由交替带	原生结构煤+碎裂煤<1m	0.6～0.8

6）剩余储量评价

在开发单元综合评价的基础上，精细划定有效煤层，重新计算含气量，采用数学微积分法复核地质储量和剩余储量。韩城区块剩余储量评价结果表明，一类区内剩余储量 $44.6\times10^8m^3$，其中 5 号煤层采出程度小于 15% 的井有 440 口（井数占比 76%），11 号煤层采出程度小于 15% 的井有 382 口（井数占比 66%），二类区剩余储量 $32.1\times10^8m^3$。一类区和二类区剩余储量较大，且地质条件较好，具有较好的二次开发潜力。三类区剩余储量 $19.48\times10^8m^3$，随着开发工艺的提升，同样具有一定的潜力。

7）开发调整建议

根据韩城区块气藏精细描述成果，在剩余优质资源分布区提出开发调整部署建议，选择一类区、二类区作为主体区域，制订综合治理方案，包括三大类 6 项措施：一是完善井网（34 口）；二是老井压裂改造（125 口），主要包括 5 号煤层补层压裂、5 号煤层老层顶板压裂、11 号煤层重复压裂、11 号煤层顶板控底体积压裂；三是顶板水平井（2 口）。

通过综合治理的实施，韩城区块煤层气产量止跌企稳，2020 年 12 月产量为 $38.2\times10^4m^3/d$，综合治理产量 $12.2\times10^4m^3$，占比 31.9%。韩城区块 2016—2020 年完善井网和老井压裂改造累计增加产气量 $6945\times10^4m^3$，新增证实已开发储量（PD 储量）$3.7\times10^8m^3$，取得了明显的经济效益。

2. 保德区块中低煤阶煤层气藏精细描述

1）静态特征描述及认识

对研究区主力煤层 4 号 +5 号煤层和 8 号 +9 号煤层的 8 个静态特征参数进行了精细描述，认识到构造、水文、顶板岩性对产气量具有较大影响。首先是构造的影响，特别是微构造的发育会造成局部产气差异性；表征水动力条件的矿化度值越低，代表水动力条件越强，煤层气保存条件越差；顶底板发育厚层致密岩层，煤层气保存条件好，排采水主要来自煤层，水量较小。

（1）构造特征。

研究区位于鄂尔多斯盆地东缘的晋西挠褶带北段，构造较为简单，地层产状平缓，基本上为一向西倾的单斜构造，西边地域宽缓，地层倾角 3°～7°，东翼较陡，地层倾角增至 5°～10°，局部发育一些规模不大的褶皱及断层构造（图 1-2-6）。

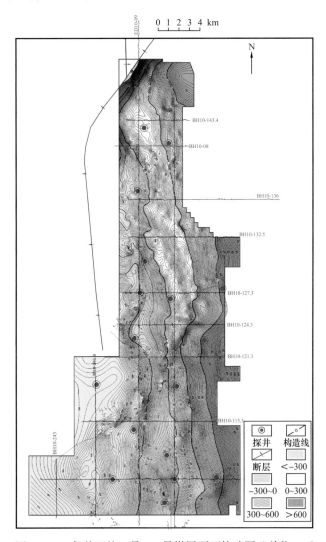

图 1-2-6　保德区块 4 号 +5 号煤层顶面构造图（单位：m）

按照历史最高产气量或近期产气量低于 $1000m^3/d$ 的生产井定义为低产井，区块北部约有 100 口低产井，分布较为集中，初步判断为地质因素导致的局部低产。通过对比低产井与邻井地质条件，发现低产井集中分布在沟槽区，生产表现出产气量小、产水量大、降液困难、加砂困难、套管损坏等现象。通过精细刻画微构造形态，在保证资源的情况下，揭示保德区块北部产量与微构造形态相关性明显，表现为高产井分布与鼻隆、低产井分布与沟槽构造相关性高达 93%。微构造的研究成果成功揭示了保德区块北部局部低产的原因，也应用到了区块后期的开发调整项目，其中 2017—2018 年实施的产建项目，2020 年 12 月产能到位率已达到 82%，且仍处于上产阶段，显示出了鼻隆区较高的开发潜力。

（2）煤层顶底板。

保德区块生产实践表明，在顶底板为厚层致密层的情况下，含气量较高，后期排采过程中产水量较小。经过对研究区的顶底板岩性及厚度进行统计分析，研究区 4 号 +5 号煤层和 8 号 +9 号煤层的顶板岩性大部分为泥岩，局部为砂岩顶板，4 号 +5 号煤层顶底板在区块中部砂岩较为发育，其余区域以泥岩为主，局部发育砂岩；8 号 +9 号煤层顶底板以泥岩、碳质泥岩为主，局部发育砂岩。

生产过程中，压裂施工沟通顶底板砂岩，极易造成产水量大的现象。例如，工区内的 B5 井顶板发育含水砂岩，且距离断层仅 100m，该井 8 号 +9 号煤层压裂施工过程中在排量不变的情况下，油压由 40MPa 降至 5MPa，初步怀疑压裂沟通顶板砂岩。该井在排采过程中，产水量最高 190m³/d，远高于同区域 30m³/d 的平均产水量，在封堵 8 号 +9 号煤层后，产水量降至 9m³/d，矿化度由 1257mg/L 增至 1971mg/L，从生产层面证明该井产出水主要为 8 号 +9 号煤层顶部砂岩。通过区内含水砂岩与煤层距离的刻画，高产水井多分布在一套或几套砂岩与煤层距离较小的位置，说明煤层顶底板如果包含含水砂岩，在压裂施工过程中如果压穿顶底板，易造成排采过程中产水量大，降液困难。

（3）水文特征。

根据排采井井口水样检测结果可知，区内矿化度为 1000～15000mg/L，平面上由南东向北西逐渐增大，水动力逐渐减弱，水文地质带由径流区、弱径流区逐渐过渡到滞留区，研究区南部整体水动力较为活跃，煤层气保存条件变差。区块产气量与矿化度相关性较强，北部矿化度变化范围为 1100～9877mg/L，高产井的矿化度多介于 2000～5000mg/L。

2）动态特征描述及认识

针对保德区块两套主力煤层的等温吸附参数等 8 个动态参数精细描述，认为基于煤层气排水采气的特殊性，气藏压力是煤层气井生产的能量，是保证气田长期稳产的基础；通过压降扩展规律，保德区块煤层气井压降半径为 1122m，在生产效果最好的北部基本已形成井间干扰，多井协同排采效果显现，单位压降累计产气量达到 350×10⁴m³，已稳产 5 年，整体排采效果较好。

（1）储层压力。

保德区块经过 8 年的开发，累计产气 $36×10^8m^3$，累计产水 $2423.52×10^4m^3$。通过地层压力测试和压力恢复测试（5 口），结合单井生产数据对保德区块煤层气藏压力特征进行分析，2020 年 12 月主力产气区地层压力为 2.38MPa，平均压力降幅为 4.87MPa。

根据注入 / 压降测试和实际钻井数据，研究区储层压力基本正常，压力系数为 0.68～0.98，具有欠压—常压特点。4 号 +5 号煤层储层压力为 4.57～11.77MPa，压力系数为 0.68～0.98。8 号 +9 号煤层储层压力为 2.5～12.00MPa，压力系数为 0.68～0.99。

（2）压降扩展。

建立不同相态下的煤层气渗流数学模型，运用反褶积试井解释软件，用生产数据计算煤层渗透率和压降半径，分析井间干扰情况。保德区块排水降压阶段渗透率为8.53mD，压降半径为293.81m；产气上升阶段渗透率为7.16mD，压降半径为435.82m；稳定产气阶段渗透率为8.80mD，压降半径为533.44m。

（3）单位压降累计产气量。

依据地质条件，将研究区划分为4个排采单元，分上产期和稳产期进行了单位压降累计产气量统计分析。位于研究区北部的排采1单元地质条件最好，在上产阶段井底流压为6→2MPa，年压降速率为1MPa/a，单位压降累计产气量为$79 \times 10^4 m^3/MPa$；在稳产阶段井底流压为2→1MPa，年压降速率为0.25MPa/a，单位压降累计产气量为$550 \times 10^4 m^3/MPa$（表1-2-8）。排采2单元、排采3单元和排采4单元地质条件逐渐变差，不管是在上产阶段还是稳产阶段，单位压降累计产气量均逐渐降低。

表1-2-8　保德区块不同排采单元单位压降累计产气量统计

排采单元	上产阶段			稳产阶段		
	井底流压 / MPa	压降速率 / MPa/a	单位压降累计产气量 / $10^4 m^3/MPa$	井底流压 / MPa	压降速率 / MPa/a	单位压降累计产气量 / $10^4 m^3/MPa$
排采1单元	6.0→2.0	1.0	79	2.0→1.0	0.25	550
排采2单元	8.0→2.6	1.7	19	2.6→1.0	0.37	155
排采3单元	7.5→1.8	1.9	15	1.8→0.9	0.23	172
排采4单元	8.2→1.5	2.1	5	1.5→0.9	0.15	95

3）开发单元划分

（1）划分依据。

包括资源、煤层气保存、煤储层、生产、勘探开发程度等因素。

（2）划分结果。

根据区域上的资源、煤层气保存、煤储层、生产以及勘探开发程度分布特征，按照每个开发单元为独立的研究系统，有着自身的开采特点和开采方式的原则，将保德区块划分为16个开发单元，分别命名为Ⅰ～ⅩⅥ开发单元（图1-2-7）。

4）地质建模建立

"十三五"期间，主要针对保德区块Ⅰ、Ⅲ开发单元建立了地质模型，同时由于单元内断层不发育，因此未建立研究区的断层模型，仅建立研究区的层面模型。利用保德区块Ⅰ、Ⅲ单元354口井资料，建立了地层模型和属性模型（含气量、孔隙度、渗透率和地应力），共计26个三维可视化模型，揭示了含气量、孔隙度、渗透率和地应力等

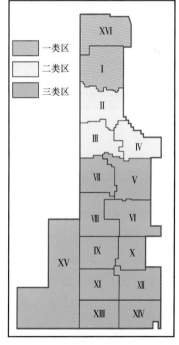

图1-2-7　保德区块开发单元划分图

属性在平面和垂向上的分布规律，为保德区块井网完善和滚动扩边提供依据。

（1）煤储层地层格架模型。

保德区块平面网格为 20m×20m，采用分层数据为主体，以层面的等值线数据为约束，采用 Make Horizon 模块，将层面数据导入模型，建立起研究区的层面（图 1-2-8）。在建立层面后，对层面进行细分和垂向网格划分，最终建立起地层格架和地层格架剖面图（图 1-2-9）。在 Petrel 2015 软件中采用 Make Zone 模块对上述层进行细分，此次未进行亚层的划分。为了追求建模的精度，在纵向上针对目的层进行了细划分，纵向网格步长平均为 0.2m。

(a) Ⅰ单元层面模型

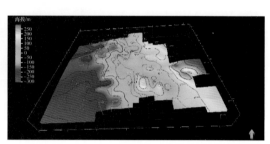

(b) Ⅲ单元层面模型

图 1-2-8　保德区块层面模型

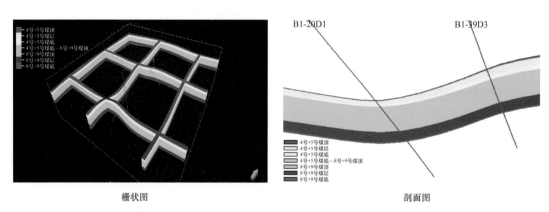

栅状图

剖面图

图 1-2-9　保德区块地层格架

（2）煤储层属性模型。

依据计算得到的煤储层的属性参数进行数据网格化，在前人研究的基础上依次设置了研究区的变差函数，给定变差函数的参数，采用相应的模拟算法和约束条件，建立研究区的孔隙度、渗透率和含气量等属性模型。

从孔隙度属性模型来看，Ⅰ单元孔隙度为 0.6%~14.91%，Ⅲ单元孔隙度为 2.16%~11.13%，Ⅲ单元煤储层孔隙度普遍高于Ⅰ单元，可见Ⅲ单元煤储层物性条件较优。Ⅰ单元渗透率为 0.8~11mD，Ⅲ单元渗透率为 0.8~3.9mD，随着深度增加，渗透率有递减的趋势，保德区块Ⅲ单元的煤层孔渗特征与Ⅰ单元存在较大的差距，对于煤层气开发，这将造成较大的产能差。Ⅰ单元含气量为 2~9.2m³/t，Ⅲ单元含气量为 1.8~10.3m³/t，随着深度增加，含气量有增加的趋势，从煤层含气量模型看出，由于埋深的作用使得Ⅲ单元煤层含气量优于Ⅰ单元；但综合煤层的孔渗特征，Ⅰ单元煤层的可采性远远好于Ⅲ单元；但Ⅲ单元拥有丰富的资源量，因此Ⅲ单元是开采的潜力区。

5）开发单元综合评价

（1）评价标准。

根据保德区块煤层气已有资料情况，同时考虑到评价指标的重要性各异，只能用有限的指标（定性指标与定量指标结合）尽可能从本质上评价不同开发单元，建立了一套适用保德区块开发单元的评价参数及指标（表1-2-9）。

表1-2-9　保德区块开发单元综合评价参数及指标

因素	参数	可开发性好（7～10分）	可开发性中（4～7分）	可开发性差（<4分）
资源条件	煤层厚度	>10m，煤层发育稳定	4～10m，煤层发育较稳定	<4m，煤层出现分叉现象
	含气量/（m³/t）	>6	4～6	<4
	煤层气资源丰度/10⁸m³/km²	>3	0.5～3	<0.5
保存条件	封盖能力（顶底板岩性及厚度）	岩性以泥岩为主，所占区域>80%，泥岩厚度>2m	岩性以泥岩为主，所占区域50%～80%，泥岩厚度1～2m	泥岩所占区域<50%，泥岩厚度<1m
	埋深/m	500～1000	1000～1500	>1500或<500
	水文地质条件	矿化度>2000g/L	矿化度1200～2000g/L	矿化度<1200g/L
可采条件	渗透率（试井）/mD	>2	1～2	<1
	临储压力比	>0.8	0.4～0.8	<0.4
	地表条件	>10	5～10	<5

（2）指标权重。

采用专家对于不同参数的权重赋值。同时，用评价参数与历史产气量做相关性研究，根据相关性对权重值进行修正，得到保德区块开发单元评价指标权重（表1-2-10），保证了评价的正确性及适用性。

表1-2-10　保德区块开发单元评价指标权重

参数	煤层厚度	含气量	资源丰度	封盖能力	埋深、构造	水文地质条件	渗透率	临储压力比	地表条件
权重	0.124	0.106	0.116	0.122	0.0693	0.0567	0.154	0.155	0.097
权重修正	0.124	0.106	0.116	0.122	0.0693	0.0567	0.154	0.155	0.097

（3）评价结果。

按照评价参数及权重，对16个单元进行评价打分，评价的一类区有2个单元，二类区有 3 个单元，三类区有 11 个单元。

一类区：Ⅰ、ⅩⅥ 单元。煤层厚度大于 15m，含气量大于 5m³/t，构造简单，位于大型鼻状构造，盖层以泥岩为主，处于滞留区和弱径流区，地质条件最好。

二类区：Ⅱ、Ⅲ、Ⅳ 单元。煤层厚度大于 12m，含气量大于 4m³/t，沟槽较为发育，盖层以泥岩砂岩、砂质泥岩为主，处于弱径流区，地质条件次之。

三类区：Ⅴ～ⅩⅤ 单元。煤层厚度大于 8m，含气量大于 2m³/t，断层及沟槽较为发育，盖层以泥岩为主，处于径流区，地质条件较差（表 1-2-11）。

表 1-2-11　开发单元影响产量关键因素指标统计

类型	煤层累计厚度 / m	含气量 / m³/t	构造	顶底板	水动力条件
一类区	>15	>5	构造简单，大型鼻状构造	以泥岩为主，局部发育泥质砂岩	滞留区、弱径流区
二类区	>12	>4	沟槽较为发育	泥质砂岩、砂质泥岩较为发育	弱径流区
三类区	>8	>2	断层及沟槽较为发育	以泥岩为主，局部发育泥质砂岩	径流区

投入排采后，不同类型的开发单元呈现不同的产气特征。

一类区：Ⅰ 单元总井数 220 口，产气井 214 口，总日产气 71.32×10⁴m³，临储压力比 0.81，平均单井日产气 3322m³。二类区：Ⅱ 单元总井数 219 口，产气井 201 口，总日产气 33.39×10⁴m³，临储压力比 0.62，平均单井日产气 1661m³。三类区：Ⅴ 单元总井数 136 口，产气井 39 口，总日产气 1.99×10⁴m³，临储压力比 0.29，平均单井日产气 509m³（表 1-2-12）。

表 1-2-12　研究区不同类型典型开发单元的生产情况统计

类型	单元	2020 年 12 月井底流压 /MPa	2020 年 12 月套压 /MPa	解吸压力 / MPa	临储压力比	单井平均产量 / (m³/d)	
						产水量	产气量
一类区	Ⅰ	1.00	0.20	5.1	0.81	6.25	3322
二类区	Ⅱ	1.13	0.19	5.0	0.62	8.20	1661
三类区	Ⅴ	0.65	0.04	2.3	0.29	9.60	509

6）剩余储量评价

通过数值模拟，Ⅰ 单元剩余含气量为 1.93～5.61m³/t，平均为 3.58m³/t，剩余含气量高值区主要分布在区块西部埋深区和北部地区，是后续开采的有利区，剩余资源丰度平均为 0.5×10⁸m³/km²。Ⅲ 单元剩余含气量为 1.56～8.62m³/t，平均为 5.53m³/t，采出量相对较少，剩余含气量高值区主要分布在西部地区，剩余资源丰度平均为 0.3×10⁸m/km²，资源开采潜力较大。

7）开发调整建议

根据上述研究成果提出了研究区完善井网及滚动扩边方案，选择一类区作为保德区块完善井网和滚动扩边部署主体区域，二类区西部鼻状构造作为重点扩边区域，编制开发方案，"十三五"期间共计部署完善井网井 43 口和滚动扩边井 192 口。

通过完善井网和滚动扩边，有效弥补了保德区块产量递减，2020 年 12 月产量为 $137\times10^4\mathrm{m}^3/\mathrm{d}$，其中完善井网和滚动扩边产量为 $14\times10^4\mathrm{m}^3/\mathrm{d}$，占比 10.2%。保德区块完善井网和滚动扩边累计增加产气量 $4788\times10^4\mathrm{m}^3$，新增 PD 储量 $10.19\times10^8\mathrm{m}^3$，取得了明显的经济效益。

第三节　煤层气井压力传播规律

一、煤层气开发过程中可能出现的流态

绝大多数的煤层气藏微裂隙系统在初始状态下饱和水，部分含有少量游离气，极少数含有大量游离气（如加拿大西部马蹄形峡谷煤矿）。本书的研究对象为在初始状态下微裂隙系统饱和水的煤层气藏。随着煤层气井的开采，煤层气藏内部压力降低，且以类似漏斗形状分布，即井底形成低压区，越远离井底，压力越高。值得注意的是，现场煤层气井开采过程中认为存在一个特定的煤层压力值，当井底流压高于该值时，煤层内部不发生气体解吸现象，微裂隙中保持单相水状态，而一旦井底压力低于该值，吸附气开始解吸并进入裂隙系统，会导致裂隙系统的流态发生从单相水向气水两相流的转变，这个压力被称为临界解吸压力。现场技术人员通过记录第一天产气或见套压时的井底流压，将其认为是对应井的临界解吸压力。从理论上而言，气体的吸附—解吸是一个动态平衡过程，一旦煤层压力下降，该平衡被打破即会发生气体解吸，故是否存在临界解吸压力这个概念目前仍然存在较大争议。但该值及上述物理意义被广泛应用于现行商业数值模拟软件与煤层气现场，并取得了较好的应用效果，因此本书依然使用临界解吸压力来开展研究。

如图 1-3-1 所示，煤层气井的全寿命生产周期可以划分为单相水阶段、气水两相阶段和单相气阶段（李相方等，2012；刘东，2014；Baron et al.，1996）。

（1）单相水阶段。

煤层气井开采的第一步是排水降压，排出微裂隙系统中的水，降低煤层压力，在该阶段井底流压较高，一般高于临界解吸压力，因此该阶段的微裂隙中始终是单相水状态，渗流机理为单相水渗流。

（2）气水两相阶段。

① 随着井底流压的进一步降低，某一时刻，井底流压下降至临界解吸压力，此时吸附气开始解吸并进入微裂隙。该时刻仅井底周围的有限区域内煤层压力小于临界解吸压力，所以对应的仅有井底部分区域有解吸气。同时，井底压降有限，解吸气量并不多，还不足以在微裂隙系统中形成连续气流，而是以气泡的形式占据微裂隙壁面，减小有效

流动面积。故此时近井区域的流态为非饱和流，远井区域的流态为单相水流。

② 随着生产的进行，井底流压继续降低，近井区域的气体解吸现象越发明显，该区域的气量增加，形成连续气流，故这个区域的流态是气水两相流。由于呈漏斗状压力分布，稍远离近井区域的压力也开始低于临界解吸压力，但由于压差较小，解吸气量有限，不能形成连续气流，情况与①相同，属于非饱和流。远离近井区域的压力仍然高于临界解吸压力，流态属于单相水流。

（3）单相气阶段。

到了煤层气井的生产后期，煤层气藏全区均发生气体解吸，且含水饱和度已经降至束缚水饱和度，此时的流态属于单相气流。需要注意的是，该情况下煤层气藏仍然在不断发生气体解吸，不断补充地层能量，使得煤层气藏的单相渗流表现得与常规砂岩气藏的单相气渗流不一致，它是有解吸气补充的单相气渗流状态。

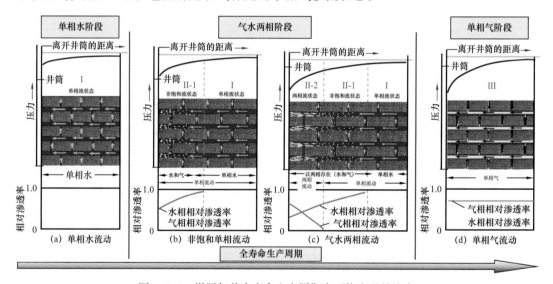

图 1-3-1 煤层气井全寿命生产周期内可能出现的流态

1. 微裂隙单相水渗流微分方程

如图 1-3-2 所示，该情况下煤层气藏内部无气体解吸现象发生，流态为单相水渗流，基于此，给出描述此时微可压缩流体渗流状态的微分方程。假设煤层气井在水平、均质、等厚的圆形地层中心进行生产（傅雪海等，2001；李勇等，2014）。

$$\frac{1}{r}\frac{\partial}{\partial r}\left(r\frac{\partial p}{\partial r}\right)=\frac{\phi\mu_{\mathrm{w}}C_{\mathrm{t}}}{K}\frac{\partial p}{\partial t} \qquad (1-3-1)$$

式中 C_{t}——此时微裂隙中流体的综合压缩系数，为煤岩压缩系数与水压缩系数的加和，MPa^{-1}；

K——微裂隙的绝对渗透率，由于该情况下仅有单相水流动，绝对渗透率即表示水的渗流能力，mD；

p——压力，MPa；

r——与井底的距离，m；

t——生产时间，s；

μ_w——水黏度，mPa·s。

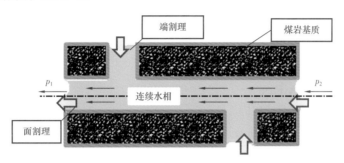

图 1-3-2　煤层气井生产初期的单相水渗流

2. 微裂隙气水两相渗流微分方程

当煤层压力低于临界解吸压力时，解吸气进入微裂隙系统，会使流态从初期的单相水渗流逐步转化为气水两相流。值得注意的是，此处仅讨论气水两相流下的渗流微分方程。图 1-3-3 中展示的气水两相流阶段情况，为近井区域的气水两相流与远井区域的单相水复合渗流，这部分内容不在本节讨论范围内，将在后面详细分析。下面给出适用于煤层气水两相渗流的微分方程。

$$\frac{1}{r}\frac{\partial}{\partial r}\left(r\frac{\partial p}{\partial r}\right) = \frac{\phi C_t}{\lambda_t}\frac{\partial p}{\partial t} \qquad (1-3-2)$$

式中　C_t——气水两相流阶段的综合压缩系数，与单相水阶段的综合压缩系数不同，MPa^{-1}；

λ_t——流度，为渗透率除以流体黏度，mD/（mPa·s）。

$$C_t = S_w C_w + S_g C_g + C_f + C_d \qquad (1-3-3)$$

式中　S_w——微裂隙系统中的含水饱和度；

S_g——微裂隙系统中的含气饱和度；

C_w——水相压缩系数，MPa^{-1}；

C_g——气相压缩系数，MPa^{-1}；

C_f——煤岩压缩系数，MPa^{-1}；

C_d——煤岩解吸压缩系数，物理意义是单位体积煤岩基质块单位时间向微裂隙的供气量，MPa^{-1}。

C_d 假设气体解吸后立即进入裂隙，忽略传输过程，这是煤层气水两相渗流与常规气水两相渗流的区别，反映了气体解吸对两相流的影响。

$$C_{d} = \frac{p_{sc}ZTV_{L}}{pp_{L}Z_{sc}T_{sc}\phi(1+bp)^{2}}$$ （1-3-4）

式中　b——兰氏压力的倒数，MPa^{-1}；

　　　p_{sc}——标准状况下压力，MPa；

　　　Z——气体偏差系数；

　　　T——储层温度，K；

　　　V_{L}——煤岩兰氏体积，m^{3}/m^{3}；

　　　p——煤层压力，MPa；

　　　p_{L}——煤岩兰氏压力，MPa；

　　　Z_{sc}——标准状况下气体偏差系数；

　　　T_{sc}——标准状况下温度，K；

　　　ϕ——煤岩孔隙度。

λ_{t} 表示气水两相流的综合流度，为气相流度与水相流度之和。

$$\lambda_{t} = \frac{K_{g}}{\mu_{g}} + \frac{K_{w}}{\mu_{w}}$$ （1-3-5）

式中　K_{g}——气相渗透率，mD；

　　　K_{w}——水相渗透率，mD。

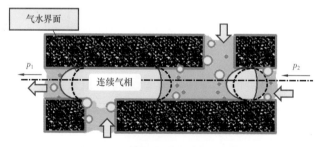

图 1-3-3　煤层气井气水两相渗流

3. 微裂隙单相气渗流微分方程

进入煤层气井生产后期，煤层气藏含水饱和度稳步下降，当含水饱和度低至束缚水饱和度时，煤层气井的流态为单相气渗流，同时要考虑气体解吸的影响。基于此，给出了适用于煤岩微裂隙的单相气渗流微分方程。

$$\frac{1}{r}\frac{\partial}{\partial r}\left(\frac{p}{\mu_{g}Z}r\frac{\partial p}{\partial r}\right) = \frac{\phi C_{t}}{K}\frac{p}{Z}\frac{\partial p}{\partial t}$$ （1-3-6）

该流态下的综合压缩系数 C_{t} 表达式为：

$$C_{t} = C_{g} + C_{f} + C_{d}$$ （1-3-7）

二、各种流态下压力传播速度规律

根据不同流态的渗流微分方程，给出边界条件、初始条件和生产制度（如限定产量或井底压力）即可得到对应流态的压力传播公式，进而分析流态对压力传播速度的影响。这里，假设煤层气井的生产制度是限定井底压力，流体是径向流入井底，不考虑人工裂缝，得到的压力传播公式如下：

$$r = A\sqrt{\frac{\eta t}{C_t}}$$
（1–3–8）

式中　r——压力波前缘与井底的距离，m；

A——常数，它的取值与生产制度和流体渗流过程有关，对于定井底压力的径向流，取值 0.59；

η——当前流态下的流体流度，mD/（mPa·s）；

C_t——当前流态下的综合压缩系数，MPa^{-1}；

t——生产时间，d。

值得注意的是，当煤岩微裂隙中流态为单相流动时，此时流度为单相水或单相气的流度；当流态为气水两相渗流时，此时流度为考虑气水两相的综合流度，具体的流度计算公式已在上文给出。

下面通过式（1–3–8）计算并分析各种流态下的压力传递速度，输入的基本参数见表 1–3–1，采用的相对渗透率曲线如图 1–3–4 所示。

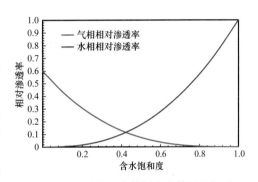

图 1–3–4　计算压力传播速度使用的相对渗透率曲线

表 1–3–1　计算压力传播速度时需要使用的数据

参数	数值	参数	数值
绝对渗透率 /mD	0.5	孔隙度	0.05
水的压缩系数 /MPa^{-1}	0.0004	气体压缩系数 /MPa^{-1}	0.3
解吸压缩系数 /MPa^{-1}	0.2	煤岩压缩系数 /MPa^{-1}	0.005
水黏度 /（mPa·s）	0.8	气体黏度 /（mPa·s）	0.015

1. 不同流态对压力传播速度的影响

图 1–3–5 中展示了不同流态下压力波前缘位置在 100 天内的扩展情况，当含水饱和度为 1 时，显示的是单相水渗流的规律；当含水饱和度为 0 时，显示的是单相气的渗流规律；当含水饱和度介于 0～1 时，为气水两相渗流规律。由图 1–3–5 可知，在某一生产时刻，单相水的压力传播速度最快，其次为单相气，气水两相流情况下的压力传播速度最慢。

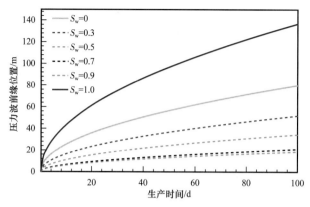

图1-3-5　不同流态下压力波前缘位置与生产时间的关系

单相水快于单相气的原因主要在于气体的压缩系数远大于单相水，数据表中已列出相关参数供对比。而气水两相流的压力传播速度慢于单相流，经过分析，认为有如下原因：

（1）受气水两相相对渗透率曲线控制，流体渗流能力减弱。

单相渗流情况下，流体渗透率即为绝对渗透率，而对于两相渗流的情况，由于两相流体之间相互影响，各相有效渗透率加和在一起会小于岩石的绝对渗透率，这导致多相渗流的渗流能力弱于单相渗流。同时，根据压力传播公式可知，压力传播速度与流体渗流能力之间呈正相关，因此相对渗透率对多相渗流时的压力传播速度具有负面作用（傅雪海等，2003）。

（2）气水两相毛细管压力与高含水饱和度情况下可能存在的贾敏效应会阻碍流体流动。

气水两相渗流时，不可避免地会存在毛细管压力，该力附加在气水界面，流体需要克服毛细管压力才能发生流动，这显然降低了流体流动能力。毛细管压力与孔径成反比，这意味着毛细管压力对小孔隙流体流动的负面影响要大于大孔隙。特别是当煤岩微裂隙系统中含水饱和度较高时，即含气饱和度较少，该情况下气体以离散气泡的形式赋存在煤岩微裂隙，当这些气泡经过尺度较小的孔隙孔喉时，易产生贾敏效应，使得流体的流动能力进一步降低。这些因素均导致两相流压力传播速度变慢。

（3）煤岩基质系统气体解吸，对微裂隙系统的供给增压效果。

煤岩微裂隙系统中的含气饱和度来自基质系统的解吸气，这是煤岩中气水两相渗流与常规气水两相渗流最大的区别。随着煤岩压力的降低，解吸气会不断进入微裂隙，补充微裂隙系统中的气量，达到增压的效果。鉴于压力的传播过程即为气藏压降的过程，供给增压效果使得气藏压力达到一定程度的恢复，自然会减慢压力的传播速度。

2. 气体解吸对压力传播速度的影响

如图1-3-6所示，一方面可以看出随着含水饱和度的降低，煤层压力传播速度呈现先降低后升高的趋势，算例中含水饱和度为0.7～0.9时，压力传播速度最慢，相比于单相水阶段降低了83.3%，而后压力传播速度随着含水饱和度进一步降低而逐渐升高；另一方面可以看出气体解吸对压力传播速度均为负面作用，算例中显示，气体解吸对压力传播速度减慢的幅度随着含水饱和度的增大而增大，当含水饱和度分别为 0.9、0.5 和 0 时，对应的减慢幅度分别为 59.2%、38.5% 和 22.1%，整体而言，气体解吸会降低压力传播速度 34.1%（平均值）。关于气体解吸所带来的供给增压效果对压力传播的影响，已经在上文中给出。此处具体分析，随含水饱和度降低，压力传播速度呈现先降低后升高现象的原因。

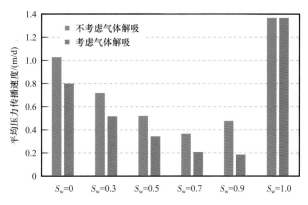

图 1-3-6　不同流态下压力传播速度及气体解吸的影响

当煤岩中的含水饱和度较高时，即气体刚解吸不久，此时气体会以离散气泡的形式赋存于微裂隙中（图 1-3-7），若这些小气泡运动中遭遇细小的孔隙孔喉，容易发生贾敏效应，堵塞孔隙，严重降低压力传播速度。除此之外，气水两相流动时存在毛细管压力，也会伤害流体的渗流能力，降低压力传播速度。

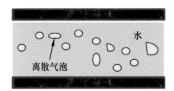 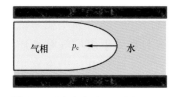

图 1-3-7　高含水饱和度情况下煤岩微裂隙中气水两相渗流
p_c—气水两相毛细管压力，MPa

当煤岩中含水饱和度较低时，上述离散的小气泡变多，两两之间聚并，在微裂隙系统中形成连续气流，同时由于煤岩壁面一般具有弱亲水性质，少部分水相附着在壁面，因此该情况下两相渗流状态类似于气芯水膜。虽然两相之间仍然存在毛细管压力，但毛细管压力的方向并不与流动方向一致（图 1-3-8），与高含水饱和度的情况发生变化。而且低含水饱和度时，煤岩微裂隙中较少存在贾敏效应，故它的压力传播速度相比于高含水饱和度的情况并不会减弱太多。低含水饱和度时的压力传播速度低于单相气的主要原因在于少量水相堵塞渗流通道，降低了有效渗流截面。

图 1-3-8　低含水饱和度情况下煤岩微裂隙中气水两相渗流

三、基质解吸气对压力传播的影响

聚焦于解吸气在基质孔隙中的传输能力，进一步研究基质系统向煤岩微裂隙系统的供气增压效应。压力传播指的是由于煤层气井开采而在煤层气藏微裂隙系统中引起压力降传播过程，上述供气增压效应不断补充微裂隙压力，一定程度上延缓了传播速度。

1. 基质孔隙到微裂隙的传输能力与压力传播关系

如上所述，煤层具有双重孔隙结构（张松航等，2008），其中基质系统孔隙尺度小，充当气藏的储气空间，微裂隙系统渗流能力强，是沟通井底与煤层的主要通道。开井生产后，煤层压力降低，气体从基质系统中解吸，并从基质系统传输到微裂隙系统，再经由微裂隙系统渗流到井底，地面煤层气井开始产气。值得注意的是，微裂隙系统尺度大，流体渗流机理明确，可由多相渗流理论描述；但是与之相比，气体从基质系统到微裂隙系统的传输机理仍存在较大争议，本节将定量化研究该问题。此外，本书提到的压力传播指的是煤岩微裂隙系统中的压力降传播过程，而非基质系统内的压力传播。煤层气藏与常规油气藏压力传播的差异在于煤岩基质系统随着降压过程会不断解吸气体，对微裂隙系统构成供给增压效果，达到补充微裂隙系统能量的目的，延缓煤层气藏的压力传播过程。

常规煤层气开发理论认为从基质系统到微裂隙可通过 Fick 扩散理论表征，在上文中已经分析了该理论的不合理之处：（1）Fick 扩散驱动力来自浓度差，而主要以单一甲烷组分存在的煤层气不满足该条件；（2）扩散可根据克努森数分为多种扩散类型，煤层气开发是降压过程，其中必然包括多种扩散类型，通过单一 Fick 扩散表征煤层开发全过程中基质系统到微裂隙的传输能力，显然是不合理的。本书认为解吸气从基质孔隙到微裂隙的传输属于窜流，其驱动力为基质系统与微裂隙系统之间的压力差，类似于裂缝型油气藏的窜流。根据上文关于煤层气藏地质演化过程的描述，煤岩基质系统不仅是储气空间，而且是生气地点，导致其压力会高于微裂隙系统。此外，煤层气井开始开采后，微裂隙系统也会率先排水降压，因此基质系统与微裂隙系统存在压力差具有合理的理论基础（石军太等，2013）。

1）基于浓度差驱动的 Fick 扩散模型

常规煤层气开发理论使用 Fick 扩散模型量化煤岩基质系统向微裂隙系统的气体传输能力，基本公式如下：

$$q = \frac{\partial V_m}{\partial t} = \frac{1}{\tau}\left[V_E\left(p_f\right) - V_m\right] \tag{1-3-9}$$

式中　　q——单位煤基质向微裂隙扩散的气量，m^3/d；

V_m——煤岩基质系统的平均含气量，m^3/m^3；

τ——吸附 / 解吸时间，d；

V_E——煤岩在微裂隙压力下的含气量，m^3/m^3；

p_f——煤基质压力，MPa。

基于式（1-3-9）对时间进行积分，得到单位体积煤岩在单位时间内从煤岩基质系统向微裂隙系统的扩散量表达式。

$$Q=\int q\mathrm{d}t = \left(V_{\mathrm{c}} - V_{\mathrm{E}}\right)\left(1-\mathrm{e}^{-\frac{t}{\tau}}\right) \tag{1-3-10}$$

式中　V_{c}——煤岩在临界解吸压力下的含气量，$\mathrm{m^3/m^3}$；

　　　Q——扩散量，$\mathrm{m^3/d}$。

上述公式在以往诸多文献中有详细的推导过程，在此不再赘述。

2）基于压差驱动的窜流模型

用窜流模型表征解吸气从基质孔隙到微裂隙的传输能力时，需要确定的参数为基质孔隙系统的表观渗透率与基质块的形状因子。如上所述，基于煤层的原始气水分布，依次推导了气孔以及含水原生孔的表观渗透率模型，故窜流模型中的渗透率可通过上述公式计算。针对基质块的形状因子，不同的基质块形状对应着不同的形状因子，该参数的确定主要依赖于基质块具体的形状，本书中认为其是常数，不考虑该因素对解吸气窜流量的影响。

引入拟稳态条件下的窜流方程，描述解吸气从基质系统向微裂隙系统的传输能力，具体公式如下：

$$q_{\mathrm{m}} = \frac{\alpha\,\overline{\rho}K_{\mathrm{m}}}{2\overline{\mu}\,\overline{p}}\left(p_{\mathrm{m}}^2 - p_{\mathrm{f}}^2\right) \tag{1-3-11}$$

式中　q_{m}——解吸气窜流量，$\mathrm{m^3/d}$；

　　　K_{m}——煤岩基质系统的渗透率，mD；

　　　p_{m}——煤岩基质系统压力，MPa；

　　　p_{f}——微裂隙系统压力，MPa；

　　　$\overline{p}$——平均压力，MPa；

　　　$\overline{\rho}$——平均压力下的气体密度，$\mathrm{kg/m^3}$；

　　　$\overline{\mu}$——平均压力下的气体黏度，$\mathrm{mPa\cdot s}$；

　　　α——煤岩基质块的形状因子。

观察式（1-3-11）可知，解吸气的窜流过程是由煤岩基质系统与微裂隙系统之间的压差触发的，同时窜流量与基质渗透率成正比。通过 Fick 扩散模型得到了扩散量与时间的关系，为了更好地对比扩散模型与窜流模型之间的具体差异，接下来有必要通过窜流模型得到窜流量与时间的关系。

进一步，从基质系统连续性方程出发，结合上述拟稳态条件下的窜流方程，推导在单位时间内煤岩基质系统向微裂隙系统的窜流量计算公式。

$$Q = \frac{T_{\mathrm{sc}}\phi C_{\mathrm{t}}^*}{2ZTp_{\mathrm{sc}}}\left(p_{\mathrm{m}}^2 - p_{\mathrm{f}}^2\right)\left[1-\exp\left(-0.0864\frac{\alpha K_{\mathrm{m}}}{\mu\phi C_{\mathrm{t}}^*}t\right)\right] \tag{1-3-12}$$

式中 C_t^*——基质系统的综合压缩系数，反映煤岩基质中自由气与吸附气随着压力降低体现出的压缩性质，见式（1-3-13）。

值得注意的是，式（1-3-13）的推导过程与裂缝型油藏窜流量方程类似，在此不再赘述。

$$C_t^* = C_g + C_d \qquad （1-3-13）$$

式中 C_g——气体压缩系数，MPa^{-1}；

C_d——解吸压缩系数，MPa^{-1}。

$$C_d = \frac{ZTp_{sc}}{\phi_m T_{sc}} \frac{V_L p_L}{p_m (p_m + p_L)^2} \qquad （1-3-14）$$

3）两种模型计算结果对比与评价

上述分别基于以浓度差驱动的 Fick 扩散理论与以压力差驱动的窜流理论得到了煤岩基质系统向微裂隙系统的传输量计算公式。需要注意的是，两套理论的计算表达式所需参数不同，Fick 扩散理论中用扩散系数表征传输能力，而窜流理论中以煤岩基质渗透率表征传输能力。输入表 1-3-2 中设置的基本参数，对比两种模型的计算结果。

表 1-3-2 煤岩基质系统向微裂隙系统传输的基本参数

参数	数值	参数	数值
兰氏体积 /（m^3/m^3）	28	扩散系数 /（m^2/d）	$10^{-8} \sim 10^{-5}$
兰氏压力 /MPa	2	煤岩基质渗透率 /mD	$10^{-11} \sim 10^{-8}$
临界解吸压力 /MPa	3.5	原始地层压力 /MPa	4

值得注意的是，Fick 扩散理论中的扩散系数可通过吸附—解吸时间计算得到。Langmuir 吸附—解吸参数可通过室内实验测得，临界解吸压力与原始地层压力可以根据煤层气藏生产实际情况估算。煤岩基质渗透率则可通过气孔以及含水原生孔的表观渗透率模型计算得到。此外，对于扩散系数与基质渗透率的取值均依据已有文献中室内实验测得数据，保证其数值在合理范围内。假设微裂隙系统压力始终为 1MPa，分别用两套理论计算边长为 1cm 的煤岩基质块在 60 天内的累计产气量，结果如图 1-3-9 和图 1-3-10 所示。

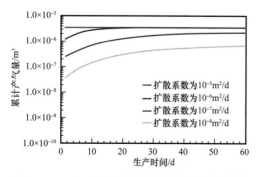

图 1-3-9 基于浓度差驱动 Fick 扩散理论计算的累计产气量

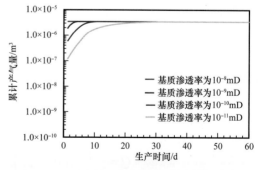

图 1-3-10 基于压力差驱动窜流模型计算的累计产气量

由图 1-3-9 可见，在同一生产时间内，扩散系数越大，对应的累计产气量越大。由图 1-3-10 可见，基质渗透率对累计产气量有积极影响。图 1-3-9 和图 1-3-10 中的累计产气量最终都汇聚于同一值，这是由于本书计算的是具有固定体积的煤岩基质块向外界的传输量，该最大值即为该基质块中原始储存的吸附气量。两种方法计算的累计产气量均与各自传输能力直接相关，扩散系数对累计产气量的影响大于基质渗透率，例如扩散系数为 $10^{-8}\text{m}^2/\text{d}$ 时累计产气量在 60 天内无法达到最大传输量；而当基质渗透率为 10^{-11}mD、10^{-10}mD、10^{-9}mD 和 10^{-8}mD 时，气体均能在短时间内（0.1 天、2 天、8 天和 30 天）产出，即窜流量能够在较短时间内达到最大传输量，表明基质孔隙的传输能力不是控制解吸气向微裂隙系统供给的主导因素。

由图 1-3-9 和图 1-3-10 可知，两种模型表征的解吸气从基质系统向微裂隙系统的传输能力表现基本一致，只是在数值上存在些许差异。但需要注意的是，基质系统的表观渗透率与克努森数相关，即与煤层压力、温度和孔隙尺度有关，因此在煤层气藏降压开发过程中，基质渗透率会不断发生变化。基于上文中气孔以及含水原生孔隙表观渗透率模型，基质渗透率在生产过程中会逐渐变大，结合图 1-3-9 和图 1-3-10 可知，随着压力的降低，解吸气从基质系统向微裂隙系统的传输能力会越来越强。

2. "四类"煤储层中基质孔隙到微裂隙传输能力评价

上文中提到，不同热成熟阶段会催生不同的孔隙类型与尺度，同时不同煤岩沉积历史也会影响煤岩孔隙形态，最终导致不同地区的煤岩对应截然不同的原始煤层气水分布特征。不同的气水分布特征将影响解吸气的产出模式与潜力，本节旨在研究气水分布特征对解吸气从基质孔隙到微裂隙传输能力的控制作用。首先，基于原始气水分布特征，将煤层划分为"四类"煤储层（图 1-3-11），下面依次详细介绍各类储层流体分布及其控制作用。

（1）一类煤储层中有机质生气能力有限，导致气孔不发育，而且基质系统中自由气含量低，绝大部分以吸附态形式赋存，如图 1-3-11（a）所示。结合上文内容可知，煤层气的产出符合基质系统解吸—基质系统向微裂隙系统窜流—微裂隙系统渗流的流程，一方面基质内大部分吸附气属于固液界面吸附范畴，即饱和吸附气的基质块被水包围，此类吸附气很难解吸；另一方面缺少气孔以及含水的原生孔隙，基质系统表观渗透率必然很低，导致基质系统向微裂隙系统的窜流能力很受限制。一类煤储层中丰富的植物组织孔不仅自身采出难度大，而且增大了与之串联的气孔采出难度，使整体开发效率变低。综合上述两方面因素，一类煤储层的产气效果不佳。

（2）二类煤储层中有机质生气能力变强，气孔较发育，基质系统内会出现大量自由气，如图 1-3-11（b）所示。这部分自由气排挤走原生植物组织孔中的液态水，在原生孔隙中形成了水膜气芯的形态，该内容已给出详细描述。相比于一类煤储层，二类煤储层中的气孔数量以及含水原生孔隙数量增加，使得解吸气的窜流能力大幅度加强，因此二类煤储层的产气效果优于一类煤储层。

（3）三类煤储层生气能力进一步升高，气孔数量增多，大部分煤岩的基质系统中出现自由气，意味着含水原生孔数量大量增加，如图 1-3-11（c）所示。解吸气的窜流能力进一步加强，同时，与一类煤储层相比，很多属于固液界面的吸附气变化为固气界面，让这部分吸附气容易解吸并参与到煤层气产出过程，这在一定程度上增加了煤层气藏有效储量，因此其开采效果比一类、二类煤储层要好。

（4）四类煤储层生气能力最强，气孔数量最多，同时有机组分生成的气体大量进入原生孔隙，绝大部分基质系统充满自由气，如图 1-3-11（d）所示。该气水分布特征一方面大幅度增加了气孔与含水原生孔数量，极大地增强了解吸气窜流能力；另一方面发育的气孔中气体还能最大限度地驱替植物组织孔中的液相水，使其可能发生由固液界面向固气界面的转变，进而增大了固气界面面积，让吸附气更容易解吸。综合上述两方面因素，四类煤储层的产气效果最优。

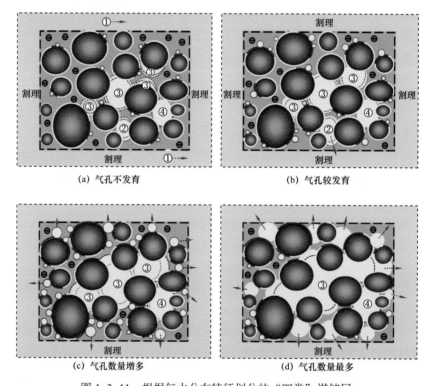

图 1-3-11　根据气水分布特征划分的"四类"煤储层
① 游离气；② 距离割理较近的煤岩基质气体；③ 距离割理较远的煤岩基质气体；④ 位于基质中心处的煤岩基质气体

3. 基质孔隙到微裂隙的传输能力对压力传播的控制作用

基质系统解吸气进入微裂隙系统，会补充微裂隙系统能量，延缓煤层气藏的压力降落过程，自然也会减慢压力传播过程，这便是解吸气对微裂隙的供给增压效应。此外，需要强调的是，气体从基质孔隙到微裂隙的传输能力受两方面控制，一方面是气体解吸，即原始吸附气能否顺利从有机组分表面解吸成为自由气；另一方面是气体从基质系统向微裂隙系统的窜流能力。根据上文可知，窜流能力主要受基质系统表观渗透率控制，而气体解吸主要与煤岩固气界面与固液界面的相对比例有关，即与煤储层气水分布有关。

对于气体解吸难易程度，固气界面下气体的吸附与解吸是动态平衡过程，表明吸附气能够随着煤层压力下降而顺利解吸，固液界面气体几乎不能解吸。还需要注意的是，煤岩基质系统中的水很难在生产过程中排出，煤层气井生产初期的排水过程是排出微裂隙系统中的水，表明煤储层的气水分布特征不会随着生产的进行而发生改变。因此，在一定程度上，煤储层的气水分布决定了有效可动用储量，尽管有些煤岩吸附能力强，但由于内部固液界面比例高，大部分吸附气无法形成自由气，因此也无法参与窜流过程，形成地面产气。因此，煤储层的气水分布对气体解吸的影响是控制气体从基质孔隙到微裂隙传输能力的重要因素。

解吸气从基质系统到微裂隙系统的窜流能力主要受基质渗透率控制，在渗透率相差4个数量级的情况下，固定体积煤岩中的自由气仍然能够在短时间内完成窜流，这表明基质渗透率对窜流能力的影响不大。煤储层的气水分布会影响基质渗透率，表明气水分布特征虽然是影响气体解吸的重要因素，但对窜流能力影响有限。同时，需要指出的是，煤岩的微裂隙密度一般较大，大约为几百条每米，这意味着基质块与微裂隙之间距离较短，短时间内即可通过窜流进入微裂隙，因此窜流能力对气体从基质孔隙到微裂隙传输能力的控制作用有限，不是主要因素。既然煤层气的窜流过程影响有限，应该着重研究基质系统气体解吸能力及后续微裂隙系统中渗流过程对煤层气产出的影响。

常规室内实验将煤岩烘干后测量其吸附—解吸特征，该处理方式人为破坏煤岩固有的气水分布特征，会让原始的固液界面强行转化为固气界面，实验结果的吸附量可供参考，但解吸数据必然高估了实际煤岩解吸能力。鉴于此，可通过修正最大兰氏体积考虑煤岩基质系统气水分布对气体解吸的限制作用。而对于解吸气窜流部分，研究显示窜流能力对解吸气从基质孔向微裂隙的传质过程影响较小，对微裂隙中压力传播和煤层气井产气的重要作用是气体解吸与微裂隙中的渗流。当然，考虑基于气孔与含水原生孔表观渗透率的窜流过程可以更清晰地刻画微裂隙中的压力传播过程，提高产气预测精度，但建立考虑上述窜流过程的方程必然复杂，因为还涉及基质系统孔径分布、连通性，以及压力、温度的影响，导致其后期求解难度必然很大，其在煤层气藏的现场应用将受到很大限制。本章是从微观角度研究解吸气从基质系统向微裂隙系统的传输过程，后续内容将从宏观角度研究微裂隙系统压力传播及其对产气的影响，为了增强后续研究内容对现场的应用性，后文中将忽略本章的窜流过程，将简化煤层气的产出流程为基质系统解吸与微裂隙系统渗流，即认为基质系统中解吸气能够快速进入微裂隙，这一论断在本章通过详细理论以及量化研究得到了确定，故该假设具备理论基础，为合理假设。在下一代基于解吸—窜流—渗流产气流程的煤层气数值模拟软件开发过程中，本章内容可作为其微观传输理论。

四、煤层气井解吸区扩展与压力传播关系

解吸区即煤层气藏中煤层压力低于临界解吸压力的区域，它的面积大小直接决定了煤层的解吸能力，进而影响煤层气井的开采效果与经济效益，是非常值得关注的生产技术指标。通过煤层气藏压力分布近似计算方法，在给定压力波前缘与解吸区前缘后即可

确定整个煤层的压力分布。本节介绍解吸区扩展与压力传播的关系。

从煤层气井压力传播过程出发，将压力传播过程划分为如下 5 种情况（图 1-3-12），下面依次讨论各种情况下的解吸区扩展。

情况 1：煤层气井刚生产一段时间，此情况下井底流压高于临界解吸压力，而且压力波前缘还未到达煤层气藏边界，此时解吸区还未扩展 [图 1-3-12（a）]。

情况 2：煤层气井井底流压的下降速度较慢，该情况下仍然高于临界解吸压力，因此煤层内部是单相水渗流，压力传播速度快，压力波前缘已经到达边界，解吸区还未扩展 [图 1-3-12（b）]。

情况 3：煤层气井井底流压的下降速度较快，该情况下已经低于临界解吸压力，所以近井区域已经发生气体解吸现象，则近井区域的流态是气水两相渗流，导致整体的压力传播速度变慢。该情况下，压力波前缘未到达边界，解吸区已经开始扩展。值得注意的是，当井底流压下降慢时，则煤层气藏压力传播将从情况 1 转变为情况 2；若下降快，煤层气藏压力传播将从情况 1 变为情况 3。同一口煤层气井的生产过程只能包括情况 2 和情况 3 中的一种情况 [图 1-3-12（c）]。

情况 4：无论是情况 2 还是情况 3，随着进一步的煤层气井开发，井底流压下降，煤层气藏压力分布均会转变为情况 4。在该情况下，压力波前缘到达边界，且解吸区继续扩展 [图 1-3-12（d）]。

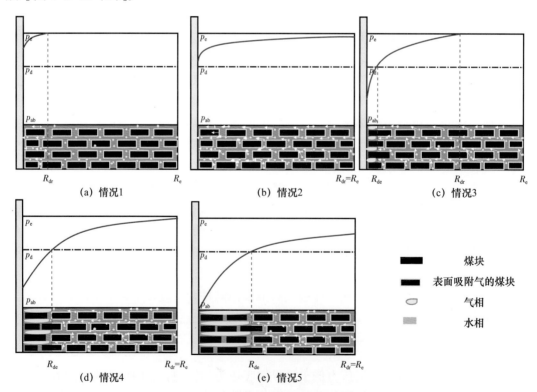

图 1-3-12　煤层气井压力传播的 5 种情况

p_e—原始煤层压力，MPa；p_d—临界解吸压力，MPa；p_{ab}—煤层气井废弃压力，MPa；R_{de}—煤层解吸区半径，m；R_{dr}—煤层压力波前缘与井底的距离，m；R_e—煤层气藏边界，m

情况 5：井底流压下降至设定的最低压力，解吸区继续扩展，压力波前缘到达边界且边界压力稍高于临界解吸压力，煤层气藏整体接近全区解吸［图 1–3–12（e）］。

结果显示：随着含水饱和度降低，两相流压力传播速度呈现先迅速降低后缓慢上升的趋势。当含水饱和度较高时，气体以离散气泡或段塞大气泡的形式赋存在割理中，经过细小孔喉时，容易引发贾敏效应，会严重伤害流体渗流能力；当含水饱和度较低时，气泡之间相互聚并，气体在割理中形成连续气流，渗流能力随着含水饱和度进一步降低而恢复。

第四节　煤层气井产能评价技术

一、煤层气水两相流条件下产能评价方法

1. 考虑动态渗透率的气相、水相拟压力

在煤层气井的生产全寿命周期中，煤层气藏的绝对渗透率会因为应力敏感和基质收缩因素的综合影响不断发生变化（邓泽等，2009）。与此同时，随着压力降低，气体解吸会导致煤层中含水饱和度下降，进而在相对渗透率曲线的影响下使得气相、水相相对渗透率也不断发生变化。因此，煤层气藏中气相、水相渗透率均会随着煤层压力的降低而变化。值得注意的是，这些动态变化的物性参数均直接影响煤层气井的生产动态。在构建适用于煤层气井的产能方程时，需要考虑这些动态变化因素，而常规砂岩气藏的产气、产水方程中均未考虑动态气相、水相渗透率随着压力的变化过程，其中产气方程通过气相拟压力考虑了甲烷的高压物性随着压力的变化过程，产水方程认为绝对渗透率不发生变化。鉴于此，可以看出常规砂岩气藏的气相、水相产能方程不能用于描述煤层气井的产能动态。

$$m_{\mathrm{Gas}} = 2\int_{p_{\mathrm{base}}}^{p} \frac{p}{\mu_{\mathrm{g}}Z}\mathrm{d}p \qquad\qquad (1\text{--}4\text{--}1)$$

式中　m_{Gas}——气相拟压力，MPa²/（mPa·s）；

　　　p——压力，MPa；

　　　Z——气体偏差系数；

　　　μ_{g}——气体黏度，Pa·s。

2016 年，Clarkson 和 Qanbari 提出了适用于煤层气井的气相拟压力［数学表达式见式（1–4–2）和式（1–4–3）］，并认为该拟压力考虑了气相相对渗透率随着煤层压力的变化关系，能够用于准确预测煤层气井产气动态。但是，Clarkson 和 Qanbari 当时是通过数值模拟手段得到煤层压力与含水饱和度的关系，缺乏相应的数学表达式来求取煤层压力与含水饱和度的关系。因此，Clarkson 和 Qanbari 基于高渗透煤层气藏（10～100mD）的压力、饱和度梯度可以忽略的假设，即认为煤层气藏的压力分布、饱和度分布可由平均

压力、平均含水饱和度表示。平均含水饱和度可以通过煤层气藏的物质平衡方程求得。但是，该方程存在明显缺点，一方面是实际的煤层气藏大多具有低渗透特征，不满足上述关键假设条件，即煤层气藏存在明显的压力分布与饱和度分布特征，简单地应用平均压力、平均含水饱和度会造成预测结果与实际数据存在较大偏差；另一方面该方程不考虑煤层绝对渗透率的动态变化特征。

$$m_{Gas} = 2\int_{P_{base}}^{p} K_{rg}(p)\frac{p}{\mu_g Z}\mathrm{d}p \tag{1-4-2}$$

$$m_{Gas} = 2K_{rg}(\overline{S_w})\int_{P_{base}}^{p} \frac{p}{\mu_g Z}\mathrm{d}p \tag{1-4-3}$$

式中　K_{rg}——气相相对渗透率；

　　　S_w——平均含水饱和度。

鉴于此，在常规拟压力的基础上，本节提出新型气相拟压力。值得注意的是，为同时考虑煤层气藏中的压力分布、饱和度分布与绝对渗透率变化对产气的影响，拟压力中包含气相渗透率项，其计算方程见式（1-4-4），为绝对渗透率与气相相对渗透率的乘积，其中绝对渗透率与气相相对渗透率均是煤层压力的函数。

$$m_{Gas} = 2\int_{P_{base}}^{p} K_g(p)\frac{p}{\mu_g Z}\mathrm{d}p \tag{1-4-4}$$

$$K_g(p) = K(p) \times K_{rg}(p) \tag{1-4-5}$$

式中　K_g——气相渗透率，mD；

　　　K——绝对渗透率，mD。

相似地，本节还提出了用于计算煤层气井产水量的水相拟压力公式：

$$m_{Water} = \int_{P_{base}}^{p} K(p)K_{rw}(p)\mathrm{d}p \tag{1-4-6}$$

式中　m_{Water}——水相拟压力，$MPa^2/(mPa \cdot s)$；

　　　K_{rw}——水相相对渗透率。

2. 煤岩绝对渗透率与煤层压力的关系

本章第三节介绍了煤层气藏微裂隙系统的孔隙度随压力变化的关系，即当煤层压力高于临界解吸压力时，孔隙度在应力敏感作用下降低；当煤层压力低于临界解吸压力时，基质收缩因素会缓解应力敏感对孔隙度的负面作用（乔奕炜等，2018）。根据煤层压力求取孔隙度的计算公式已在本章第三节中给出。对于煤岩，其微裂隙系统对流体的绝对渗流能力与孔隙度之间满足立方定律，因此煤岩微裂隙的绝对渗透率也可以被描述为压力的函数（徐兵祥，2013）。

$$K = K_i \left(\frac{\phi}{\phi_i} \right)^3 \tag{1-4-7}$$

式中 K_i——原始情况下的煤岩微裂隙渗透率，mD；

K——当前煤层压力下的煤岩微裂隙渗透率，mD；

ϕ——当前煤层压力下的煤岩微裂隙孔隙度；

ϕ_i——原始情况下的煤岩微裂隙孔隙度。

对于给定压力的情况，先计算微裂隙系统孔隙度的变化，再根据式（1-4-7）得到绝对渗透率。

3. 煤层气水两相流条件下产能公式

上文提出的气相、水相拟压力考虑了气相渗透率、水相渗透率动态变化特征，基于此，建立了适用于煤层气井的产能方程，见式（1-4-8）。其中，拟压力之差可通过式（1-4-10）或式（1-4-11）右侧的积分项计算得到，其数学意义是气相拟压力或水相拟压力与煤层压力关系曲线的包络面积（王伟光，2020）。

$$q_g = \frac{774.6h\big[m_{Gas}(p_e) - m_{Gas}(p_{wf})\big]}{T \ln\left(\dfrac{r_e}{r_w} \right)} \tag{1-4-8}$$

$$q_w = \frac{0.543h\big[m_{Water}(p_e) - m_{Water}(p_{wf})\big]}{\mu_w \ln\left(\dfrac{r_e}{r_w} \right)} \tag{1-4-9}$$

$$m_{Gas}(p_e) - m_{Gas}(p_{wf}) = 2\int_{p_{wf}}^{p_e} K_g(p) \frac{p}{\mu_g Z} \mathrm{d}p \tag{1-4-10}$$

$$m_{Water}(p_e) - m_{Water}(p_{wf}) = \int_{p_{wf}}^{p_e} K(p) K_{rw}(p) \mathrm{d}p \tag{1-4-11}$$

式中 q_g——煤层气井产气量，m³/d；

q_w——煤层气井产水量，m³/d；

h——煤层厚度，m；

μ_w——水黏度，Pa·s；

r_e——解吸半径，m；

r_w——井筒半径，m。

下面介绍煤层气藏解吸区的物质守恒方程，即定量表征解吸区扩展与地面产气量之间的关系。与此同时，本章通过考虑煤岩动态渗透率特征，结合煤层压力与饱和度关系曲线，提出了适用于煤层气井的气相产能方程，同样描述解吸区前缘与地面产气量的关系。本节中考虑煤层气藏的初始含水饱和度为1，则未解吸区对产气没有贡献，基于此，上述气相产能方程可修改为：

$$q_{\mathrm{g}} = \frac{774.6h\left[m_{\mathrm{Gas}}(p_{\mathrm{d}}) - m_{\mathrm{Gas}}(p_{\mathrm{wf}})\right]}{T\ln\left(\dfrac{r_{\mathrm{d}}}{r_{\mathrm{w}}}\right)} \qquad (1\text{-}4\text{-}12)$$

一般的产气方程中，式（1-4-12）中的临界解吸压力（p_{d}）、解吸区前缘（r_{d}）应分别为边界压力（p_{e}）、煤层气井控制半径（r_{e}）。但考虑到煤层气藏具有低渗透特征，压力传播速度较慢，而且生产过程中气水两相流会进一步降低传播速度，让煤层气藏解吸区扩展过程极其缓慢，会伴随着煤层气井绝大部分生产阶段。因此，式（1-4-12）中使用 r_{d} 而非 r_{e}。同时，在未解吸区，没有气体解吸现象发生，气相饱和度为零，根据拟压力曲线可知，仅当井底流压低于临界解吸压力时才会出现地面产气，因此式（1-4-12）中使用 p_{d} 而非 p_{e}。

式（1-4-12）适用于煤层气藏解吸区还未到达边界的情况。当煤层气藏达到全区解吸，意味着解吸区前缘将不再往外扩展，而且边界压力会持续下降，式（1-4-12）将不再适用于该情况，此时的煤层气井产气方程如下：

$$q_{\mathrm{g}} = \frac{774.6h\left[m_{\mathrm{Gas}}(p_{\mathrm{e}}) - m_{\mathrm{Gas}}(p_{\mathrm{wf}})\right]}{T\ln\left(\dfrac{r_{\mathrm{e}}}{r_{\mathrm{w}}}\right)} \qquad (1\text{-}4\text{-}13)$$

上述内容给出了未压裂煤层气井的产量预测方法，在实际煤层气藏的开发过程中，鉴于煤岩微裂隙系统渗透率较低，现场一般采用压裂直井的开发方式改善储层渗流状况，提高开采效率（张贝贝，2019）。因此，有必要给出适用于压裂煤层气井的产量预测方法。本书中的产量预测方法均是通过耦合解吸区物质守恒方程与气相产气方程，由于压裂煤层气井的解吸区物质守恒方程已在本章第三节给出，此处给出压裂煤层气井的产气方程即可，具体耦合步骤与未压裂煤层气井一样。

当煤层气藏未达到全区解吸时，压裂煤层气井气相产量方程如下：

$$q_{\mathrm{g}} = \frac{774.6h\left[m_{\mathrm{Gas}}(p_{\mathrm{d}}) - m_{\mathrm{Gas}}(p_{\mathrm{wf}})\right]}{T\ln\left(\dfrac{r_{\mathrm{a}} + r_{\mathrm{b}}}{L_{\mathrm{f}}}\right)} \qquad (1\text{-}4\text{-}14)$$

式中　r_{a}——压裂煤层气井椭圆形解吸区的长半轴，m；
　　　r_{b}——压裂煤层气井椭圆形解吸区的短半轴，m；
　　　L_{f}——水力裂缝半长，m。

裂缝煤层气井解吸区是以裂缝两端为焦点的椭圆，存在如下关系式：

$$r_{\mathrm{a}}^2 = r_{\mathrm{b}}^2 + L_{\mathrm{f}}^2 \qquad (1\text{-}4\text{-}15)$$

随着煤层气藏的降压开发，压力降逐渐往外传播，压裂煤层气井解吸区形状将由椭圆逐渐转化为圆形，意味着解吸区的短半轴将逐渐接近于长半轴，当煤层气藏达到全区解吸时，压裂煤层气井的气相产量方程为：

$$q_{\mathrm{g}} = \frac{774.6h\left[m_{\mathrm{Gas}}(p_{\mathrm{e}}) - m_{\mathrm{Gas}}(p_{\mathrm{wf}})\right]}{T\ln\left(\dfrac{2r_{\mathrm{e}}}{L_{\mathrm{f}}}\right)}$$（1-4-16）

4. 基于产能方程采用理论法评价气井产能——以保 3-01 向 2 井为例

预计最大日产气量为 1670m³（图 1-4-1），井底压力预测曲线如图 1-4-2 所示。

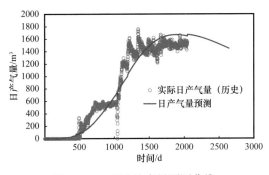

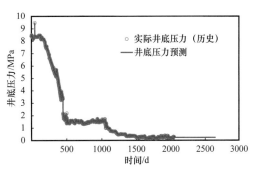

图 1-4-1　理论法产量预测曲线　　　　　图 1-4-2　井底压力预测曲线

实际最大产气量为 1779.65×10⁴m³（图 1-4-3），产能符合率达 95.6%。

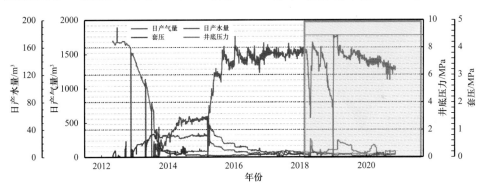

图 1-4-3　实际生产曲线

截至 2020 年 9 月 1 日，平行裂缝 / 垂直裂缝压力波及范围分别为 240m/190m（图 1-4-4）。受应力敏感影响，解吸区渗透率明显降低。压力与渗透率关系如下：

$$K_{\mathrm{f}} = K_{\mathrm{fe}}\mathrm{e}^{c_{\mathrm{f}}(p_{\mathrm{f}} - p_{\mathrm{i}})}$$（1-4-17）

$$K = K_{\mathrm{e}}\mathrm{e}^{c_{\mathrm{k}}(p - p_{\mathrm{i}})}$$（1-4-18）

式中　K_{f}——裂缝渗透率，mD；

　　　K_{fe}——原始裂缝渗透率，mD；

　　　c_{f}——裂缝应力敏感系数；

　　　p_{f}——目前裂缝压力，MPa；

　　　p_{i}——原始裂缝压力，MPa；

  K——基质渗透率，mD；

  K_e——原始基质渗透率，mD；

  c_k——基质应力敏感系数；

  p——目前基质压力，MPa；

  p_i——原始基质压力，MPa。

  依据式（1-4-18），渗透率分布由压力分布求得。储层渗透率平面/立体分布如图1-4-5所示。

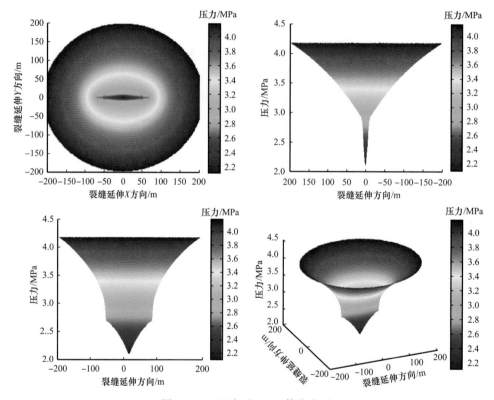

图1-4-4　压力平面/立体分布图

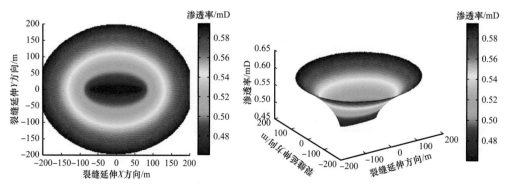

图1-4-5　储层渗透率平面/立体分布图

二、基于煤层气井产量影响量化指标耦合模型的产能评价方法

1. 煤层气井的产能影响因素

"十二五"期间，国内煤层气开发技术快速发展，取得了大量的实验分析测试和生产数据，煤层气井产能评价研究取得了一定的成果，然而仅局限在对个别井点、观察点（孙仁远等，2019），煤储层具有双孔隙系统，煤岩基质和割理系统相互交错，这种特征对其解吸、渗流作用具有重要影响，尤其进入气水两相流阶段时，煤层气井产能评价和预测比较困难。煤储层渗流机理复杂且影响产能因素较多，产能评价得到的预测产量与实际产量之间存在较大差异。

煤层气单井稳定产气量与其控制范围内的资源条件、保存条件、可采条件和排采特征等因素密切相关（石永霞等，2018），而煤层非均质性强，单井产气差异大。保德区块主要位于中国山西省忻州市保德县境内，构造位置位于鄂尔多斯盆地东缘北部晋西挠褶带北段，区块地形复杂（党枫，2020）。自2010年保德区块开展勘探评价，2011年井组试采，2012年开展产能建设，已建成产能$9.32×10^8 m^3/a$、在建产能$2.03×10^8 m^3/a$，成为我国首个中低煤阶煤层气开发示范基地。基于保德区块完备的动静态参数及测试资料，以保德区块为样本，阐述资源条件、保存条件、可采条件和排采特征4类影响因素（刘海龙等，2014），包括煤层厚度、含气量、封盖能力、构造、埋深、水文地质条件、渗透率（试井）、最高产水量、见套压产水量、开机压力、临界解吸压力、临储压力比、地表条件、井底压力、单位压降产气量变化15项产能影响指标（杜悦等，2017）。

表1-4-1 保德区块北部单井稳产影响因素分析

影响因素	参数	排采1单元	排采2单元	排采3单元
资源条件	煤层厚度/m	8.5/16	8.0/13	7.2/10.7
	含气量/（m^3/t）	8.2/8.8	7.0/8.1	5.9/6.2
保存条件	封盖能力（顶底板岩性、厚度、面积系数）	泥岩为主，所占区域>80%，泥岩厚度>2m	泥岩为主，所占区域>80%，泥岩厚度>2m	泥岩为主，所占区域50%~80%，泥岩厚度>2m
	构造	整体构造简单，但局部有起伏，可能和单井间产气差异有关	整体构造简单，但局部有起伏，可能和单井间产气差异有关	整体构造简单，但局部有起伏，可能和单井间产气差异有关
	埋深/m	500~1000	500~1000	500~1000
	水文地质条件	矿化度值2000~5000mg/L	矿化度值1000~4000mg/L	矿化度值800~3000mg/L

续表

影响因素	参数	排采 1 单元	排采 2 单元	排采 3 单元
可采条件	渗透率（试井）/mD	6.0/4.0	6.0/5.0	4.5/5.5
	最高产水量 /m³	37	39	46
	见套压产水量 /m³	20.14	24.29	30.75
	开机压力 /MPa	6.24	7.76	7.07
	临界解吸压力 /MPa	5.29	5.18	3.83
	临储压力比	0.85	0.66	0.55
	地表条件	梁、峁（村庄、道路、水源、文物影响不大）	梁、峁（村庄、道路、水源、文物影响不大）	梁、峁（村庄、道路、水源、文物影响不大）
排采特征	井底压力	是生产压差的基础，需逐井分析	是生产压差的基础，需逐井分析	是生产压差的基础，需逐井分析
	单位压降产气量变化	需逐井分析	需逐井分析	需逐井分析

注：表中煤层厚度、含气量和渗透率的数据分别为 5 号煤层与 8 号煤层的数据。

1）资源条件是稳产的前提

保德区块北部的样品测试井数较少，含气量主要通过仅有数据进行推测，进而计算资源量，这对于排采单元整体预测已经足够，但单井稳产水平预测需要进一步精确到单井控制范围内，资源量才足以体现单井间的差异性（周睿，2017）。

单井控制范围内资源量求取首先需要对其对应范围内的含气量进行精细刻画，煤层气目前主要的含气量测试方法均需现场试验或室内实验，但从全区看测试程度必然不同，同时从经济可行性和气田开发管理要求上，难以对每一口生产井的含气量进行求取，因此，通过直接或间接法综合判断每一口煤层气井的含气量。

单位面积等效资源量高，单井最高历史产气量也较高，两者存在较好的相关性（图 1-4-6）。

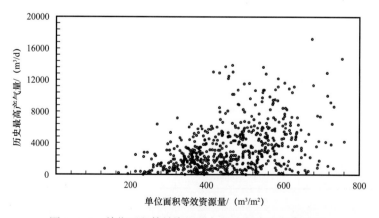

图 1-4-6　单位面积等效资源量与历史最高产气量关系

单位面积上的等效资源量是影响单井产气量的重要量化因素之一，是稳产的前提条件。

2）保存条件是稳产的必要条件

保德区块北部煤层顶底板泥岩封盖性较好，统计结果表明，埋深与历史最高产气量间并无明显相关性，因而，埋深对单井产气量无明显影响（图1-4-7）。

保存条件对单井产气量的影响主要体现在构造差异和矿化度高低两个方面。从统计结果上看，北部整体构造对产气量影响不明显，但局部波状起伏与产气量有较好的对应关系。对产气量造成影响的实际是局部构造的高差大小，为了便于比较，将构造放在同一水平面进行分析，这样就消除了地层倾角对构造形态的影响。

局部构造高差越大，单井最高历史产气量也越高，两者存在较好的正相关性，证明局部构造高差也是影响单井产气量的重要因素之一（图1-4-8）。

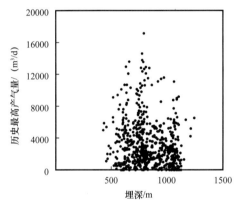

图1-4-7　埋深与历史最高产气量关系　　　图1-4-8　局部构造高差与历史最高产气量关系

同时，矿化度值也存在类似的相关性，矿化度越高，单井最高历史产气量也越高，两者存在较好的正相关性，局部构造高差、矿化度高低是保存条件中影响单井产气量的重要因素，是稳产的必要条件（图1-4-9）。

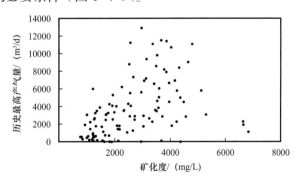

图1-4-9　矿化度与历史最高产气量关系

3）可采条件是稳产的重要保障

开机压力、临界解吸压力与单井产气量直接关系不明显，主要是埋深的变化导致两种压力变化，为了消除这种影响，使用临储压力比进行分析。

临储压力比越高，单井历史最高产气量也越高，临储压力比在0.7以上时排采井更容易实现高产，因此，临储压力比也是影响单井产气量的重要因素之一（图1-4-10）。

同时，历史最高产水量、见套压产水量均与单井历史最高产气量存在较好的相关性（图1-4-11），历史最高产水量和见套压产水量分别在35m³/d以下及25m³/d以下时单井更容易高产，因此两者也是影响单井产气量的重要因素。

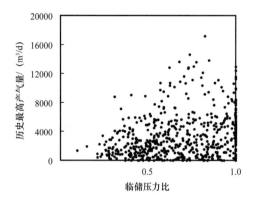
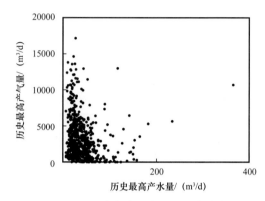

图1-4-10　临储压力比与历史最高产气量关系　图1-4-11　历史最高产水量与历史最高产气量关系

4）资源条件、保存条件及可采条件小结

资源条件是稳产的前提，保存条件是稳产的必要条件；单位面积上的等效资源量越高，局部构造高差越大，矿化度值越大，单井历史最高产气量也越高（图1-4-12至图1-4-17）。

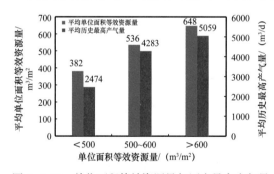
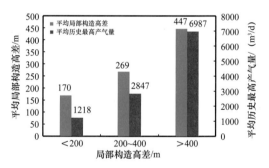

图1-4-12　单位面积等效资源量与历史最高产气量　　图1-4-13　局部构造高差与历史最高产气量关系
　　　　　　关系

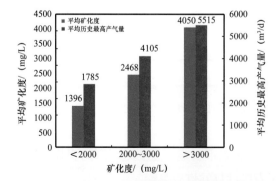
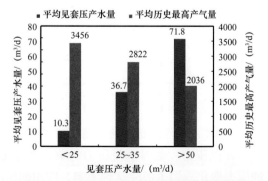

图1-4-14　矿化度与历史最高产气量关系　　图1-4-15　见套压产水量与历史最高产气量关系

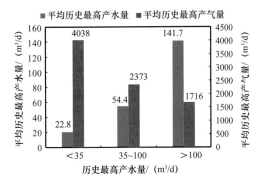 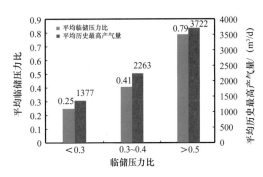

图 1-4-16　历史最高产水量与历史最高产气量关系　图 1-4-17　临储压力比与历史最高产气量关系

5）排采特征是稳产的决定性因素

单井产气量与井底流压存在相对复杂的幂关系，是影响单井产气量的重要因素之一。

$$\frac{p_{\text{开}}^2 - p_{\text{wf}}^2}{Q_{\text{气}}} = \frac{A}{Q_{\text{气}}^n} \quad \frac{p_{\text{开}}^2 - p_{\text{wf}}^2}{Q_{\text{水}}} = \frac{B}{Q_{\text{水}}^k} \qquad （1-4-19）$$

式中　$p_{\text{开}}$——地层静压，MPa；

　　　p_{wf}——井底流压，MPa；

　　　$Q_{\text{气}}$——产气量，m^3/d；

　　　$Q_{\text{水}}$——产水量，m^3/d；

　　　$Q_{\text{气}}^n$——产气量的幂关系式，n 为其幂指数（通过实际参数拟合获取）；

　　　$Q_{\text{水}}^k$——产水量的幂关系式，k 为其幂指数（通过实际参数拟合获取）；

　　　A——气体幂关系方程系数；

　　　B——水体幂关系方程系数。

在实际排采过程中，随着产气量的变化，单位压降所对应的产气量变化均呈现出先增大后逐步降低的趋势，其中单位压降所提高产气量达到峰值时，既不超过地层自然增产能力，也有利于单井效益最大化，也是排采井进行稳产的重要依据之一。

6）小结

确定了单位面积等效资源量、局部构造高差等效高度、矿化度值、临储压力比、历史最高产水量、见套压产水量、井底压力、单位压降所提高产气量共 8 项量化指标（表 1-4-2），为确定单井稳定产气量的量化影响因素。

2. 产能评价指标与分析方法

在煤层气井压力传播研究的基础上形成了煤层气水两相流条件下产能评价方法；在产能影响因素分析基础上，形成了参数拟合法、曲线推测法和直接求取法 3 种煤层气井产能评价指标与评价方法。

量化指标分为见气前静态指标和见气后动态指标两大类，并以此建立参数拟合法、曲线推测法及直接求取法 3 种单井稳定产气量分析方法，分别从地质、工程及排采角度进行评价（图 1-4-18），下面逐个进行分析。

表 1-4-2　煤层气井产能影响因素

影响因素	分析指标
资源条件	单位面积等效资源量 / (m³/m²)
保存条件	局部构造高差等效高度 /m
	矿化度 / (mg/L)
可采条件	临储压力比
	历史最高产水量 / (m³/d)
	见套压产水量 / (m³/d)
排采特征	井底压力 /MPa
	单位压降所提高产气量 / [(m³/d) /MPa]

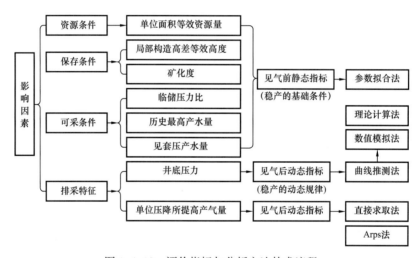

图 1-4-18　评价指标与分析方法技术流程

1）参数拟合法

确定单井稳定产气量时，资源条件、保存条件及可采条件中的 6 项指标是稳产的基础条件，煤层气单井在后期反映出来的排采效果是这些条件综合作用的一个结果（李召兵，2017），因此将 6 项指标与历史最高产气量进行拟合（图 1-4-19）。

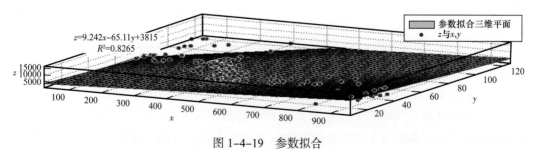

$z=9.242x-65.11y+3815$
$R^2=0.8265$

图 1-4-19　参数拟合

$$x = \frac{R_{等} \times \Delta H_{等} \times T \times B}{10^6} \qquad (1\text{-}4\text{-}20)$$

$$y = Q_{水}^{\max} + Q_{水}^{见} \qquad (1\text{-}4\text{-}21)$$

$$z = Q_{气}^{\max} \qquad (1\text{-}4\text{-}22)$$

通过最高产气量求取的模型可以直接根据相关数据求取或预测每一口井的最高产气量，但要求取每一口单井的稳定产气量需进一步找到最高产气量和稳定产气量之间的关系。

$$Q_{气}^{\max} = 9.242 \times \frac{R_{等} \times \Delta H_{等} \times T \times B}{10^6} - 65.11 \times (Q_{水}^{\max} + Q_{水}^{见}) + 3815 \qquad (1\text{-}4\text{-}23)$$

式中　$Q_{气}^{\max}$——最高产气量，m^3/d；

　　　B——临储压力比；

　　　$R_{等}$——单位面积等效资源量，m^3/m^2；

　　　$Q_{水}^{\max}$——历史最高产水量，m^3/d；

　　　$Q_{水}^{见}$——见套压产水量，m^3/d；

　　　$\Delta H_{等}$——等效构造高度差，m；

　　　T——矿化度，mg/L。

根据单井及其井组中排采效果得出的单井稳定产气量经验值与最高产气量进行分析，两者存在较好的线性关系（图1-4-20）。

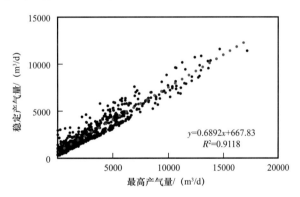

图 1-4-20　保德区块北部最高产气量与经验单井稳定产气量关系

$$Q_{稳} = 0.6892 Q_{气}^{\max} + 667.83 \qquad (1\text{-}4\text{-}24)$$

通过转换得到稳定产气量和各参数之间关系：

$$Q_{气}^{\max} = 6.3696 \times \frac{R_{等} \times \Delta H_{等} \times T \times B}{10^6} - 44.874 (Q_{水}^{\max} + Q_{水}^{见}) + 3297.13 \qquad (1\text{-}4\text{-}25)$$

2）曲线推测法

煤层气井产气后产量动态变化曲线符合幂关系，通过调整得到类似于常规气藏的拟稳态方程，因此借鉴其分析方法进行分析（图1-4-21、图1-4-22）。

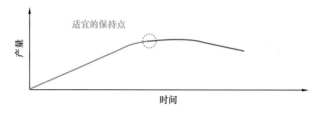

图1-4-21　曲线推测法示意图

$$\frac{p_{\text{开}}^2 - p_{\text{wf}}^2}{Q_{\text{气}}} = \frac{A}{Q_{\text{气}}^n}$$（1-4-26）

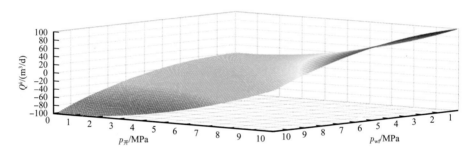

图1-4-22　多因素曲线推测法应用

根据拟稳态方程，将煤层气在地层的流态分为层流和紊流两部分，其中层流状态导致地层能量的消耗低于紊流状态，更利于气藏开发，因此通过曲线分析得出应保持的稳定产气量。

$$p_{\text{开}}^2 - p_{\text{wf}}^2 = a(Q_{\text{气}}^k)^2 + bQ_{\text{气}}^k$$（1-4-27）

式中　$Q_{\text{气}}^k$——单井产气量的幂关系式，k为其幂指数，常规天然气k值为1；

$a(Q_{\text{气}}^k)^2$——紊流部分；

$bQ_{\text{水}}^k$——层流部分。

3）直接求取法

为找到更加简单的方法，对产气井的"井底流压降低使得产气量提高"和"井底流压回升导致产气量降低"两个典型阶段中压力变化所引起的产量变化进行了分析。

研究分析表明，井底流压回升和产量下降速度会逐步加快，$\dfrac{\Delta Q_{\text{降}}}{\Delta p_{\text{升}}}$呈现出先升高后下降的变化规律，$\dfrac{\Delta Q_{\text{降}}}{\Delta p_{\text{升}}}$是井底流压自然回升、产量自然降低的变化速度，它反映了煤储层本身的最大弹性恢复能力，是增产速度的极限。因此，为保护储层，增产不应超过该自然增产能力，即合理情况下 $\dfrac{\Delta Q_{升}}{\Delta p_{降}} \leqslant \dfrac{\Delta Q_{降}}{\Delta p_{升}}$。

随着产气量的提升，$\dfrac{\Delta Q_{升}}{\Delta p_{降}}$ 呈现逐步上升、趋于稳定及逐步下降 3 种变化趋势，且存在峰值。通过对比，仅当其处于趋于稳定状态的峰值时，既不超过地层自然增产能力，也有利于单井经济效益的最大化，是稳产最佳时机，并以此得到对应的稳定产气量及稳产流压。

因此，$\dfrac{\Delta Q_{升}}{\Delta p_{降}}$ 作为判断煤层气排采井进行稳产的重要参数。理想状态下，当 $\dfrac{\Delta Q_{升}}{\Delta p_{降}}$ 达峰值时就应进行稳产，即其达峰值时是煤层气排采井由上产阶段步入稳产阶段的分界点，此时对应的产气量为稳定产气量，对应的井底流压为稳产流压。实际排采中可将稳定产气量及稳产流压控制在峰值附近。

综上分析，找到了 3 种适合保德区块北部煤层气井稳定产气量的确定方法，分别为参数拟合法、曲线推测法及直接求取法，为下一步单井稳定产气量的预测提供了重要依据。

4）Arps 法

通过理论与实践相结合，由不同类型煤层气井递减分析到研究不同渗透率下煤层气井递减类型，从定性分析到定量分析，形成产量递减分析方法，确定煤层气递减井未来产能。

在气井分类的基础上，进一步分析 3 类气井 Arps 法的递减类型。

首先，现有的气井分类方法（刘明宽，2018），主要通过无阻流量（常规）及产量（常规、非常规）等指标进行分类，而由于划分界限的主观性强，并不能科学地反映不同类气藏的气井产量特征。因此，借鉴经济学洛伦兹曲线（武男等，2018），基于统计学及大数据分析方法，对产量和井数进行归一化处理，建立了产量分布曲线划分递减井类型，为进行气井 / 气藏的产量分析、产能预测及评价奠定基础（图 1-4-23）。

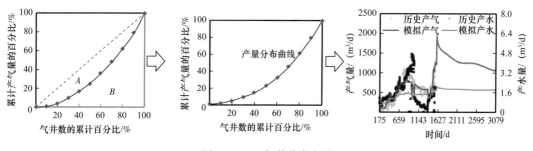

图 1-4-23　气井分类方法

产量分布曲线：一个区块（井组）内，x 轴为"由产量最少气井到产量最多的气井"井数累计百分比，y 轴为对应各井数百分比下的累计产气量百分比，连接成的曲线。

特征值：导数为 1 的物理意义为区块每增加 1% 的井对全区产量贡献增加 1%，以此划分高产井与低产井。

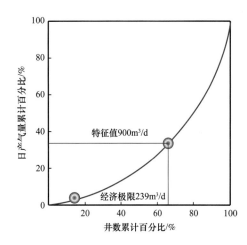

图 1-4-24 韩城区块产量分布曲线图

生产应用（刘彦飞，2016）：

以特征值划分高产井（Ⅰ类）与低产井（Ⅱ类、Ⅲ类），以经济极限产量划分低产低效井（Ⅱ类）及无效井（Ⅲ类）。由此划分的不同类气井既有明确的物理意义，又有准确的数学描述（图 1-4-24）。

井类型不同，递减类型不同。Ⅰ类井、Ⅱ类井符合双曲递减或调和递减，Ⅲ类井多为指数递减（后期调和递减）。原因：煤层气吸附特性（单位压差下解吸气量多）；基质收缩效应（孔隙的有效空间增大，渗透率升高）；井间干扰出现。

渗透率不同，递减类型不同。渗透率越大，递减点越高，递减类型依次表现为指数递减（渗透率不大于 0.1mD）、调和递减（渗透率 0.1～1.0mD）和双曲递减（渗透率不小于 1mD）。

渗透率不大于 0.1mD 时递减曲线为：

$$D = \frac{D_i}{1 - D_i(t - t_0)} \qquad (1-4-28)$$

$$Q = Q_i[1 - D_i(t - t_0)] \qquad (1-4-29)$$

渗透率为 0.1～1.0mD 时递减曲线为：

$$D = D_i = c \qquad (1-4-30)$$

$$Q = Q_i e^{-D_i(t - t_0)} \qquad (1-4-31)$$

渗透率不小于 1mD 时递减曲线为：

$$D = \frac{D_i}{1 + nD_i(t - t_0)} \qquad (1-4-32)$$

$$Q = \frac{Q_i}{[1 + nD_i(t - t_0)]^{1/n}} \qquad (1-4-33)$$

式中 D——递减率，%；

       D_i——初始时刻递减率，%；

       t——时间，d；

       t_0——初始时间，d；

       c——常数；

       n——递减指数。

5）理论计算法

上述的煤层气水两相流条件下产能评价方法已详细介绍，此处不再赘述。

三、煤层气井产能评价方法应用实例

1. 煤层气井产能评价方法优选

优选韩城区块和保德区块共 30 口煤层气井进行产能评价。5 种方法求取稳定产气能力与实际产气量吻合度为 82%～91%，符合率较高，综合评价方法可用于煤层气井产能评价（表 1-4-3）。

借鉴常规气井评价思路，针对不同生产阶段的煤层气井，在产能影响因素分析基础上，研究形成了适合煤层气井的产能综合评价方法（参数拟合法、曲线推测法、直接求取法、Arps 法和理论计算法）。总结 5 种方法的优缺点，开展产气能力差异原因分析（表 1-4-4）。

表 1-4-3 韩城区块和保德区块煤层气井进行产能评价

区块	井号	产气量 / (m³/d)				
		参数拟合法	曲线推测法	直接求取法	理论稳定产量	实际最大产量
韩城	宜 3-16 向 3	1591	1841	1691	1656	1686
	宜 3-16 向 4	825	1108	925	893.3	928
	宜 4-01	2641	2921	2741	2709	2748
	宜 4-01 向 2	5263	5504	5363	5327.1	5432.1
	宜 4-02	2278	2502	2378	2340.4	2147
	宜 4-02 向 1	735	1008	835	802.3	887.4
	宜 4-02 向 3	4715	4916	4815	4775.1	4583
	宜 4-03	4078	4280	4178	4138.2	3908
	宜 4-03 向 4	666	919	766	731.3	955
	宜 4-13	3483	3764	3583	3551.1	3269
	宜 4-13 向 1	594	831	694	657.7	672.9
	宜 4-13 向 2	3205	3421	3305	3266.6	3283
保德	保 1-2 向 4	5027.17	4506.55	4216.01	4465.41	6922.31
	保 1-3	5946.67	4923.85	4705.34	5019.16	8092.27
	保 1-3 向 3	9443.56	8890.30	8213.89	8662.74	11085.41
	保 1-4	4802.83	4103.59	3888.10	4135.69	5092.44
	保 1-4 向 2	2706.62	1448.39	1592.75	1772.22	1797.36
	保 1-4 向 3	3777.70	2805.08	2765.58	2979.85	3903.38

续表

区块	井号	产气量 / (m³/d)				
		参数拟合法	曲线推测法	直接求取法	理论稳定产量	实际最大产量
保德	保 1–4 向 4	4934.16	4269.94	4031.91	4283.77	5048.77
	保 1–4 向 5	5080.61	4455.44	4192.27	4448.89	5466.24
	保 1 向 2	9244.89	8535.80	7925.13	8372.28	10598.46
	保 1 向 3	8571.92	7747.40	7232.56	7654.89	9819.24
	保 1–01 向 2	10902.20	9989.56	9292.93	9823.77	14032.95
	保 1–01 向 4	8988.91	8179.70	7622.77	8063.08	9789.75
平均		4180.71	4008.49	3782.44	3894.54	4636.466
相对误差 /%		9.83	13.54	18.42	16.00	

表 1–4–4　5 种方法求取的产气能力差异及原因分析

方法	评估侧重点	与实际生产吻合度 /%	差异的原因	适用条件
参数拟合法	单井的静态稳产能力	91	（1）部分井单排等层位影响； （2）压裂后实际沟通面积小于计算面积； （3）各过程不可避免的储层伤害等	样本空间足够大
曲线推测法	单井的动态发展能力	87	（1）流体在地层中流动不可避免的能量损失； （2）流体在近井地带及射孔炮眼不可避免的能量损失； （3）管网压力、回压等不可避免的能量损失； （4）煤粉影响等井下工况复杂带来的能量损失等	峰值产量已出现
直接求取法	单井的实际生产情况	82	（1）各单井投产、见效等时间差异引起； （2）井下及设备故障等原因引起差异等	生产制度发生变化
Arps 法	单井的产量递减情况	90	（1）流动未达到拟稳态； （2）煤粉影响等井下工况复杂带来的能量损失等	气田开发中后期，单井产量递减明显
理论计算法	单井的生产能力	84	（1）基本假设； （2）参数的准确度	需要实际产量数据进行修正（历史拟合）

　　上述 5 种方法求取稳定产气能力与实际产气量吻合度为 82%～91%，符合率较高，形成了适合煤层气井的产能综合评价技术。进入递减期的煤层气井采用 Arps 法。在动静态参数完整前提下，采用参数拟合法与理论计算法进行综合评价，煤层气井产能评价技术可用于煤层气井产能评价，为制订煤层气藏的稳产方案和改进措施提供依据。

2. 煤层气井产能评价技术应用于生产制度优化

1）单井排采——结合生产科学稳产

根据单井评价的稳产能力，结合检泵、产量调整等生产实际对产气量进行调整：一方面未达到稳产水平，修井后逐步提高至合理水平；另一方面略高于稳产水平，修井后适当降低至合理水平。

2）单元排采——细化差异连片调产

在排采单元及小分区划分的基础上，进一步划分了1个高产稳产区、3个稳产区及3个排水降压区，根据单井所在位置进行针对性调控，形成了良好的连片调整态势，充分发挥面积排采的优势。

3）区块排采——剖析结构整体控产

通过对产量组成结构的剖析，按产量组成分为中—低产井（低于2000m³/d）和中—高产井（高于2000m³/d），分别分析其井数及产气量比例，这有利于针对性调产。其次，定义产气量/井数，以衡量组成结构的稳定性。定义单井检泵可能损失，以衡量不同组成下每出现一口井下故障井可能的损失量（表1-4-5、图1-4-25）。

表1-4-5　保德区块北部产量构成分析

产量/m³/d	井数/口	井数占比/%	产量占比/%	井数分类占比/%	产量分类占比/%	单井检泵损失概率/m³	单井检泵引起产气量损失/m³
<1000	208	33	6	56	20	1500	
1000～2000	144	23	15				
2000～3000	102	16	17	44	80	5000	4300
3000～4000	77	12	19				
4000～5000	43	7	13				
5000～6000	17	3	6				
6000～7000	13	2	6				
7000～8000	11	2	6				
>8000	19	3	12				

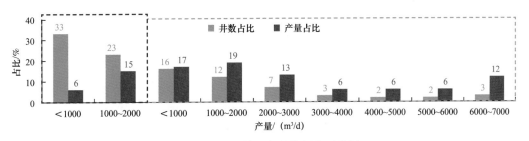

图1-4-25　区块北部整体调产思路图

第二章　煤层气高效开发及开发指标优化技术

随着国内煤层气的大规模开发和有序推进，对于煤层气高效开发的要求和标准越来越高。针对"十二五"期间，煤层气开发理论研究缺乏大量现场动态监测数据做依托、煤层气藏井网设计较少考虑非均质性、煤层气参数指标优化关键技术尚不成熟、方案设计的技术经济适应性尚待研究等问题，本章以"十三五"国家油气重大专项项目"煤层气高效增产及排采关键技术研究"课题2"煤层气高效开发及开发指标优化技术"研究成果为依托，从煤层气井生产动态监测技术研究入手，获取理论计算所用的关键生产参数，通过方法研究和技术攻关，建立了煤层气开发指标预测体系，形成了井网井型优化部署、煤层气开发指标预测和煤层气开发经济评价与风险评估等技术，系统阐述了煤层气藏开发规律，为优化合理配产制度、制订科学生产计划、充分挖掘储层资源剩余潜力、"甜点区"优选及井网优化调整、完善井网等方面提供重要依据，为煤层气高效开发提供理论与技术支持。

第一节　煤层气生产动态监测技术

针对煤层气井的动态监测，现阶段还没有成熟的技术体系，煤储层开发动态特征仍主要依赖于理论研究。随着煤层气开发的大规模展开和深入进行，煤层气生产动态监测工作对煤层气藏高效开发及指标优化研究就显得越来越重要，煤层气开发理论的研究还需要大量真实可靠的现场动态监测数据做依托。"十三五"期间，以鄂尔多斯盆地东缘韩城、保德煤层气区块为例，通过多种生产测试技术和动态分析方法，分析了煤层气生产过程中的层间干扰和井间干扰规律，加深了气藏地质认识，为优化井网、井距和开发层系组合提供了技术支持。

一、技术概述

煤层气生产动态监测是煤层气田开发过程中的一项常规且重要的工作，无疑是气田开发的重要组成部分。煤层气藏动态分析结果正确与否，很大程度上取决于动态监测数据的系统性与可靠性。监测的数据将为煤层气井网部署和开发指标优化提供重要的生产参数。

我国煤层气产业起步较晚，煤层气田的生产动态监测工作大都借鉴常规油气田的测试技术和手段。但由于煤层气赋存方式和开采机理不同，测试技术与手段也与常规天然气存在一定差别。煤层气的主要赋存状态是吸附，开采方式为排水降压采气，产能试井无法开展；煤层气井采用有杆泵排采，流（静）梯度需使用偏心井口过环空测试，测试工艺与常规钢丝试井不同；由于吸附/解吸的存在，压力恢复多在地层压力降至解吸压力之前测试，且需专门的测试管柱进行抽排/恢复测试；产气阶段的压力恢复测试的解释与常规天然气差别较大。

煤层气生产动态监测主要包括5个方面，如图2-1-1所示。其中，煤层气层间干扰及井间干扰测试与研究可以直接得到分层产能贡献、井网井距的合理性认识，对煤层气田高效开发、制定合理开发技术政策起着至关重要的作用。

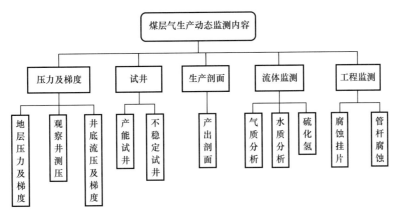

图2-1-1 煤层气生产动态监测内容

二、煤层气层间干扰研究方法及应用

通过生产测试和动态分析的手段，研究鄂尔多斯盆地东缘石楼北区块、韩城区块和保德区块的开发实践规律，系统总结出一套研究层间干扰的测试分析方法。首先，落实各产层产气贡献率，揭示不同煤层产气贡献率特征，并落实主力产层。其次，落实各产层之间是否存在层间干扰，确定干扰程度。最后，在开发方案优化方面，若干扰较强则以主力产层单层开发，若干扰较弱或无干扰则合层开发，实现开发目标层系优化；在老区综合治理工作方面，若干扰强，则通过封堵非主力产层提高主力产层产量贡献率，若干扰弱或无干扰，则补充打开新层增加合层排采产量贡献率。

1. 煤层气井产出剖面测试技术

1）煤层气井产出剖面测试技术现状

"十二五"期间及之前研究层间干扰现象时，只能凭借打不同层系单层开发井、合层开发井，进行对比分析，或用常规油气田测试手段进行分析。但是，通过打井的方式耗资巨大、周期长，不利于开发及时调整（马兵，2010），而且应用常规油气田测试手段，由于生产方式和工具的限制，导致测试结果只能用于定性分析，不能获取精确数据进行定量分析（朱洪征等，2018）。因此，针对煤层气井生产特点，研发了一套煤层气井产出剖面测试技术，为煤层气田动态监测和优化开发方案提供了技术支撑。

2）高精度煤层气产出剖面测试仪

"十二五"期间及之前使用的产出剖面测井技术都是针对油水两相流，可以解释油井生产过程中的产油、产水量。而油水两相流与气水两相流的流型、流态差别很大，因此，测量油水两相流的仪器并不适用于煤层气井气水两相流的测量。测量技术在流量范围、工艺等方面存在局限性，如仪器外径偏大，容易遇卡，导致施工成功率低（高建申等，2016）。针对生产需求及现有技术的局限，对煤层气井测井仪进行了整体的系统化设计和研发，形成一种下井可进行多种测试技术测量的新型煤层气井产出剖面测井仪。

"十三五"期间研发的新型煤层气井产出剖面测井仪具有机械和电路结构紧凑、高度集成的特点，实现了高可靠、紧凑型机械结构布局（仪器长度350mm），可同时进行温度、压力、磁性定位、热式流量、探针持气、微波持气、涡轮流量、超声流量等多参数测量。高集成度、高精度主控芯片的设计，在简化电路的同时提高了仪器精度和抗干扰能力，并研制了采用虚拟示波技术、支持Relogging功能、多任务多窗口的便携地面系统。

与常规油气测试仪器及同类技术（如伞形产出剖面测试仪器）相比，既缩小体积适应了煤层气排采井油套环空狭小的特点，又提高了测试效率。在充分考虑保证机械强度的条件下，采用钛钢和特殊轻质材料，以提高仪器的耐压、耐腐蚀能力。采用紧凑的结构设计，整套仪器包括3个独立短节，各短节之间采用标准化机械接口连接，如图2-1-2所示。该仪器适合多层合采的煤层气井，可明确各产层产能状况（产气量、产水量），确定主力产水、产气层，相关技术指标见表2-1-1。

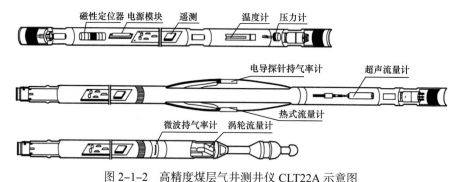

图 2-1-2　高精度煤层气井测井仪 CLT22A 示意图

表 2-1-1　煤层气井测井仪 CLT22A 技术指标

基本尺寸	仪器总长 3500mm，仪器外径 22mm
适用环境	耐压 60MPa，耐温 150℃（3h）
涡轮流量计测量范围	实际测井后可通过热式流量来定性判断
磁性定位器	线圈阻值 2.3kΩ±0.1kΩ（油管、套管均可测）
温度计测量范围	0～150℃（精度 ±1℃，分辨率 0.2℃，时间常数≤2s）
压力计测量范围	0.1～60MPa（精度 0.8%F.S，分辨率 0.03MPa）
热式流量计测量范围和精度	0～1600m³/d（套管内）；精度 3%F.S
电导探针持气率计测量范围和误差	60m³/d（静水中）；精度 ±5%
微波持气率计测量范围和误差	400m³/d（静水中）；精度 ±5%

3）煤层气井生产测试用偏心井口

为配合产出剖面测试的顺利进行，实现连续测试，研发了一种适用于煤层气井配合杆式泵使用的能够使生产、作业、测试可同时进行的偏心井口（图2-1-3），实现了煤层气井正常生产以及修井作业过程中的连续测试。

该项技术的研发提高了气井测试的效率和成功率，对于产出剖面测试，既保证了测试的连续性，又保证了生产的正常进行。其优点有三：第一，油管挂内设有两个竖向通道，第一竖向通道内径60mm的用于排水，第二竖向通道内径32mm的用于测试，互不影响，提高了生产效率。第二，内径60mm的竖向通道可以自由起下ϕ44mm杆式泵，给煤层气井带压投捞杆式泵作业提供极大便利，使得在作业过程中避免拆卸井口导致煤层气井放产、停产、停止测试。而是在正常产气过程中完成作业，避免了产气损失，更重要的是在投捞杆式泵等修井作业过程中继续测试，实现修井不间断测试。第三，设置轴承，使得测试管和排水管柱可以围绕套管中心旋转，克服取下测试仪器过程中的遇阻、遇卡和缠绕油管故障。

4）现场应用

（1）石楼北区块。

研发的高精度煤层气产出剖面测试技术在鄂尔多斯盆地东缘石楼北区块进行现场试验。共测试3口探井，分别为JS2井、Z1井和Z2井。

JS2井位于石楼北区块东北部，于2018年6月开始排采，连续排采一年，于2019年7月进行产出剖面测试，测试时该井套压为1.83MPa，产水量在12m³/d左右，产气量在600m³/d左右，动液面在530m左右，测试结果如图2-1-4所示。

①气相流量分析。

通过测量微波相关气相流量连续曲线，分别在各射孔层位上下计算平均值，所测数据是气水两相雾状流的平均流速折算成的气水相体积流量（表2-1-2），因为气相流量远远大于水相流量，所以气、水两相流量约等于气相流量。

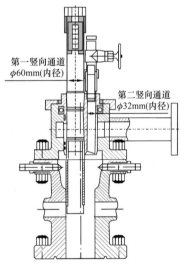

第一竖向通道
ϕ60mm(内径)

第二竖向通道
ϕ32mm(内径)

图2-1-3 煤层气井生产测试用偏心井口示意图

表2-1-2 JS2井产出剖面测井产气解释结果

序号	射孔井段 /m	所属煤层	取点深度 /m	合层产气量 /(m³/d)	分层产气量 /(m³/d)	相对产气 /%
1	790.3～792.7	3号+4号	780～790	595.00	0	0
2	806.8～809.1	5号	800～805	595.00	108.70	18.27
3	866.2～868.8	8号	859～863	486.30	444.70	74.74
4	875.5～879.0	9号	870～874	41.60	41.60	6.99

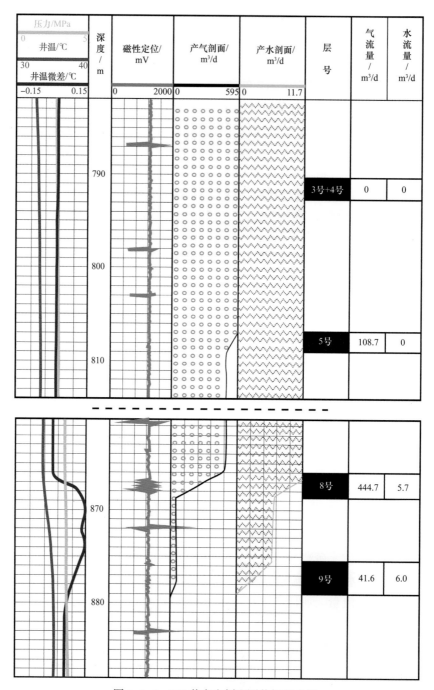

压力/MPa	深度/m	磁性定位/mV	产气剖面/m³/d	产水剖面/m³/d	层号	气流量/m³/d	水流量/m³/d
0 5							
井温/℃							
30 40							
井温微差/℃							
-0.15 0.15		0 2000	0 595	0 11.7			
					3号+4号	0	0
					5号	108.7	0
					8号	444.7	5.7
					9号	41.6	6.0

图 2-1-4　JS2 井产出剖面测井解释成果

由此可以看出，JS2 井 8 号 +9 号煤层产气贡献率为 81.73%，为主力产气层。

② 水相流量分析。

井温微差曲线分别在深度为 866.2～868.8m 和 875.5～879.0m 两处产生正异常，最小二乘法曲线拟合数值与正异常极值的差值分别为 0.02436 和 0.02564，计算得到：

$$Q_{水3}=11.73\times0.02436/（0.02436+0.02564）=5.7（m^3/d）$$

$$Q_{水4}=11.73\times0.02564/（0.02436+0.02564）=6.0（m^3/d）$$

式中　$Q_{水3}$、$Q_{水4}$——表 2-1-2 中序号为第 3、第 4 个射孔井段部位所测量的产水量。

测试结果见表 2-1-3。可以看出，JS2 井 8 号 +9 号煤层产水贡献率为 100%，为主力产水层。

表 2-1-3　JS2 井产出剖面测井产水解释结果

序号	射孔井段 /m	所属煤层	异常差值	分层产水量 /（m³/d）	相对产液 /%
1	790.3～792.7	3 号 +4 号	0	0	0
2	806.8～809.1	5 号	0	0	0
3	866.2～868.8	8 号	0.02436	5.7	48.72
4	875.5～879.0	9 号	0.02564	6.0	51.28

石楼北区块 3 口测试井均为煤层气井，测量水相流量要求以深度驱动为主，即连续测井，且产出剖面属于动态测试，测量气相流量应与测量水相流量具有同时性，并且存在间歇性出水的情况，因此，该解释成果应以连续测井曲线为主，并结合井身结构进行综合分析。3 口井的测试结果见表 2-1-4。

表 2-1-4　测试井产出剖面测井产气产水解释结果

井号	3 号 +4 号 +5 号煤层产气贡献率 /%	8 号 +9 号煤层产气贡献率 /%	3 号 +4 号 +5 号煤层产水贡献率 /%	8 号 +9 号煤层产水贡献率 /%
Z1	25.54	74.46	0	100.00
Z2	0	0	12.73	87.27
JS2	18.27	81.73	0	100.00
平均	21.91	78.10	4.24	95.76

综上所述，石楼北区块两套开发煤层产水、产气均有贡献，其中 8 号 +9 号煤层为主力产气、产水层。该测试成果为石楼北区块 2019 年提交地质储量 315.22×10⁸m³ 提供了支撑，并指导了石楼北区块 2020 年先导开发试验方案的编制，即明确了以 8 号 +9 号煤层进行有利区优选并以水平井单独开发 8 号 +9 号煤层为主的方式，为区块下步开发提供了重要依据。

（2）韩城区块。

韩城区块主要发育 3 号、5 号、11 号煤层，2017—2019 年均匀选取井位，产出剖面测试 12 井次（图 2-1-5）。测试结果显示：5 号煤层为主力产层，产气占比 50%～70%；3 号煤层产气占比 10%～20%，11 号煤层产气占比 20%～30%（表 2-1-5）。该认识明确了 5 号煤层为主力产气层和主力产水层，为 5 号煤层补层压裂、提高储量动用程度提供了重要依据。

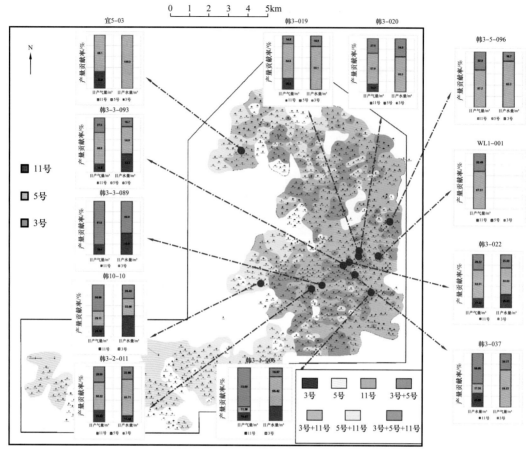

图 2-1-5　鄂东气田韩城区块产出剖面测试井位分布图

表 2-1-5　韩城区块产出剖面测试结果统计

井号	3 号煤层产气贡献率 /%	5 号煤层产气贡献率 /%	11 号煤层产气贡献率 /%	3 号煤层产水贡献率 /%	5 号煤层产水贡献率 /%	11 号煤层产水贡献率 /%
宜 5-03	0	68.00	32.00	0	100.00	0
韩 3-3-093	27.50	58.00	14.50	16.70	50.00	33.30
韩 3-2-011	28.55	50.22	21.23	22.86	65.71	11.43
韩 3-019	14.90	64.60	20.50	19.90	80.10	0
韩 3-020	27.50	57.80	14.70	34.00	66.00	0
韩 3-5-096	32.80	67.20	0	16.7	83.3	0
WL1-001	32.49	67.51	0	—	—	—
韩 3-022	29.22	53.31	17.47	25.00	50.00	25.00
平均	37.90	45.38	16.73	19.31	70.73	9.96

（3）保德区块。

在保德区块北部对 12 口井连续开展了 17 井次产出剖面测试，测试结果显示：8 号 + 9 号煤层产气贡献率在 1 单元、2 单元占主导，为 69%～85%，在 3 单元及保 6 井区占比较小，为 14%～58%；4 号 + 5 号煤层产气贡献率在 1 单元、2 单元占比较小，为 15%～31%，在 3 单元及保 6 井区占主导，为 42%～86%；由北向南，8 号 + 9 号煤层产气贡献率逐步降低，平均由 77% 降至 37%；4 号 + 5 号煤层产气贡献率逐步增加，平均由 23% 升至 63%。该认识为 2019—2020 年区块综合治理工作提供了重要依据，指导了保 6 井区以 4 号 + 5 号煤层为主力开发层系。

通过应用煤层气井产出剖面测试技术，准确测试了石楼北区块、韩城区块和保德区块测试井各层产水、产气贡献率，取得了第一手资料，不仅为目前生产井的合理排采、措施制定调整等提供依据，更重要的是对石楼北区块主力煤层选取、水平井开发目标层系选择、煤层改造等具有重要指导意义，取得的成果直接应用于下一步开发方案中。同时，也检验了煤层气井产出剖面测试技术在煤层气井中的适用性。该技术不仅能够应用于煤层气开发中各产层分布的掌握，同时实现气田连续的动态监测，并且不影响修井作业，保证测试井正常作业，连续生产，实现连续监测，也能够用于勘探开发中后期的动态监测工作，对煤层气井生产过程中及时进行综合调整和提高气井产能具有重要意义。该技术普遍适用于煤层气排采井，推广应用前景良好。

2. 煤层气井干扰指数分析法

通过产出剖面测试得到单层产量，然后利用干扰指数分析法计算层间干扰程度。层间干扰表现为不同开发层系的产气量、产水量不同，定义 ε 为干扰系数：

$$\varepsilon = [\Sigma Q（单）-\Sigma Q（合）]/\Sigma Q（单） \qquad (2-1-1)$$

式中　ε——干扰系数；

　　Q（单）——单层累计产量，m^3；

　　Q（合）——合层累计产量，m^3。

ε 受开发中储层压力变化与储层特征影响，干扰系数越大，层间影响越大（若 ε 为正值，说明存在较强的层间干扰）。该方法也可用于解决煤层气老井沉没度低、现有仪器无法进行产出剖面测试的问题。对相邻的单排井与合排井采用干扰指数分析法，可用于层间干扰分析，适用于单采井与合采井均有分布的区块。

对韩城区块 120 口、保德区块 43 口单排井与合排井的计算结果表明，韩城区块 3 号 + 5 号 +11 号煤层平均产气干扰系数为 –0.6～0.2（表 2-1-6），保德区块 4 号 + 5 号煤层、8 号 +9 号煤层平均产气干扰系数为 –1.28（表 2-1-7），干扰系数均较小，表明韩城、保德区块层间干扰均不明显。保德区块北五亿 585 口井中有 555 口井（占比 95%）为合层开发，生产实践也证明保德区块不存在层间干扰，合层开发效果良好；韩城区块也表现出同样的效果。

表 2-1-6　韩城区块板桥井区部分井各开发层系干扰情况（截至 2019 年底）

层系		单井累计产水量 /m³	单井平均累计产水量 /m³	单井累计产气量 /m³	单井平均累计产气量 /m³	平均干扰系数	
						产水量	产气量
单采	3 号煤层	17511~24545	21028	667~77790	39228	—	—
	11 号煤层	520~35960	13347	0~3294888	433838	—	—
合采	3 号 +11 号煤层	1204~24758	10836	1052~4185350	758230	0.68	−0.60
	3 号 +5 号煤层	572~33498	13339	0~2568107	762289	—	—
	5 号 +11 号煤层	12445	12445	356965	356965	—	—
	3 号 +5 号 +11 号煤层	385~36187	8312	105939~2363413	1037291	0.71	0.20

表 2-1-7　保德区块部分井各开发层系 2020 年干扰情况（截至 2020 年底）

层系		单井累计产水量 /m³	单井平均累计产水量 /m³	单井累计产气量 /m³	单井平均累计产气量 /m³	平均干扰系数	
						产水量	产气量
单采	4 号 +5 号煤层	10374~76582	34157	39131~588870	1311404	—	—
	8 号 +9 号煤层	9107~89722	40045	7235~16548402	4472264	—	—
合采	4 号 +5 号煤层、8 号 +9 号煤层	11040~68463	27603	1239249~32738493	13190943	0.63	−1.28

3. 层间干扰方法应用效果

层间干扰研究成果指导了韩城、保德区块老井补层治理措施，取得了良好的效果。截至 2020 年底，韩城区块实施单采井补层 58 口，措施后日产气 $5.2 \times 10^4 m^3$，单井平均日产气 894m³，比措施前的 491m³ 提高 403m³，增幅 82%，累计增产 $4265 \times 10^4 m^3$；保德区块实施单采井补层 6 口，措施后日产气 $0.8 \times 10^4 m^3$，单井平均日产气 1333m³，比措施前的 763m³ 提高 570m³，增幅 75%，累计增产 $250 \times 10^4 m^3$。

三、煤层气井间干扰研究方法及应用

1. 国内外煤层气井间干扰研究概述

我国成煤环境的多期性、多样性及多变性决定了煤层气储层的强烈非均质性及煤层气开采井间干扰的复杂性。国内外成功的煤层气开发实践表明，提高解吸速率、增大解吸体积是井群规模开发中提高煤层气产量的关键措施，而井间干扰是实现井群规模开发的关键，其通过压力叠加来增加泄流面积，从而提高解吸速率和增大解吸体积。众多学者分别采用干扰试井、数学模型和生产分析法评价了煤层气井间干扰程度，在明确压降传播干扰机制及优化井网部署体系等方面取得了显著进展（贾奇锋等，2020）。

2. 井间干扰评价方法

煤层气井间干扰发生在地下不透明的三维空间，随着埋深的增加及煤层倾角的增大，明晰井间干扰程度的难度逐步加深。判断井间干扰的方法有实用判断分析法、生产动态分析法、干扰试井测试法和数值模拟法，几种方法各具特色，其中干扰试井测试法和数值模拟法值得特别关注。

1）实用判断分析法

该方法是根据储层水动力条件、日产水量和渗透率等参数来建立压降漏斗模型，然后在限定时间内观察对比新井原始水位与对周围邻井排采后的启抽水位变化，最后结合压降漏斗模型叠加情况来判断井间干扰程度。

2）生产动态分析法

该方法是根据获取的生产数据来定性判断压降传播叠加情况，通过对比分析相邻煤层气井排采过程中的井底流压变化及产水产气突增突减或其他异常变化来判断井间干扰程度。该方法可以定性判断井间干扰情况。

3）干扰试井测试法

该方法是利用激动井和观测井的连锁反应来实现的，通过在激动井和观测井中同时安装高灵敏度的电子压力计，反复改变激动井的工作制度，观察观测井的压力变化，并同步监测激动井的排采变化，通过对观测井的背景压力和干扰时的压力及监测前后的排采情况进行对比解释，来获得地层参数和储层的优势通道。此方法可以直接检测出井间是否连通、井间断层是否封闭、地层的优势渗流通道及裂缝的走向。

4）数值模拟法

该方法是利用 Eclipse 或 COMET 等软件模拟出井间干扰程度。由于该方法既可以量化井间干扰程度，又可以从三维视图角度显现出井间干扰情况。

3. 井间干扰方法现场应用

井间干扰是提高井网煤层气产量的重要措施，国内外许多煤层气开发井场经常通过井间干扰来增加群组排采井的压力叠加范围及泄流面积。干扰效应引起了渗流场的重新分布，并破坏了煤储层单井排采的能量平衡状态，为达到另外一种新的平衡状态，促使干扰井储层的甲烷气体进一步解吸，从而提高气井产量。利用上面4种井间干扰判断方法对鄂尔多斯盆地东缘保德煤层气区块进行了研究。

1）实用判断分析法

由于压力水头 $h=p/(\rho g)$，是压力换算成水柱高度的形式。定义干扰程度 G，为排采井原始水位与排采井启抽水位的差值（图2-1-6），即

$$G=H_0-H_s \qquad\qquad (2-1-2)$$

式中　G——干扰程度，m；

　　　H_0——原始水位，m；

　　　H_s——启抽水位，m。

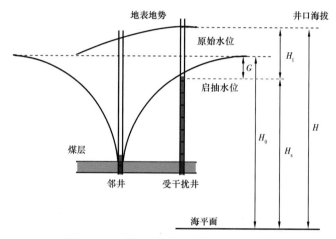

图2-1-6　井间干扰实用判断分析示意图

根据煤层气井启抽时所测动液面数据，按照"投产早、邻井少、井台数据一致性好"原则，筛选出保德区块128个井台数据，该数据可反映原始煤储层压力下排采井的原始水位（图2-1-7）；根据煤层气井的井口海拔数据与启抽时所测动液面数据，将所测井的启抽动液面数据折算成启抽水位值（图2-1-8）。

$$H_s=H-H_1 \qquad\qquad (2-1-3)$$

式中　H——井口海拔，m；

　　　H_1——启抽时所测动液面，m；

　　　H_s——启抽水位，m。

干扰范围：利用实用判断方法，在全区共观察到152口井受到明显干扰，其启抽水位受到了不同程度的影响，大多数井干扰降液范围为100~300m，影响最大的降幅为794m（干扰程度最大时的值），启抽见套压井的动液面更低，井间干扰现象普遍存在。干扰距离：分析统计学箱线图及直方图的信息（图2-1-9）可知，受邻井影响的干扰距离最长为1210m，最短为173m，平均为482.2m；箱线图四分位（25%~75%）较窄，表明干扰距离分布非常集中，为343.2~568.9m，保德区块所有排采井的平均井距为378m，这也表明合理的井位部署使得该区块形成了一定范围的井间干扰。受干扰影响的时间：在

该区块观测到受到干扰的时间最短为 120 天，最长为 990 天，平均为 360 天，低于 495 天的井间干扰占了井间干扰井的 75%。

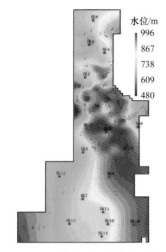

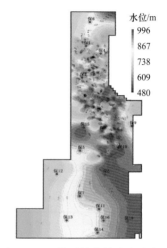

图 2-1-7　排采井原始水位分布图　　　　图 2-1-8　排采井启抽水位分布图

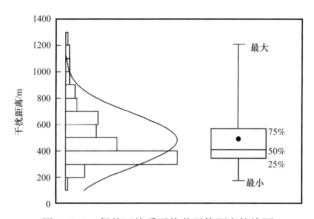

图 2-1-9　保德区块受干扰井干扰距离箱线图

2）生产动态分析法

以保德区块北部 2019 年投产的井网完善及滚动扩边项目的 34 口井网完善井为例，通过生产参数变化开展井间干扰分析。这些井与 2013 年投产的 150 口邻井的最初生产数据相比均表现出地层压力低、初期产水量低、见套压时间短的特点。这些现象均表明这些井所在区域经过邻井长时间的排采，已经受到邻井压降波及影响，井间干扰现象已经形成。

3）干扰试井测试法

当一口井开井时，在井底形成压降漏斗，随着开井时间的延长逐渐向外扩展。压降漏斗在向外扩展时，量值逐渐减小。在激动井和观测井同时下入高灵敏度的电子压力计后，改变激动井的工作制度，从观察井上接收到信号的强弱代表着井间连通性的强弱，继而判断井间干扰作用的强弱。

　　首先，对激动井和观测井都需进行起原井杆柱、起原井管柱和背景压力测试，然后对激动井和观测井分别按照相应测试流程进行操作。激动井的现场测试流程如图 2-1-10 所示。测试采用自主研发的地面压力、流量全自动监控记录设备，为分析提供了更加准确的原始数据；在所有观测井中下入封隔器，降低井储效应，使观测井中的压力响应更加容易被观测到；根据模拟计算结果，确定劣势观测井，下入钢丝压力计，实时观测井底压力变化，当劣势观测井中接收到压力干扰信号后，即可停止激动注入，更加合理地控制测试时间，从而将测试过程对生产的影响降至最低。

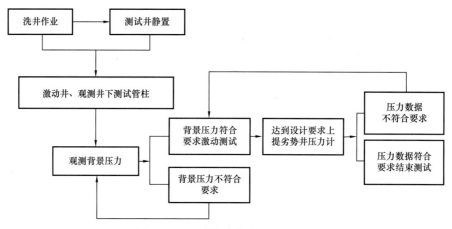

图 2-1-10　干扰试井现场测试流程

　　干扰试井资料解释流程如图 2-1-11 所示。在常规的油气井干扰试井测试中，净干扰压力一般采用直线法计算（图 2-1-12）；但区块煤层气井均为排采两年以上的井，观测井的背景压力不再是线性变化。针对这种情况，提出了一种更适合于煤层气排采井的净干扰压力分离方法（图 2-1-13）。即通过多井数值模拟的方法，在考虑邻井条件下分析观测井的井底压力曲线，得到较为可靠的解释结果；去掉邻井的考虑，即可得到在不考虑邻井干扰情况下观测井的背景压力曲线；用实测井底压力恢复曲线减去数值模拟曲线，

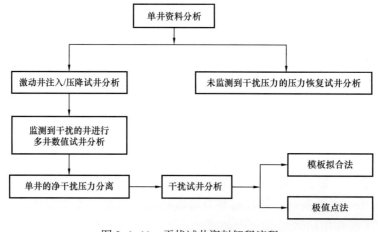

图 2-1-11　干扰试井资料解释流程

从而得到较为准确的净干扰压力；将通过此方法得到的净干扰压力用于干扰试井分析中，从而进一步提高干扰试井分析结果的准确性。

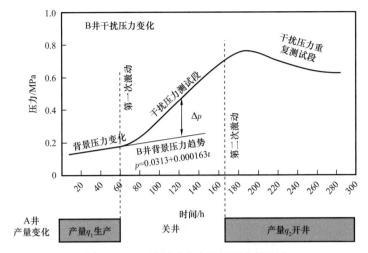

图 2-1-12　常规试井净干扰压力提取法

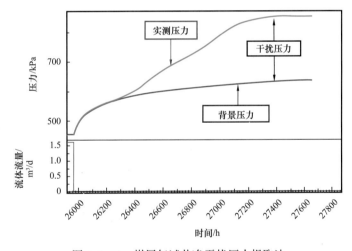

图 2-1-13　煤层气试井净干扰压力提取法

　　通过在保德区块均匀选取井位，在 2019—2020 年对 9 个井组进行了干扰试井测试（图 2-1-14）。激动井与 4 口观测井均连通。从井间渗透率来看，保 3-11 向 1 井和保 3-12 向 1 井与激动井保 3-11 井之间的井间渗透率大于单井渗透率（表 2-1-8），说明保 3-11 向 1 井和保 3-12 向 1 井在激动井的优势方位，即最大主应力方向上；保 3-11 向 4 井与激动井保 3-11 井之间的井间渗透率小于单井渗透率，说明该井在激动井的劣势方位。从接收信号快慢来看，保 3-11 向 1 井最早接收到激动井干扰信号，其次依次为保 3-12 向 1 井、保 3-11 向 2 井和保 3-11 向 4 井。接收信号的快慢与区域最大水平主应力方位一致，说明该井组均质性强，与区域地质情况一致。其余 8 个井组的测试结果与保 3-11 井组基本一致。

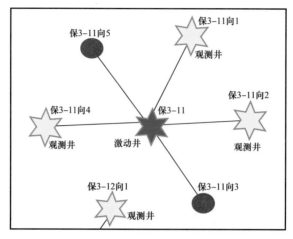

图 2-1-14 保 3-11 井组干扰试井测试井位

表 2-1-8 保 3-11 井组干扰试井测试结果统计

井号	激动测试时间 /h	激动后观测到信号时间 /h	孔隙度 / %	导压系数	井间渗透率 / mD	单井渗透率 / mD
保 3-12 向 1	136.08	191.05	0.05	38710	75	17
保 3-11 向 1	136.08	230.41	0.05	35644	65	20
保 3-11 向 4	136.08	399.87	0.02	28005	21	24
保 3-11 向 2	136.08	357.45	0.02	25628	20	19

测试结果显示，经过 8 年排采，保德区块大部分区域已经形成了井间干扰，井间连通性较好，井间渗透率高，区块北部井间干扰程度明显高于南部；并且渗透率各向异性强，以北东—南西向井间干扰最为明显，与最大主应力方位一致。该测试成果指导了保德区块北部后期开发调整项目采用长轴为北东—南西向的菱形井网的部署方式。

4）数值模拟法

煤层气井经过长时间排采，地层压力低的区域形成井间干扰的可能性更大。为了落实区块北部干扰情况，首先建立保德区块三维地质模型，然后再通过数值模拟的方法描述地层压力的动态变化，进而确定井间干扰情况。通过数值模拟得到叠加压力模型，根据区块不同单元干扰试井的定量解释成果，可以半定量判断出区块各区域井间干扰的情况。

从数值模拟模型可以看出，截至 2019 年底，区块北部形成干扰的区域面积较大，存在井间干扰的区域占 70% 以上（图 2-1-15）。以杨家湾井组为代表的保德区块 1 单元大部分和 2 单元中东部井间干扰作用较强，3 单元西部和中部等区域未形成井间干扰。各单元发生井间干扰的程度与其产气情况也基本符合。

通过干扰试井测试结合数值模拟法，综合反映保德区块北部主要开发区井间干扰现象明显，表明目前的井距（300～350m）足以能够动用优质储量，但仍存在井网不完善、未形成井间干扰区域，导致资源未充分动用。基于此认识，在地层压力小于 1.8MPa、井间干扰明显的区域，仅在井距大于 350m、干扰作用相对较弱的区域部署 4 口；在地层压力大于 1.8MPa 特别是 3.2MPa 以上、井间干扰不明显的井网不完善区域和西部扩边区，采用部署 90 口完善井网井和滚动扩边井的方式，通过排水降压促进井间干扰形成，充分动用保德区块优质资源，从而指导了保德区块部署 94 口新井，其中 90% 的井均部署在 3.2MPa 以上的未干扰区域。

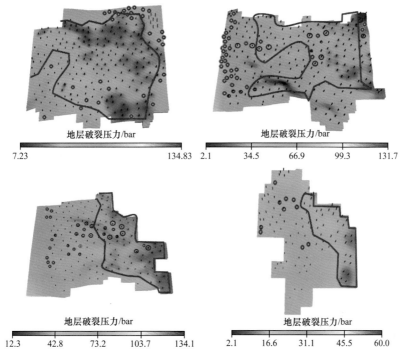

图 2-1-15 保德区块北部各开发单元 8 号 +9 号煤层 2019 年底地层压力场
框内为发生明显井间干扰的区域。1bar=0.1MPa

5）不同井间干扰判断方法适用性总结

通过理论与现场实践相结合，形成一套研究煤层气井间干扰的方法。根据应用实践，系统总结了各种方法优缺点，可以根据不同开发阶段选择不同的方法（表 2-1-9）。在开发前期可采用定性方法（如实用判断分析法、生产动态分析法）进行井间干扰的判断；而针对开发中后期的老区，则采用干扰试井测试法与数值模拟法结合的分析方法判断井间干扰程度。

表 2-1-9 不同判断井间干扰方法的优缺点

方法	优点	缺点	适用阶段
实用判断分析法	简单、实用，操作性强	定性分析	开发前期
生产动态分析法	测试数据可以快速获取、快速判断	定性分析，受排采制度、储层非均质性等因素影响较大	开发前期

续表

方法	优点	缺点	适用阶段
干扰试井测试法	能够准确地判断受干扰情况，结果最为可靠	费用高，需要停机测试，生产受到一定影响	开发中后期
数值模拟法	直观反映区块整体情况，结果较为可靠	计算量大，不确定性参数较多	开发中后期

6）井间干扰方法应用效果

井间干扰研究成果指导了保德区块北部井网完善及滚动扩边一期、二期、保8等3个开发方案项目编制，主要从以下3个方面优化了部署方案。

（1）优化了保德区块井网完善井部署。

结合多种井间干扰判断方法，反映出保德区块北部井间干扰现象明显，大部分区域已形成整体降压，表明目前的井距（300m）足以能够动用优质储量，实现整体提高采收率的目的。在开发1单元发生明显井间干扰的2口井在一期部署方案调整过程中进行调减，在二期井位部署方案中，在发生明显干扰的区域未对现有井网进行完善，优化了开发部署。

（2）持续挖潜了保德区块滚动扩边区。

综合地表地形和地质条件，在鼻隆构造部位、尚未形成干扰、剩余含气量高的滚动扩边区域部署了一期94口井、二期71口井，产能为$1.68×10^8m^3/a$。

其中，保德区块北部井网完善及滚动扩边项目一期建成产能$0.85×10^8m^3/a$，动用地质储量$19.44×10^8m^3$。94口井已全部投产，排采9个月全部见套压。截至2020年12月底，日产气$10.56×10^4m^3$，平均单井日产气$1123m^3$，呈现出见气时间短、上产速度快的特点，开发效果显著。

（3）指导了国内首个煤层气亿立方米产能建设大平台井位部署。

保8井区在开发1单元北部，作为滚动扩边有利区，地层压力较高，地质条件优越，2011年已提交$63.08×10^8m^3$探明地质储量。2020年，在保8鼻隆叠合资源有利区，充分动用城市压覆区煤层气资源，最终形成全国首个亿立方米煤层气规模开发大平台，设计产能$1.2×10^8m^3/a$，动用地质储量$25.43×10^8m^3$。气测显示活跃，可取得较好的产气效果。

第二节　煤层气开发井网部署优化技术

利用上文介绍的技术可获取重要动态监测数据，结合地质模型和参数，接下来开展煤层气开发井网部署研究。井网的选择、部署和调整在很大程度上决定着油气田的生产规模、开采年限及油气田企业的经济效益。井网部署优化技术的主要目标是在保障经济性的前提下，基于生产动态监测的数据和地质参数进行模拟计算优化井网，以提高油气产量和采收率，因此，不同开发阶段井网部署优化的要求不同。以往煤层气井网部署优化的侧重点主要集中于合理井网密度、最优井网形式、最佳井排距、井网系统与割理裂隙系统的匹配等问题，而对于煤储层非均质性、煤层中气水产出的煤岩学作用机理、煤层气藏泄气半径等关键因素则考虑较少。同时，大量油气田生产实践说明，开发初期，一般先优选储量较集中、产能预期好的层位，布置较为稀疏的井网进行开采；而在开发调整阶段，通常精细划分开发层系，加密布井，开发采出程度较低的层系和区域。然而，前期对于不同阶段煤层气开发井网部署优化技术的研究相对较少，随着煤层气产业化发展的不断深入，急需开展攻关，形成针对性技术方案。

鄂尔多斯盆地东缘煤层气开发区块已生产多年，但由于煤储层储渗空间及开发动态效应的非均质性（汤达祯等，2010；秦勇等，2014；许浩等，2016），气井产能、采收程度差异大。近年来，该区逐渐进入了开发调整阶段，急需进行井网的加密优化调整，提高煤层气的采出程度。本节以煤岩学和煤层气开发地质学理论为指导，在明确非均质储层煤层气差异产出机制的基础上，建立了非均质煤储层地质建模技术，进行了开发层系的精细刻画，构建了煤层气藏泄气半径数值模拟技术，形成了基于气藏非均质性的井网井距优化部署技术，提出一套适用于开发调整阶段的煤层气开发井网部署方案。

一、非均质储层煤层气差异产出机制

在煤层形成过程中，沉积环境和有机物质输入不断发生变化，造成煤储层宏观和微观煤岩组成及本构关系差异显著，直接控制了煤层气储集性、可采性乃至开发技术选择（许浩等，2016）。煤岩成分—宏观煤岩类型的烟煤分类系统，以镜煤和亮煤总量所占宏观煤岩成分的比例，定量划分了4种宏观煤岩类型（张群等，1999）。其中，光亮煤主要由镜煤和亮煤组成（大于80%），内生裂隙发育，脆度较大，易破碎，具贝壳状断口。半亮煤中镜煤和亮煤占多数（50%～80%），呈条带状结构，内生裂隙较发育，具棱角状或阶梯状断口。半暗煤中镜煤和亮煤含量较少（20%～50%），常以暗煤为主，内生裂隙不发育，硬度和韧性很大。暗淡煤中镜煤和亮煤含量很少（小于20%），主要为暗煤，通常呈块状，致密坚硬（刘玉龙等，2016a，2016b，2016c，2017）。不同煤层中4种宏观煤岩类型的组合关系和比例具有较大差异，导致煤储层具有非常强的物性非均质性，进一步影响了煤层气的开发。前人通过大量研究发现，不同宏观煤岩类型的煤通常具有不同的特性（Zhao et al.，2016），例如裂隙发育程度、孔隙度、渗透率、吸附特性、含气量、解吸速率、基质收缩特性、力学特性等（Xu et al.，2014；Zhao et al.，2017）。因此，煤层物质组成的非均质性无疑会造成煤层气产出的非均质性（Clarkson et al.，1996；Xu et al.，2005；Liu et al.，2019b，2020）。

1. 不同宏观煤岩类型的解吸特征

研究显示，韩城地区不同煤岩类型的储层解吸效率呈现出明显的差别。以储层温度为30℃的实验结果为例，根据等温解吸数据和等温吸附数据计算得出了不同宏观煤岩类型储层单位煤体的气体含量。由表2-2-1可见，从光亮煤到暗淡煤，储层的解吸效率呈现出依次降低的趋势，其中暗淡煤的含气量和解吸量分别为 12.1m³/t 和 4.1m³/t，后者仅为前者的 33.9%。可以看出，暗淡煤储层受强烈的吸附解吸迟滞现象的影响，煤储层中的气体需经较长时间的排水降压过程才能使气体解吸产出，这不仅大大降低了暗淡煤储层的解吸效率，还会使暗淡煤储层生产井早早达到废弃压力，从而难以开发。

表 2-2-1　不同宏观煤岩类型解吸效率

宏观煤岩类型	含气量 /（m³/t）	解吸量 /（m³/t）	解吸效率 /%
光亮煤	22.5	17.5	77.8
半亮煤	15.5	8.5	54.8
半暗煤	14.4	7.0	48.6
暗淡煤	12.1	4.1	33.9

2. 不同宏观煤岩类型的扩散特征

气体在储层微孔中解吸后，会以扩散的形式运移至大中孔及裂隙中，进而发生渗流产出井筒，因此扩散在气体的运移过程起着重要的桥梁作用。然而，对于非均质的煤储层，孔隙结构、含水量都存在很大的差异，这对储层扩散的扩散特征有重要影响。Gan 等（1972）在研究甲烷在煤储层中扩散系数的影响因素时发现，不同煤储层扩散系数的差异主要与煤岩孔隙结构所引发的煤岩吸附能力的差异有关，那么不同煤岩类型由于孔隙结构的差异，扩散特征也会呈现不同的特点。

根据不同宏观煤岩类型扩散系数变化曲线可知，整体上，在不同的温度和压力条件下，不同宏观煤岩类型的甲烷扩散系数呈现出较为一致的特征，即随着煤岩光亮成分的增加而增加，其中光亮煤的甲烷扩散系数最大，暗淡煤最低，半亮煤和半暗煤次之（图 2-2-1）。结合不同宏观煤岩类型等温吸附的研究成果可以推断，相比于暗淡煤，光亮煤样品小于 2nm 的微孔含量最高，比表面积最大，孔隙结构最为复杂，吸附能力更强，扩散系数最大。

综上所述，从光亮煤到暗淡煤，储层的甲烷扩散系数呈现出依次降低的趋势。这主要是由于光亮煤具有较高的孔隙比表面积及较低的水分和灰分，因此有助于提高甲烷的吸附能力和甲烷的解吸量，从而易形成较大的浓度梯度，加大气体扩散效率。此外，相比于暗淡煤，光亮煤孔隙结构更为复杂、割理裂缝系统更为发育，这进一步增加了不同宏观煤岩类型之间气体扩散系数的差异。

3. 不同宏观煤岩类型的渗流特征

储层的渗透性对煤层气的产出起着至关重要的作用，尤其是对于具有较低孔隙度和渗透率的中高阶煤。研究发现，储层渗透率的大小与孔裂隙结构、煤储层压力及地应力等多个因素相关（秦积舜等，2004）。当储层大孔及裂隙发育，且孔裂隙间连通性较好时，储层渗透率高。另外，有效应力的变化也会影响储层渗透率的动态变化特征。当有效应力增加时，受有效应力作用的影响，煤储层中部分孔裂隙可能会发生闭合现象，进而导致渗透率降低。不同宏观煤岩类型储层孔裂隙发育程度不同，因此渗透率以及其应力响应的差异性需要深入研究（Liu et al.，2019a）。

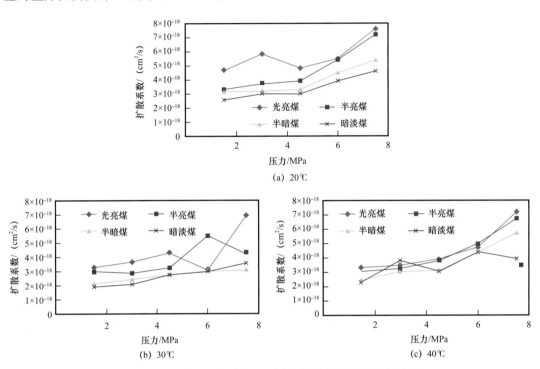

(a) 20℃

(b) 30℃

(c) 40℃

图 2-2-1　板桥区块不同温压条件下宏观煤岩类型扩散曲线

从不同煤岩样品气测孔渗实验拟合关系曲线可以看出，不同煤岩样品的气体流量均随流体压力的增加呈现出良好的指数关系。在相同的孔隙流体压力下，光亮煤单位时间内的气体流量最大，暗淡煤最小，从光亮煤到暗淡煤单位时间内的气体流量呈现出逐渐降低的趋势，表明光亮煤的渗流能力最好，暗淡煤最差，半亮煤和半暗煤次之（图 2-2-2）。

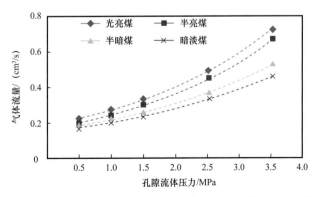

图 2-2-2　板桥区块不同宏观煤岩类型气体流量与孔隙流体压力的关系

二、非均质煤储层地质建模技术

宏观煤岩类型一般通过岩心分析确定,然而,钻井取心的技术难度大、成本高,不能为非均质储层的地质建模提供有效的支撑。而地球物理测井具有快速、高效、廉价的特点,是煤层气勘探开发中的常见技术(Roslin et al.,2015)。它已广泛地被用来确定煤储层的物性、含气量、煤体结构和力学特性(Shao et al.,2013)。因此,探索不同宏观煤岩类型在测井数据上的表现差异,进而通过测井数据对宏观煤岩类型进行识别(Xu et al.,2016),无疑是非均质煤储层地质建模技术的最佳实现路径。

1. 宏观煤岩类型的测井识别技术

煤层测井响应与围岩有很大不同,具有低密度、低伽马、高声波时差的特征,生产中常根据测井信号确定煤层的埋深范围。实际上,不同煤岩类型的测井信号也存在显著的差别,光亮煤往往具有高声波时差、低补偿密度、低自然伽马的特征(表2-2-2),其中补偿密度与煤岩类型呈现十分显著的相关关系,可以作为利用测井信号确定煤岩类型的主要指标。此外,自然伽马、声波时差和深侧向电阻率也可以作为辅助指标(图2-2-3)。

表 2-2-2　韩城区块不同煤岩类型煤的测井响应特征

岩石类型		补偿密度 / g/cm³	声波时差 / μs/ft	深侧向电阻率 / Ω·m	自然伽马 / API
夹矸		1.96～2.51/2.11	293.61～380.56/340.85	26.74～451.81/156.95	78.98～150.95/118.86
煤	暗淡煤	1.57～1.78/1.69	299.02～448.51/376.75	79.74～7277.74/1320.57	59.44～124.06/90.07
	半暗煤	1.40～1.55/1.49	303.77～447.51/394.14	53.48～1709.02/711.78	23.04～120.51/65.11
	半亮煤	1.30～1.49/1.41	406.93～494.47/438.09	324.51～6068.11/1819.11	18.99～112.68/48.63
	光亮煤	1.14～1.27/1.23	409.56～480.09/435.45	161.06～1844.14/982.78	24.79～68.19/33.84

注:"/"后数据为平均值。1ft=0.3048m。

为了充分利用各个测井参数准确识别煤岩类型,对各参数对煤岩类型的协同控制作用进行研究(图2-2-4、图2-2-5),发现半亮煤的深侧向电阻率普遍较大,其中电阻率大于2000Ω·m的均为半亮煤,而电阻率低于2000Ω·m的半亮煤,需结合自然伽马、声波时差确定,半亮煤自然伽马低于60API。

根据对韩城地区测井数据与煤岩类型关系的详细分析,确定如下测井判别标准(表2-2-3)。根据此标准,可以对韩城范围内储层煤岩类型的纵向和平面展布规律的非均质特征进行精细刻画。

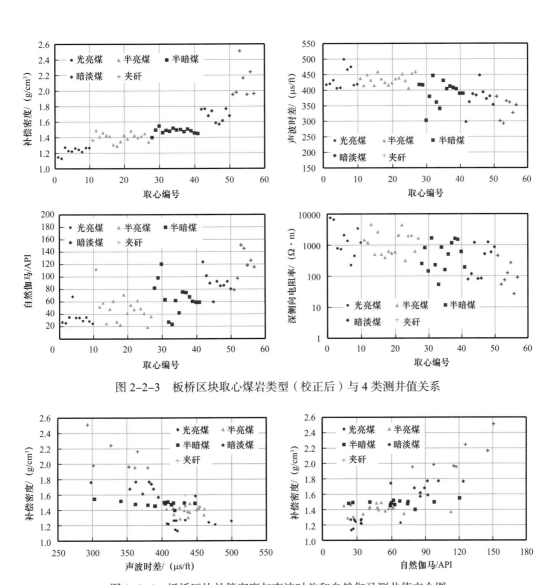

图 2-2-3　板桥区块取心煤岩类型（校正后）与 4 类测井值关系

图 2-2-4　板桥区块补偿密度与声波时差和自然伽马测井值交会图

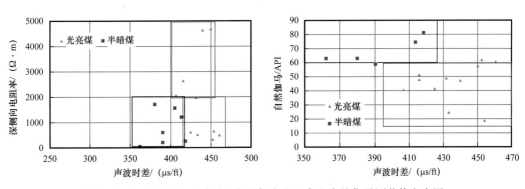

图 2-2-5　板桥区块声波时差与深侧向电阻率和自然伽马测井值交会图

表 2-2-3　韩城区块不同煤岩类型测井识别标准

岩石类型		补偿密度 /（g/cm³）	声波时差 /（μs/ft）	自然伽马 /API	深侧向电阻率 /（Ω·m）
夹矸		>1.87	<390	>70	<460
煤	暗淡煤	1.56～1.87	<400	>80	<1300
	半暗煤	1.49～1.56	400～450	55～80	150～1700
		1.40～1.49	360～420	60～120	50～1700
	半亮煤	1.40～1.49	400～460	20～60	400～4800
		1.29～1.40	400～460	20～80	400～2200
	光亮煤	<1.29	>400	<35	>500

2. 研究区平面非均质地质模型

对韩城板桥区块 216 口井进行了宏观煤岩类型垂向分布分析，并得到各煤层煤岩类型分布图。计算每种煤岩类型的面积百分比，同时以亮型和半亮型的总和来代表研究区煤层的整体光亮程度。3 号煤层以半暗型为主，半亮型次之，在研究区分布广泛，占81.7%；3 号煤层中暗淡型也占很大比例，达 18%，主要分布在研究区东南部；光亮型小于 1%，分散在研究区域内（图 2-2-6）。

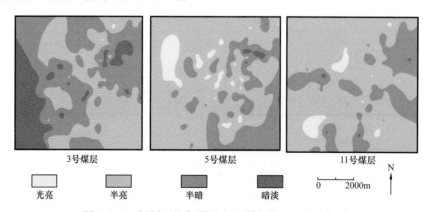

图 2-2-6　板桥区块各煤层宏观煤岩类型平面分布图

5 号煤层主要为半亮型（68.1%），在整个区域分布广泛，其次为半暗型（24.9%），主要分布在研究区东南部，光亮型（6.3%）和暗淡型（0.8%）散布在研究区。11 号煤层与5 号煤层相似，主要为半明亮型（73.9%），分布在全区，其次为半暗型（22.4%）、亮型（6.3%）和暗型（0.8%），散布在研究区域（表 2-2-4）。

3 号煤层主要为暗淡型和半暗型，5 号和 11 号煤层主要为光亮型和半亮型。总体上，3 套煤层主要为光亮型和半亮型，平均面积百分比为 63.1%（表 2-2-4）。从 3 号煤层到11 号煤层，光亮型和半亮型的百分比逐渐增大（分别为 37.5%、74.4% 和 77.4%），说明煤层整体光亮程度呈向上增大趋势。森林泥炭沼泽相中通常形成亮煤和部分半亮煤；暗淡煤通常产自干燥泥炭沼泽相；而半暗煤和其他半亮煤则来自活水泥炭沼泽相（Tang et al.，2010）。因此，从 11 号煤层到 3 号煤层，森林泥炭沼泽相逐渐失去优势地位，活水泥炭沼泽相占主导地位。

表 2-2-4　板桥区块各煤层中不同煤岩类型的面积比

煤层	暗淡煤 /%	半暗煤 /%	半亮煤 /%	光亮煤 /%	光亮煤 + 半亮煤 /%	总计 /%
3 号	18.2	44.3	37.4	0.1	37.5	100
5 号	0.8	24.9	68.0	6.3	74.4	100
11 号	0.2	22.4	73.9	3.5	77.4	100
平均	6.4	30.5	59.8	3.3	63.1	100

三、煤层气藏泄气半径数值模拟技术

非均质储层的井距设计依赖于排采井泄气半径的确定。常见的泄气半径确定方法有压力恢复试井法、物质平衡法和产能公式法。压力恢复试井法存在试井难度大、成本高，并且不能对整个生产阶段进行动态监测的问题；传统的物质平衡法需要关井以测得平均储层压力，这不仅会影响生产，并且储层压力测量的准确性也不能保证；产能公式法未能考虑非均质储层的产出机制。因此，需要基于非均质储层差异产出机制建立一个考虑解吸、扩散、渗流差异的煤层气泄气半径数学模型，进而通过数值模拟确定排采井的差异压降特征。

1. 基于物质平衡的煤层气藏泄气半径数学模型

单井泄气半径对合理煤层气井网、井距的确定具有十分重要的意义。但是，基于煤层气特殊的产出动态的泄气半径研究开展较少（Clarkson，2009；Sun et al.，2017），本次研究基于物质平衡理论，并综合考虑解吸、扩散、渗流机制，建立了泄气半径数学模型。

假设直井位于水平等厚煤层气藏，气藏为定压边界，气藏厚度为 h，宽度为 L，供给端压力为 p_e，井底流压为 p_{wf}，气体发生稳定单相的达西径向渗流。煤层气藏在压裂后，裂缝限制在煤层之内，未压穿顶底板。

基于流体运动方程可得到流量公式：

$$Q_{sc} = Av^T = 2\pi rv^T \qquad (2-2-1)$$

式中　r——气井流动半径，m；

　　　Q_{sc}——标况下气井产量，m³/d；

　　　v^T——流体速度，m/d。

受储层孔隙结构的影响，煤层气的产出主要包括气体的渗流及扩散作用，因此气体的流动（v^T）包含流体的渗流（v^D）和气体的扩散（v^K）：

$$v^T = v^D + v^K \qquad (2-2-2)$$

储层达西流动可根据达西公式求取：

$$v^{D} = -\frac{K}{\mu}\nabla p \qquad (2-2-3)$$

式中　K——基质渗透率，mD；

　　　μ——气体黏度，Pa·s；

　　　p——气体压力，MPa。

$$Q_{sc} = 2\pi rh\left(v^{D}+v^{K}\right) = 2\pi rh\frac{K}{\mu}\frac{\mathrm{d}p}{\mathrm{d}r} + 2\pi rhv^{K} \qquad (2-2-4)$$

气体在储层微孔中解吸后，会以扩散的形式运移至大中孔及裂隙中，进而发生渗流产出井筒。由于气体在煤储层中的扩散行为满足菲克扩散定律，其气体扩散量可表达为：

$$q_{gm} = 2\pi rhv^{K} = \frac{8\pi DV_{m}}{s_{f}^{2}}C_{m} \qquad (2-2-5)$$

式中　D——扩散系数，m²/s；

　　　s_{f}——到裂隙的距离，m；

　　　V_{m}——基质体积，m³；

　　　C_{m}——气体浓度差，kg/m³。

煤层气主要以吸附态赋存于煤基质中，以一维平面为例，在煤层气储层中，假设气体符合真实气体状态方程，则气体在煤岩中的浓度变化可表达为：

$$C_{m} = \frac{m_{adk}}{V_{r}} = \frac{\rho_{r}V_{r}V_{des}\rho_{a}}{V_{r}} = \rho_{r}V_{des}\rho_{a} \qquad (2-2-6)$$

式中　C_{m}——气体浓度差，kg/m³；

　　　m_{adk}——煤岩体积内吸附气的质量，kg；

　　　ρ_{r}——煤岩密度，kg/m³；

　　　V_{r}——煤岩体积，m³；

　　　V_{des}——单位质量煤岩吸附量，m³/kg；

　　　ρ_{a}——吸附气密度，kg/m³。

基于 Langmuir 模型进行吸附/解吸曲线的计算，煤岩吸附量 V_{des} 为：

$$V_{des} = \frac{V_{L}p}{p_{L}+p} \qquad (2-2-7)$$

式中　p——煤基块裂隙流体压力，MPa；

　　　V_{L}——兰氏体积，m³/kg；

　　　p_{L}——兰氏压力，MPa。

$$C_{m} = \rho_{r}\frac{V_{L}p}{p_{L}+p}\rho_{a} \qquad (2-2-8)$$

将式（2-2-4）到式（2-2-8）整理代入式（2-2-1），即可得到煤层气单井产能公式：

$$Q_{sc} = 2\pi rh \frac{K}{\mu} \frac{dp}{dr} + q_{gm} = 2\pi rh \frac{K}{\mu} \frac{dp}{dr} + \frac{8\pi D V_m}{s_f^2} \rho_r \frac{V_L p}{p_L + p} \rho_a \qquad (2-2-9)$$

在 $x'—y'$ 坐标系中建立单向渗流方程：

$$\frac{2\pi h Z_{sc} T_{sc} K_i}{\mu Z T p_{sc}} \frac{s_f^2(p + p_L)}{Q_{sc} s_f^2(p + p_L) - 8\pi D V_m V_L \rho_r \rho_a p} p\,dp = \frac{dr}{r} \qquad (2-2-10)$$

式中 $\dfrac{dp}{dr}$ ——气井压力梯度变化，MPa/cm；

   p_{sc} ——大气压（标况），取 0.1MPa；

   Z_{sc} ——气体偏差系数（标况），取值为 1；

   Z ——气体偏差系数；

   T_{sc} ——标况温度，293.15K。

对式（2-2-10）两边进行积分求解，可得到井底到储层泄气半径的压降损失：

$$\frac{2\pi h Z_{sc} T_{sc} K_i}{Q_{sc} \mu Z T p_{sc}} \int_{p_{wf}}^{p_e} \left[1 + \frac{8\pi D V_m V_L \rho_r \rho_a p}{\left(Q_{sc} s_f^2 - 8\pi D V_m V_L \rho_r \rho_a p\right) + Q_{sc} s_f^2 p_L} \right] p\,dp = \int_{r_w}^{x_e'} \frac{dr}{r} \qquad (2-2-11)$$

当 x'_e 适当大时，考虑裂缝长度存在：

$$x_e' = \ln\left(\frac{2r_e}{L_f} \right) \qquad (2-2-12)$$

将式（2-2-12）代入式（2-2-11）中，并设 $8\pi D V_m V_L \rho_r \rho_a = a$，$Q_{sc} s_f^2 = b$，整理可得：

$$\frac{2\pi h Z_{sc} T_{sc} K_i}{Q_{sc} \mu Z T p_{sc}} \int_{p_{wf}}^{p_e} \left[1 + \frac{ap}{(b-a)p + bp_L} \right] p\,dp = \int_{r_w}^{\ln\left(\frac{2r_e}{L_f}\right)} \frac{dr}{r} \qquad (2-2-13)$$

将式（2-2-13）进行积分计算，整理可得：

$$\frac{2\pi h Z_{sc} T_{sc} K_i}{Q_{sc} \mu Z T} \left\{ \begin{array}{l} (p_e - p_{wf}) + \dfrac{a}{(b-a)^2} \\[2mm] \left[(b-a)(p_e - p_{wf}) - bp_L \ln\left| \dfrac{b - a + bp_L p_e}{b - a + bp_L p_{wf}} \right| \right] \end{array} \right\} = \ln\left[\frac{\ln\left(\frac{2r_e}{L_f} \right)}{r_w} \right]$$

$$(2-2-14)$$

将 $8\pi D V_m V_L \rho_r \rho_a = a$，$Q_{sc} s_f^2 = b$ 代入式（2-2-14），则可得到气井产能方程：

$$\frac{2\pi h Z_{sc} T_{sc} K_i}{Q_{sc}\mu ZT}\left\{\begin{array}{l}\left(p_e-p_{wf}\right)+\dfrac{8\pi DV_m V_L \rho_r \rho_a}{\left(Q_{sc}s_f^2-8\pi DV_m V_L \rho_r \rho_a\right)^2}\\\\\left[\left(Q_{sc}s_f^2-8\pi DV_m V_L \rho_r \rho_a\right)\left(p_e-p_{wf}\right)-\right.\\\\\left.Q_{sc}s_f^2 p_L \ln\left|\dfrac{Q_{sc}s_f^2-8\pi DV_m V_L \rho_r \rho_a+Q_{sc}s_f^2 p_L p_e}{Q_{sc}s_f^2-8\pi DV_m V_L \rho_r \rho_a+Q_{sc}s_f^2 p_L p_{wf}}\right|\right]\end{array}\right\}=\ln\left[\frac{\ln\left(2r_e/L_f\right)}{r_w}\right]$$

$$（2-2-15）$$

2. 非均质储层泄气半径分布规律

为了进一步分析不同宏观煤岩类型储层与泄流半径的响应关系，综合考虑储层的吸附能力、扩散系数及渗透能力，对不同宏观煤岩类型储层单井泄气半径进行了模拟。分析发现在研究区内，光亮煤的泄流半径最高，平均值达到239m；半亮煤次之，平均泄流半径为159m；半暗煤和暗淡煤的泄流半径最小，泄流半径仅为106m和63m。通过对比分析上述数据可知，光亮煤和半亮煤储层基本形成连片降压，达到了整体降压的目的，而半暗煤和暗淡煤大部分井未能实现井间连通，大面积连片降压和面积排采格局尚未形成（图2-2-7）。

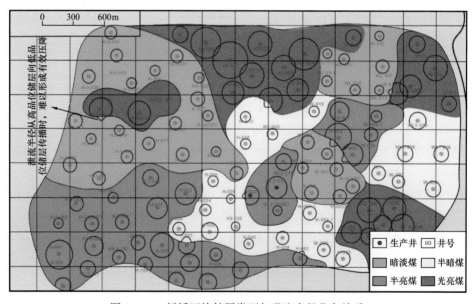

图 2-2-7　板桥区块储层类型与泄流半径分布关系

平面上，储层压降与宏观煤岩类型分布高度一致，其中光亮煤、半亮煤发育较好，储层压降较高，反之亦然。这种高度的一致性表明，宏观煤岩类型在区域内的变化对煤层气井产能有较大的影响。

四、基于气藏非均质性的井网井距优化部署技术

煤储层非均质程度强（秦勇等，2014），不同宏观煤岩类型储层中，割理系统发育

程度不同，渗透率各向异性强度也不同，不同储层类型的最优井网形式也会不同。此外，不同煤岩类型的泄气半径差异，决定了不同储层类型的合理井距也需要分别确定。因此，在综合考虑单井控制储量、单井产能、单井成本等因素，保证经济效益的前提下，急需基于气藏非均质性，提出一套适用于开发调整阶段的煤层气开发井网部署方案。

1. 煤层气井网形式优化

1）不同煤岩类型的井网形式优选

在储层非均质性较低时，在相同的生产时间内，正方形井网最高，菱形井网次之，矩形井网单井采出程度最低（图 2-2-8）。但是随着各向异性程度逐渐增加，3 种井网形式的采收程度的差异性逐渐降低。当各向异性程度为 $K_x=10K_y$ 时，正方形井网形式的采收程度在产能初期略高于菱形井网和矩形井网，但是随着排采的进行，菱形井网采收程度最高，矩形井网次之，正方形井网单井采出程度最低。随着储层各向异性程度增强（$K_x=15K_y$），矩形井网明显高于菱形井网和正方形井网。

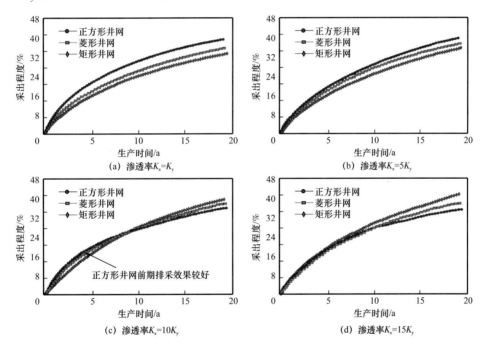

图 2-2-8 不同井网形式下的气井采出程度变化曲线

2）非均质煤层气藏井网形式调整

通过上述研究发现，当储层非均质性较低时，正方形井网的开发效果最好，菱形井网次之，矩形井网单井采出程度最差。但是在储层各向异性程度较强时，矩形井网单井开发效果明显高于菱形井网，菱形井网又高于正方形井网。因此，对于菱形井网，在开发中后期，一般采用部署加密井的常规方法，将暗淡煤和半暗煤储层中适应性较差的菱形井网调整成正方形井网，以进一步改善地应力场，补充地层能量，从而建立更好的驱替压力系统。而对于部署在半亮煤储层的矩形井网，在开发中后期，通过单井加密可将矩形井网调整成菱形井网，以实现压力场的重新分布，增大泄流面积，从而提高最终采收率的目的（图2-2-9）。

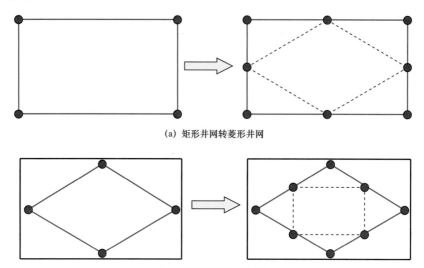

(a) 矩形井网转菱形井网

(b) 菱形井网转正方形井网

图2-2-9 井网形式调整方案示意图

2. 非均质煤层气藏井网方案设计

基于煤层气井资料，结合韩城地区煤储层特征，分别建立考虑不同储层类型情况下不同井型井距的单井地质模型102个。结合矿场实际的井排距，设计出4套共计18种井排距的方案，并采用COMET3数值模拟软件，在历史拟合的基础上，对上述4套方案的产能指标进行优化模拟（表2-2-5）。优化结果显示，不论是光亮煤、半亮煤还是半暗煤和暗淡煤储层，单井的采出程度均随着井网密度的增加而增加。但是，当井网间距过小时，井间干扰形成较早，随之而来形成产气高峰，导致排采早期产量上升较快，但稳产、高产时间较短；当井距增大时，储层井间干扰难以形成，导致在排采早期气井产能较低，产气高峰期迟迟难以到达，但后期产量相对较高。

表2-2-5 煤层气井网数值模拟优化指标

宏观煤岩类型	方案	井网方案/（m×m）	高峰期时间/a	高峰期产量/（m³/d）	稳产时间/a	采收率/%
光亮煤	1	矩形井网 200×250	3	2200	4.1	42.05
	2	矩形井网 250×300	4.8	2140	5.9	40.75
	3	矩形井网 300×350	5.8	1900	6.6	34.15
	4	矩形井网 350×400	7.8	1800	8	26.37
半亮煤	5	菱形井网 200×200	2.2	2000	3.1	39.13
	6	菱形井网 250×250	3.7	1900	5.3	36.26

续表

宏观煤岩类型	方案	井网方案 /（m×m）	高峰期时间 /a	高峰期产量 /（m³/d）	稳产时间 /a	采收率 /%
半亮煤	7	菱形井网 300×300	4.3	1730	5.9	30.67
	8	菱形井网 350×350	5.2	1600	6.3	28.42
半暗煤	9	正方形井网 150×150	1.8	1600	3	33.36
	10	正方形井网 200×200	2.7	1480	4.2	31.21
	11	正方形井网 250×250	3.1	1100	4.8	27.18
	12	正方形井网 300×300	3.4	880	5.3	24.64
	13	正方形井网 400×400	5.8	600	6.5	20.51
暗淡煤	14	正方形井网 150×150	1.7	1450	2.8	29.38
	15	正方形井网 200×200	2.5	1400	4.1	27.33
	16	正方形井网 250×250	3	960	4.5	24.26
	17	正方形井网 300×300	3.2	800	5.3	22.17
	18	正方形井网 400×400	5.5	550	6.6	17.66

3. 井网部署方案经济优选

井网密度与气藏的产气能力及经济效益息息相关，是关系到气藏经济开发的关键指标。井网密度的增加，一方面有利于井与井之间形成有效的井间干扰，以达到提高气井采收率的目的，但当井网密度达到一定值后，井距的进一步增加对产能的影响不大；另一方面，会导致气田单井采气成本增高，难以实现经济效益。因此，如何平衡单井产量与经济效益之间的关系，是井网密度研究的核心任务。

由于煤层气井具有产量低、寿命长的特点，应综合考虑煤层气井产气高峰到达时间的早晚、高峰期产量、稳产高产持续时间和煤层气最终采收率等因素。同时综合气藏工程法——单井合理控制储量法、规定单井产能法及单井经济极限法，认为光亮煤采用矩形井网 350m×300m 的井距比较有利于尽快实现投资回收和进一步滚动开发。相比于光亮煤储层，半亮煤储层以部署 250m×250m 的菱形井网为宜，而半暗煤和暗淡煤以部署 200m×200m 的正方形井网为宜（表 2-2-6）。

表 2-2-6 不同方法确定井网井距结果

方法	井距（单井经济极限法）/ m	井距 /（m×m）			选值 / m×m
		单井合理控制储量法	规定单井产能法	数值模拟法	
光亮煤	244	280×300	400×450	250×300	300×350
半亮煤	251	270×270	430×430	250×250	250×250

续表

方法	井距（单井经济极限法）/ m	井距 / (m×m)			选值 / m×m
		单井合理控制储量法	规定单井产能法	数值模拟法	
半暗煤	311	240×240	379×379	200×200	200×200
暗淡煤	346	230×230	356×356	200×200	200×200

4. 井网优化方案的应用

从储层类型与现井网格局的关系可看出，研究区储层物性较好的光亮煤区井距较小，大部分井已经形成了井间干扰，目前并不具备加密潜力。另外，暗淡煤和半暗煤储层在目前的气价和技术下，尚不具备加密条件。因此，研究区以半亮煤局部加密为主，并根据以下原则，提出研究区井网调整方案：

（1）半亮煤储层井网调整以局部加密和完善为主；

（2）半亮煤储层加密调整井井距大于 251m；

（3）加密调整井避开断层发育区，避免地下水侵入井底；

（4）设立小井距先导试验区，取得成效后推广应用。

以上述原则为基础，2017 年中石油煤层气有限责任公司韩城分公司在以半亮煤为主产层的韩 3 井组试验区分两批共部署了 9 口加密井，加密井部署分布如图 2-2-10 所示。韩 3 井组共部署生产井 28 口，其中井距大于 300m 的有 16 口，小于 300m 的共 12 口，最小井距为 251m；加密后井网密度由 7.3 口 /km² 到 8.65 口 /km²，井距也由 358m 缩小至 275m，加密调整后该先导试验区井网逐渐完善。

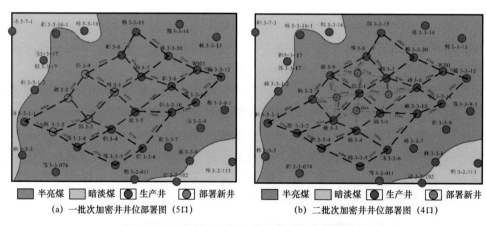

（a）一批次加密井井位部署图（5口）　（b）二批次加密井井位部署图（4口）

图 2-2-10　韩城矿区韩 3 井组井网加密部署分布

5. 井网加密效果定量评价

由于煤层气主要以吸附态赋存于储层微孔之中，因此，气井在开采过程多采用排水降压的方式促使煤层气发生解吸。但限于我国煤层气井储层渗透率普遍偏低，气井在排采过程中单井压降范围有限，当气体无法解吸时，煤层气井产能往往难以实现高产、稳产。因此，在煤层气开采过程中，多采用规模井群进行合理的井网部署，使井与井之间能够快速实现井间干扰，扩大压降范围，促使煤层气井大范围地高效解吸，从而提高煤层气井的产气能力。结合单井经济及技术极限井距，在第二批加密井部署后对韩3井组进行了数值模拟研究，在进行历史拟合的基础上，分别对其加密后的储层压降效果和产能特征进行了预测，定量评价了试验先导区的井网加密效果。从韩3试验井组压力变化分布图（图2-2-11）可知，加密新井后，对老井生产影响较大，降压程度较为明显的区域集中在韩3-2井、韩3-3井、韩3-5井和韩3-7井周围，加密区单井降压效果明显。

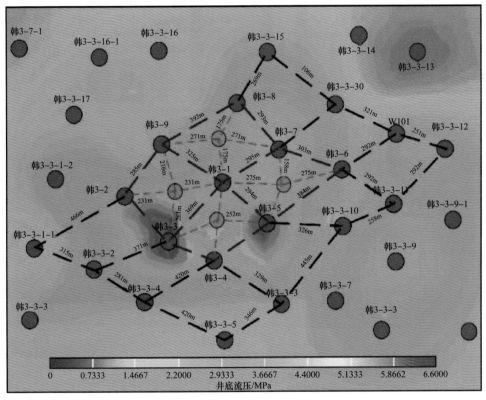

图2-2-11 韩3试验井组压力变化分布

加密前该试验井组已形成菱形井网的开发模式，但菱形井网由于投产时间较晚，井间干扰尚未体现。以韩3-1井为中心的8口井为例，即韩3-1井、韩3-2井、韩3-3井、韩3-4井、韩3-5井、韩3-7井、韩3-8井和韩3-9井。其中，除韩3-8井产液量较大、产气量较低外，其他井的日均产气量为800～1000m³。韩3-1井单井生产时累计产气量平稳，自第二阶段4口加密井投产后，韩3-1井累计产气量线性增加，且其他7口井表现出同样的趋势（图2-2-12）。实际排采数据显示，加密后以韩3-1井为中心的8口井平均日产气量明显高于加密前，说明加密后韩3井组井间形成了较为明显的井间干扰，进一步动用了储层可采储量。

总之，本次研究提出的煤层气开发井网部署技术充分考虑了非均质储层煤层气差异产出机制，基于精细化非均质煤储层地质模型，对研究区范围内单井泄气半径进行了定量刻画，同时，综合井网经济指标，为开发调整阶段的井网优化与部署提供了科学依据与技术保障。应用该技术进行井网加密，可充分挖掘储层资源潜力，形成有效的井间干扰，进一步动用可采储量，从而达到区块综合治理的目标。因此，该技术可在已进入开发调整阶段的其他煤层气区块进行推广。

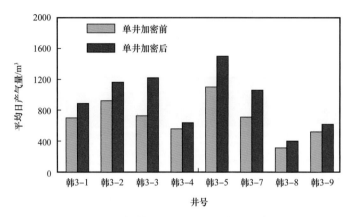

图 2-2-12　单井加密前后平均日产气量直方图

第三节　煤层气开发指标预测技术

随着煤层气开发的大规模展开和深入进行，对开发区煤层气藏的高效开发及指标优化研究就显得越来越重要。"十二五"期间，初步建立了煤层气储层地质建模、储层数值模拟技术，但煤层气高效开发及指标优化关键技术还不成熟。本次研究建立了具有煤层气特征的开发指标预测体系，同时通过开展煤层气关键开发指标优化研究，为煤层气高效开发提供理论与技术支持。煤层气开发指标预测技术，与常规油气预测技术不同的是，它是基于煤层吸附含气特征及煤储层特征、煤层气特有的解吸—扩散—渗流理论，建立具有煤层气特点的地质模型和数值模型，通过对煤层气生产动态数据的历史拟合和方案优选，形成具有煤层气特点的开发预测指标体系，对煤层气区块和单井的关键开发指标开展预测的技术，这是实现煤层气高效开发的关键技术，技术攻关将有利于深刻认识煤层气藏的开发规律，指导气田科学生产、生产制度调整和挖潜气田潜力"甜点"部位，从而为煤层气新井部署和开发方案编制、煤层气上产等方面提供技术指导，助力煤层气整体高效开发。

一、技术概述

1.煤层气开发预测指标体系建立

针对煤层气的特点，考虑了产水特征预测指标、产气特征预测指标、压力/干扰特征预测指标、递减特征预测指标和采收特征预测指标5类特征共16项预测指标，建立了煤层气开发宏观预测指标体系。基于预测指标，可指导现场用于调整配产制度、建立合理生产制度、制订合理的产量计划，以及井网优化调整、完善井网，目标区剩余潜力挖潜和"甜点区"部署等方面（图 2-3-1）。

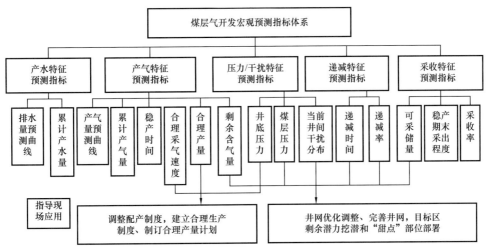

图 2-3-1 煤层气开发预测指标体系

2. 煤层气开发指标预测技术流程及预测方法

煤层气开发指标的预测主要有 4 个步骤，如图 2-3-2 所示。预测方法主要包括 Arps 传统产量递减法、基于概率统计学的预测模型法、现代产量递减法及煤层气数值模拟法等。

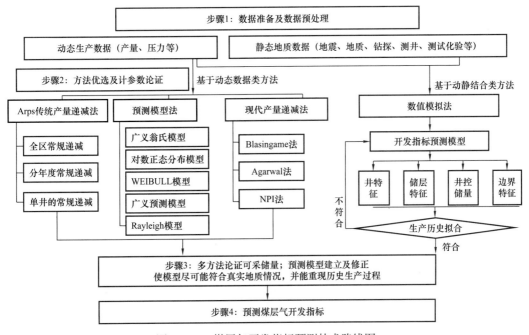

图 2-3-2 煤层气开发指标预测技术路线图

不同的预测方法适用条件及功能也不同（表 2-3-1）。Arps 传统产量递减方法可以预测煤层气单井或区块的产气量、可采储量、产气量预测曲线、累计产气量及递减率等指标；现代产量递减方法主要用于预测煤层气单井的可采储量；基于概率统计学的预测模型法是基于概率统计学中的各种分布模型而建立，作为一种经验公式法，可以预测油气田的产气高峰、产量和最终可采储量，广义翁氏模型、广义预测模型、正态分布、WEIBULL 模型、Rayleigh 模型等方法广泛应用于常规油气田产量预测；煤层气数值模拟法可以预测煤层气区块或单井，包括产气量曲线、产水量曲线、压力变化曲线、压力场分布、剩余含气分布、递减率、可采储量等参数。数值模拟方法预测的指标功能最全面，Arps 传统产量递减方法其次，这两类方法不仅可以预测区块指标，也可预测单井指标。通过将这些方法应用于煤层气领域，发现基于概率统计学的预测模型法虽然可预测煤层气田的产量高峰时间，但计算的可采储量过大，计算结果大于地质储量，需要系数校正，故该类方法对煤层气的预测结果偏差较大。

表 2-3-1　不同预测方法适用条件及功能简述

方法		适用条件和功能	
Arps 传统产量递减方法		适用于煤层气单井或区块产量出现递减后，可预测煤层气单井或区块的产气量、可采储量、产气量预测曲线、累计产气量、递减率等指标	
现代产量递减法	Blasingame 法	适用于煤层气单井单相流体到达边界流后，可计算煤层气单井可采储量/产能，但无法预测产量曲线和压力等指标	
	Agarwal 法		
	NPI 法		
	动态物质平衡法		
预测模型法	广义翁氏模型	常规油气田生产全过程	可拟合产气量曲线形态，但计算煤层气可采储量误差大，需校正
	广义预测模型 I	适用于任何常规油气田	
	对数正态分布模型	油田实际应用中有较好的效果	
	WEIBULL 模型	油气田生产全过程	
	Rayleigh 模型	油气田最高产量出现之后	
	t 模型	进入产量递减阶段的油气田	
	Logistic 模型	采出可采储量为 50% 且进入递减阶段的油气田	
煤层气数值模拟法		适用于煤层气单井或区块开发中期或后期，基于地质模型和生产数据，预测煤层气区块或单井，包括产气量曲线、产水量曲线、压力变化曲线、压力场分布、剩余含气分布、递减率、可采储量等指标，功能最全面	

3. 煤层气采收率评价方法

常用的煤层气采收率评价方法主要有类比法、等温吸附曲线法、解吸实验法、Arps传统产量递减法和煤层气数值模拟法等，不同的评价方法优缺点和适用条件也不同（表2-3-2）。

表2-3-2　煤层气常用采收率评价方法优缺点和适用条件

方法	所需数据	优点	存在问题	适用条件
类比法	相似煤层气田采收率	快速	理论依据不强，数据来源困难	地质条件类似的区块
等温吸附曲线法	需要吸附曲线与初始条件；根据原始含气量、原始储层压力和假定废弃压力估算采收率	数据易获得，操作简单	忽略工程因素影响，由假定废弃压力计算结果的不确定性大	勘探最初阶段
解吸实验法	需要岩心测定气含量，是损失气和实测气与总气含量比值	煤层气解吸实验，操作简单	假定损失气和实测气是自然条件下的解吸，认为是可从气藏开采的，假定残余气不能开采出来；未考虑后期开发过程中人为因素工程因素等影响	理论采收率，不代表实际采收率，仅供参考
物质平衡法	煤岩基质中吸附的气体、裂缝系统中的气体、水的压缩性、产水量以及地层压缩性等，煤中的气体量等于吸附气体量加上裂缝系统中的气体量	应用煤层气单井产能计算，计算量相比数值模拟少	物质平衡法假设了煤层裂缝中的自由气体和吸附气处于平衡状态，换句话说，煤是被饱和的并满足等温吸附曲线，吸附处于拟稳态过程的假设条件	相关的参数计算方法还不完善，且只能应用单井，使此方法在现场的应用受到限制
Arps传统产量递减法	需要生产数据	结果相对可靠，计算简单	只考虑动态数据因素，要求井底流压相对稳定，且未考虑地质因素	开始出现递减阶段
数值模拟法	需要地质参数建模和生产数据	预测结果较为可靠，考虑地质、生产因素，综合考虑开发技术及经济因素的影响	计算和预测过程复杂，需要大量历史拟合模拟计算	勘探开发中期，有一定生产规模和生产数据

根据煤层气采收率评价方法的分析，Arps传统产量递减法与数值模拟法为勘探开发程度较高煤层气田最实用的两种采收率评价方法。Arps传统产量递减法为中国石油依托SEC储量评估公司美国D&M公司应用于SEC储量评估PD储量的主要方法，已被广泛应用和认可。数值模拟法是广泛应用于煤层气开发方案地质与气藏工程方案编制的重要方法，是开发方案开发指标预测和方案比选的必备方法。经过实践，形成了一套适合于勘探开发程度较高目标区的"煤层气数值模拟法为主、Arps传统产量递减法为辅"的采收率评价技术，通过该类方法综合得到的计算结果，可靠性相对较高。

二、Arps 传统产量递减法

20 世纪 40 年代，Arps 提出了系统的油气井产量递减分析方法。针对具有较长生产历史且定井底流压生产的油气井，利用产量（累计产量）与时间的关系，将油气井的递减见归纳为指数递减、双曲递减和调和递减 3 种类型。该方法简单易用，不需要了解气藏或气井的参数，可应用于不同类型的油气藏。

1. 基本原理

基于现场观察统计，Arps 研究发现，在定井底流压条件下，油气井产量递减归纳为指数递减、双曲递减和调和递减（表 2-3-3）。因此，在假设先前生产条件（井况、井底流压等）不变情况下，只需判断历史生产数据所属的递减类型，确定其递减参数，并建立相应的经验公式，即可预测油气井未来的产量变化。这类方法可以对全区产量进行分析，也可对单井产量进行分析。

表 2-3-3 Arps 传统递减分析方法及所用计算公式

递减类型	指数递减	双曲递减	调和递减
递减指数	$n=0$	$0<n<1$	$n=1$
递减率	$D=D_i=$ 常数	$D=D_i(1+nD_i t)^{-1}$	$D=D_i(1+D_i t)^{-1}$
产量	$q=q_i e^{-D_i t}$	$q=q_i(1+nD_i t)^{-\frac{1}{n}}$	$q=\dfrac{q_i}{1+D_i t}$
	$\lg q=\lg q_i-\dfrac{D}{2.303}t$	$\dfrac{q_i}{q}=1+nD_i t$	$\dfrac{q_i}{q}=1+D_i t$
累计产量	$G_p=\dfrac{q_i-q}{D}$	$G_p=\dfrac{q_i}{D_i(1-n)}\left[1-\left(\dfrac{q_i}{q}\right)^{n-1}\right]$	$G_p=\dfrac{q_i}{D_i}\ln\left(\dfrac{q_i}{q}\right)$

注：n 为递减指数；D 为递减率；D_i 为初始递减率；t 为时间；q 为 t 时刻的产量；q_i 为初始产量；G_p 为累计产量。

在初始产量 q_i、初始递减率 D_i 相同的情形下，以上 3 种递减曲线产量、累计产量与时间关系：指数递减最快，预测的累计产量最小；调和递减最慢，预测的累计产量最高；双曲递减介于两者。

2. 应用实例

对于生产时间比较长、产量出现递减的井，可以采用 Arps 传统产量递减法，得到可采储量、递减率等参数，并可进行产量预测。由保德区块保 1 向 1 井排采曲线（图 2-3-3）可见，产量曲线出现明显递减，井底压力相对平稳，可进行 Arps 传统产量递减分析。

保 1 向 1 井采用 Arps 传统产量递减分析（图 2-3-4），计算得到该井递减趋势符合指数递减，月递减率 2.12%，年递减率 22.47%，可采储量 $1823\times10^4 m^3$，剩余可采储量 $515\times10^4 m^3$。

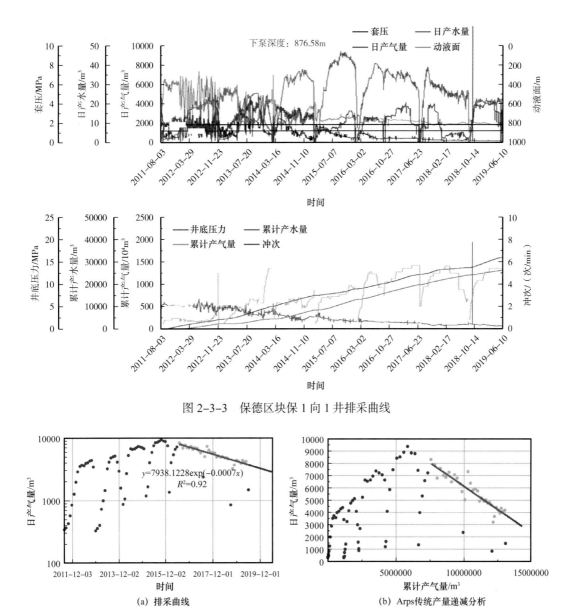

图 2-3-3　保德区块保 1 向 1 井排采曲线

（a）排采曲线　　　　　（b）Arps传统产量递减分析

图 2-3-4　保德区块保 1 向 1 井的排采曲线与 Arps 传统产量递减分析结果

同理，对韩城区块典型井 WL1-010 井采用 Arps 传统产量递减法分析，计算得到该井递减趋势符合双曲递减，月递减率 1.15%，年递减率 12.85%，可采储量 $1022 \times 10^4 m^3$，剩余可采储量 $302.93 \times 10^4 m^3$。此外，Arps 传统产量递减法还可以对单元内递减井或区块内递减井进行整体开发指标分析。

三、现代产量递减法

现代产量递减分析技术作为一种试井发展方向的新技术，与传统试井相比，该技术不需关井测试（如压力恢复试井）、不需连续几小时 / 天测压，仅利用生产动态数据，即可定量地分析油气井的渗流特征，确定储层参数，计算井控储量，从而为油气井的开发动态监测提供了新的、更为经济的技术手段。该类方法是一种只针对单井的产量分析方法。Blasingame 法提出归一化产量和物质平衡等效时间的概念，将变产量与变井底流压的解转化成常产量解，建立了变产量与定产量之间的等效关系。与之前的图版方法相比，可以解决实际生产过程中变产量、变井底流压的问题，拓宽了递减方法的应用广度。

1. Blasingame 法与 Agarwal 法

Arps 传统产量递减法假设以定井底流压生产，分析产量数据，未考虑气体 PVT 随压力的变化。Blasingame 法引入了拟压力规整化产量（$q/\Delta q$）和物质平衡拟时间函数 t_{ca}，建立了典型递减曲线图版，该方法考虑了变井底流压生产情况和随地层压力变化的气体 PVT 性质。Blasingame 法引入了拟压力规整化产量（$q/\Delta p_p$）和物质平衡拟时间函数 t_{ca}，建立了典型递减曲线图版，该方法考虑了变井底流压生产情况和随地层压力变化的气体 PVT 性质。Agarwal 等利用拟压力规整化产量（$q/\Delta p_p$）、物质平衡拟时间 t_{ca} 和不稳定试井分析中无量纲参数的关系，建立了 Agarwal 产量递减分析模板，由于无量纲参数定义不同，Agarwal 图版曲线前期部分较 Blasingame 图版相对分散，从而有利用于降低拟合分析的多解性。

2. 应用实例

对保德区块排采典型递减井，应用现代产量递减法 Blasingame 法和 Agarwal 法分析可采储量，两种方法计算结果相近。

保德区块保 1–02 向 2 井，采用 Blasingame 法与 Agarwal 法对该井进行分析（图 2–3–5），其中 Blasingame 法计算该井的渗透率为 0.46mD，动态地质储量为 $2100\times10^4m^3$，可采储量为 $2000\times10^4m^3$，剩余可采储量平均为 $800\times10^4m^3$；Agarwal 法计算该井的渗透率为 0.33mD，可采储量为 $2000\times10^4m^3$，剩余可采储量为 $700\times10^4m^3$。两种方法计算的可采储量平均为 $2000\times10^4m^3$。

应用 Arps 传统产量递减法和现代产量递减法，对保德区块 9 口井进行分析，现代产量递减法的计算结果相对较高（表 2–3–4）。

表 2–3–4　Arps 传统产量递减法与现代产量递减法计算的可采储量结果

方法	不同方法计算的可采储量 /10^8m^3								
	保 1–02 向 2	保 1–18	保 1–20	保 1–24	保 1–3	保 1–3 向 3	保 1–46 向 1	保 1 向 1	保 1 向 3
Arps 传统产量递减法	0.17	0.064	0.18	0.1	0.1	0.16	0.19	0.17	0.27
现代产量递减法	0.2	0.08	0.19	0.13	0.11	0.19	0.195	0.22	0.335
平均值	0.19	0.072	0.185	0.115	0.11	0.175	0.1925	0.195	0.3025

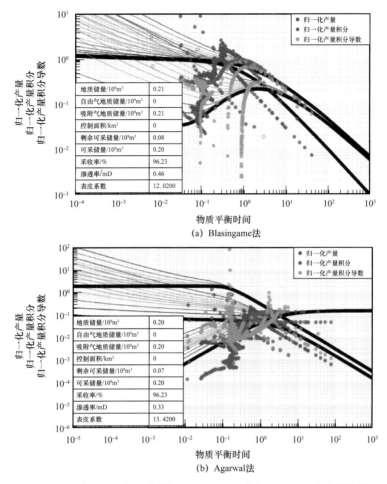

图 2-3-5 保 1-02 向 2 井利用 Blasingame 法与 Agarwal 法计算结果

四、煤层气数值模拟法

煤层气数值模拟是将地质特征、储层物性和生产作业集于一体的过程，通常使用煤层气数值模拟软件来实现。煤层气数值模拟是在生产井的部分参数已知的条件下，计算描述储层中流体流动的一系列方程，通过历史拟合，对井的产气量和产水量等参数及其变化规律进行预测的工作。预测的时间可为几个月、几年甚至几十年。产能参数是选择开采工艺、开采设备的重要依据，同时，还可根据产能参数对生产井的经济价值进行评价。

1. 基本原理

煤层气数值模拟在建立的地质静态模型（构造模型和属性模型）基础上，充分利用历史生产动态数据，将静态数据与动态数据相结合，利用成熟的商业化软件，根据需求特点，完成不同井型模拟、不同采气速度方案模拟以及各项宏观开发技术指标的预测，设计多套方案预测生产关键指标。

通过建立煤层气开采数值模拟模型，对煤层气生产过程中的解吸—扩散—渗流的动态变化规律进行了分析，对影响煤层气井产能的主要因素进行了敏感性分析（表2-3-5），分析产量背后多因素的不确定程度，确定关键可调参数以保证拟合的准确性。通过对各个参数对产能的影响分析得出，产气量与煤层气初始含气量呈正相关，参数敏感性强；产气量与裂缝孔隙度呈负相关，参数敏感性强；产气量与裂缝渗透率呈正相关，参数敏感性强。此外，还有一些影响中等或较小的参数，如相对渗透率曲线、煤压缩系数、基质—裂隙连接因子、扩散系数、井生产指数等。

表2-3-5　历史拟合参数

不确定性参数		确定性参数
调整范围较大的参数	调整范围较小的参数	
裂隙绝对渗透率 裂隙孔隙度 气水相对渗透率 诱生裂缝长度或表皮系数	含气量 等温吸附曲线 解吸时间 井生产指数	初始条件、储层构造 气水界面、厚度 气水的PVT参数 压缩系数、毛细管压力

2. 应用实例

1）基础资料收集及模型建立

以临汾大宁—吉县区块为例，基础数据资料包括井位、井轨迹、测井数据、测井解释成果、分层数据、层面构造、煤层厚度等值线、测试含气量等。针对6个井组30口井进行数值模拟和生产规律的分析。根据资料数据情况、井控范围及地质认知，采用确定与随机相结合的建模方法，建立大宁—吉县煤层气探明储量区三维地质模型（图2-3-6）。

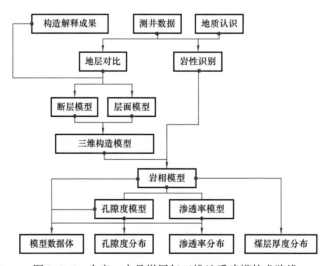

图2-3-6　大宁—吉县煤层气三维地质建模技术路线

2）不同井型丛式井与水平井井组模拟

对大宁—吉县区块的典型丛式井台和水平井台的煤层气参数、生产井的储层参数和实际的生产数据进行了历史拟合，获取气井的产能预测指标。根据开发研究的需要，建立了 3 个井组的数值模型，共计 39×39×38＝57798 个网格。

（1）丛式井井组模拟确定合理井网井距。

丛式井组 J1-01 井组的各井井距为 300m。利用数值模拟法分析井区井网的合理性，数值模拟显示各井压降漏斗小，解析方法求得井控半径介于 86～118m；解析方法与数值模拟显示，J1-01 丛式井井间干扰不明显。这说明大宁—吉县区块丛式井合层开采的井网井距仍然偏大，根据该井组计算的井控半径，该井组丛式井的合理井距为 120～150m（表 2-3-6）。

表 2-3-6 丛式井井组煤层气井井控半径

井号	井控半径 /m
J1-01	86.0
J1-01-1	58.6
J1-01-2	40.8
J1-01-3	97.8
J1-01-4	118.3

（2）水平井井组模拟确定合理井网井距。

数值模拟显示水平井水平段附近下降快，压降漏斗明显；T-P02、T-P03 和 T-P04 水平井井距范围为 500～600m，根据模拟计算结果，井间干扰不明显；根据干扰模拟压力场结果，水平井最大井控半径为 297m，建议水平井合理的井间距在 300m 左右。

3）历史拟合与产量预测

历史拟合是在敏感性分析的基础上，利用实际的生产数据进行拟合。根据拟合结果确定气田模拟基本参数（表 2-3-7）。

表 2-3-7 煤层气数值模拟参数

参数	5 号煤层	8 号煤层
煤厚 /m	8.71	6.2
渗透率 /mD	0.12	0.15
兰氏体积 /（m³/t）	22.95	29.81
兰氏压力 /kPa	1.93	1.74
含气量 /（m³/t）	11.8	14.65
储层压力 /MPa	9.45	9.95
压力梯度 /（MPa/100m）	0.99	0.98
储层深度 /m	957.82	1009
孔隙度 /%	4.2	4.3

对大宁—吉县区块的排采井进行了分类预测，例如 J1-02-4 井的生产数据历史拟合与预测趋势如图 2-3-7 所示，获取气井的产能预测指标。预测 J2-25-1 井全周期累计产气 $315 \times 10^4 \text{m}^3$，动态储量采收程度为 65%；J1-02-4 井预测全周期累计产气 $276 \times 10^4 \text{m}^3$，动态储量采出程度为 75%。预测井组全周期共累计生产 $1.1 \times 10^8 \text{m}^3$，预测期末日产气 7600m^3，动态储量采出程度为 36%。

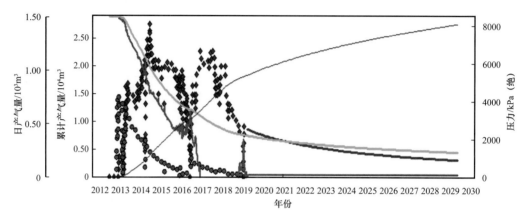

图 2-3-7　J1-02-4 井预测曲线

五、煤层气开发指标预测典型案例分析

1. 保德区块模型建立与历史拟合

保德区块自 2015 年底进入稳产阶段以来，区块稳产 $140 \times 10^4 \text{m}^3/\text{d}$ 已经 5 年，生产历史数据丰富。煤层气数值模拟模型采用双孔介质模型，模型基质网格描述煤层基质，模型裂缝网格描述煤层裂缝，流体在煤层裂缝渗流，然后流入生产井。优选成熟且支持满足煤层气双孔单渗理论的 Eclipse 数值模拟软件，开展煤层气产气规律及关键开发指标预测研究。

数值模拟过程中遵循"先全区后单井"的原则，对保德区块 1 单元、2 单元和 3 单元日产量进行历史拟合，某单元的产气、产水曲线拟合结果如图 2-3-8 所示。

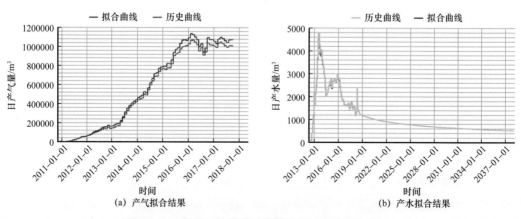

图 2-3-8　保德区块某单元整体产气、产水拟合结果

同时对保德区块北部470口的产气井日产量和井底流压进行历史拟合，其中日产气量平均拟合准确率高达80%以上，井底流压通过对各类参数的精细调整，使全区平均拟合率达到83%。

为了验证1单元当前实际的采气速度4.5%是否最佳，设计了5种不同的采气速度方案，基于数值模拟对未来生产进行关键指标预测（图2-3-9、表2-3-8）。

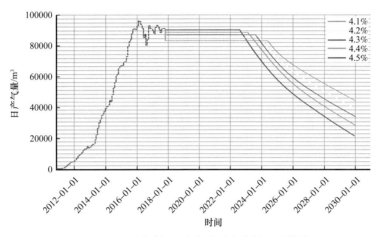

图2-3-9　不同采气速度方案对应产能预测曲线

表2-3-8　不同采气速度方案对应开发指标

方案	采气速度/%	剩余稳产期/a	稳产期末采出程度/%	生产期末采收率/%	递减率/%
1	4.10	6.2	41.34	59.11	10.20
2	4.20	6.0	41.23	58.79	11.70
3	4.30	5.9	41.36	58.07	13.3
4	4.40	5.2	38.87	57.04	15.2
5	4.50	4.8	37.50	55.07	17.30

根据多方案数值模拟计算结果，发现规律：随着采气速度不断增加，剩余稳产时间逐渐缩短，最终采收率呈现降低的趋势（目前井网已基本固定）；较高的稳产期末采出程度取决于较高采气速度和较长稳产时间。通过技术优选发现：从最终采收率结果看，方案1最优；从稳产期末采出程度看，方案3最优。在技术优选得到的方案1和方案3中进一步优选：1单元作为保德主力开发单元，方案1采气速度最低，难以确保区块总产量要求，建议选择方案3。

基于2011—2017年现有历史生产数据的基础上，预测2018年之后的各方案指标。各项开发方案进行各项开发指标的对比验证，得出目前的采气速度4.5%稍快。综合考虑技术方面和未来现金流方法二级优选，得到最优方案是方案3。按照论证得到的合理采气速度4.3%，从而得到单元的合理日产气量（配产）为$87\times10^4\mathrm{m}^3$（表2-3-9）。

表 2-3-9　不同方案与开发方案的开发预测指标对比情况

开发指标	无生产数据预测	在6年历史生产数据拟合的基础上，预测的不同采气速度方案				
	开发方案	方案1	方案2	方案3（最佳方案）	方案4	方案5（目前实际方案）
稳产期采气速度 /%	4.18	4.10	4.20	4.30	4.40	4.50
总稳产期 /a	8	8.2	8	7.9	7.2	6.8
剩余稳产期 /a	6	6.2	6	5.9	5.2	4.8
稳产期合理配产 /10^4m³	84.6	83	85	87	89	91
稳产期末采出程度 /%	37.78	41.3	41.23	41.36	38.87	37.50
生产期末采收率 /%	55.49	59.11	58.79	58.07	57.04	55.07
递减期年平均递减率 /%	18.40	10.20	11.70	13.30	15.20	17.30

2. 煤层井间干扰分布与压降曲线预测

以排采1单元为例，当前、5年后、10年后的平均地层压力分别为 2.80MPa、2.10MPa、1.35MPa。预测模型也直观显示了压降和井间干扰进一步加强的现象（图2-3-10）。合理的井网部署可以充分利用井间干扰原理增大煤层气解吸体积和速率。为充分挖掘保德区块北部煤层气未动用资源，需对井网不完善的区域进行井位加密。通过观察煤层气数值模拟中的压降波及情况，可以直观显示煤层气井井间干扰情况。发现拟部署的井，例如保1–52向1井附近井间干扰强烈，压降面基本形成，建议暂不部署该井。其余拟部署井井间干扰不明显。

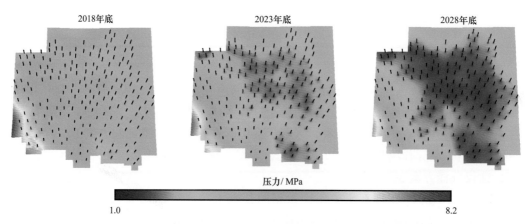

图 2-3-10　保德区块1单元未来不同时间的地层压力变化情况

保德区块各单元在拟合结束后，得到全区平均地层压力的变化规律，即表现出前期先迅速上升（由于解吸过程）后先迅速下降、后期降低缓慢的特点（图2-3-11）。

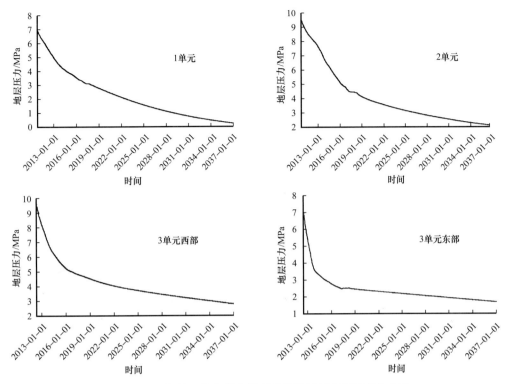

图 2-3-11　保德区块北部各排采单元地层压力预测变化曲线

3. 稳产时间及剩余含气分布预测

1）区块稳产时间及产气量曲线预测

按照 2016 年以来的平均产量作为稳产水平（北部日产气 140×10⁴m³），稳产时间约 6
年。预测北部日产气 100×10⁴m³ 以上，可稳产至 2028 年初，届时各单元日稳产气量分别
为 55×10⁴m³、30×10⁴m³、8×10⁴m³ 和 7×10⁴m³，稳产时间约 11 年。

2）煤层剩余含气量分布预测

含气量动态预测模型清晰显示了任何时间段的煤层气的解吸程度，便于在任意生产
阶段对高残余气区进行开发调整（图 2-3-12）。通过历史拟合区块和单井生产数据，重现
了历年排采过程，得到了生产 8～9 年后剩余的含气量分布。根据预测结果，剩余含气量
主要分布在区块单元埋深较深的西部、沟槽部位和一些井网不完善的部位，资源条件夯
实，具备部署井网完善和加密井的条件。

排采 1、2、3 单元西部剩余含气量高，结合地质和排采效果分析，低构造部位排水
降压时间长，通过煤层气井综合治理可挖潜西部资源量；排采 1、2 单元煤层排采效果好，
在 1、2 单元井网不完善、剩余含气量高值区可部署加密井。

4. 煤层气可采储量和采收率评价

1）煤层气井废弃产量的确定

采用数值模拟法计算采收率时，除了含气量和煤吸附特征，还考虑到了储层性质和

流体性质等影响因素。结合保德区块目前产量稳定、井控程度高、生产数据丰富、气藏描述精细的特点，采用以煤层气数值模拟法为主、Arps 传统产量递减法为辅的预测方式进行采收率评价。当产量达到经济极限，即经济效益为零时，生产结束，此时的产量为经济极限产量。按照公司 SEC 储量评估标准，计算得到保德区块单井经济极限产量为 216m³/d，将单井经济极限产量作为废弃产量。由于发现保德区块煤层气井在较低的井底流压条件下（例如 0.5MPa），只要降低管网压力，构造高部位的井仍能以较高的产量生产，故这里暂不限定废弃压力值，主要以废弃产量作为限定条件进行预测。

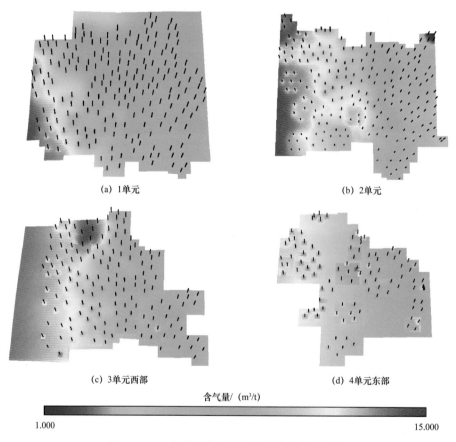

(a) 1单元   (b) 2单元

(c) 3单元西部   (d) 4单元东部

含气量/（m³/t）

1.000   15.000

图 2-3-12　保德区块不同单元剩余含气量分布

2）煤层气数值模拟法、Arps 传统产量递减法主辅结合评价采收率

鉴于保德区块和临汾区块已进入开发中期，具备丰富的地质资料和生产历史数据，利用煤层气宏观指标预测技术，形成了一套目标区"煤层气数值模拟法为主、Arps 传统产量递减法为辅"的采收率评价技术，开展煤层气采收率评价，最终综合确定采收率结果。

利用煤层气数值模拟法、Arps 传统产量递减法主辅结合评价采收率方法，综合确定保德区块北部 1 单元的采收率为 59.85%，2 单元的采收率为 43.24%，3 单元的采收率为 28.55%（表 2-3-10）。保德区块排采 3 单元采收率低主要是由于 3 单元地质条件相对较差和受到东部王家岭煤矿采空区等影响。

表 2-3-10 煤层气数值模拟法、Arps 传统产量递减法主辅结合评价方法综合确定预测采收率

排采单元	采收率 /%			综合确定采收率 /%
	煤层气数值模拟法	Arps 传统产量递减法（截至 2020 年数据）	煤层气数值模拟法、Arps 传统产量递减法主辅结合法（60% : 40%）	
1 单元	58.07（方案 3）	62.51	59.85	59.85
2 单元	45.50	39.86	43.24	43.24
3 单元	31.50	24.12	28.55	28.55

5. 优化合理配产制度，科学制订年度计划

技术优化保德区块北部各个排采单元的合理采气速度和合理产量，将稳产能力精确划分到每一口单井后，进一步提高了科学性和准确性。针对合理配产，采用数值模拟法进行多方案采气速度比选的方法，确定出单元的合理配产值（表 2-3-11）。表 2-3-11 中确定了当前稳产期不同排采单元、单井的合理配产，用于指导生产。

表 2-3-11 数值模拟法优化确定保德区块北部不同开发单元和单井合理配产

排采单元	1 单元	2 单元	3 单元	合计
总井数 / 口	221	219	194	634
稳产期单元配产 / （$10^4 m^3/d$）	87	33	18	138
单井稳产期产量 / （m^3/d）	3936.65	1506.8	927.8	2176.65

综合分析确定出单元和单井的合理稳定日产气量，科学指导了区块 2018—2020 年度产量计划的制订，其中实际与计划月度产量的吻合度保持在 95% 以上（图 2-3-13）。

6. 指导目标区潜力挖潜和"甜点区"优选

根据预测的剩余含气分布、当前地层压力分布及微构造特征地质认识，优选鼻隆构造部位、尚未形成干扰、剩余含气高的"甜点"部位，充分挖掘潜力，开展井网完善井和扩边井的部署研究，利用井间干扰研究以及关键指标预测成果，直接指导了 2018—2020 年保德区块北部井网完善及滚动扩边 I 期、II 期、保 8 井区亿立方米大平台 3 个开发方案的编制，累计优化部署煤层气新井 220 口。通过优选鼻隆构造部位、尚未形成干扰、剩余含气高的"甜点"部位，采用丛式井 + 水平井混合井网部署方式，最大限度动用优质资源，已投产井显示良好的开发效果（图 2-3-14）。

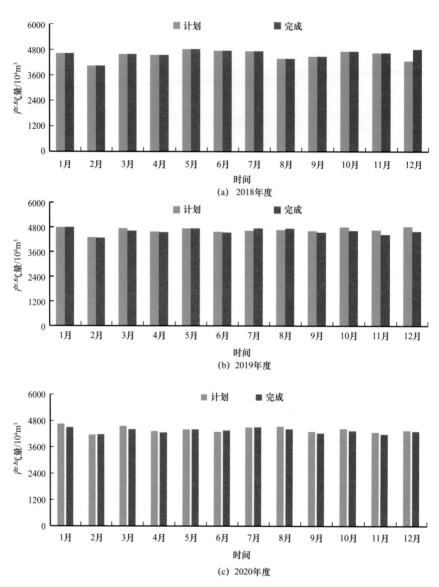

(a) 2018年度

(b) 2019年度

(c) 2020年度

图 2-3-13　保德区块 2018—2020 年度产量计划与完成情况

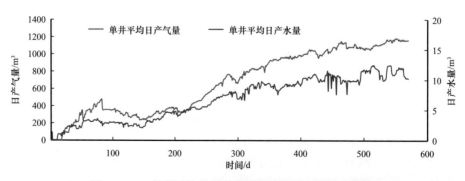

图 2-3-14　保德区块井网完善及滚动扩边 I 期排采曲线

综上，针对煤层气的特点，研究建立了煤层气产气、压力/干扰特征、递减特征等5类特征共16项预测指标的煤层气开发宏观预测指标体系。针对目标区块所处的开发中后期阶段，选用合适的开发指标预测技术（煤层气数值模拟法和Arps传统产量递减法），对区块不同单元和单井进行了生产历史拟合，设计了多套方案进行优选，综合经济和技术优选，制定了各单元的合理采气速度方案和配产制度。应用该技术预测了煤层气关键开发指标，不仅包括气、水、压力的预测曲线和可采储量、采收率，还取得了煤层气井间干扰分布与剩余含气分布认识，研究为优化合理配产制度、制订科学生产计划、充分挖掘储层资源剩余潜力、"甜点区"优选及井网优化调整、完善井网等方面提供了重要指导依据。因此，推广该技术，可为其他煤层气区块深化开发规律认识、合理开发指标制定和"甜点区"优选、剩余潜力挖潜等提供重要指导，有助于实现煤层气的高效开发。

第四节　煤层气开发经济评价与风险评估技术

上文从煤层地质和技术层面研究了煤层气井网优化、产能评价及开发指标预测等问题，为进一步开展经济评价研究奠定了基础。本节基于煤层气开发经济评价研究现状与进展，结合生产决策需要，选取初步可行性研究阶段经济评价和开发方案经济优化作为煤层气开发经济评价的主要内容，前者着力解决评价数据不充分时的评价建模问题，后者的核心问题是确定经济最优井距和采气速度。

一、经济评价模型

1. 建模思路

在初步可行性研究阶段，尚未部署试验井组，无法预测排采曲线和作业工程量，也就不能采取基于开发方案的常规方法开展经济评价。尽管如此，由于煤矿勘查资料较为丰富，通常在不追加勘探工作量的情况下，就能够获取煤级、厚度、埋深、含气量等煤田地质数据。利用这些基础地质数据可以推测煤层气资源量，再借助地质类比预测储量转换率及采收率，就可以预测可采资源量，这为估计煤层气收入提供了可能性。同样，借助煤田地质资料，也可以在地质类比的基础上模拟技术方案，进而估计投资和成本。鉴于煤层气资源的上述特点，选取财务净现值（NPV）作为评价指标，确立了建模思路及流程：

（1）利用煤田地质资料，通过综合研究推测煤层气资源量；基于地质类比确定资源量的储量转换率及采收率，计算可采储量，同时估计探明储量所需的勘探工作量。

（2）综合考虑可采储量、市场规模和稳定供气要求，模拟包括动用资源量、建设产能、年供气量、供气年限等在内的生产方案。

井数和采气速度是井网部署的关键要素，它们可在一定范围内调整，属于决策变量，需要经过技术经济优化分析才能确定。在构建经济评价模型过程中将其视为常量，而在构建评价模型之后进一步探讨井网优化问题时，再将其视为决策变量。

（3）现金流估算：根据勘探工作量估算勘探投资，根据年生产井数估算年度钻采工程投资，根据建设产能估算地面工程投资；根据年产气量估算销售收入；根据产气量、井数估算经营成本；其他现金流入和现金流出按照有关规定计算。

（4）在现金流估算基础上，选择财务净现值作为评价指标来构建经济评价模型。

2. 模型构建

根据以上建模流程，参照《石油建设项目经济评价方法与参数》，得到如下计算模型：

$$
\begin{aligned}
\mathrm{NPV} = &N_0 R_{\mathrm{r}} \left[f_{\mathrm{s}} \left(P + S_{\mathrm{b}} + P t_{\mathrm{z}} \right) f_{\mathrm{tin}} \right] - \\
&N_{\mathrm{s}} \left(R_{\mathrm{s}} I_{\mathrm{SE}} f_{\mathrm{td}} f_{\mathrm{kd}} + I_{\mathrm{Nf}} f_{\mathrm{tf}} f_{\mathrm{kf}} + C_{\mathrm{zs}} f_{\mathrm{tz}} f_{\mathrm{kz}} + C_{\mathrm{js}} f_{\mathrm{tj}} f_{\mathrm{kj}} + C_{\mathrm{1rs}} f_{\mathrm{clr}} \right) - \\
&I_{\mathrm{e}} f_{\mathrm{te}} f_{\mathrm{ke}} - C_{\mathrm{lt}} f_{\mathrm{t1t}} - C_{\mathrm{i}} f_{\mathrm{ti}} - T_{\mathrm{x}} f_{\mathrm{tx}}
\end{aligned}
\tag{2-4-1}
$$

式中 NPV——财务净现值，万元；

N_0——煤层气区块地质储量，$10^8 \mathrm{m}^3$；

R_{r}——采收率，%；

f_{s}——煤层气商品率，%；

P——煤层气价格，元 /m^3；

S_{b}——补贴额度，元 /m^3；

t_{z}——增值税返还率，%；

R_{s}——单井年产气量，$10^8 \mathrm{m}^3$；

I_{SE}——单位年产能地面工程投资，万元；

I_{e}——勘探投资，万元；

N_{s}——生产井数，口；

I_{Nf}——井均压裂成本，万元 / 井；

C_{ZS}——单井钻井成本，万元 / 井；

C_{js}——单井经营成本，万元 / 井；

C_{lrs}——井均土地资源补偿费，万元 / 井；

C_{lt}——流动资金，万元；

C_{i}——利息费用，万元；

T_{x}——为税费，万元；

f_{tin}、f_{te}、f_{td}、f_{tf}、f_{tz}、f_{tj}、f_{tlt}、f_{tlr}、f_{ti}、f_{tx}——收入、勘探投资、地面工程、压裂投资、钻井工程、经营成本、流动资金、土地补偿、利息费用和税费的贴现调整系数；

f_{ke}、f_{kd}、f_{kf}、f_{kz}、f_{kj}——勘探投资、地面工程、压裂投资、钻井工程和经营成本的技术进步调整系数。

根据式（2-4-1）可知，收入与采收率相关，投资和成本与井数相关，而采收率除了受井距影响外，还与采气速度有关。由此发现，井数和采气速度是财务净现值的关键影响因素。另外，这两者也是井网优化的关键变量，接下来将在井数和采收率对经济效益影响分析的基础上分别建立两者的优化模型。

对于既定开发区块，井距越小，则井数越多，井网密度越大，反之亦然。因此，井数、井距和井网密度是等价概念，以下将根据使用场景需要来选用相应的概念。

二、经济井距与采气速度模型

1. 井距对现金流的影响分析

1）井网密度与采收率的关系及对现金流的影响

苏联学者谢尔卡乔夫的研究成果表明，油田的采收率随井网密度的增大呈指数形式增加，其表达式为：

$$E_R = E_D e^{-aS} \tag{2-4-2}$$

式中　E_R——采收率；

　　　E_D——驱油效率；

　　　a——井网系数（取决于油层连通性、水油流度比、非均质特征等），井/km^2；

　　　S——井控面积，km^2/井。

中国石化华东分公司石油勘探开发研究院在 2011 年提出了谢尔卡乔夫公式的煤层气修正方法，即在传统谢尔卡乔夫井网密度公式的基础上，考虑煤层气采收率受井网特征、地质特征（包括含气量、表皮系数、渗透率、割理孔隙度等），以及解吸能力（临储压力比等）的影响，将公式修正为：

$$R_r = R e^{-ZS} \tag{2-4-3}$$

$$R = (C_i - C_a)/C_i \tag{2-4-4}$$

式中　R_r——采收率，%；

　　　R——最终解吸程度，%；

　　　S——井控面积，km^2/井；

　　　Z——气藏井网特征系数，定量反映井网的几何形状、气藏地质特征（含气量、表皮系数、渗透率、割理孔隙度等）、解吸能力（临储压力比等）及当前工艺技术水平的系数，井/km^2；

　　　C_i——初始煤层气含量，m^3/t；

　　　C_a——废弃压力下的煤层气含量，m^3/t。

系数 Z 值可拟合得到，以保德区块为例：Z 值与井控面积的拟合优度接近 1（图 2-4-1、表 2-4-1）。

至此，建立了井网密度与采收率之间的谢尔卡乔夫煤层气修正公式，据此就可以确定井网密度对收入的影响。此外，井网密度也影响压裂成本、钻井成本、经营成本和土地资源补偿费。

表 2-4-1　保德区块系数 Z 值与井控面积的对应关系

井控面积 /（km²/ 井）	0.16	0.14	0.1225	0.105	0.09
井距 /（m×m）	400×400	350×400	350×350	300×350	300×300
经济开采年限 /a	15	15	15	14	14
采收率 /%	42	47.6	55	63.3	72
最终解吸程度 /%	82	82	82	82	82
系数 Z 值 /（井 /km²）	4.18	3.88	3.26	2.47	1.45

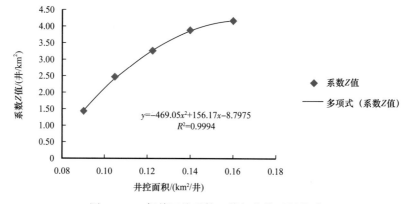

图 2-4-1　保德区块系数 Z 值与井控面积关系

2）地面工程处理能力与投资的关系

根据美国煤层气项目地面工程设备投资及处理能力数据，可得到如图 2-4-2 所示的地面工程设备处理能力与投资及单位处理能力投资之间的关系，其设备处理能力与投资关系式为 $y=113.3\ln x-381.2$。

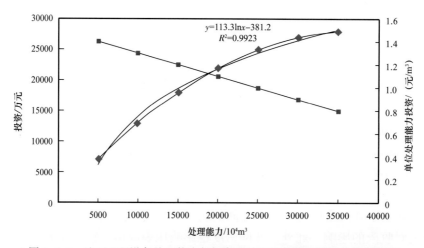

图 2-4-2　地面工程设备处理能力与投资及单位处理能力投资之间的关系

井距与地面工程投资中的集气站、压气站、末站、供电工程、供水工程等投资的关系，可由井距与采收率间接得到。

2. 采气速度对现金流的影响分析

根据稳态、达西流条件下气井产能公式，单井气井产量与地层压力、井底流压有如下关系：

$$q_{sc}=774.6Kh\left(p_e^2-p_{wf}^2\right)\left[T\overline{\mu}\,\overline{Z}\ln\left(\frac{r_e}{r_w}\right)\right]^{-1} \tag{2-4-5}$$

式中　K——初始渗透率，mD；

　　　h——气层有效厚度，m；

　　　p_e——地层压力，MPa；

　　　p_{wf}——井底流压，MPa；

　　　T——气层温度，K；

　　　$\overline{\mu}$——平均气体黏度，mPa·s；

　　　$\overline{Z}$——平均天然气偏差系数；

　　　r_e——供气半径，m；

　　　r_w——井筒半径，m。

则有：

$$q_D=774.6dKh\left(p_e^2-p_{wf}^2\right)\left[GT\overline{\mu}\,\overline{Z}\ln\left(\frac{r_e}{r_w}\right)\right]^{-1} \tag{2-4-6}$$

研究表明，在压力小于 13.79MPa 时，式（2-4-6）中的 $\overline{\mu}\,\overline{Z}$（气体黏度与平均天然气偏差系数乘积）近似为常数。

正常压力系统的定容气藏物质平衡方程为：

$$R_p=\frac{G_p}{G}=\left(\frac{p_{ei}}{Z_i}-\frac{\overline{p}_e}{\overline{Z}}\right)\times\left(\frac{p_{ei}}{Z_i}\right)^{-1} \tag{2-4-7}$$

式中　R_p——气藏采出程度，%；

　　　G_p——累计产量，m³；

　　　p_{ei}——初始地层压力，MPa；

　　　Z_i——初始压力条件下天然气偏差系数；

　　　Z——天然气偏差系数；

　　　p_e——平均地层压力，MPa。

由于采收率是最终的采出程度，因此在折算理想井型的产气期末，式（2-4-7）可以变形为：

$$\overline{p_{\mathrm{er}}} = p_{\mathrm{ei}}\left(1-R_{\mathrm{r}}\right) \times \frac{Z_{\mathrm{r}}}{Z_{\mathrm{i}}} \qquad (2\text{-}4\text{-}8)$$

式中　R_{r}——采收率；

　　　$\overline{p_{\mathrm{er}}}$——产气期末平均地层压力；

　　　Z_{r}——产气期末平均地层压力下的气体偏差系数。

对于实际煤层气藏，其拟对比温度 T_{pr} 通常为 $1.45\sim2.0$。另外，对于正常压力系统的定容封闭天然气藏，大量生产实践表明，产气期末气藏的平均拟对比压力 $\overline{p_{\mathrm{rr}}}\left(\overline{p_{\mathrm{rr}}} = \overline{p_{\mathrm{er}}}/\overline{p_{\mathrm{pc}}}\right)$，其中 p_{pc} 为拟临界压力）通常小于 2.0。根据 Standing 和 Katz 天然气偏差系数图版，当天然气拟对比压力 $p_{\mathrm{pr}}<2.0$ 且 $1.45<T_{\mathrm{pr}}<2.0$ 时，Z 与 p_{pr} 近似呈直线关系。拟合 Z 与 p_{pr} 关系的直线方程：

$$Z = k_{\mathrm{k}} p_{\mathrm{pr}} + b \qquad (2\text{-}4\text{-}9)$$

式中　k_{k}、b——直线方程的斜率和截距。

k_{k} 和 b 具有如下特征：

（1）$-0.1<k_{\mathrm{k}}<0$；

（2）$b\approx1$，表明当压力趋近于 0 时，天然气接近理想气体，偏差系数接近于 1。

因此，将产气期末气藏的平均拟对比压力 $\overline{p_{\mathrm{rr}}} = \overline{p_{\mathrm{er}}} = p_{\mathrm{pc}}$ 和该压力下的气体偏差系数 $Z_{\mathrm{r}} = k_{\mathrm{k}}\overline{p_{\mathrm{prr}}} + b$ 代入式（2-4-9），可得：

$$\frac{\overline{p_{\mathrm{prr}}}}{k_{\mathrm{k}}\overline{p_{\mathrm{prr}}} + b} = \frac{p_{\mathrm{ei}}}{p_{\mathrm{pc}}} \times \frac{1-R_{\mathrm{r}}}{Z_{\mathrm{i}}} \qquad (2\text{-}4\text{-}10)$$

当 $-0.1<k_{\mathrm{k}}<0$，$b\approx1$，$p_{\mathrm{prr}}<2.0$ 时，因为 $p_{\mathrm{ei}}/p_{\mathrm{pc}}$ 为初始拟对比压力，其与 Z_{i} 的比值为常数，所以由式（2-4-10）可知，p_{prr} 与（$1-R_{\mathrm{r}}$）近似成正比，当采收率接近 1 时，即地下所有煤层气被采出，此时平均地层压力趋于 0。

在式（2-4-6）中，已知 q_{D} 与 $p_{\mathrm{e}}^{2}-p_{\mathrm{wf}}^{2}$ 成正比，当折算理想井型处于产气期末时，p_{wf} 恒定，用 p_{prr} 近似代替 p_{e}，可得采气速度 q_{D} 与采收率 R_{r} 关系为：

$$q_{\mathrm{D}} = \alpha_{\mathrm{q}}\left(1-R_{\mathrm{r}}\right)^{2} + \wp_{\mathrm{q}} \qquad (2\text{-}4\text{-}11)$$

式中　α_{q}、$\wp_{\mathrm{q}}$——待定系数。

设定 i 为基准折现率；勘探投资和土地资源补偿费发生在勘探年限 N_1 末期；地面工程投资均匀分布在开发年限 N_2 内；经营成本、税费和利息均匀发生在产气年限 N_3 内；流动资金在期末收回；在开发井 N_{s} 中，有 N_{s0} 口井是开发年限 N_2 均匀打井，其余 $N_{\mathrm{s}}-N_{\mathrm{s0}}$ 口开发井为产气年限 N_3 前半期均匀补井数量。

将采收率以采气速度为基础的计算公式代入式（2-4-1），得到如下的井网密度模型：

$$NPV = N_0\left(1-\sqrt{\alpha Q_D + \wp}\right)f_s\left(P+S_b+Pt_z\right)\left(1+i\right)^{-(N_1+N_2+N_3)} -$$

$$\left(I_{2se}C_{2se}+I_{3se}C_{3se}+C_eN_e\right)\left(1+i\right)^{-N_1}f_{ke} -$$

$$\left(\frac{N_0}{N_3}I_{SE\,I}+N_0I_{SE\,II}\right)\left(1-\sqrt{\alpha Q_D+\wp}\right)\times\frac{\left(1+i\right)^{N_2}-1}{N_2\left(1+i\right)^{N_1+N_2}\times i}\times f_{kd} -$$

$$N_sI_{Nf}\left[\frac{N_{s0}\left(1+i\right)^{N_2}-1}{N_sN_2\left(1+i\right)^{N_1+N_2}\times i}+\frac{\left(N_s-N_{s0}\right)\left(1+i\right)^{\frac{N_3}{2}}-1}{N_sN_3\left(1+i\right)^{N_1+N_2+\frac{N_3}{2}}\times i}\right]f_{kf} -$$

$$N_sC_{zs}\left[\frac{N_{s0}\left(1+i\right)^{N_2}-1}{N_sN_2\left(1+i\right)^{N_1+N_2}\times i}+\frac{\left(N_s-N_{s0}\right)\left(1+i\right)^{\frac{N_3}{2}}-1}{N_sN_3\left(1+i\right)^{N_1+N_2+\frac{N_3}{2}}\times i}\right]f_{kz} - \quad\text{（2-4-12）}$$

$$N_sC_{js}\frac{\left(1+i\right)^{N_3}-1}{N_3\left(1+i\right)^{N_1+N_2+N_3}\times i}\times f_{kj} - N_sC_{lrs}\left(1+i\right)^{-N_1} -$$

$$C_{lt}\left[\frac{\left(1+i\right)^{N_1+N_2+N_3}-1}{\left(N_1+N_2+N_3\right)\left(1+i\right)^{N_1+N_2+N_3}\times i}-\frac{1}{\left(1+i\right)^{N_1+N_2+N_3}}\right] -$$

$$C_i\frac{\left(1+i\right)^{N_3}-1}{N_3\left(1+i\right)^{N_1+N_2+N_3}\times i}-T_x\frac{\left(1+i\right)^{N_3}-1}{N_3\left(1+i\right)^{N_1+N_2+N_3}\times i}$$

其中：

$$I_{Nf}=mN_F\left(X_F/X_{F0}\right)^n;\quad C_{zs}=\left(de^{fD_s}\right)+\left[g\ln\left(L_H\right)+h\right]$$

注：因为采气速度影响项目寿命（包括稳产期等）长短，所以必须考虑折现情况。

式中 NPV——净现值，万元；

  N_0——煤层气区块地质储量，10^4m^3；

  Q_D——采气速度，m^3/s；

  f_s——煤层气商品率，%；

  P——煤层气价格，元$/\text{m}^3$；

  S_b——补贴额度，万元；

  t_z——增值税返还率，%；

  I_{2se}——二维测线长度，km；

  C_{2se}——单位长度测线的地震成本，万元；

  I_{3se}——三维地震面积，km^2；

  C_{3se}——单位面积的三维地震成本，万元；

  N_e——勘探期开发试验井数，口；

  C_e——单位试验井成本，万元；

  $I_{SE\,I}$——单位产能地面工程设备投资，万元；

  $I_{SE\,II}$——单位产能地面工程非设备投资（包括设计、建设等非设备性投资），万元；

N_s——生产期内的总井数，口；

I_{Nf}——井均压裂成本，万元；

m——每级压裂支出，万元；

N_F——井均压裂级数；

X_F——裂缝半长，m；

X_{F0}——基准的裂缝半长，m；

n——由压裂规模决定的经验常数；

C_{ZS}——单井钻井成本，万元；

C_P——生产井垂直部分钻井支出，万元；

C_N——生产井水平部分钻井支出，万元；

d、f、g、h——常数；

e——自然对数；

D_s——生产井井深，ms；

L_H——生产井水平段长度，m；

C_{js}——单井经营成本，元 /m³；

C_{lrs}——井均土地资源补偿费，万元；

C_{lt}——流动资金，万元；

C_i——利息费用，万元；

T_x——税费，万元；

i——基准折现率，%，现选用 12%；

N_1——勘探年限，a；

N_2——开发年限，a；

N_{s0}——开发期内的打井数量，口；

N_3——产气年限（不分上产、稳产和递减期），a；

N_s-N_{s0}——产气年限补井数，口；

f_{ke}、f_{kd}、f_{kf}、f_{kz}、f_{kj}——勘探投资、地面工程、压裂投资、钻井工程和经营成本的技术进步调整系数。

3. 最优井距与采气速度模型的构建

煤层气开发的绝大多数投入产出项与井距有关，由于井间干扰的存在，井距影响采收率，而采收率又与销售收入、补贴收入、增值税返还收入及地面工程投资额有直接关系；而在动用面积一定的情况下，井距决定井数，进而影响与包括压裂成本、钻井成本、经营成本和土地资源补偿费等在内的与井数相关的成本。

由谢尔卡乔夫公式的煤层气公式（2-4-3）修正得到关于井距变量的采收率 R_r：

$$R_r = Re^{-Zab}$$

其中：$R = (C_i - C_a)/C_i$

式中 R——最终解吸程度，%；

a、b——井距，km；

Z——气藏井网特征系数，井 /km^2；

C_i——初始煤层气含量，m^3/t；

C_a——废弃压力下的煤层气含量，m^3/t。

再对与井距相关的各项成本进行调整之后，得到如下井网密度模型：

$$
\begin{aligned}
NPV = & N_0\left(Re^{-Zab}\right)\left[f_s\left(P+S_b+Pt_z\right)\right]f_{tin} - \\
& \left(\frac{S}{ab}\right)\left(I_{Nf}f_{tf}f_{kf}+C_{zs}f_{tz}f_{kz}+C_{js}f_{tj}f_{kj}+C_{lrs}f_{tlr}\right) - \\
& \left[m\ln\left(\frac{N_0}{t}Re^{-Zab}\right)+\frac{S}{ab}I_{Sg}+n\right]f_{td}f_{kd} - \\
& I_e f_{te}f_{ke}-C_{lt}f_{tlt}-C_i f_{ti}-T_x f_{tx}
\end{aligned}
$$

（2-4-13）

式中　NPV——净现值，万元；

N_0——煤层气区块地质储量，10^4m^3；

R——最终解吸程度，%；

e——自然对数；

Z——气藏井网特征系数，定量反映井网的几何形状、气藏地质特征（含气量、表皮系数、渗透率、割理孔隙度等）、解吸能力（临储压力比等）及当前工艺技术水平；

a、b——井距，km；

f_s——煤层气商品率，%；

P——煤层气价格，元 /m^3；

S_b——补贴额度，万元；

t_z——增值税返还率，%；

f_{tin}、f_{tf}、f_{tz}、f_{tj}、f_{tlr}、f_{tlt}、f_{td}、f_{te}、f_{ti}、f_{tx}——收入、压裂投资、钻井工程、经营成本、土地补偿、流动资金、地面工程、勘探投资、利息费用和税费的贴现调整系数；

S——面积，km^2；

I_{Nf}——井均压裂成本，万元；

f_{kf}、f_{kz}、f_{kj}、f_{kd}、f_{ke}——压裂投资、钻井工程、经营成本、地面工程、勘探投资的技术进步调整系数；

C_{zs}——单井钻井成本，万元；

C_{js}——单井经营成本，元 /m^3；

C_{lrs}——井均土地资源补偿费，万元；

m——每级压裂支出，万元；

n——由压裂规模决定的经验常数；

I_e——勘探投资，万元；

C_{lt}——流动资金，万元；

C_i——利息费用，万元；

T_x——税费，万元。

第三章 煤层气高效压裂与裂缝监测评估技术

经过几十年的发展，我国对煤层气资源的开发利用已取得明显成效，但由于单井产量低，总体与预期目标相差仍较远。95%以上的煤层气井必须经过压裂才能见产，随着勘探开发的持续深入，所面临的区块地层情况越来越复杂，对煤层气压裂技术提出了新挑战。

"十三五"期间，依托"鄂尔多斯盆地东缘深层煤层气和煤系地层天然气整体开发示范工程"，以提高煤层气单井产量与稳产期为核心目标，以解决目标区压裂关键技术问题为入手点展开研究。从影响压裂裂缝的地质条件、工作液性质、工艺参数等出发，通过室内实验与现场试验相结合，综合开展了地质分析、工作液优化、工艺设计、裂缝监测与评估等技术的研究，最终形成了一套包括碎软煤间接压裂、深层煤层气体积酸压、特殊煤储层压裂的煤层气高效压裂以及配套的裂缝监测、评估技术体系，实现煤层气田的整体高效开发。

第一节 碎软煤间接压裂技术

由于地质条件复杂且构造运动过程中煤体结构持续遭受破坏，形成了具有渗透率低、弹性模量小、应力敏感性强等特点的碎软煤。碎、软、低渗透煤层约占我国煤炭资源总量的60%，对碎软煤中煤层气的开发是实现我国煤层气高效开采的重要内容。韩城区块的主要开发层位为上古生界二叠系山西组3号、5号煤层和石炭系本溪组11号煤层。煤体以碎粒煤和碎裂煤为主，其中碎粒煤比例高达57.40%，煤层孔隙度为4.2%～6.0%，渗透率为0.02～0.35mD，前期压裂改造具有如下难点：（1）煤层整体较软，应力强度低，弹性模量为5900～7600MPa，泊松比为0.19～0.28，前期采用直接对煤体进行压裂的方式难以形成深穿透、长裂缝、大体积规模；（2）由于沟通远井地层较为困难，压裂后生产时主要表现为单井产量低、稳产期短、产量衰减快，排采期间煤粉产出多、修井频繁，影响排采的连续性。如何实现碎软煤的高效开发是提高单井产量的关键。

一、间接压裂技术原理

间接压裂技术是指对目的层（一般为弱应力疏松层）毗邻的盖层（一般为强应力硬质层）实施压裂改造，裂缝先在强硬层进行扩展进而延伸到疏松层内，是一种通过对强硬盖层直接压裂而对疏松目的层进行间接压裂的工艺。间接压裂技术最早于2003年由William等提出并应用于常规油气井，之后Olsen等（2007）、Economides等（2007）将该技术应用到煤层气井并逐渐发展出间接垂直压裂技术（IVFC），应用对象为紧邻煤层或薄煤层间的砂岩或粉砂岩。北美的间接垂直压裂技术主要应用在薄煤层（厚度不大于5m），如图 3-1-1 所示，通过对毗邻砂层进行直接射孔压裂，进而间接压裂低应力区域的原生结构煤（埋深不大于 800m）。韩城区块煤层与顶板力学差异较大，具有明显的应力弱面，基于该地质特点，创新采用顶板和煤层合并射孔工艺，如图 3-1-2 所示，压裂时入井液在岩层界面形成优势裂缝通道，快速增加裂缝长度，这种在层与层分界处应力弱面附近形成的优势裂缝通道可充分沟通远井煤层，大大增加压降漏斗曲线的波及范围，确保煤层气井的高产、稳产。该压裂工艺对中厚煤层（厚度不小于 3m）、以碎粒煤为主的构造煤以及较高应力区域（600~1200m）也有较好的适用性。

与直接射孔压裂煤层相比，间接压裂工艺具有如下优势：（1）优势裂缝通道的存在间接增加了煤储层中的裂缝扩展体积；（2）压裂液在界面间的优势裂缝通道充分延展，无形中减少了压裂液对煤储层内部的直接伤害；（3）极大地减少了排采阶段煤粉、煤泥的产出。

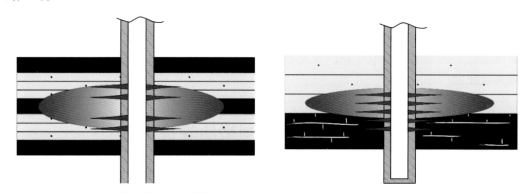

图 3-1-1　北美间接垂直压裂模式　　　　图 3-1-2　韩城区块间接压裂模式

应力弱面特指煤层与顶板或底板分界面上存在的明显低应力区（张金才等，2014），简称弱面，压裂最易在弱面上启裂并沿弱面在水平方向上延伸，沟通到的地层往往也最深、最远。当顶底板为砂岩、泥岩或砂质泥岩时，其可压性用脆性指数来表征（朱宝存等，2009）。式（3-1-3）为脆性指数的计算公式，一般情况下，脆性指数越高，可压性越强。

$$E_S = \frac{E - E_{\min}}{E_{\max} - E_{\min}} \times 100 \qquad (3\text{-}1\text{-}1)$$

$$r_S = \frac{r_{\max} - r}{r_{\max} - r_{\min}} \times 100 \qquad (3\text{-}1\text{-}2)$$

$$B = \frac{E_S + r_S}{2} \qquad (3\text{-}1\text{-}3)$$

煤层顶底板的岩性大致可分为砂岩、泥岩、泥质砂岩和石灰岩 4 种基本类型。其中，有利于间接压裂的是弹性模量高、泊松比低的砂岩和泥质砂岩，高脆性的泥岩也能进行间接压裂。当顶板为低脆性泥岩和石灰岩时，间接压裂产生的裂缝较难在顶板内延伸，压裂裂缝转向低应力的煤层，形成裂缝长度受到影响，如图 3-1-3 所示。

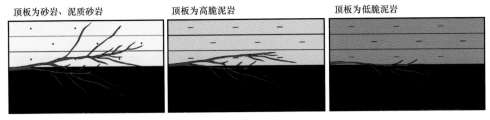

| 顶板为砂岩、泥质砂岩 | 顶板为高脆泥岩 | 顶板为低脆泥岩 |

图 3-1-3　不同顶底板岩性间接压裂理想裂缝模式

二、间接压裂技术适应性评价

间接压裂技术在韩城区块具有广泛适用性。韩城区块主力产层 5 号、11 号煤层顶底板广泛发育中砂岩和泥质砂岩，其中 5 号煤层顶板为砂岩，底板为泥岩，可考虑在 5 号煤层近顶板处实施间接压裂，11 号煤层顶板为泥质砂岩和泥岩，底板为泥岩或石灰岩，近顶板处更适合进行间接压裂。

不同于直接压裂，决定间接压裂效果的关键在于毗邻砂体与煤层之间的沟通程度，即裂缝的垂向导流能力，压裂后生产时，流体通道可分为两部分，首先是从煤层向上经过泥质夹层到达顶板砂岩，再经水平方向流向井底，式（3-1-4）为垂向总渗透率的计算公式。

$$K = \frac{L_1 + L_2 + L_3}{\dfrac{L_1}{K_1} + \dfrac{L_2}{K_2} + \dfrac{L_3}{K_3}} \qquad (3-1-4)$$

式中　L_1、L_2、L_3——煤层、泥质夹层和顶部砂体的厚度，m；

　　　K_1、K_2、K_3——煤层、泥质夹层和顶部砂体的渗透率，mD。

在压裂规模相同的条件下，间接压裂效果受到煤层毗邻砂体沉积特征、天然裂隙、含水性和煤体结构差异等因素共同控制。

1.毗邻砂体沉积作用对间接压裂效果的影响

砂体沉积作用主要从沉积层理、沉积韵律和泥质夹层三方面影响煤层间接压裂裂缝扩展以及垂向导流能力。

1）沉积层理

研究区山西组沉积相为河流相，特别是 3 号煤层和 5 号煤层之间的地层为典型的顶层和底层构成二元结构，层理类型多，板状和槽状交错层理多，野外露头踏勘也观察到山西组砂体大量的交错层理，通过分析开发区内 8 口地层倾角测井和成像测井资料，对砂层中层理进行重新解释，同时结合常规测井资料发现：在山西组泥质含量低、厚度大于 5m 箱形或正韵律砂的底部，斜层理广泛发育。间接压裂时，裂缝沿层理开启，进一步改善了垂向导流能力，极大地提高了砂体与煤层的沟通程度，具体见表 3-1-1。

表 3-1-1　研究区二叠系山西组砂岩中层理发育统计

井号	层位	韵律	沉积构造	构造发育段厚度 /m	构造发育段 GR/API	置信度
韩 5-09 向 4	5 号煤层顶	箱形	斜层理	7	55	中
韩 9-15 向 1	5 号煤层顶	复合正韵律（底部）	交错层理	2	59	高
韩 8-03 向 1	5 号煤层顶	箱形	交错层理	10	60	高
韩 9-15 向 1	3 号煤层	复合正韵律（底部）	交错层理	4	62	高
韩 10-09 向 1	5 号煤层顶	箱形	交错层理	4	65	中
韩 4-17 向 2	5 号煤层顶	指状	斜层理	2	80	低
韩 8-16	5 号煤层顶	箱形	不发育	4	100	高

2）沉积韵律

煤层上覆砂岩的韵律对裂缝垂向导流能力影响较大，一般情况下，正韵律组合下的裂缝和煤层的沟通程度比较高，大段反韵律的裂缝与煤层的沟通程度较低，这样间接压裂对正韵律组合改造效果最好；而反韵律组合下，压裂后裂缝容易往上延伸，影响砂岩与煤层的有效沟通，如图 3-1-4 所示。正韵律条件下，由于与煤层紧挨着的砂岩渗透率更高、物性条件更好，裂缝主要在煤层与砂岩的界面处延伸，使得煤层气更容易通过裂缝产出。

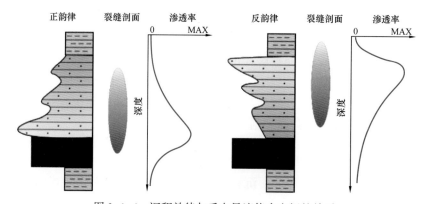

图 3-1-4　沉积韵律与垂向导流能力之间的关系

3）泥质夹层

河流相泥质夹层一般发育不稳定，非均质性强，极大地降低垂向导流，一定程度上导致施工压力增大。根据已有试验数据分析，泥质夹层大于 3m 时，压裂施工压力明显增大，产能明显变差。以宜 4-06 向 1 井 5 号煤层为例，间接压裂时射开顶板泥岩 3.4m，压裂时施工压力达到 32MPa，是目前间接压裂井中施工压力最高的一口井，目前日产气 300m³，日产水 3.5m³，产能不理想。

2. 毗邻砂体中天然裂隙对间接压裂效果的影响

利用电阻率成像测井资料研究天然裂缝发育情况。发现构造形变越发育，裂缝线密度越高，且构造曲率越高，裂缝越发育。正断层附近天然裂隙以高角度裂隙为主，煤层含气量降低，增加了煤系地层在纵向上的越流系数；逆断层附近天然裂隙以低角度为主，一定程度上改善了储层的横向渗透率。

以宜 3–17 向 2 井和宜 2–11 向 4 井为例，宜 3–17 向 2 井位于正断层附近，贯穿砂岩和煤层的张性裂隙发育，宜 2–11 向 4 井位于逆断层附近，砂层内的共轭剪节理发育。宜 3–17 向 3 井和宜 2–11 向 4 井的压裂施工曲线特征相似，但后者的排采效果远好于前者，所以在试验选井时一定要避开断层发育的区域，特别是大型正断层附近，规避风险。

3. 毗邻砂体含水性对间接压裂效果的影响

地层含水量高会导致气井降压困难，煤层间接压裂之前必须要进行毗邻砂体含水性评价。煤层毗邻砂层含水性评价流程如图 3–1–5 所示。分析结果显示，5 号煤层顶板砂体厚度集中在 8～12m，孔隙度为 0.1%～18%（平均 4.5%），计算单井控制的可动水含水量表明，砂体整体含水性低，且以束缚水为主，大部分区域满足间接压裂要求。

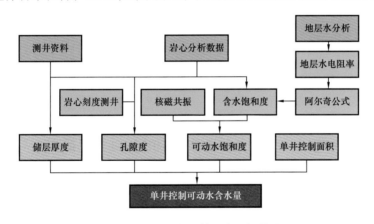

图 3–1–5　煤层毗邻砂体含水性评价流程

4. 煤体结构差异对间接压裂效果的影响

根据煤体结构的划分标准，韩城区块煤体结构有原生结构煤、碎裂煤、碎粒煤和糜棱煤，由于韩城区块糜棱煤与碎粒煤极为相似，故将其合并归类为碎粒煤。对 22 口探井 187 孔样品进行取心标定和岩心归位，提取对应的测井参数构建煤体结构判别因子，形成了煤体结构测井识别图版。根据对区域内井的测井资料计算，韩城区块煤体结构以碎粒煤为主，占 57.4%，原生结构煤占 19.95%，碎裂煤 22.70%，总体上不利于压裂改造。5 号煤层厚度较薄且垂向上非均质性强，11 号煤层分层比较明显，从上往下依次为原生结构煤、碎裂煤和碎粒煤，射孔时应优先考虑射开顶板。

煤体结构对压裂效果的影响主要表现在以下 3 个方面：（1）在相同地应力条件下，

煤体结构越破碎，缝端越不容易产生新的缝面，造成压裂缝延伸较短；（2）煤体结构越破碎，压裂过程中产生煤粉和煤泥越多，煤储层伤害越严重，影响产气效果；（3）煤体结构越破碎，煤层垂向导流能力越低，间接压裂后，不利于煤层水越流至毗邻砂层裂缝中，工区内单采 11 号煤层生产数据反演渗透率与煤体结构破碎程度密切相关，煤体结构越破碎，反演渗透率越低。

在射开比例很小的情况下，煤体结构越破碎，孔隙压力增加量越大，随着射开比例的变大，因煤体结构引起孔隙压力增加量的变化越小。孔隙压力增加量可以反映裂缝的延伸层位，孔隙压力增加量越高，裂缝在煤层中延伸的比例越大。在射砂层情况下，煤体结构对间接压裂效果影响较小，排采制度变化对煤层气井产气能力小，在这种射孔压裂方式下，压裂后压裂液迅速返排，可以直接将井底压力降低至临界解吸压力以下。在射开部分煤层情况下，煤体结构对间接压裂裂缝延伸长度影响较大，压裂过程中产生了不同程度的煤粉，排采制度对煤层气井产气能力影响较大。在这种射孔方案下，压裂设计要偏重降低施工压力，从而减少对煤储层的伤害，还要适当控制排采强度：对于孔隙压力增加量低于 5MPa 井，由于裂缝主要在砂层延展，可迅速降低井底压力；对于孔隙压力增加量为 5～10MPa 井，可适当加大排采强度；对于孔隙压力增加量大于 10MPa 井，按照目前的排采制度排采。

三、间接压裂实施工艺

1.间接压裂选井选层原则

根据间接压裂的适应性评价，针对性提出了较为完整的间接压裂选井选层原则。

1）选井原则

5 号、11 号煤层顶板间接压裂选井规则基本相同，主要包括地质特征、压裂特征和生产特征 3 个方面。地质特征：构造平缓，无断层，电阻率高，顶板为砂岩或泥质砂岩。压裂特征：对煤层直接射孔压裂会产生大量煤粉，极大缩减有效支撑缝长。生产特征：临界解吸压力高、见气快，但产气量达到峰值后快速衰减并长期处于低产。

2）选段原则

（1）5 号煤层选段原则。

① 5 号煤层新层顶板间接压裂选段原则。

根据煤体结构确定顶板和煤层射孔比例：煤体结构较好、扩径率较低，则按照顶板与煤层 1∶1 比例射孔；煤体结构破碎、扩径率严重，则按照顶板与煤层 2∶1 比例射孔。

根据邻井施工压力及顶板砂岩砂质含量确定射孔段长度：邻井施工压力较低且顶板砂岩砂质含量大于 80%，则射孔长度为 3～3.5m；邻井施工压力较高且顶板砂岩砂质含量低于 80%，则射孔长度为 3.5～4.0m。

② 5 号煤层老层顶板间接压裂选段原则。

根据原射孔段位置和顶板砂体韵律确定顶板射孔段位置：确保新射孔段与原射孔段安全距离为 3～5m，且优选砂质含量高、砂体为正韵律的位置进行射孔。

根据邻井施工压力及顶板砂岩砂质含量确定射孔段长度：邻井施工压力较低且顶板砂岩砂质含量大于 80%，则射孔长度为 3～3.5m；邻井施工压力较高且顶板砂岩砂质含量低于 80%，则射孔长度为 3.5～4.0m。

（2）11 号煤层选段原则。

根据原射孔段位置和顶板 GR 值确定顶板射孔段位置：确保新射孔段与原射孔段安全距离为 4～5m，且优选 GR 较低的位置进行射孔。

根据邻井施工压力及顶板 GR 值确定射孔段长度：邻井施工压力较低且顶板 GR 值小于 120API，则射孔长度为 3～3.5m；邻井施工压力较高且顶板 GR 值大于 120API，则射孔长度为 3.5～4.0m。

2. 压裂液体系

煤层气井压裂常用的压裂液包括活性水压裂液、瓜尔胶压裂液和清洁压裂液等，其中活性水压裂液对储层伤害小、成本低，但其黏度低，造缝效率低，携砂能力弱，难以形成长的支撑裂缝；清洁压裂液携砂性较好，伤害较低，但其成本稍高；瓜尔胶压裂液携砂性好，造缝效率高，但对储层的伤害大，成本也最高（管保山等，2016）。

间接压裂工艺采用复合压裂液体系，前置液采用活性水，携砂液采用清洁液，综合活性水压裂液和清洁压裂液的优点：利用清洁压裂液造缝效率高、携砂性能强的特点，形成较长的支撑裂缝；利用活性水低黏、高滤失的特点，在煤层中开启更多微裂缝，加入小粒径支撑剂予以支撑；在形成高渗流通道的同时，使高渗流通道与煤层充分连通，尽可能多地增大煤层的泄流面积。

间接压裂工艺使用的清洁压裂液中添加了黏弹性表面活性剂，其分子结构由长链的疏水基团和亲水基团组成，加入盐或反离子的表面活性剂后，形成蠕虫状胶束，这些胶束由于疏水作用会自动纠缠在一起，形成空间交联网络结构，使得溶液体系具有良好的黏弹性和高剪切黏度，并具有良好的悬砂效果。清洁压裂液配方为 0.3% 主凝剂 +0.12% 交联剂 +0.3% 防膨剂，在施工时前置和尾追 0.1% 破胶剂。20℃下黏度为 20mPa·s，通过人工煤心评价，清洁压裂液对储层的伤害率为 16.5%。

3. 直井间接压裂工艺

根据顶板类型、地应力、压裂形成的裂缝形态等特点形成了不同的间接压裂工艺。当裂缝形态为水平缝时，在形成主裂缝的同时，在煤层中开启更多微裂缝，利用小粒径支撑剂对微裂缝予以支撑，进一步增大煤层的泄流面积。当裂缝形态为垂直缝时，在前置液前期加入 100 目和 40～70 目细砂进行控底，防止裂缝过早向下延伸进入煤层，迫使裂缝向岩层深处扩展、沟通更多远井处煤层，保障压裂后煤层气井的高产和稳产。

1）5 号煤层间接压裂工艺

对于 5 号煤层顶板为砂岩或泥质砂岩的井，在煤层顶部优选射孔层段，如果 5 号煤层前期已压裂，则封堵原射孔段，采用大排量、大液量进行顶板压裂，借助顶板大幅提高裂缝长度，形成的缝网在较远端沟通煤层，从而达到增产的目的（图 3-1-6、图 3-1-7）。

主体的工艺参数为活性水或活性水+清洁液，液量规模为600～900m³，前置液以1～7m³/min梯度提升排量，携砂液采用7～8m³/min排量，采用40～70目和20～40目石英砂，加砂量为30～50m³，平均砂比为9%～12%。

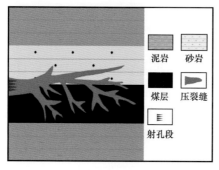 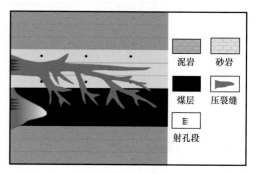

图3-1-6 5号煤层新层顶板间接压裂工艺　　图3-1-7 5号煤层老层顶板间接压裂工艺

宜3-14向4井5号煤层埋深711m，煤层厚度为4.3m。如图3-1-8所示，煤层顶板为21.55m厚的泥质砂岩，渗透性较弱，含水性较差；底板为18.90m厚的泥岩、泥质砂岩，渗透性弱，含水性差；根据岩石力学参数计算，5号煤层杨氏模量为7077MPa，泊松比为0.33，水平最小主应力为12.37MPa，与顶底板应力差为1.5～4.3MPa，水平应力差较小（表3-1-2）。

表3-1-2　宜3-14向4井5号煤层及顶底板岩石力学参数

地层	杨氏模量/MPa	泊松比	水平最小主应力/MPa	水平最大主应力/MPa	垂直应力/MPa
顶板砂岩	53232	0.24	13.93	16.46	18.25
5号煤层	7077	0.33	12.37	14.54	18.31
底板泥岩	21548	0.35	16.70	18.92	18.92

该井是重复压裂井，原射孔段为713.0～714.5m，为避免重复压裂裂缝沿前期压裂老裂缝延伸，故采用填砂封隔原射孔段，在709.0～710.5m重新射孔压裂，使裂缝沿顶板向煤层延伸，同时最大限度减少近井筒煤粉的产生。

采用活性水光套管加砂压裂工艺，提高液体排量和规模，减少储层伤害，提高有效裂缝改造体积。为控制近井筒缝高，防止与老裂缝过多重叠，起泵采用小排量1.0～2.0m³/min挤入活性水100m³后，用40～70目石英砂段塞封堵裂缝，逐渐提高排量至最大，以实现顶板与煤层充分且有效的裂缝沟通，主支撑剂采用20～40目石英砂拓展主缝。该井煤层压裂施工曲线如图3-1-9所示，压裂施工总液量为767m³，总砂量为38.8m³，排量为7.5m³/min，施工压力为11.8～16MPa。通过对本井压裂过程地面微地震裂缝监测，具体解释成果见表3-1-3，压裂形成的裂缝长度为230m，裂缝宽度为110m，裂缝高度为20m，裂缝主体在顶部砂岩与煤层中延伸。

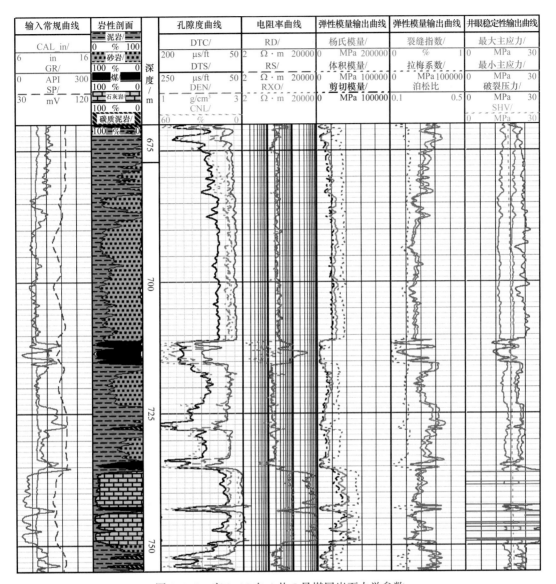

图 3-1-8 宜 3-14 向 4 井 5 号煤层岩石力学参数

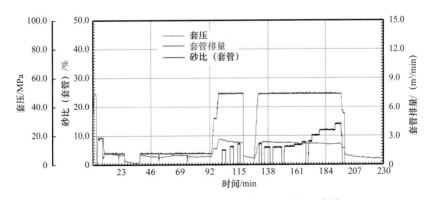

图 3-1-9 宜 3-14 向 4 井 5 号煤层压裂施工曲线

表 3-1-3　宜 3-14 向 4 井 5 号煤层地面微地震裂缝监测解释成果

井号 / 层位	监测深度 /m	缝长 /m	缝高 /m	裂缝尺寸 /m	缝网宽 /m	宽长比	方位
宜 3-14 向 4/5 号	709.5	230	20	90（东北），140（西南）	110	0.48	N38°E

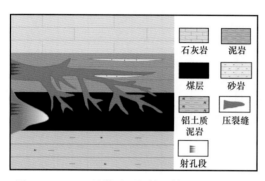

图 3-1-10　11 号煤层顶板控底体积压裂裂缝延伸示意图

2）11 号煤层顶板控底体积压裂工艺

由于 11 号煤层质软性脆，常规压裂过程中，在裂缝端部产生大量煤粉，堵塞裂缝通道、降低导流性能，改造效果欠佳。结合前期 11 号煤层顶板溶蚀试验及区块重复压裂试验结果提出了 11 号煤层顶板补孔压裂改造思路，如图 3-1-10 所示，暂堵 11 号煤层原射孔段，在靠近煤层的顶板泥岩中射孔，压开顶板泥岩，用细砂控底后采用大排量、大液量模式压裂造缝，高净压力下，裂缝沟通远井煤层达到增产效果。

4. 水平井间接压裂工艺

水平井开发应用于低渗透油气藏增产效果明显，为进一步提高煤层气井开发效益，结合间接压裂技术，针对性提出在碎软煤层顶板钻进的水平井间接压裂增产技术。把水平井眼布置在煤层邻近顶底板岩层中，通过压裂沟通煤层，形成长裂缝或缝网，进一步提高顶板压裂工艺的增产效果。

1）水平井间接压裂裂缝扩展模拟

采用流固耦合水力裂缝扩展模型，根据实际测井解释数据建立含顶底板的煤层模型，煤层裂缝扩展模型中间储层厚度为 20m，上、下隔层厚度均为 15m，模型宽 50m，长 100m。由于模型对称性，为降低计算量建立 1/2 模型进行数值模拟。采用水平井单簇射孔方式，选取模拟排量 8.4m³/min，模型其他参数根据研究区含顶板储层测井解释结果以及岩石力学实验结果综合分析后选取代表值，见表 3-1-4。通常情况下煤层岩石物性较为松软，故在该模型中不考虑岩石的孔隙弹性效应。

表 3-1-4　顶板模型基础模型参数

输入参数	数值
顶板杨氏模量 /GPa	6
顶板泊松比	0.26
煤层杨氏模量 /GPa	3.02
煤层泊松比	0.33
压裂液黏度 /（mPa·s）	1

输入参数	数值
排量 /（m³/min）	8.4
煤层渗透率 /mD	1.2
初始裂缝长度 /m	3
孔隙度 /%	10

（1）不同布井位置对裂缝扩展的影响。

基于现场测井资料以及含顶板储层模型分析，开展不同布井位置（水平井井筒距煤层不同距离）水力裂缝扩展的影响分析。选择距离煤层分别为1m、3m、5m和10m建立模型，顶底板以及储层应力保持不变，模拟对比单簇压裂的裂缝扩展效果。裂缝启裂500s内裂缝扩展情况模拟结果表明，煤层顶板射孔压裂后，主裂缝在岩石物性以及地应力的综合影响下会向下延伸至煤层段，最终把煤层撕开并主要在煤层段延伸，布井位置为5m时裂缝长度较大，主缝长为53.1m。布井位置3m处裂缝开度较大，但与5m处裂缝相比只有10⁻³数量级的极小差别。

由图3-1-11可以看出，水平井距煤层的距离远近对地层破裂压力以及裂缝延伸压力影响较小，但是在距离分别为3m和5m的情况下，地层在破裂后仍存在一个峰值较小的压力上升阶段，可以认为此时地层中存在一种储能效应，即地层在刚被压裂后还有一定的承压能力，地层这种承压能力能够使工作压力达到二次峰值后再降低，伴随这个压力释放过程地层中产生较高的压力脉动，从而进一步压裂地层。

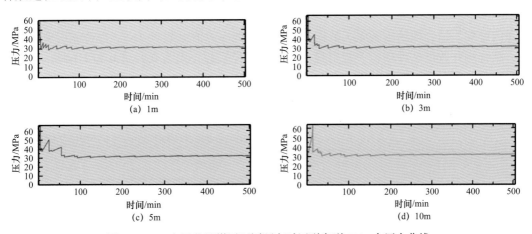

图3-1-11 水平井距煤层不同距离时压裂启裂500s内压力曲线

此外，对比4种布井位置下10s、100s、200s、300s的裂缝扩展云图可以发现，布井位置距煤层较近时，裂缝延伸至煤层越快，但是随着时间的推移，布井位置在3m和5m处的裂缝扩展逐渐超过1m和10m处的裂缝，结合压裂施工曲线可以看出，布井位置在3m处时存在一次较大的压力脉动过程，布井位置在5m处时存在两次较大的压力脉动过程，所以在裂缝扩展过程中布井位置在 5m 处时裂缝扩展相对较快，布井位置在 3m 处时次之。布井位置在 1m 和 10m 处时裂缝扩展相对较慢，这主要是由于 1m 处地层储能效应较小，而 10m 处由于顶板弹性模量较高，岩石较为坚硬，能量在顶板裂缝延伸时损耗严重，最终影响压裂效果。

根据不同布井位置压裂 500s 时裂缝模拟结果，射孔点位于煤层时相同液量下裂缝扩展延伸与射孔点位于顶板相比，裂缝长度以及裂缝展布均较小，且裂缝主要集中在煤层段，在顶底板上只有微小裂缝产生，难以形成有效裂缝网络。综合分析可知，水平井位于煤层上方 5m 处水力压裂效果最佳。

（2）不同顶板应力组合对裂缝扩展的影响。

水平主应力差是煤层水力压裂设计与选井选层中需要考虑的重要影响因素（孟贵希，2017），根据最大拉应力破裂准则与摩尔—库仑剪切破坏准则（王显军等，2018），岩石的拉伸破坏与最小主应力大小有关，其剪切破坏也与最大、最小主应力的关系有关，而最大、最小主应力则由储层原地应力、Biot 流固耦合有效应力与射孔诱导应力场叠加求得。最大、最小主应力差主要影响了岩石受压损伤的程度与改造体积。

定义顶板—煤层最小主应力差异系数：

$$C = \frac{\sigma_{hT}}{\sigma_{hM}} \quad (3-1-5)$$

式中　σ_{hT}——顶板最小水平主应力，MPa；

　　　σ_{hM}——煤层最小水平主应力，MPa；

　　　C——顶板—煤层最小主应力差异系数。

本节主要研究顶板—煤层最小主应力差异系数对地层破裂压力、延伸压力以及裂缝展布的影响。结合现场压裂施工数据，选取初始地应力值见表 3-1-5。保持储层应力场不变，结合测井数据选择顶板—煤层最小主应力差异系数分别为 0.9、1.0 和 1.1 时，顶板最大主应力和垂向应力保持不变（表 3-1-6）。

表 3-1-5　煤层初始应力场

应力类别	最大水平主应力 /MPa	最小水平主应力 /MPa	垂向应力 /MPa
数值	21.97	20.82	28.82

表 3-1-6　顶板应力场数据

顶板—煤层最小主应力差异系数	最大水平主应力 /MPa	最小水平主应力 /MPa	垂向应力 /MPa
0.9	25.89	18.74	29.32
1.0	25.89	20.82	29.32
1.1	25.89	23.90	29.32

模拟不同取值下压裂 500s 内裂缝扩展云图，发现裂缝扩展受地应力影响严重，并且水力裂缝主缝会主要沿顶板扩展，主缝长度较小。当 $C=1.0$ 时，地应力场对裂缝走向影响不大，水力裂缝会扩展至煤层段，但水力裂缝在顶板段仍有一定规模。当 $C=1.1$ 时，裂缝扩展主要集中在煤层段，在该应力场下煤层顶板的作用主要是对水力能量进行储集并再次释放，此时会形成较长的水力裂缝，在这种地应力状态下，水力压裂 500s 内形成的主裂缝最长。由图 3-1-12 可以看出，随着 C 的增大，地层破裂压力逐渐增加，并在压裂过程中出现较高的压力储能现象，是导致水力裂缝较长的原因。

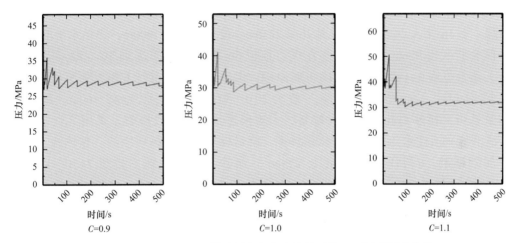

图 3-1-12　不同顶板—煤层最小主应力差异系数 C 下压裂压力曲线

模拟不同顶板—煤层最小主应力差异系数下 40s、100s、200s 和 300s 时的裂缝开度云图，发现当 $C=0.9$ 时，水力裂缝扩展速度最慢，并且水力裂缝整体扩展保持在顶板中；当 $C=1.0$ 时，水力裂缝有向下扩展趋势，这主要是由于顶板与储层岩石弹性模量差异造成水力向低模量地层扩展；当 $C=1.1$ 时，裂缝扩展效果最好，在顶板段启裂后迅速向下扩展至煤层段，并且在这种地应力场条件下扩展速度最快。$C=1.1$ 时水力裂缝展布面积最大，$C=0.9$ 时水力裂缝展布面积最小。

综合对比不同顶板—煤层最小主应力差异系数裂缝开度云图、压裂施工曲线以及裂缝展布云图可以看出，当顶板—煤层最小主应力差异系数为 1.1 时，水力压裂效果最佳。

（3）不同顶板物性对裂缝扩展的影响。

弹性模量是表征岩石抵抗形变的能力，弹性模量越低，材料相对变形越大，材料变形柔性越好，越容易发生延性破坏；弹性模量越高，岩石刚度越大，材料脆性越强，越容易发生塑性破坏（陈立超等，2019）。弹性模量较高的顶板在水力压裂过程中存在储能效应，为进一步研究该现象与顶板物性的关系，在上述研究基础上，保持煤层储层物性参数不变，改变顶板弹性模型分别为 6GPa、12GPa 和 18GPa，对比分析弹性模量对水力裂缝扩展的影响。

研究表明，随着顶板弹性模量的增加，水力裂缝在煤层段扩展长度逐渐增加。杨氏模量为 6GPa 时，水力裂缝在煤层中形成的裂缝较为短、宽；杨氏模量增加时，裂缝形态随之变窄、变长。顶板弹性模量为18GPa时，水力压裂裂缝展布面积最大；顶板弹性模量为6GPa时，水力压裂裂缝展布面积相对较小。

综合分析认为，顶板弹性模量对裂缝在煤层中的扩展会造成较大影响，弹性模量较高的顶板储能效应较强，会形成长窄缝有利于煤层气运移；弹性模量较低的顶板储能效应较弱，会形成短而宽的水力裂缝。对于煤层气储层，沟通更多煤层使煤层气解吸生产往往比为气体创造运移空间更为重要，因此对弹性模量较高的顶板实施间接压裂效果较好。

2）现场试验

薛－平16井A点1214m，完钻井深2238m。设计水平段1000m，实钻水平段1024m，水平段套管长度926m，井眼轨迹在煤层顶板6m靶窗钻遇率达94.5%。薛－平16井压裂施工参数见表3-1-7，采用少段多簇原则，煤层顶板压裂共计6段；除第一段外，其余每段均5簇，1.0m/簇；簇间距一般为20.0～30.0m，段间距为46～60m。施工工艺采用泵送可溶桥塞射孔方式，大排量、大规模进行套管分段压裂。采用活性水为前置液、清洁液＋活性水为携砂液的压裂体系，降低储层伤害，拓展主缝。整体施工压力平稳，加砂顺利。6段压裂总液量为8256m³，加砂475.2m³，施工排量为10～12m³/min，平均每段液量为1376m³，平均每段砂量为79.2m³（表3-1-7）。2020年底，日产气4588m³，套压为1.13MPa，井底流压为2.09MPa。

表3-1-7 薛－平16井压裂施工参数

压裂层段	射孔簇数	距顶距离/m	液量/m³	砂量/m³	排量/m³/min	施工压力/MPa	停泵压力/MPa
第一段	3	1.5～2.5	1126	62.1	10.2	17.4～37.3	20.8
第二段	5	2.5～4.0	1500	82	11.2	24.0～35.1	16.7
第三段	5	4.0～6.5	1265	75.4	11.8	35.8～38.8	16.6
第四段	5	3.0～4.0	1408	78.7	10.1	32.1～44.1	11.4
第五段	5	1.0～3.0	1405	88	12.3	35.5～47.4	21.4
第六段	5	1.0～2.5	1552	89	12.3	32.0～33.0	17.3

5. 间接压裂应用效果

2016—2020年底，间接压裂在韩城区块应用74口井。单井平均日产气1108m³，较常规压裂井产量提高50%，排采阶段煤粉产出降低了65%，如图3-1-13和图3-1-14所示，累计增产6945×10⁴m³，排采阶段煤粉产出降低了65%，整体增产效果显著。间接压裂使得老层重复压裂获得高产，有效缓解产量递减，实现区块总体产量稳定，已经成为构造煤的主要压裂改造技术。

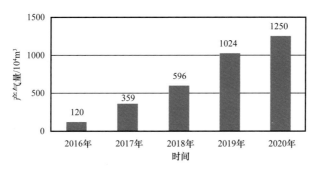

图 3-1-13　新井间接压裂井各年度累计产气量

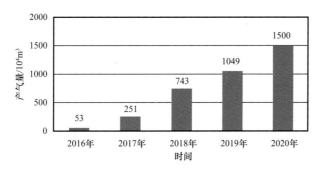

图 3-1-14　老井间接压裂井各年度累计产气量

第二节　深层煤层气体积酸压工艺技术

一、深层煤层气储层特征

1. 构造特征

大宁—吉县区块位于石楼—大宁南北向褶皱带，该构造带底层为寒武系—二叠系，褶皱排列紧密，两翼对称发育。大宁—吉县区块横跨伊陕斜坡和晋西挠褶带，呈"一隆一凹两斜坡"构造格局，即中部桃园背斜带、东部凹陷带、东部明珠斜坡带和西部斜坡带。以薛关—窑渠逆断层为界，中部桃园背斜带、东部凹陷带、东部明珠斜坡带属于晋西挠褶带，西部斜坡带属于伊陕斜坡带，为一大型宽缓的斜坡区，地层倾角为 0.3°～2.5°，断层不发育。8 号煤层顶界构造趋势为南东高、北西低的单斜，倾角为 0.34°～0.46°，海拔为 −1260～−1000m，无断层发育，煤层主体埋深 2000～2400m；煤层埋深主要受地貌影响，地层向西方向逐渐变深，后又逐渐变浅。煤层厚度为 4～12m，主体厚度为 8～10m，呈北西—南东向展布。煤层全部为原生结构煤，全区稳定连续分布。

2. 煤质特征

区块 8 号煤层取心完整，主要呈柱状，煤岩样品为黑色，黑色条痕，呈金属光泽或玻璃光泽。断口多为阶梯状，煤体较坚硬，图3-2-1为两口典型井8号煤层岩心照片，由图可见，煤岩的内生裂隙发育，裂隙方向为大致相互垂直的两组。8号煤层受构造应力作用很弱，外生裂隙不发育。深部8号煤层煤岩组分以亮煤为主、镜煤次之。具条带状结构，层状构造，部分呈块状构造。割理较发育，面割理为10～20条/10cm，端割理为15～30条/10cm，割理中多见方解石和黄铁矿填充。

图3-2-1　割理发育情况

根据煤心资料结合煤心照片和岩心描述，对大吉3-4井煤心实验进行了整理，并标定煤体结构（表3-2-1）。由于区块取心井少，煤心糜棱煤相对较少，为了方便后续研究，把该区块煤体结构分为原生结构煤、碎裂煤和碎粒煤。

表3-2-1　煤体结构标定

序号	样品编号	样品埋深/m	样品长度/m	宏观描述
1	DJ3-4-17	2199.10～2199.37	0.27	黑色煤，原生结构，可见镜煤条带，偶见裂缝
2	DJ3-4-18	2202.18～2202.48	0.30	黑色煤，原生结构，偶见镜煤条带，裂缝发育
3	DJ3-4-19	2204.98～2205.22	0.24	黑色煤，原生结构，可见镜煤条带，偶见裂缝
4	DJ3-4-20	2205.80～2206.09	0.29	黑色煤，原生结构相对破碎，偶见镜煤条带，裂缝发育

根据原生结构煤、碎裂结构煤和碎粒结构煤井径、自然伽马、声波时差、密度、补偿中子、深侧向电阻率、浅侧向电阻率和微球聚焦等测井曲线的测井响应不同，建立划分煤体结构标准（张瑶等，2020；李存磊等，2020）。按煤心标定完后分别为原生煤、碎裂煤、碎粒煤与测井表征建立模型。综合分析煤层测井响应曲线，建立煤体结构测井识别图版，进而可以得出井径（CAL）从原生结构煤—碎裂结构煤—碎粒结构煤呈逐渐变大趋势（井径的大小主要受煤体硬度及易碎程度影响），深侧向电阻率（LLD）从原生结构煤—碎裂结构煤—碎粒结构煤呈逐渐减小趋势。并建立了原生煤、碎裂煤和碎粒煤划分的标准，见表3-2-2。按此标准划分深部8号煤层以原生结构煤和碎粒煤为主。

表 3-2-2 煤体结构划分标准

参数	原生煤	碎裂煤	碎粒煤
GR/API	GR＜59	59＜GR＜90	GR＞90
CAL/cm	CAL＜25	25＜CAL＜32	CAL＞32
LLD（浅层）/（Ω·m）	LLD＞2600	2100＜LLD＜2600	LLD＜2100

3. 煤层物性特征

1）孔隙度

煤层气井核磁共振测井解释成果表明，8 号煤层的孔隙度为 2.74%～3.62%，平均孔隙度为 3.13%，属于特低孔隙度储层（贾雪梅等，2019）。另外，利用煤样化验测试，获取煤的真密度和视密度，根据其差值可以估计煤储层的孔隙度。本区共利用了 10 口井的煤样分析资料，利用煤样化验测试，获取储量估算范围内 8 号煤层的孔隙度为 0.49%～6.11%，平均为 2.92%。

2）渗透率

根据注入 / 压降测试结果，8 号煤层渗透率为 0.053～0.054mD；根据岩心实验室测定结果，8 号煤层渗透率为 0.001～0.271mD，平均为 0.037mD，在裂隙发育情况下，渗透率增加到 0.318～1.749mD，平均为 1.115mD，可见割理裂隙发育改善了渗透率（郑力会等，2018）。

4. 等温吸附特征

根据等温吸附实验测定结果，8 号煤层兰氏体积为 24.94～35.47m³/t，平均为 28.29m³/t，兰氏体积高，8 号煤层兰氏压力为 2.50～4.02MPa，平均为 3.06MPa，煤层兰氏体积和兰氏压力反映了煤层具有很强的吸附能力（张娜等，2019）。

5. 含气饱和度、临界解吸压力

8 号煤层含气饱和度为 96.12%～100%，平均为 98.06%，含气饱和度较高，以吸附气为主。根据投入排采时井底压力估计储层压力，初始见套压时的井底压力为临界解吸压力，二者之比即为煤层临储压力比。根据煤层气排采井实际产气数据，排采井实际临储压力比为 0.73～1.00，平均为 0.93。排采井平均压降为 0.07MPa，目的煤层就开始解吸，排采井开始产气。实际生产表明，储量估算范围主力煤层具有临界解吸压力高、煤层气容易解吸的特点。

6. 深层 8 号煤层含气性

区内大多采用钻杆取心含气量测试，含气量为 18～26m³/t，含气量整体较高，见表 3-2-3。大宁地区 8 号煤层测试含气量为 20.03～23.88m³/t，平均为 22.36m³/t；延川地区 8 号煤层测试含气量为 23.67～26.98m³/t，平均为 25.76m³/t；永和地区 8 号煤层测试含气量为 29.25～37.64m³/t，平均为 33m³/t。钻杆取心实验室测试结果表明，实测含气量接近最大吸附气量，含气饱和度为 97.99%～99.39%，平均为 98.95%。经测试烃类气体以甲烷为主，甲烷含量为 94.81%～96.65%，平均为 95.43%。

表 3-2-3　8 号煤层煤心样品含气量测试成果

序号	井号	样品号	取心段 /m	损失量 /m³/t	解吸量 /m³/t	残余气 /m³/t	平均含气量（空气干燥基）/m³/t
1	DJ3-4	8-17	2199.10～2199.37	4.61	18.65	0.19	23.88
		8-18	2202.18～2202.48	4.46	19.16	0.19	
		8-19	2204.98～2205.22	4.94	19.16	0.28	
2	DJ-平19	8-8	2115.81～2116.01		25.44	0.83	22.05
		8-7	2116.81～2117.02		19.14	0.53	
		8-6	2117.62～2117.86		21.95	0	
		8-5	2118.66～2118.91		19.28	0.85	
		8-4	2119.79～2120.05		21.24	0.34	
		8-3	2120.85～2121.12		24.77	0.53	
		8-2	2121.89～2122.13		22.01	0	
3	DJ-22-1V	8-5	2137.48～2137.74		23.54	1.18	23.18
		8-4	2138.00～2138.30		23.25	1.27	
		8-3	2139.63～2139.90		25.48	2.26	
		8-2	2140.63～2140.90		16.92	1.54	
		8-1	2141.43～2141.64		19.64	0.99	
4	H12	8-1	2141.72～2142.02		27.59	0.08	23.67
		8-2	2143.16～2143.40		29.34	0.12	
		8-3	2144.62～2144.88		21.95	0.17	
		8-4	2146.29～2146.55		15.92	0.42	

二、体积酸压改造工艺适应性评价

大宁—吉县区块深层煤层气埋深普遍大于 2000m，具有埋深大、超低渗透的地质特征，前期国内外均未针对深层煤层气进行系统的分析研究工作，"十三五"期间在鄂尔多斯盆地东缘多个区块开展了深层煤层气的探索试验，采用浅层煤层气活性水压裂工艺，致密气瓜尔胶压裂工艺和页岩气的滑溜水压裂液工艺，均未取得突破。自 2019 年以来，从地质评价、取心分析等方面开展了系统的研究工作，针对地质工程方面的认识进一步开展了深层煤储层的压裂工艺技术研究。

1. 地质工程条件

（1）割理裂隙发育，孔隙连通性差，渗透率低。

深层煤层气整体渗透性较低，常规压裂改造不能满足有效改造的需求。深层 8 号煤层埋深大于 2000m，应力高，储层更为致密，渗透性差于浅层，储层孔隙度较高，连通性差；割理裂隙中多被方解石、滑石、高岭土等酸可溶物质填充。

（2）酸液对填充物质溶解明显，基质渗透率有效提高。

通过煤层岩心观察发现，深层 8 号煤层割理裂隙发育，同时割理裂隙内多被方解石等可溶物质充填，取岩样开展室内溶蚀实验。煤样与酸液反应后，方解石的衍射峰强度骤然降低，且大量的方解石衍射峰消失，高岭石的衍射峰部分降低，孔隙连通性明显增大。割理裂隙中填充物滴酸液后反应剧烈，10% 酸液浸泡后平均渗透率提升 11.67 倍（表 3-2-4）。

表 3-2-4　酸液浸泡前后气测渗透率变化

盐酸浓度 /%	岩心编号	原始渗透率 /mD	工作液处理后 48h 渗透率 /mD	提高倍数
10	6 39/757-4	0.0547	0.5545	10.14
	8-1	0.0141	0.1249	8.86
	29-1	0.0598	0.9561	15.99
	639/757-1	0.0133	0.1556	11.70
平均		0.0355	0.4478	11.67

（3）煤岩强度较高，具备体积酸压基础。

深层 8 号煤层煤体结构较好，煤岩抗压性好，适合超大规模的体积压裂。与浅层煤相比，深层煤煤体结构较好，酸液对煤岩强度影响较大，酸液浸泡后抗压强度降低 10.75%～35.33%，平均抗压强度降低 27.8%（表 3-2-5），煤岩自身抗压强度较高，通过酸液的作用，煤岩局部强度降低有利于压裂过程中裂隙的启裂与延展，更加促进多裂缝的产生，提高改造效果。

表 3-2-5　深层 8 号煤层煤岩强度实验数据

力学参数	天然状态强度 / MPa	蒸馏水处理后强度 / MPa	反应处理后强度 / MPa	变化量 / MPa	平均变化幅度 / %
抗压强度	32.27	29.69	28.8	3.47	27.8
	27.52	25.45	22.05	5.47	
	25.95	18.56	15.78	9.17	

续表

力学参数	天然状态强度 / MPa	蒸馏水处理后强度 / MPa	反应处理后强度 / MPa	变化量 / MPa	平均变化幅度 / %
抗拉强度	1.44	1.38	1.34	0.1	
	1.38	1.3	1.2	0.18	15.7
	1.35	1.25	1.06	0.29	

（4）应力敏感性弱，具备规模改造基础。

通过煤心应力敏感性实验，观测煤样渗透率下降和恢复情况，这有助于选择开采方式和确定有效的工作制度。实验表明，当有效压力由小增大时，储层渗透率由大到小变化，其下降幅度由大到小；当有效压力由大变小时，储层渗透率由小到大变化，即向原始值的方向恢复，但无法恢复到原来的数值水平，外界应力作用下渗透率可恢复至 70%，深层煤层气应力敏感整体较小，适合采用大规模压裂的方式进行增产改造。

（5）地应力及顶底板隔层应力特征。

大宁—吉县区块地应力方向整体为北偏东 30°～45° 方向，局部微构造发育区，地应力方向有反转。深层 8 号煤层顶板以石灰岩为主，底板以泥岩为主，局部发育砂岩，顶底板隔层应力差大，有利于裂缝高度控制，煤层与顶板地应力差主体 8～18MPa，煤层与底板应力差主体 7～15MPa。煤层与顶底板应力差较大，利于裂缝高度控制。

2. 可压性评价

岩石力学特征是储层可压性评价的关键，直接影响着压裂过程中岩石的生缝能力（崔春兰等，2019；曹茜等，2019；任岩等，2018；Rickman et al.，2008）。

最大水平主应力与最小水平主应力差值对压裂裂缝缝网的形成有着重要影响（陈治喜等，1997），应力计算结果见表 3-2-6。本书采用最大水平主应力与最小水平主应力差值 $\Delta\sigma$ 来表征地应力对储层可压裂性的影响，认为 $\Delta\sigma$ 越小越有利于缝网形成，储层可改造性越好。结果显示，地应力对 8 号煤层可压性影响较大，其水力压裂若形成较好的缝网，需要进一步优化改造工艺。

表 3-2-6 煤层气井主应力计算成果

井号	煤层深度 / m	垂向应力 / MPa	最小水平地应力 / MPa	破裂压力 / MPa	储层压力 / MPa	最大水平地应力 / MPa
DJ3-4X6	2201.4	52.73	43	52	17.18	60.82
DJ3-7X2	2220.8	53.23	34	51	16.75	35.25
DJ6-10X1	2212.3	53.01	38	58	15.10	41.9
DJ43	1987.6	48.38	36	53	18.57	37.43
DJ52	1991.5	46.73	33	48	16.94	35.06

3. 裂缝扩展物理模拟研究

为了研究深层 8 号煤层的复杂缝扩展机理和扩展形态，取目标区块 3 个组合煤样进行了全直径压裂物理模拟实验。

1）实验准备和方法

要完成全直径压裂物理模拟实验，必须采用全直径压裂物理模拟实验系统，要求岩样为圆柱体，直径 102mm，高 300mm。国内外调研和咨询表明，目前国内外压裂物理模拟实验系统主要分两类：

（1）大尺寸真三轴压裂物理模拟实验系统。岩样通常为人工浇铸，是正方体（300mm×300mm×300mm），不符合要求。

（2）标准岩心压裂物理模拟实验系统。岩样通常为标准岩心，岩样小，实验结果不具代表性，也不符合要求。

为此，采用自研自制全直径压裂物理模拟实验系统，对目标区块的 3 个组合煤样进行了全直径压裂物理模拟实验。以目标区块深层 8 号煤层的大吉 – 平 –22–1V 井的取样为例，将该煤样的顶板、煤层和底板按照不同的组合方式，以及顶板 + 煤层组合、煤层 + 底板组合，进行全直径压裂物理模拟实验，具体方式如下：

（1）模拟钻井方式。如图 3-2-2 所示，在全直径岩心上模拟钻井，井孔直径为 8mm，井深基于实际岩心组合高度以及所需射孔深度动态调整。

（2）模拟射孔方式。所选井筒为直径 6mm 的金属管，如图 3-2-3 所示，射孔为 2 组 90° 的对穿孔（4 个孔），每组间隔 10mm。

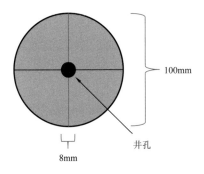

图 3-2-2　模拟钻井示意图

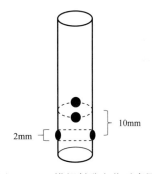

图 3-2-3　模拟射孔方位示意图

（3）模拟固井方式。射孔完成后，使用高强度胶填充井孔，随后插入井筒。插入前需采用特殊工艺暂时封堵射孔，避免胶渗入射孔堵住井筒。待胶完全固化，即完成固井工作。如图 3-2-4 所示，在环空部位注入高强度胶完成固井。

（4）射孔位置说明。如图 3-2-5 至图 3-2-7 所示，对目标区块煤层气井的顶板、煤层和底板，按照不同的组合方式和不同的酸液浓度进行射孔。

（5）压裂液配方为清水 + 氨基磺酸（7%、10%）。

（6）其他实验条件说明。围压 20MPa，轴压 50MPa，固定排量 20mL/min，示踪剂为绿色荧光剂。

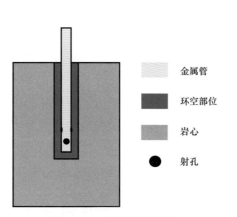

图 3-2-4　模拟固井示意图

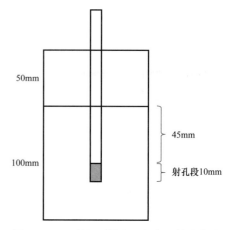

图 3-2-5　顶板 + 煤层组合跨界射孔方式

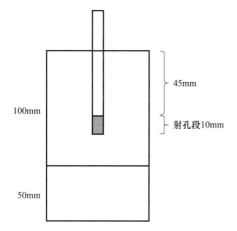

图 3-2-6　煤层 + 底板组合不跨界射孔方式 1

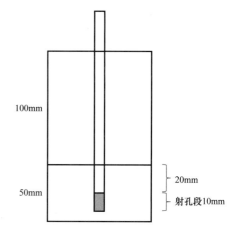

图 3-2-7　煤层 + 底板组合跨界射孔方式 2

2）实验结果

利用甲方提供的现场常用酸液——氨基磺酸作为物理模拟实验的酸液，按照 7% 和 10% 两种不同的酸液浓度，分别对 3 个煤样组合进行了物理实验评价。

（1）顶板 + 煤层组合（7% 氨基磺酸）实验结果。

实验过程：在围压 20MPa、轴压 50MPa 条件下，液体为 7% 氨基磺酸压裂液，排量 20mL/min，射孔位于煤层，压力迅速上涨到 60MPa 后，煤岩样品破裂，压力跌至 40MPa，如图 3-2-8 所示。

将所有实验数据整合进行结果分析，如图 3-2-9 所示。经过对实验样品的切开观察，顶板 + 煤层组合压裂后（7% 氨基磺酸）形成少量细小水平缝，未见主缝；横向不规则；裂缝未跨层、未贯穿。

（2）煤层 + 底板组合（7% 氨基磺酸）实验结果。

实验过程：在围压 20MPa、轴压 50MPa 条件下，液体为 7% 氨基磺酸压裂液，排量 20mL/min，射孔位于煤层，压力迅速上涨到 57MPa 后，煤岩样品内发生破裂，压力迅速跌至 35MPa。

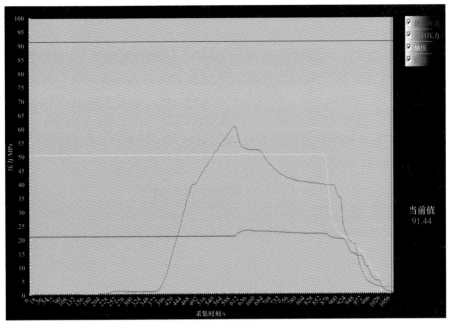

图 3-2-8　顶板 + 煤层组合（7% 氨基磺酸）实验曲线

图 3-2-9　顶板 + 煤层组合（7% 氨基磺酸）压裂后图

压裂后分析：对实验样品的切开观察，煤层 + 底板组合（7% 氨基磺酸）压裂后形成以垂直缝为主要裂缝的复杂缝；裂缝成功沟通至底板，并在沿途形成多条细小水平缝，贯穿了煤层上端、底板下端；裂缝横向不规则，未穿透裂缝侧面。

（3）煤层 + 底板组合（10% 氨基磺酸）实验结果。

实验过程：在围压 20MPa、轴压 50MPa 条件下，液体为 10% 氨基磺酸压裂液，排量 20mL/min，射孔位于煤层，压力迅速上涨到 40MPa 后，煤岩样品发生破裂，压力跌至 32MPa，随后继续憋压，压力上涨至 47MPa，煤岩样品再次发生破裂，最后跌至 30MPa。

压裂后分析：对实验样品的切开观察，煤层 + 底板组合（10% 氨基磺酸）形成以细小裂缝构成的复杂缝，无主缝；裂缝在煤层以细小垂直缝为主，沟通至底板后形成水平缝，未穿透煤层和底板；裂缝横向规则，穿透裂缝侧面。

对煤岩样品的破裂压力进行汇总，见表3-2-7。由表3-2-7可见，用酸液浓度为7%的压裂液，顶板＋煤层组合的破裂压力为60.46MPa；用酸液浓度为7%的压裂液，煤层＋顶板组合的破裂压力为56.23MPa；用酸液浓度为10%的压裂液，煤层＋顶板组合，煤层在压裂过程中有两次破裂，第一次是在38.25MPa，第二次是在46.64MPa，煤层被彻底压开。3次全直径压裂物理模拟实验的平均破裂压力为51.65MPa/54.44MPa。其中，当酸液浓度为7%时，两次的平均破裂压力为58.35MPa，对于煤层＋底板组合方式的平均破裂压力为47.24MPa/51.44MPa。

表3-2-7　不同酸液对煤层的影响

煤样组合	酸液浓度/%	围压/MPa	轴压/MPa	排量/mL/min	破裂压力/MPa
顶板＋煤层组合	7	20	50	20	60.46
煤层＋底板组合	7	20	50	20	56.23
煤层＋底板组合	10	20	50	20	38.25/46.64
平均		20	50	20	51.65/54.44

通过全直径压裂物理模拟实验，得出如下结论：

（1）顶板＋煤层组合（7% 氨基磺酸）：形成少量细小水平缝，未见主缝；横向不规则；裂缝未跨层、未贯穿。

（2）煤层＋底板组合（7% 氨基磺酸）：形成以垂直缝为主要裂缝的复杂缝；裂缝成功沟通至底板，并在沿途形成多条细小水平缝，贯穿了煤层上端、底板下端；裂缝横向不规则，未穿透裂缝侧面。

（3）煤层＋底板组合（10% 氨基磺酸）：形成以细小裂缝构成的复杂缝，无主缝；裂缝在煤层以细小垂直缝为主，沟通至底板后形成水平缝，未穿透煤层和底板；裂缝横向规则，穿透裂缝侧面。

（4）对于7% 酸液，经全直径压裂物理模拟实验发现，煤层可能形成复杂裂缝，也可能不形成复杂裂缝；对于10% 酸液，煤层形成了复杂裂缝。

（5）煤层＋底板组合的方式更容易形成复杂裂缝，因此，建议酸液浓度至少达到10% 或以上；压裂时的射孔方式，应更加注重煤层或煤层底板进行射孔压裂。

三、体积酸压改造工艺

深层煤层气埋深大，受三向应力控制，裂缝以垂直裂缝为主，根据物理模拟显示，压裂同样易于形成垂直裂缝，且煤岩抗压强度较高，平均抗压强度在25MPa以上，不利于多裂缝和体积缝网的形成，较为单一的垂直裂缝无法实现特低渗透深层煤层气的有效改造（李玉伟等，2013）。依据深层煤岩割理裂隙填充方解石的地质特征，利用酸液对煤岩强度降低27.8%的工程有利条件，结合物理模拟结果表明的酸液对裂缝复杂程度的影响作用，提出了深层煤层气的体积压裂工艺方法。主要分三步促进体积缝网的形成，利用酸液对煤岩强度的影响、施工排量和液体黏度对缝内净压力的影响，诱导形成剪切＋溶蚀＋支撑的组合型体积缝网。具体步骤如下：

第一步：通过提高施工排量的方式促进主裂缝的形成，并利用较高的施工排量提升缝内净压力，诱导多裂缝的产生。

第二步：采用高排量的方式注入酸液，优化酸液配方降低酸岩反应速率，使得酸液在裂缝中远端起到降低煤岩强度的作用，提高压裂液造缝的效率，进一步诱导多裂缝和次生裂缝的产生。

第三步：通过中高黏液体的注入，进一步增大缝内净压力，促使形成的次生裂缝和主裂缝进一步张开，初期携带小粒径支撑剂对次生裂缝进行支撑，中期携带中粒径支撑剂对次生主裂缝进行支撑，后期采用大粒径支撑剂对主裂缝进行支撑。

1. 排量

为对深层煤层气裂缝扩展认识清楚，采用地面做地震监测方法、井中微地震监测方法和井温测试方法认识裂缝参数。地面微地震监测裂缝高度在煤层顶8m、煤层底5m，总裂缝高度约20m；井中微地震监测裂缝高度为煤层顶6m、煤层底3m，总裂缝高度约15m；井温测试裂缝高度为煤层顶8m、煤层底2m，总裂缝高度约17m。多种监测方法均表明裂缝高度总体受控，与其自身的地质封盖特征较为一致。通过理论计算，采用清洁液体系排量20m³/min时，缝内净压力控制在10MPa以内，能够保持裂缝高度的控制。

依据生产效果和施工排量相关性分析，如图3-2-10所示，施工排量系数越高代表施工排量越高，通过提高施工排量可提高改造效果，说明前期分析的煤岩可压性和裂缝扩展研究符合储层改造要求，通过提高排量方式提高缝内净压力，实现对煤储层的高强度破坏性造缝效果。

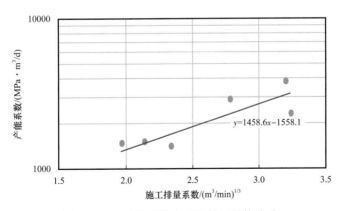

图 3-2-10 产能系数与施工排量系数关系

2. 加酸强度

施工压力表明，采用活性水携固体酸，酸液可作用裂缝范围占总裂缝面积的

39%～57%，平均约47.1%，则30%裂缝用酸强度为4.76m³/m。考虑清洁液/滑溜水携固体酸效率，估算用酸强度为1.43m³/m，若将酸液作用在尾部30%的裂缝，清洁液/滑溜水携酸，则加酸强度为1.43m³/m，考虑酸液效率提升、缝内温度变化，计算总运移过程酸液消耗2.95m³/m。综合计算固体酸加酸强度为4.3m³/m。

用酸主要分为3个阶段：第一阶段采用前置盐酸的方式进行施工，31%盐酸用酸强度为15m³/m，因其酸岩反应速率过快，尤其在顶板为石灰岩条件下，酸液有效作用较低；第二阶段采用活性水携带氨基磺酸，其酸岩反应速率较盐酸降低70%，氨基磺酸用酸强度为8.0t/m；第三阶段采用表面活性剂压裂液携氨基磺酸，酸岩反应速率为第二阶段的50%，依据实际施工过程中酸液对缝内净压力的影响，当净压力不再降低时，用酸强度约6.0t/m。其中，第三阶段因酸岩反应速率降低，减少了在近井地带和顶板石灰岩的消耗，更加有利于酸液在裂缝的中远端起到降低煤岩强度的作用。

3. 用液规模

结合对已压裂井的分析认识，若要实现较大的裂缝规模，对用液量、液体黏度和排量等施工参数的要求较高。低黏滑溜水用量1700～1800m³，裂缝仍在扩展，达到与清洁液相同规模2200m³，加液强度为220m³/m；活性水＋清洁液用量1200m³，裂缝仍在扩展；活性水＋清洁液（黏度25mPa·s，11m³/min排量）用量1800m³，滑溜水1000～1100m³，裂缝扩展减缓。依据前期裂缝监测结果分析及认识，清洁液加液强度为150～250m³/m时较为合理，滑溜水达到同样裂缝规模，加液强度为220～360m³/m。

4. 压裂液体系

根据室内分析实验结果得知，煤岩吸附能力较强，煤层吸附量随压裂液材料分子量增加，伤害率也快速增加，分子量越高煤层吸附量越高，最高吸附量达80%，虽较低分子量动态伤害率较低，但静态吸附量较高，影响长期效果，常用的低浓度瓜尔胶对储层的伤害率为40.57%，伤害过高，直接影响改造效果。

高分子量减阻剂或含有阳离子对煤心伤害大，分子量在1000万以上的压裂液对煤岩的伤害率为67.35%～71.64%，而分子量为800万时对煤层的伤害率为35.76%，分子量为700万时对煤层的伤害率为16.67%，分子量为600万时对煤层的伤害率为12.4%，由于分子量大的减阻剂在煤粉表面吸附量较大，因此煤心孔喉半径缩小，岩心水湿性增强，从而伤害程度增加。对于固体颗粒类减阻剂，使用浓度低，吸附量小，因此对煤心伤害较低。

在相同分子量情况下，阳离子型减阻剂伤害率最高，达到39.78%；非离子型减阻剂的伤害率其次，为10.43%；阴离子型减阻剂的伤害率最低，仅为5.15%。这与储层煤粉带负电相关，吸附可能是伤害的主因，为此开展了吸附量的评价实验。

室温下配制0.1%浓度的不同溶液，然后用紫外可见分光光度计在190～400nm的波长范围内进行扫描，根据扫描的峰形和峰值确定溶液的最佳波长；绘制浓度—吸光度标准曲线：室温下配制不同浓度的溶液，并用蒸馏水作参比溶液，根据不同浓度溶液在最佳波长处的吸光度值，做出溶液的浓度—吸光度标准曲线；将过筛后不同目数的固体颗粒放入索氏提取器中，用二氯甲烷溶液洗油洗盐 24h 后，放入 105℃烘箱中烘干 24h 至恒重；将岩粉放入溶液中，搅拌均匀后静置一定时间，实验时间分别为 20min、40min、1h、3h、6h 和 24h；将液体移入离心管中，在 3000r/min 的转速下离心 30min，离心分离剩余固体颗粒；取上层清液用紫外可见分光光度计，根据浓度—吸光度标准曲线分析各溶液中吸附前后浓度的变化，并根据浓度差计算吸附量。

测定最佳波长：室温下配制 0.1% 浓度的不同溶液，然后用紫外可见分光光度计在 190～340nm 的波长范围内进行扫描，根据扫描的峰形和峰值确定溶液的最佳波长。

测定浓度—吸光度标准曲线：室温下配制不同浓度的溶液，浓度分别为 0.001%、0.01%、0.02%、0.04%、0.06%、0.08% 和 0.1%，并用蒸馏水作参比溶液，根据不同浓度溶液在最佳波长处的吸光度值，做出溶液的浓度—吸光度标准曲线；当浓度小于临界胶束浓度时，根据不同液体的浓度—吸光度标准曲线拟合线性回归方程，用于通过测量的吸光度计算溶液浓度。对于高于临界胶束浓度的溶液，则需要将其稀释至线性回归方程范围内进行测量。

吸附实验结果表明，阳离子型减阻剂吸附量最大，达到 15mg/g，非离子型减阻剂吸附量最小，仅有 12mg/g，如图 3-2-11 所示。阴离子型减阻剂随着分子量的增加，其吸附量逐渐增加，说明吸附是伤害的主要原因。

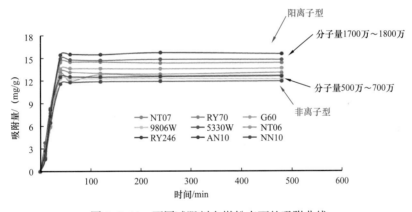

图 3-2-11　不同减阻剂在煤粉表面的吸附曲线

基于对煤层伤害机理的认识，优选了表面活性剂压裂液和阴离子型减阻剂作为压裂液。

（1）表面活性剂压裂液。

1%KCl 溶液对深层 8 号煤层煤岩的伤害率为 5.992%，表面活性剂压裂液配方为 0.4% 主凝剂 +0.2% 交联剂 +0.2% 破胶剂，液体黏度为 25mPa·s，破胶液对深层 8 号煤层煤岩的伤害率为 7.956%，远低于行业标准，实验结果分别见表 3-2-8 和表 3-2-9。

由于盐酸与石灰岩反应剧烈，强度大、速度快，同时对压裂设备酸蚀严重，不利于连续施工，优选了氨基磺酸固体酸为主体酸液，采用表面活性剂压裂液携带固体酸，表面活性剂黏度为 6～10mPa·s，相比盐酸可有效降低酸岩反应速率 85%，确保实现深度酸压。

表 3-2-8　表面活性剂压裂液对深层 8 号煤层人造煤心渗透率伤害实验结果

工作液	排量 /（mL/min）	压差 /MPa	渗透率 /mD	平均渗透率 /mD	伤害率 /%
正向盐水	0.5	0.23	3.317	5.240	7.956
	0.5	0.22	3.468		
	1.5	0.45	5.087		
	1.5	0.45	5.087		
反向液	排量 0.5mL/min，驱替 36min 后停留 2h				
正向盐水	0.5	0.26	2.935	3.902	
	0.5	0.26	2.935		
	1.5	0.47	5.870		
	1.5	0.47	5.870		

表 3-2-9　1.0%KCl 溶液对深层 8 号煤层人造煤心渗透率伤害实验结果

工作液	排量 /（mL/min）	压差 /MPa	渗透率 /mD	平均渗透率 /mD	伤害率 /%
正向盐水	0.5	0.21	3.618	5.491	5.992
	0.5	0.21	3.618		
	1.5	0.43	5.301		
	1.5	0.42	5.427		
反向液（1.0%KCl）	排量 0.5mL/min，驱替 36min 后停留 2h				
正向盐水	0.5	0.23	3.304	5.222	
	0.5	0.22	3.454		
	1.5	0.45	5.066		
	1.5	0.45	5.066		

通过对前期复合盐酸压裂液体系现场试验过程中出现问题的总结分析发现，由于盐酸与石灰岩反应剧烈，强度大、速度快，同时对压裂设备酸蚀严重，不利于连续施工，通过多次筛选，开展固体酸压裂液体系实验，液体体系为活性水 + 清洁液（滑溜水），与储层配伍良好，综合压裂液效率较高，为 13.2%。进一步评价清洁液携酸性能：10% 固体酸 + 清洁液，模拟储层条件优选固体酸浓度，与储层及压裂液配伍性好，满足施工和破胶要求。固体酸压裂液体系缓速性能优良，同等条件下较盐酸反应速率降低 4 倍以上，较盐酸体系，该体系可有效实现深度酸化。

（2）滑溜水压裂液体系。

滑溜水液体配方为 0.04% 稠化剂 +0.3% 防膨剂 +0.05%APS，在携带氨基磺酸时仍然能够保持降阻率不发生变化。该滑溜水体系与煤层配伍性较好，较其他滑溜水没有明显吸附，对深层煤岩的伤害率为17.95%。通过加入破胶剂的方式，进一步降低压裂液分子量，实现对煤储层的低伤害（表3-2-10）。

表 3-2-10　滑溜水对深层 8 号煤层人造煤心渗透率伤害情况

评价指标	评价结果
密度 /（g/cm³）	1.002
黏度 /（mPa·s）	1.6
降阻率 /%	75
防膨率 /%	83.5
表面张力 /（mN/m）	20.9
伤害率 /%	17.95

5. 支撑剂

煤层压裂产生复杂缝网，结合现场支撑剂进入储层后的施工压力情况，并提升支撑剂向远端运移距离，采用 70～140 目、40～70 目和 30～50 目支撑剂；施工前期选用 100 目石英砂，中期采用 40～70 目石英砂，后期采用 30～50 目石英砂。将压裂施工参数通过软件反演裂缝半长、裂缝动态宽度（表 3-2-11），多粒径组合支撑剂能够获得较长裂缝。70～140 目、40～70 目和 30～50 目支撑剂比例为 16.7%、46.7% 和 36.6%。

表 3-2-11　大吉平 25-3H 井反演裂缝宽度

段号	裂缝半长 /m	平均动态缝口宽度 /cm	闭合压力 /MPa
第一段	195.3	0.2927	31.2
第二段	192.4	0.1623	34.1
第三段	208.6	0.3136	31.9
第四段	185.0	0.3433	32.2
第五段	206.5	0.2900	32.8
第六段	211.3	0.3013	32.3
第七段	199.3	0.3044	31.7
第八段	193.3	0.3102	31.7
第九段	199.9	0.3066	32.1
平均	199.1	0.2916	32.2

四、体积酸压现场应用及效果

从初期生产情况（表3-2-12）来看，投产9口井，日产气18712m³。平均单井最高日产气3303m³，平均解吸压力为18.7MPa，截至2020年11月，平均井底流压为10.0MPa，平均套压为2.51MPa，累计产气321.4×10⁴m³。整体上，已投产井表现出见套压时间短、上产速度快的特征。其中，5口井投产即见套压，最长见套压时间42天，日产气量上升至1500m³时间1～70天，平均28天，3口井历史稳定日产气量超过4000m³。

表3-2-12 8号煤层生产井开发情况分析

序号	井号	投产日期	初期见气压力/MPa	2020年11月井底压力/MPa	2020年11月套压/MPa	最高日产气量/m³	日产气量/m³	日产水量/m³	累计产气量/10⁴m³
1	DJ3-7X2	2019-08-28	19.33	16.12	1.4	5791	2881	0	139.79
2	DJ52	2020-03-20	14.14	3.07	2.6	2864	1362	0.29	26.96
3	DJ3-6X1	2020-07-22	19	10.4	5.1	2000	1846	1.15	3.61
4	DJ6-10X1	2020-04-04	17.02	5.2	3.0	4062	4009	1.76	48.96
5	DJ7-5	2020-07-07	20.8	13.6	4.7	4200	4205	1.05	16.38
6	DJ4-8X1	2020-06-06	24.23	16.9	2.7	2081	362	1.45	12.83
7	DJ3-4X6	2020-03-25	19.51	13.06	0.25	1915	1641	2.16	18.37
8	DJ2-2AX2	2020-07-02	20.83	8.6	1.8	3167	2014	0.72	19.97
9	DJ43	2020-03-23	13.3	3.0	1.1	3644	1462	1.1	34.55
	平均值		18.7	10.0	2.51	3303	2198	1.22	35.24

典型井DJ3-7X2井于2019年8月29日投产（8号煤层，2501～2505m，2509.5～2510.5m），设计加砂37.7m³，实际加砂38.2m³，加砂完成率101.3%，总液量1362m³，射孔井段加砂强度7.6m³/m，砂液比2.8%，开井即见气，套压0.25MPa，临储压力比1.0，产量迅速攀升至5791m³，累计产气147×10⁴m³，截至2020年8月27日，日产气3242m³；该井作为深层8号煤层第一口发现井，3500m³/d以上稳产270余天，单位压降产气量43.7×10⁴m³/MPa，见气快、产量高、压力高，储层供气能强展现较好的稳产能力。采用Arps、AG、流动物质平衡、NPI等多种气藏工程方法评价大吉3-7向2井动储量及泄气半径，动储量为（518～725）×10⁴m³，平均为605×10⁴m³，泄气半径为175～207m，平均为195m。排采曲线如图3-2-12所示。

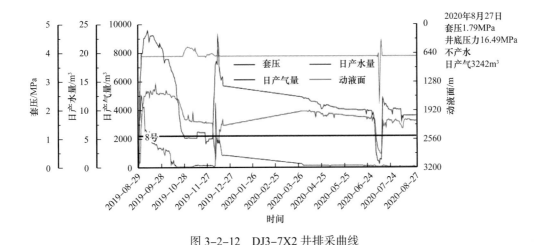

图 3-2-12　DJ3-7X2 井排采曲线

第三节　特殊煤储层压裂技术

　　特殊储层包括厚煤层和薄煤层两种。厚煤层一般指煤层整体厚度较大（可达 40m 以上）的煤层，常规单次压裂改造效果欠佳；薄煤层是指煤层较薄，层与层的间距较小，合并压裂改造效果欠佳的煤储层。这两种特殊煤储层可开采资源量逐年增大，将成为煤层气勘探开发的重要接替领域（赵庆波等，2009）。"十二五"期间，曾对厚煤层及薄煤层进行了压裂现场试验，其中厚煤层采用总体笼统压裂的方式，薄煤层采用煤层顶板压裂的方式，推广应用效果不尽理想。本节分别研究厚煤层和薄煤层的压裂工艺技术，结合两种煤储层地质特征分别设计压裂物理模拟、数值模拟实验并进行压裂裂缝启裂、延伸规律研究，分析影响压裂效果的各类因素，提出不同的压裂施工参数及配套工艺，最终形成针对厚煤层、薄煤层等特殊煤储层的压裂改造技术。

一、厚煤层压裂改造技术及配套工艺

　　三塘湖盆地位于新疆维吾尔自治区的东北部，盆地发育 5 个沉积凹陷，其中马朗凹陷和条湖凹陷是最有利的凹陷，马朗凹陷西山窑组煤层最厚处位于西峡沟—马北地区，前期钻探的马 51 井、马 492 井、马 53 井及马 37 井煤层厚度均超过 45m，本次部署的塘 1 井组的煤层厚度也超过 45m，向南部、西部煤层逐渐变薄、分叉并尖灭，且南部、西部煤层埋深增加，深度超过 2000m。由此可见，马朗凹陷煤层厚度和埋深受构造控制特别明显，因构造整体为北东向展布、向南西倾的单斜构造，东北煤层抬起区为富煤中心，从北东向南西部变薄至尖灭。

　　西峡沟—马北煤岩颜色均呈黑色，主要为暗淡煤和半暗煤，煤的总体光泽弱 / 较弱，颜色为黑色，呈沥青光泽，煤岩成分以暗煤为主，夹少量线理状 / 中条带状镜煤及少量薄层状丝炭。暗煤中主要为阶梯状、参差状断口，少量亮煤及镜煤显示为贝壳状、棱角状断口；暗煤中裂隙多不发育，亮煤条带中多发育两组裂隙，主次裂隙近直角相交，裂隙垂直层理；煤体质地坚硬，为原生结构煤。

测试结果显示，塘 1 井 1018.5m 煤层孔隙度为 4.91%～11.62%，渗透率为 0.16～0.309mD，为低孔隙度、低渗透储层。扫描电镜显示，煤层微裂隙欠发育或小尺度裂缝，发育植物组织残余孔、气孔，孔隙有被黏土矿物充填特征。

1. 不同煤体结构压裂物理模拟实验

全三维真三轴水力压裂物理模拟实验技术是有效的研究水力裂缝启裂机理的科研手段（陈勉等，2000）。利用天然岩样或人工样品开展室内实验，可以将现场施工井和储层搬进实验室，直观揭示不同地质条件下裂缝的启裂与延伸规律，为现场施工工艺优化提供指导。

采用全三维真三轴水力压裂物理模拟实验系统，重要参数见表 3-3-1，操作流程如下：将煤样放入实验架后，用围压泵为液压稳压源施加模拟煤层原始条件的三向围压，并依据相似准则，采用模拟的泵排量向模拟井筒泵注压裂液，同时通过 MTS 实验机记录裂缝扩展过程中泵注的压力和排量等参数，指导煤样破裂，压裂完毕后拆开实验架，沿压裂裂缝将试件剖开，观察形成裂缝壁面的痕迹，即可得到压裂裂缝的形态。

表 3-3-1 压裂实验重要参数

参数	数值	参数	数值
岩样尺寸 /（mm×mm×mm）	300×300×300	三向最大压力 /MPa	30
最大注入压力 /MPa	140	最大注入流速 /（mL/min）	1250

通过开展 3 组不同煤体结构下煤岩样压裂物理模拟实验，探究不同的煤体结构对煤层的压裂裂缝扩展和压裂效果的影响，得到如下结论：

（1）原生结构煤实验结果显示，水力裂缝从原生结构煤层中部启裂后，裂缝延伸最终形成沿最大水平主应力方向扩展的单一垂直水力裂缝，原生结构煤水力压裂裂缝形态实验结果如图 3-3-1 所示。

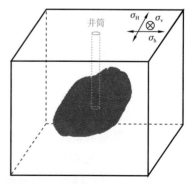

图 3-3-1 原生结构煤水力裂缝形态实验结果
σ_H—最大水平主应力；σ_h—最小水平主应力；σ_v—垂向地应力

（2）碎裂煤实验结果显示，碎裂煤层压裂后井筒周围煤样破碎，压裂液在近井筒破碎区完全滤失，最终没有形成有效的裂缝，碎裂煤水力裂缝形态实验结果如图 3-3-2 所示。

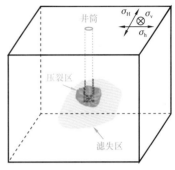

图 3-3-2　碎裂煤水力裂缝形态实验结果

（3）原生结构煤 + 碎裂煤实验时，第一次压裂采用常规活性水压裂液，同时压裂上部原生结构煤和下部碎裂煤层；然后，再注入纤维压裂液滤失一段时间来封堵下部碎裂煤层，之后再进行第二次压裂。实验结果显示，经过两次压裂，下部碎裂煤层中存在多条延伸距离较短的裂缝，整个岩样破碎，而上部原生结构煤层中形成了较为单一的裂缝。综合分析，第一次压裂时压裂液主要流入下部碎裂煤中完全滤失，没有形成有效裂缝，上部原生结构煤层也无法启裂。第一次压裂结束后注入纤维压裂液滤失封堵下部碎裂煤后进行第二次压裂，此时上部原生结构煤被压开形成了单一裂缝，而下部碎裂煤被纤维封堵，这说明了纤维压裂液具有封堵破碎带和促进有效造缝的作用。实验结果如图 3-3-3 所示。

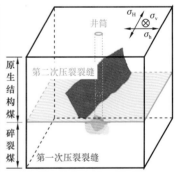

图 3-3-3　原生结构煤 + 碎裂煤水力裂缝形态实验结果

2. 厚煤层压裂配套工艺

结合厚煤层特征与上述实验结果研究确定了压裂基本思路：通过对整个井组实施压裂，以期在平面上形成体积缝网，具有整体降压的效果；以形成和扩大煤层缝网为目标，提高压裂波及范围，优先选择适用于低煤阶厚煤层压裂工艺技术；选择不同射孔方式（厚度、段数）、不同压裂方式（工作液、注入方式、作业规模）的现场试验；结合对区块老井的评估分析认识,通过缝网数值模拟,制订适合本区井组整体压裂技术方案。

对于厚煤层而言,为了达到充分改造的目的,往往需采用分层压裂的方式,在采用笼统压裂后,一般只能有一个层位见到效果。当要压裂多层时就需要进行多次压裂施工,施工复杂、周期长、难度大、费用高。如果能够实现一趟管柱分压两层或两层以上,就能增加压裂的针对性,克服层多、层厚、纵向非均质性严重等影响,充分发挥各产层的生产能力,使储层产能得到充分释放,同时降低作业成本、提高效率。大规模分层压裂施工拟先压裂最下层,之后填砂或下桥塞将已压开层段封住,再逐级压开上面一层,在所有的所要压裂的层段压完后,再将井下的桥塞或砂塞钻掉投产,虽然针对性强、施工安全可靠,但工序复杂、作业周期长,影响及时返排,且冲洗井液体也会造成储层伤害,为节约成本、实现快速返排,拟采用一趟管柱分层压裂工艺。

常规一趟管柱分层压裂技术(排量小于 $4m^3/min$)已比较成熟,配套工具如 Y211、Y221、Y241、Y751、Y341、Y11、K344 等封隔器都可作为分层压裂管柱的基础封隔器,可选的配套水力锚、喷砂器规格型号也较多。国内对煤层进行压裂时采用活性水压裂液,为增加其携砂性能,排量普遍为 $6m^3/min$ 甚至更高,在这样的施工排量下,常规分层压裂工具已不适应,原因如下:常规的分压工具内通径小,大排量施工在分压工具处形成较大的节流压力,易使管柱断脱造成作业事故;大排量下常规的分压工具耐冲刷能力不足,易扩径、变形,失去应有作用造成压裂失败。因此,必须针对大排量压裂特点进行专门的分压管柱结构设计、工具研制及配套试验。

(1)封隔器。封隔器是压裂管柱中最为关键的部件,其性能好坏直接关系到压裂施工的成败,为了满足厚煤层大排量施工的需求,对封隔器做了以下改进:① 内径由常规的 50mm 增加到 58mm;结构简单,坐封、解封方便;② 胶筒内均布钢丝既达到了胶筒扩张性能,又提高了胶筒耐压性能;③ 胶筒下部钢套采用滑套式,既可降低胶筒扩张压力,又可在压裂后上提管柱时强制胶筒恢复原状。封隔器技术性能参数见表 3-3-2。

表 3-3-2　YK344 封隔器技术性能参数

型号	YK344-108
总长度 /mm	860
钢体最大外径 /mm	114
钢体最小内通径 /mm	58
启动压差 /MPa	0.4～0.7
工作压差 /MPa	60
工作温度 /℃	120
适用套管 /mm	139.7
两端连接螺纹	$2^{7}/_{8}$in EUE

注:1in=25.4mm。

（2）水力锚。大排量施工时若发生管柱蠕动易造成施工失败，这对锚爪的咬合力要求很高，同时要避免单个锚爪的咬合力过大而损伤套管。因此，对水力锚进行如下改进：① 增加水力锚通径而不降低耐压强度，通径由 50mm 增加到 58mm，在缩径处采用高强度耐磨耗材料（Si_3N_4），增强了工具的耐磨性，达到安全施工的可靠性高；② 锚爪由常规的 6~8 个增加到 12 个，增加整体咬合力，通过设计有限位结构，锚爪不会无限制地伸出，可保证有足够的咬合力，又可防止锚爪变形，造成回收困难；③ 选用本体带有沉砂通道的水力锚，利于排砂、防止砂卡。水力锚技术性能参数见表 3-3-3。

表 3-3-3　水力锚技术性能参数

型号	YSLM-114
总长度 /mm	366
钢体最大外径 /mm	114
钢体最小内通径 /mm	58
启动压差 /MPa	0.7~1.0
工作压差 /MPa	60
工作温度 /℃	150
适用套管 /mm	139.7
两端连接螺纹	$2\frac{7}{8}$in EUE

（3）喷砂器。对喷砂器进行如下改进：① 上喷砂器钢体的最小通径由常规的 47mm 增加到 56mm，滑套内径由常规的 37mm 增加到 46mm；② 下喷砂器钢体最小通径由 28mm 增加到 40mm，采用高强度氧化锆材料作为喷嘴，解决了喷嘴的耐磨问题；③ 在该工具缩径处和滑套密封处采用高强度耐磨喷涂材料（Si_3N_4），增强了工具的耐磨性，喷砂器技术性能参数见表 3-3-4。

表 3-3-4　喷砂器的技术性能参数

喷砂器型号	YPSQ 上 -108	YPSQ 下 -95
总长度 /mm	296	300
钢体最大外径 /mm	108	95
钢体最小内通径 /mm	56	40
滑套内径 /mm	46	—
钢球直径 /mm	50	—
滑套打掉压差 /MPa	20~22	—
两端连接螺纹	$2\frac{7}{8}$in EUE	$2\frac{7}{8}$in EUE

（4）安全接头。采用大通径55mm的安全接头，当压裂管柱在施工后万一被砂卡或被砂埋，通过反洗井等措施也无法解卡，从油管投入 ϕ58mm钢球一个，加压20～22MPa，剪断剪钉，迫使管柱在安全接头处脱开，将安全接头以上部分管柱提出，之后再对下部管柱进行打捞处理，安全接头技术性能参数见表3-3-5。

表3-3-5 安全接头技术性能参数

总长度 /mm	429
钢体最大外径 /mm	108
钢体最小内通径 /mm	55
钢球直径 /mm	58
滑套剪断压差 /MPa	20～22
两端连接螺纹	$2^7/_8$in EUE

完成了一趟管柱大排量分压两层管柱结构设计及配套工具选型，其主要配套工具组成为 YPSQ 下喷砂器、YK344 封隔器、YPSQ 上喷砂器、YK344 封隔器、YSLM 水力锚和 YAJ 安全接头。

3. 厚煤层压裂技术实施

1）厚煤层压裂的数值模拟与施工参数优化

非常规裂缝网络模型（UFM）可用于模拟含复杂水力缝网在含天然裂缝的地层中的延展情况（刘曰武等，2019）。实际使用时，需先针对目标储层参数对 UFM 模型进行校准，然后模拟不同施工条件下的裂缝形态，最终完成压裂参数的优化。

（1）两段分压裂缝参数优化。采用活性水压裂液，模拟不同液量、不同排量下的缝网长度、高度，优化单层的压裂规模和排量。如图 3-3-4 所示，不同施工参数条件下缝高基本受控。当单层压裂液量在 800m³ 以上、排量在 12m³/min 以上时，即可达到最大改造体积缝网的要求。

（2）两段合压裂缝参数优化。模拟两段合压不同液量、排量下形成的缝网长度、缝网高度，优化压裂规模和排量。如图 3-3-5 所示，通过优化，不同施工参数条件下，缝高基本受控。两段合压平均裂缝长度最大 132m，且排量要达到 14m³/min。

模拟结果表明，在增加缝网"面体积"时，增加排量比增加液量更有优势，因此厚煤层合压时需尽量提高排量，适当增加液量。通过多目标井组短时间内对相同地质条件井开展工程试验，能较快地认识厚煤层地质条件下的工程需求，验证工艺技术的适用性、作业参数的合理性。排采生产结果显示，厚煤层多段、高强度压裂井效果要好，且平面上埋藏较深的要好于位置较浅部位井。厚煤层内应力差小，但应力阴影能在一定程度上影响裂缝在纵向延伸，进而实现 3 段压裂。多层压裂时，级间应力阴影的干扰较大（即施工压力后一层比前一层要高）。

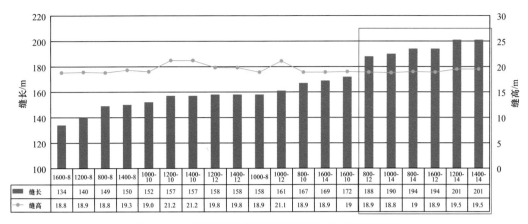

图 3-3-4 两段分压时裂缝参数随液量和排量的变化

1600-8 表示单层压裂液量为 1600m³，排量为 8m³/min，依此类推

	1600-8	1200-8	800-8	1400-8	1000-10	1200-10	1400-10	1200-12	1400-12	1000-8	1000-12	800-10	1600-10	1600-14	800-12	1000-14	800-14	1600-12	1200-14	1400-14
缝长	134	140	149	150	152	157	157	158	158	158	161	167	169	172	188	190	194	194	201	201
缝高	18.8	18.9	18.8	19.3	19.0	21.2	21.2	19.8	19.8	18.9	21.1	18.9	18.9	19	18.9	18.8	19	18.9	19.5	19.5

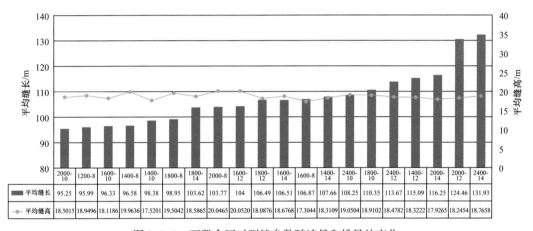

	2000-10	1200-8	1600-10	1400-8	1400-10	1800-8	1800-14	2000-8	1600-12	1800-12	1600-14	1600-8	1400-14	2400-10	1800-10	2400-12	1400-12	2000-14	2000-12	2400-14
平均缝长	95.25	95.99	96.33	96.58	98.38	98.95	103.62	103.77	104	106.49	106.51	106.87	107.66	108.25	110.35	113.67	115.09	116.25	124.46	131.93
平均缝高	18.5015	18.9496	18.1186	19.9636	17.5201	19.5042	18.5865	20.0465	20.0520	18.0876	18.6768	17.3044	18.3109	19.0504	18.9102	18.4782	18.3222	17.9265	18.2454	18.7658

图 3-3-5 两段合压时裂缝参数随液量和排量的变化

2）吐哈—三塘湖盆地厚煤层两层分压实例分析

塘1井西山窑组 J_2x 煤层厚度为 42.2m，该层射孔段为 993.0～998.0m、1016～1021m。采用 89mm 油管 +K344 封隔器对 J_2x 煤层两个射孔段一趟管柱分层压裂，压裂液采用活性水＋低温瓜尔胶组合的复合压裂液。两级施工累计入井净液量 1907.1m³，其中活性水 876m³，压裂液 1031.1m³，入井 30～50 目石英砂 114.1m³。

第一层（1016～1021m）共注入液量 713.3m³，其中活性水 353m³，低温瓜尔胶压裂液 360.3m³，总砂量 44.1m³，平均砂比 12.2%，最高砂比 16.0%。前置液排量 1.0～5.6m³/min，压力 42.6～24.3MPa；携砂液排量 5.5～5.6m³/min，压力 24.3～26.9MPa，瞬时停泵压力 18.2MPa。

第二层（993.0～998.0m）共注入液量 1193.8m³，其中活性水 523m³，低温瓜尔胶压裂液 670.8m³，总砂量 70.0m³，平均砂比 10.3%，最高砂比 14.0%。前置液排量 2.0～6.2m³/min，压力 26.2～46.3MPa；携砂液排量 6.2～6.4m³/min，压力 35.8～39.2MPa，瞬时停泵压力 26.8MPa。

塘 1 井 J_2x 煤层两层压裂施工压力及停泵压力相差较大，表明两层施工中未被压窜，可见缝高得到了较好控制，该工艺对厚煤层改造效果较好。

3）厚煤层的压裂实施与裂缝监测

为深入研究压裂缝网的平面展布及其对整体排采降压的影响，增钻 1 口观察井，对 6 口井 15 层完成压裂施工，单井纵向上根据煤体结构特征设置 1～4 段分压，对比观察人工裂缝网络的有效连通性，分析分层压裂工艺的合理性。

压裂以形成裂缝网络并最大限度提高压裂波及体积为目标，以地质工程一体化为出发点，优化各个工序环节，实现核心设计目标。6 井 15 层压裂总液量 19470m³，单层平均 1298m³，总砂量 930m³，单层平均 62m³。单井最大用液量 4000m³，加砂量达到 175m³。塘 1-2 井分 2 层压裂，塘 1-4 井分 3 层压裂，压裂施工数据见表 3-3-6。

表 3-3-6　塘 1-2 井和塘 1-4 井压裂施工数据

井号 / 层位	射孔段 /m	实际总液量 /m³	实际加砂总量 /m³	实际平均砂比 /%	平均排量 /m³/min
塘 1-2/ 第一层	935～939	1288.8	45.0	7.0	10.5
塘 1-2/ 第二层	914～916	1182.2	64.0	8.7	10.7
塘 1-4/ 第一层	1091.7～1092.7 1093.3～1094.3	1219.4	54.6	7.1	10.0
塘 1-4/ 第二层	1080～1082	1104.4	43.9	6.2	10.3
塘 1-4/ 第三层	1067.5～1069.5	1170.5	58.0	7.1	9.3

对塘 1-2 井和塘 1-4 井开展了地面微地震监测，用于验证压裂所形成的裂缝形态和尺寸，裂缝监测结果见表 3-3-7。

表 3-3-7　塘 1-2 井和塘 1-4 井压裂裂缝监测结果

井号	层位	缝长 /m	半缝长 /m	缝高范围 /m	缝网最大宽度 /m	缝网纵横比	方位	裂缝改造体积（SRV）/m³
塘 1-2	第一层	230	西北 110 东南 120	925～955	90	0.39	N20°W	481000
	第二层	270	东北 130 西南 140	905～925	80	0.30	N71°E	230000
塘 1-4	第一层	210	西北 110 东南 100	1085～1105	90	0.43	N17°W	214000
	第二层	250	西北 90 东南 160	1075～1085	120	0.48	N48°W	146000
	第三层	220	东北 100 西南 120	1055～1075	100	0.45	N49°E	228000

由表3-3-7可得，塘1-2井区域储层初始最大主应力方向为北偏西。第二层压裂期间由于受到第一层压裂裂缝成缝的影响，造成第二层的最大主应力方向有所变化。第一层和第二层的压裂裂缝总体基本上呈现两侧对称性，裂缝高度上有所相交叠加。两层裂缝走向为共轭交叉。塘1-4井区域储层初始最大主应力方向为北偏西。第三层压裂期间由于受到前两层压裂裂缝成缝的影响，造成第三层的最大主应力方向有所变化。第一层和第三层的压裂裂缝总体基本上呈现两侧对称性，第二层裂缝的东南侧半缝长较长，明显具有非对称特点。3层的裂缝在缝高上有所相交叠加。第一层和第二层两层裂缝走向基本为北偏西方向，第二层和第三层两层裂缝走向为共轭交叉。

二、薄煤层有效压裂技术研究与应用

1. 煤层和砂岩层"薄互层"压裂物理模拟实验

为明确薄煤层直井压裂过程中不同启裂位置、不同注入排量和不同压裂液黏度条件下裂缝在纵向上的延伸、扩展行为，开展了共计8组的从砂岩启裂的砂岩—煤—砂岩—煤—砂岩的物理模拟实验，以及从煤岩启裂的煤—砂岩—煤—砂岩—煤组合的物理模拟实验，对比不同启裂位置、压裂液排量、黏度对裂缝扩展的影响。

1）砂岩—煤—砂岩—煤—砂岩组合物理模拟实验

迫使裂缝从中部的砂岩启裂，开展不同注入排量、不同压裂液黏度下4种参数组合的物理模拟实验，实验参数及最终压裂裂缝形态如图3-3-6所示。实验结果分析如下：

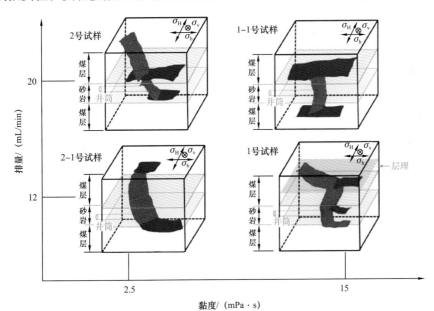

图3-3-6 砂岩—煤—砂岩—煤—砂岩组合物理模拟实验参数及水力裂缝形态实验结果

（1）1号试样（高黏液体、低排量）。裂缝从砂岩层开启向上穿透顶板的煤层，但并未进入最上部砂岩层，向下未穿透煤层仅在界面处延伸。分析认为煤层中孔裂隙发育导致启裂和扩展压力较砂岩层低，所以裂缝在煤层扩展更容易，却很难从煤层进入砂岩层。同时，由于煤岩和砂岩间存在弱界面，并且煤层中层理发育，在压裂过程中，水力裂缝还沟通了地层界面和煤层中的层理面。

（2）1-1号试样（高黏液体、高排量）。裂缝从砂岩层启裂后主要向下部煤层优势扩展，导致裂缝垂向扩展穿透底板煤层，当遇到下部煤层与砂岩的地层界面时，再转向沿地层界面扩展，形成小面积的水平裂缝；裂缝在向上扩展时进入煤层并形成较长裂缝。最终压裂结束后形成"工"形裂缝。

（3）2号试样（低黏液体、高排量）。裂缝从砂岩层启裂后向上部优势扩展进入并穿透顶板煤层，但向下部扩展未能穿透底板煤层。同时，水力裂缝垂向扩展中遇到砂岩层与顶底板煤层之间的地层界面时发生分支转向扩展，最终形成水平界面裂缝。压裂结束后形成的裂缝形态为"垂直水力裂缝＋水平界面缝"的"干"形裂缝。

（4）2-1号试样（低黏液体、低排量）。裂缝从砂岩层启裂后向上进入并穿透顶板煤层，当裂缝上端接触煤层、砂岩层界面后，转向沿该界面延伸了较短距离，形成了小面积的水平裂缝；裂缝向下未穿透底板煤层，仅在界面处扩展。压裂结束后形成缝高受限的单一垂直裂缝。

通过分析以上4组压裂物理模拟实验结果，得到如下结论：

（1）2号试样和2-1号试样均穿透了顶板煤层，但2号试样扩展裂缝面积更大形成"干"形缝；1-1号试样穿透了上下煤层形成"工"形缝，2-1号试样仅穿透顶板煤层。

（2）1-1号试样获得最大有效裂缝。

（3）排量越大，缝内水力能量越大，穿层效果越好，裂缝扩展面积越大。

（4）黏度越大，滤失越小，裂缝面积越大。

2）煤—砂岩—煤—砂岩—组合物理模拟实验

迫使裂缝从中部的煤岩启裂，开展不同注入排量、不同压裂液黏度下4种参数组合的物理模拟实验，实验参数及最终压裂裂缝形态如图3-3-7所示。实验参数分析如下：

（1）3号试样（高黏液体、低排量）。裂缝从煤层启裂后沟通地层界面并沿该地层界面延伸，但未突破进入砂岩层，这是由于砂岩与煤岩间岩石力学性质差异较大，以及层界面的弱胶结特性导致的。压裂最终形成了"垂直水力裂缝＋水平界面缝"的"工"形裂缝。

（2）3-1号试样（高黏液体、高排量）。裂缝从煤层启裂后，垂向扩展至地层界面后转向沿地层界面延伸，最终形成"工"形裂缝。3号试样和3-1号试样均形成了"工"形裂缝，不同的是3-1号试样中"工"形裂缝的水平界面裂缝面积明显更大。

（3）4号试样（低黏液体、高排量）。裂缝仅在中部煤岩及砂岩的界面延伸和扩展，压裂最终形成的是两条垂直水力裂缝＋水平界面缝的"Y"形裂缝。

（4）4-1号试样（低黏液体、低排量）。裂缝从煤层中部启裂后，在垂向扩展过程中沟通了煤层中的一条发育层理面，随后垂直裂缝转向沿该层理面扩展，形成较大面积的水平层理裂缝。压裂结束后形成的裂缝形态主要为沿煤层层理面扩展的单一水平裂缝。

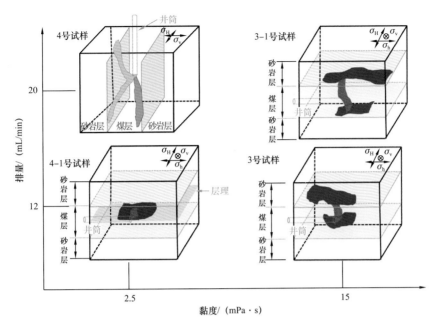

图 3-3-7 煤—砂岩—煤—砂岩—煤组合物理模拟实验参数及水力裂缝形态实验结果

通过分析以上 4 组煤—砂岩—煤—砂岩—煤组合压裂物理模拟实验结果，得到如下结论：

（1）所有试样均未穿透顶板，3 号试样与 3-1 号试样扩展裂缝形成"工"形缝，且 3-1 号试样面积明显更大；4 号试样形成小面积单一缝网，两条侧向延伸裂缝 + 水平界面缝的"Y"形裂缝；4-1 号试样形成单一小面积裂缝，缝长约 110mm。

（2）在煤层中启裂裂缝均未能穿层，且在大排量、高黏度下易形成大面积的"工"形裂缝，在大排量、低黏度下易形成较复杂的"Y"形扩展裂缝。

2. 薄煤层射孔工艺优化研究

选用 Comsol 软件建模求解渗流—应力—损伤耦合方程，应用 Matlab 编写用户子程序建立多薄层真三维地质模型，添加射孔诱导应力场并实现井底压力的求解，模拟射孔、压裂过程中近井地带的岩体损伤，研究射孔选层、布孔方式与射孔参数对压裂改造效果的影响。

以金试 3 向 1 井作为研究井，地层的几何参数包括地层的倾角、埋深和厚度。该区块地层倾角较小，模拟时做 0° 处理；8 号煤层埋深约为 715m，厚度约为 4m；9 号煤层埋深约为 730m，厚度约为 8m。

根据金试 3 向 1 井的薄煤层特征、射孔方案建立三维有限元几何模型，模型整体尺寸为 20m×20m×10m，其中煤层厚度 2.5m，顶板厚度 5m，底板厚度 2m，储层三轴主应力以内应力的形式施加于单元内，x 轴、y 轴和 z 轴方向分别为最小、最大水平主应力方向和上覆岩层应力方向。

基于损伤力学方法，对施工过程中近井地带的岩体损伤过程进行模拟（李根等，

2010），得到不同储层应力状态、岩石力学参数和射孔工艺参数组合下的储层损伤单元动态分布。

1）储层应力状态与岩石力学参数影响研究

开展弹性模量、泊松比、抗拉强度、抗压强度和水平两向应力差异系数对水力压裂效果的影响分析，设置储层应力状态与岩石力学参数（表3-3-8）。

表3-3-8　储层应力状态与岩石力学参数设置

实验组号	弹性模量 / GPa	泊松比	抗拉强度 / MPa	抗压强度 / MPa	水平两向应力差异系数
1	4	0.2	0.3	4	0.1
2	6	0.3	0.5	5	0.2
3	8	0.4	0.7	7	0.3

通过对5种变量15组模拟分析，得到以下结果：

（1）储层损伤速度随着弹性模量的增加而逐渐增快，损伤单元体积的稳定速度和稳定值也随着弹性模量的提高而逐渐增加。

（2）泊松比对损伤体积稳定值的影响要大于其他因素，泊松比为0.4的储层的稳定损伤值远高于其他两组。

（3）在射孔周边的憋压阶段，不同抗拉强度下，3组模型的损伤体积变化趋势相似；而在损伤拓展阶段，抗拉强度低的模型损伤单元的扩展速度明显高于抗拉强度相对较高的模型，导致抗拉强度越低，形成的最终稳定损伤体积越大。

（4）抗压强度对于储层损伤体积的影响较小，3组模型损伤体积的变化趋势相近，3组模型稳定损伤体积相差不大。

（5）随着水平两向应力差异系数的增加，在水平方向上储层的改造程度与改造体积也逐渐增加，水平两向主应力差异系数较小的储层的损伤区域倾向于沿垂直方向延展，形成裂缝缝高较大；水平两向主应力差异系数较大的储层的损伤区域则更倾向于沿着水平方向延伸，形成裂缝缝高相对较小。

2）射孔工艺参数影响研究

针对水力喷砂射孔和常规电缆射孔两种射孔工艺，分析不同射孔参数组合（射孔相位角、射孔间距、射孔数和射孔深度）对压裂效果的影响，设置射孔参数（表3-3-9）。

表3-3-9　射孔参数设置

实验组号	射孔相位角 / (°)		射孔间距 /m		射孔数 / 个		射孔深度 /cm	
	水力喷砂	电缆射孔	水力喷砂	电缆射孔	水力喷砂	电缆射孔	水力喷砂	电缆射孔
1	0	0	0.1	0.075	4	8	50	50
2	45	45	0.2	0.125	6	12	70	60
3	90	90	0.3	0.175	8	16	100	70

通过对 4 种变量 24 组模拟分析，得到以下结果：

（1）3 组模拟结果中定向射孔模型的改造效果最佳，45° 与 90° 的模型损伤体积变化规律相近，45° 模型稳定损伤体积略大于 90° 模型。电缆射孔模拟得出的损伤体积变化规律与水力喷砂组相似，改造体积相对略大。

（2）射孔间距对稳定损伤体积影响较小，射孔间距为 0.2m 的实验组稳定损伤体积为 3 组中最高，略高于其他两组的稳定损伤体积。电缆射孔模拟得出的损伤体积变化规律与水力喷砂组相似，改造体积相对略大。

（3）射孔数对损伤体积值影响较大。射孔数越高，稳定损伤体积越大。电缆射孔模拟得出的损伤体积变化规律与水力喷砂组相似，改造体积相对较小。

（4）射孔深度对损伤体积影响较大，随着射孔深度的增加，储层损伤体积增速逐渐加快，且最终稳定损伤体积随着射孔深度增加而增大，基本呈线性关系。电缆射孔模拟得出的损伤体积变化规律与水力喷砂组相似，改造体积相对较小。

3）射孔参数敏感性分析

使用灰色关联分析法来研究各个影响因素的关联程度，并根据多元线性回归方法，建立了针对目标储层的动态损伤回归模型。采用灰色关联法建立的水力喷砂射孔参数对稳定损伤体积的关联度见表 3-3-10，电缆传输射孔参数对稳定损伤体积的关联度见表 3-3-11。

表 3-3-10　水力喷砂射孔参数对稳定损伤体积的关联度

射孔参数	射孔间夹角	射孔间距	射孔数	射孔深度
权重系数	0.2445	0.153	0.357	0.2791
关联序	3	4	1	2

表 3-3-11　电缆传输射孔参数对稳定损伤体积的关联度

射孔参数	射孔间夹角	射孔间距	射孔数	射孔深度
权重系数	0.214	0.132	0.337	0.293
关联序	3	4	1	2

从表 3-3-10 和表 3-3-11 可以看出，4 个因素中，射孔数的权重系数最大，射孔间距的影响程度最小，从关联程度和权重系数上看，除了射孔间距外的其他 3 个参数对损伤体积的影响相似，而射孔间距参数权重系数较小。

应用逐步回归法对 4 个变量进行多元线性分析，射孔间距对改造体积的影响呈非线性，且误差区间相对较大，导致拟合模型的精确度低。因此，在拟合中仅考虑了射孔深度、射孔数和射孔间夹角 3 个因素的影响，水力喷砂射孔的储层稳定损伤体积拟合模型拟合度为 0.962893，具有较高的精确度。拟合损伤体积表达式如下：

$$V_d = 3.70354x_1 + 0.676549x_2 - 0.01667x_3 + 2.45177 \qquad (3-3-1)$$

式中　V_d——无量纲储层稳定改造体积；

　　　x_1——无量纲射孔深度；

　　　x_2——射孔数；

　　　x_3——射孔间夹角，(°)。

采用相同的拟合方法得到电缆传输射孔的储层稳定损伤体积拟合模型，该模型拟合度为 0.970633，同样有较好的精确度。拟合损伤体积表达式如下：

$$V_d = 14.9291x_1 + 0.303x_2 - 0.01339x_3 - 1.96794 \qquad (3-3-2)$$

3. 薄煤层水力裂缝扩展数值模拟研究

目前，压裂裂缝扩展模拟软件对薄煤层压裂模拟存在一些局限，比如未充分考虑煤储层割理、层与层界面效应等对裂缝扩展的影响。本节以石楼北区块金试 3 向 1 井煤层地质条件为典型特征建立压裂模型，开展压裂裂缝扩展模拟分析，找出影响煤层压裂裂缝扩展的主要因素，并与裂缝监测结果进行对比分析，给出水力裂缝穿层解决方案。

1）薄煤层水力裂缝穿层类型判断方法

裂缝穿层类型与垂向地应力、层间应力差、界面摩擦系数和界面抗剪强度、界面抗拉强度等多种因素有关（高杰等，2017）。根据煤层与顶板的力学参数，使用摩尔—库伦准则并取界面两侧岩石对应的最小值，得到界面摩擦系数、界面抗剪强度、界面抗拉强度，从而给出强、弱两种界面强度对照组，见表 3-3-12。

表 3-3-12　界面力学参数

类别	界面抗拉强度 /MPa	界面抗剪强度 /MPa	界面摩擦系数
实际（强界面）	0.6	8.34	0.31
对照组（弱界面）	0.2	3	0.31

采用上述界面参数模拟分析不同界面条件下裂缝穿层特点。模拟结果表明，两种界面条件下的压裂裂缝具有以下特点：强界面条件下裂缝宽度在界面处过渡较为平缓，且在穿入顶 / 底板后易连续穿层，此时缝高大、缝长小，裂缝面较规则；弱界面条件下裂缝宽度在竖直方向上不连续，在穿入顶 / 底板后不易继续穿层，缝高小、缝长大，裂缝面不规则。弱界面条件下可能会出现滑移穿层，对控制缝高更有利。

通过模拟不同地应力条件下（不同垂向地应力、层间应力差）煤层压裂裂缝扩展情况可知，当垂向地应力小、层间应力差大时，界面更倾向于发生滑移，裂缝高度可控。统计得出不同地应力条件下煤层压裂裂缝在界面发生滑移的判断依据：

$$\sigma_d > 0.3\sigma_v + 0.5 \qquad (3-3-3)$$

式中　　σ_d——层间应力差，MPa；

　　　　σ_v——垂向地应力，MPa。

2）薄煤层水力压裂影响因素分析

对比金试 3 向 1 井 8 号煤层压裂模拟压力曲线与实际施工压力曲线可知，模拟压裂结果和现场实际压裂结果符合率较高，可以运用该模型评估分析煤层压裂裂缝扩展。模拟的压力—时间曲线与实际压力—时间曲线对比如图 3-3-8 所示。

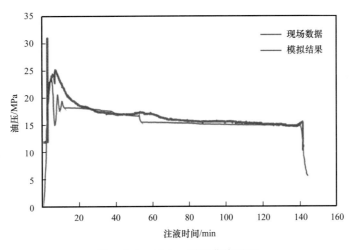

图 3-3-8　压力—时间曲线对比

以金试 3 向 1 井为例，分析压裂液黏度、压裂排量、煤层水平两向应力差、煤层厚度、割理强度、割理形态等因素对裂缝扩展的影响，结果如下：

（1）采用低黏度压裂液有助于控制缝高。采用 1mPa·s、20mPa·s 等较低黏度压裂液压裂时，未见裂缝穿层，同时发现黏度对裂缝缝长的影响不明显。

（2）排量增大引发裂缝过早穿层，不利于控制缝高，高排量还可能导致裂缝穿入更多地层。

（3）水平两向应力差为 1～5MPa。水平两向应力差对煤层压裂裂缝扩展影响较小。

（4）煤层厚度为 2～8m。煤层厚度影响裂缝在缝长方向上的扩展速度，但对裂缝极限长度影响不大；煤层厚度并不影响裂缝穿层结果。

（5）煤层割理面强度越低，裂缝延伸速度越慢，形成的裂缝形态越复杂。

（6）平行状割理煤层的压裂裂缝形态最为简单，矩形网状割理煤层的压裂裂缝形态较为复杂，而不规则网状割理煤层的裂缝形态最为复杂。

（7）煤层内割理密度越大，则压裂形成的裂缝形态越复杂，裂缝平均张开程度越小；面割理与最大主应力方向夹角越大，裂缝形态越复杂，最终的裂缝网络体积越小。

3）薄煤层分层压裂裂缝扩展模拟分析

以金试 3 向 1 井为例模拟计算分层压裂裂缝扩展情况，综合裂缝监测结果如下：

9 号煤层压裂模拟与监测结果对比如图 3-3-9 所示。模拟结果显示，在 30min 时施工压力出现小幅度下降，此时裂缝向下延伸穿入底板，80min 时裂缝向上延伸穿入顶板，裂缝穿入顶底板牵制了其在缝长方向的延伸，在80min时模拟裂缝长度为55m，在76min时监测到的裂缝长度为51.3m，模拟结果与裂缝监测结果吻合较好，可见模型准确度较高。

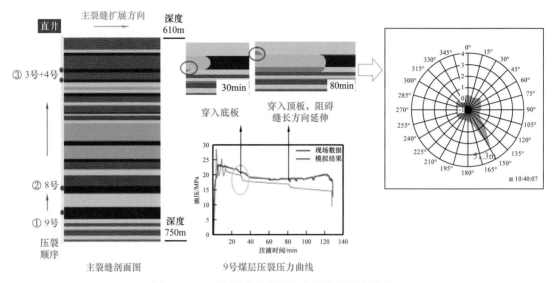

图 3-3-9　9 号煤层压裂模拟及裂缝监测结果对比

8 号煤层压裂模拟与监测结果对比如图 3-3-10 所示。模拟结果显示，在 50min 时裂缝向下穿入底板，与 9 号煤层形成的裂缝相交产生缝间干扰，进而牵制了裂缝在缝长方向的延伸，模拟结果显示 50min 时水力裂缝长度为 55m，55min 时监测到的水力裂缝长度为 49.4m，模拟结果与裂缝监测结果吻合较好，说明模型准确度较高。

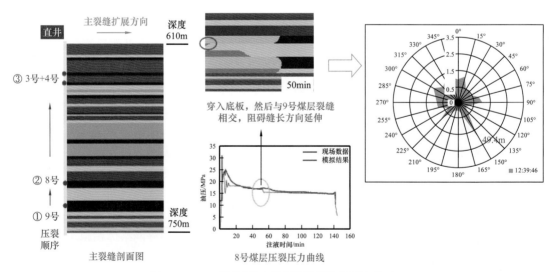

图 3-3-10　8 号煤层压裂模拟及裂缝监测结果对比

3 号 +4 号煤层压裂模拟结果与监测结果对比如图 3-3-11 所示。模拟结果显示，在 95min 时水力裂缝穿入顶板砂岩，牵制了裂缝在缝长方向上的延伸，在 220min 施工结束时模拟缝长 77m，此时监测到的裂缝长度为 82m，模拟结果与裂缝监测结果吻合较好，模型准确度较高。

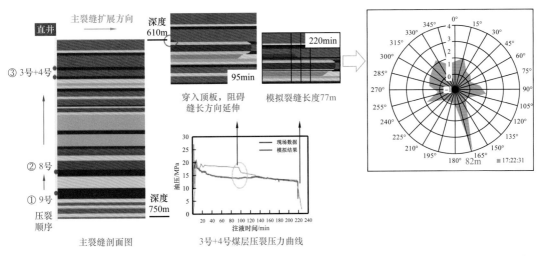

图 3-3-11　3 号 +4 号煤层压裂模拟及裂缝监测结果对比

4）水力裂缝穿层解决方案

研究了不同界面强度条件下金试 3 向 1 井 8 号煤层和 9 号煤层的压裂裂缝扩展情况，模拟结果如下：

在强界面条件下，压裂 9 号煤层时裂缝会穿入顶板向上延伸一定距离，但未进入 8 号煤层；在压裂 8 号煤层时裂缝向下穿入底板与 9 号煤层的裂缝相交，从而牵制了 8 号煤层内水力裂缝的扩展。造成这种现象的原因是：由于界面强度较大，裂缝穿层方式为"连续型"，裂缝高度易失控，而且 8 号煤层压裂裂缝穿入 9 号煤层导致滤失增大，降低了压裂效果。

在弱界面条件下，9 号煤层和 8 号煤层压裂裂缝均在煤层内延伸，改造效果相对强界面条件下较好。原因分析：弱界面条件下，8 号煤层压裂在界面上形成滑移型裂缝，裂缝宽度更宽，且不容易穿入顶底板，有利于压裂的进行。

综合以上两种界面条件下的裂缝扩展结果可知：分层压裂时，裂缝穿层现象会导致压裂效果降低；减小界面强度，促进界面滑移，可减少裂缝穿层；增加两层间隔层的最小地应力，可减少裂缝穿层。

裂缝穿层将导致压裂有效性降低，为解决裂缝穿层问题，提出两种解决方案，即转向剂形成人工隔层方法和水平方向定向射孔 + 脉冲 / 酸化压裂方法。针对两种方案开展数值模拟，模拟结论如下：

（1）当形成的人工隔层的弹性模量小于储层的弹性模量，且具有较大的抗拉强度时，该方法可以使裂缝稳定扩展。因此，如果在压裂液中加入合适的转向剂，使压裂时在储层与隔层交界处形成具有较理想的力学性质的人工隔层，就可以令裂缝延伸时在高度方向上受人工隔层的阻挡作用，使裂缝高度得到控制。

（2）在主压裂改造前，在煤层和顶底板交界面射孔并进行小规模脉冲压裂 / 酸化压裂，使储层、隔层的界面在压裂前发生错动，减弱界面强度。压裂时更容易发生界面滑移现象，增加了压裂裂缝穿入隔层的难度。

4.薄煤层压裂技术优化及应用

通过分析韩城区块煤层地质资料，结合区块前期压裂裂缝扩展情况分析，初步提出薄煤层压裂改造工艺，再结合薄煤层射孔参数敏感性分析，对薄煤层分层压裂改造工艺进行了优化与现场应用。

1）薄煤层压裂工艺优选

（1）井温监测裂缝高度。

韩城区块开展井温裂缝高度监测共计21次，其中3号煤层6次，5号煤层10次，11号煤层5次。井温监测结果显示，3号煤层平均压裂裂缝高度较小，缝高可控，说明3号煤层顶底板遮挡性较好；5号煤层压裂裂缝高度过大，其顶底板遮挡性较差；11号煤层压裂裂缝底部延伸受控，顶板延伸失控，说明11号煤层底板遮挡性好，顶板遮挡性较差。综合井温监测结果可得，压裂裂缝缝高一般为射孔段长度的1.3~11倍，平均为3倍。

（2）区域应力差情况。

遮挡层与目的煤层的最小水平主应力差是影响裂缝高度最显著的因素（王万彬等，2020），对韩城区块5号煤层、11号煤层及顶底板的应力参数进行计算，煤层及顶底板应力差情况见表3-3-13，分析可得：5号煤层与顶底板最小水平主应力差异相对较小，11号煤层与顶底板应力差异相对较大，但部分区域11号煤层与顶底板最小水平主应力差异相对较小。

综合井温监测结果可得：5号煤层与顶底板应力差异相对较小，没有良好的应力遮挡层，压裂裂缝高度易失控，需优化压裂工艺，控制缝高；部分区域的11号煤层与顶板最小水平主应力差异相对较小，需要优化压裂工艺，防止缝高失控。

表3-3-13　煤层与顶底板最小水平主应力差情况统计

类别	最小水平主应力差 /MPa		
	最大值	最小值	平均值
5号煤层—顶板	5.45	1.03	3.21
5号煤层—底板	4.66	1.07	2.70
11号煤层—顶板	6.11	1.75	3.39
11号煤层—底板	9.38	2.22	3.86

（3）管柱选择。

3号、5号和11号煤层层间裂缝高度之和与层间距大小对比见表3-3-14，与井温监测裂缝高度可知，煤层压裂裂缝高度不会造成层间垂向沟通。为快速改造薄煤层，可采用油管＋封隔器分层或水力喷砂射孔压裂两种工艺，这两种工艺均可以实现一趟管柱分压多层，不但减少了作业工序，降低成本，缩短工期，而且施工可靠性高，排液速度快，减少储层伤害。

表 3-3-14　层间裂缝高度之和与层间距对比

类别	裂缝高度超 3 号底界与 5 号煤层顶界之和 / m	3 号煤层与 5 号煤层间距 / m	裂缝高度超 5 号底界与 11 号煤层顶界之和 / m	5 号煤层与 11 号煤层间隔 / m
平均值	10.84		12.09	
最大值	23	20	20	60
最小值	2.2		3	

2）一趟管柱分压多层现场应用

开展一趟管柱分压多层工艺现场试验 7 井 /17 层，施工一次成功率达 100%，其中有 3 口井一趟管柱分压三层，4 口井一趟管柱分压两层；施工采用复合压裂液，其中 5 口井采用活性水 + 清洁液的复合压裂液，2 口井采用活性水 + 超低浓度瓜尔胶的复合压裂液工艺。压裂后 7 口井历史平均产气量为 1967m^3/d，截至 2020 年 12 月 1 日，平均产气量为 1638m^3/d。

韩 3-1-017A 向 1 井采用 73mm 油管 +K344 封隔器的一趟管柱分压多层工艺分别对 11 号煤层、5 号煤层和 3 号煤层进行施工，采用前置液为活性水、携砂液为超低浓度瓜尔胶的复合压裂液工艺。压裂后截至 2020 年 12 月 1 日，井底流压为 0.87MPa，套压为 0.19MPa，产气量为 1723.6m^3/d，产水量为 0.55m^3/d，排采曲线如图 3-3-12 所示。该井产气效果较好，说明一趟管柱分层压裂工艺对储层的改造效果较好。

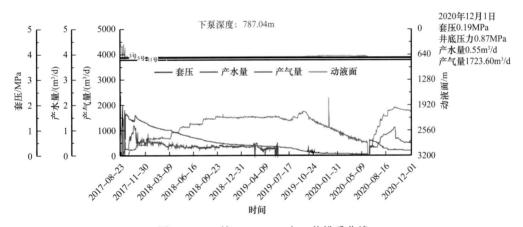

图 3-3-12　韩 3-1-017A 向 1 井排采曲线

3）油管传输定向射孔现场应用

定向射孔可减小压裂施工过程中近井弯曲摩阻，降低多裂缝的可能性，进而降低施工压力，减小砂堵风险（陈德敏等，2020）。2017 年，韩城区块共 16 井 /26 层采用了油管传输定向射孔，对比应用效果可得：在相同地质条件下，采用定向射孔井较常规螺旋布孔射孔压裂施工压力降低 3～5MPa，施工难度降低。

韩 4-07 向 1 井与韩 4-07 向 4 井前期单采 11 号煤层效果不理想，之后分别对两口井的 5 号煤层和 3 号煤层实施压裂改造，其中韩 4-07 向 1 井采用常规电缆螺旋布孔射孔工艺，韩 4-07 向 4 井采用油管传输定向射孔工艺。通过对比两口井施工压力可知，采用定向射孔 + 油管压裂的井施工压力较常规螺旋布孔射孔 + 油管压裂井低 10MPa 左右，并且采用定向射孔 + 油管压裂的井具有更好的产气效果，可见定向射孔能有效降低压裂施工压力，一趟管柱分压多层工艺可有效对多套煤层进行改造。韩 4-07 向 4 井与韩 4-07 向 1 井施工压力及生产效果对比见表 3-3-15。

表 3-3-15　韩 4-07 向 4 井与韩 4-07 向 1 井施工压力及生产效果对比

井号	工艺	层号	施工压力 / MPa	措施前产量 / m³/min	最高稳定产量 / m³/min
韩 4-07 向 4	定向射孔 + 油管压裂	5 号	30	200	1700
		3 号	28		
韩 4-07 向 1	常规射孔 + 油管压裂	5 号	42	200	600
		3 号	38		

4）水力喷射射孔压裂现场应用

在煤岩与顶板交界面附近进行喷砂射孔与压裂改造，诱导裂缝向煤层大规模延伸，同时减少煤粉的产出。

2019 年，此工艺在韩城区块共实施两口井。对比韩 15-03 向 2 井和韩 15-03 向 3 井压裂施工参数与微地震监测结果：两口井压裂施工规模相差不大，但韩 15-03 向 2 井裂缝改造体积较韩 15-03 向 3 井偏小。两口井压裂施工参数与微地震监测结果见表 3-3-16。

表 3-3-16　水力喷砂射孔压裂井施工参数与微地震监测结果对比

井号	层号	加液量 / m³	缝长 / m	缝高 / m	缝网最大宽度 / m	方位	裂缝改造体积 / m³
韩 15-03 向 2	11 号	794	250	20	110	N51°E	337000
	5 号	887	240	20	100	N57°E	363000
韩 15-03 向 3	11 号	784	290	30	130	N68°E	618000
	5 号	892	300	20	100	N31°E	498000

韩 15-03 向 2 井投产后产气量以 1500m³/d 稳产 136 天，之后产气量逐渐下降至 800m³/d，产水量为 0.34m³/d，后期产气量下降可能是由于前期提产速度过快，导致泄流面积快速缩小而供气不足，截至 2020 年 9 月 26 日，已累计产气 38.7×10⁴m³。韩 15-03 向 3 井投产后产水量相对较大，缓慢提产后稳产在 800m³/d 左右，产水量为 7.85m³/d，截至 2020 年 9 月 26 日，累计产气 13.6×10⁴m³，生产状况较好。

第四节　煤层压裂裂缝监测评估技术

煤岩储层表现出弹性模量低、各向异性强、上下隔层应力差小等特点，前期现场试验表明，采用大排量、大规模、活性水压裂时裂缝高度容易失控，形成体积缝网难度较大，压裂效果不理想。有必要采用有效的监测技术手段，综合岩石力学参数及施工压力对裂缝形态进行判断，并对不同施工规模的裂缝几何参数进行计算，量化、评估煤储层改造体积，从而指导后续施工参数的优化。通过创新煤层复杂裂缝的综合评价解释方法，最终形成煤层压裂裂缝监测及综合评价技术。

一、裂缝监测的必要性

煤岩压裂裂缝的有效性与煤层应力、顶底板应力、岩石力学性质（或机械强度）等有密切关系，对于机械强度低、非均质性强的煤层，基质的孔隙发育不平衡、渗透率较低，压裂后产气效果有较大的差异，其原因非常复杂，主要归纳为：一是储层压裂工程工艺针对性不强，如煤层及顶板（储盖层）应力差判断不准、作业参数设计不合理、压窜等因素，影响煤层铺砂质量及裂缝导流能力；二是地质认识不深，如构造应力造成煤体结构破坏、煤岩机械强度破坏等，导致射孔位置选定不合理；三是排采生产制度欠合理，如排采时机、排采强度等，特别是针对压裂后煤体结构的变化预判不够，煤粉的排出针对性不足。

对于压裂后单一的双翼裂缝，在煤层内形成有效支撑的网状裂缝是储层扩大解吸面积的关键措施，而网状裂缝的形成主要有天然裂缝的发育情况、水平应力差、压裂施工参数和压裂施工工艺等因素。通过裂缝监测或者裂缝形态评价技术，在不同压裂工艺下开展裂缝监测，完善重要的工艺参数，对裂缝网络与工艺技术之间有了更直观的认识。在煤层气井压裂中应用不同压裂裂缝监测技术，如电位法（王爱国等，2016）、微地震法（王治中等，2006；张山等，2002；王胜新等，2011）、扫描四维影像法（沈琛等，2009；王磊等，2012；梁北援等，2019；朱庆忠等，2010）等，可以实时监测裂缝形态发生的变化，认识裂缝形态与工艺之间的关系，为煤层气裂缝监测及评价提供新的技术思路。

二、应力计算与应用评价

煤层及顶底板地应力（朱宝存等，2009）、岩石力学参数评价（陆诗阔等，2015）是煤层气勘探开发地质与工程研究的重要目标，在优选"甜点区"、钻井井型与参数优化、压裂工艺优选、排采生产决策等方面对指导煤层气资源开发发挥了重要的作用。因此，明确岩石力学性质，认清地应力分布成为裂缝评估不可或缺的一部分。"十三五"期间，中石油煤层气有限责任公司在鄂尔多斯盆地东缘韩城、大宁、保德区块进行了350余井次的压裂技术试验，通过老区综合治理、完善井网等一系列技术攻关与应用，为煤层气稳产增产奠定了技术基础。

1. 方法研究

煤岩力学参数研究方法主要分为3类：一是精准的岩心室内实验，如三轴应力实验（路保平等，2005）（图3-4-1）、物理模拟实验等；二是测井资料计算分析，利用多极子阵列声波测井（杨秀娟等，2008；归榕等，2012）资料确定地应力的方向和大小，利用电成像资料观察裂缝发育方向和展布；三是施工数据的反向推演，如施工压力分析、微地震监测等方法，标定破裂压力、杨氏模量、泊松比等参数特征，识别地应力方向及大小。

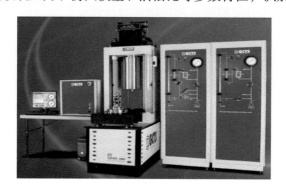

图3-4-1　RTR-1000型三轴岩石力学测试系统

煤层地应力及岩石力学特征与常规砂岩不同，储层力学参数及应力分布对提高井身质量、有效保护气层、降低钻探成本有着重要的意义（马寅生，1997；李志明等，1997）。在煤层宏观区带选择和确定目标时，需要全面分析预测有利的生储地质条件分布范围（沈海超等，2007），深化地质工程认识，井眼轨迹应尽可能沿最小主应力方向或垂直于主裂缝系统的方位，形成横向诱导裂缝，连通天然裂缝，提高煤层气的产量。

2. 物理特性评价

1）力学参数

煤层压裂与常规储层压裂不同，既涉及常规储层压裂的弹性变形，又存在强烈的水力冲刷作用。因此，开展煤岩岩石力学参数实验时，不仅要测定描述弹性变形的抗压强度、泊松比、弹性模量等，还必须掌握刻画水力冲刷作用的内聚力、内摩擦角等。山西保德区块4号+5号和8号+9号煤层的部分煤岩力学参数见表3-4-1。

表3-4-1　煤岩样品力学参数检测汇总

煤层	煤心编号	实验围压 / MPa	泊松比	弹性模量 / MPa	抗压强度 / MPa	内聚力 / MPa	内摩擦角 / （°）
4号+5号	1号	1	0.313	2333.9	46.2	2.65	31.58
	2号	2	0.324	2475.1	48.8		
	3号	3	0.332	2616.8	50.9		
	4号	4	0.338	2732.6	51.6		
	5号	5	0.342	2812.3	52.2		

煤层	煤心编号	实验围压 /MPa	泊松比	弹性模量 /MPa	抗压强度 /MPa	内聚力 /MPa	内摩擦角 /（°）
8 号 +9 号	1 号	1	0.388	1317.4	10.5	1.24	43.86
	2 号	2	0.397	1367.7	12.3		
	3 号	3	0.403	1437.8	14.6		
	4 号	4	0.408	1526.2	16.1		
	5 号	5	0.412	1576.5	17.3		

2）煤岩敏感性

利用煤岩的应力敏感性实验（张亚蒲等，2010；屈平等，2007），观测煤样渗透率下降与恢复情况，有助于选择开采方式和确定有效的工作制度。研究表明，当有效压力由小增大时，储层的渗透率由大到小变化，下降幅度由大到小递减；反之，储层渗透率由小到大变化，即向原始值恢复时，无法恢复到原来的数值水平，其主要原因为岩石变形中包含部分塑性变形，无法恢复到原始状态。

大宁区块 5 号和 8 号煤样渗透率实验（表 3-4-2、表 3-4-3）表明，当围压增加 12MPa 以后，即使回到初始围压 1MPa，其渗透率也不到原来的 50.0%，表现出了较强的压敏性。

表 3-4-2　二叠系山西组 5 号煤层不同覆压下渗透率变化规律

岩心编号	有效围压 1MPa	有效围压 6MPa		有效围压 12MPa		有效围压 1MPa	
	渗透率 /mD	渗透率 /mD	百分数 /%	渗透率 /mD	百分数 /%	渗透率 /mD	百分数 /%
5 号 -1	0.5457	0.0370	6.78	0.0028	0.51	0.1850	33.90
5 号 -2	1.2742	0.2124	16.67	0.0345	2.71	0.4247	33.33
5 号 -3	0.8178	0.0409	5.00	0.0038	0.46	0.2045	25.01
5 号 -4	0.8316	0.0515	6.19	0.0059	0.71	0.2455	29.52
5 号 -5	0.8990	0.0496	5.51	0.0056	0.62	0.2139	23.79
5 号 -6	0.6103	0.1253	20.53	0.0263	4.31	0.2249	36.85

表 3-4-3　二叠系山西组 8 号煤层不同覆压下渗透率变化规律

岩心编号	有效围压 1MPa	有效围压 6MPa		有效围压 12MPa		有效围压 1MPa	
	渗透率 /mD	渗透率 /mD	百分数 /%	渗透率 /mD	百分数 /%	渗透率 /mD	百分数 /%
8 号 -1	1.1246	0.2798	24.88	0.0741	6.59	0.4718	41.95
8 号 -2	1.5906	0.5236	32.92	0.2227	14.0	0.5285	33.23

续表

岩心编号	有效围压 1MPa	有效围压 6MPa		有效围压 12MPa		有效围压 1MPa	
	渗透率 /mD	渗透率 /mD	百分数 /%	渗透率 /mD	百分数 /%	渗透率 /mD	百分数 /%
8 号 –3	1.1243	0.2758	24.53	0.0764	6.80	0.4115	36.60
8 号 –4	1.2567	0.3557	28.30	0.1363	10.85	0.5552	44.18
8 号 –5	0.9525	0.2325	24.41	0.0517	5.43	0.4294	45.08
8 号 –6	0.6456	0.1297	20.09	0.0371	5.75	0.2255	34.93

3. 应力参数应用与讨论

煤岩应力参数的计算，对区块的勘探开发起着至关重要的作用。通过储层构造、岩性参数等因素，计算应力大小，分析应力分布，对指导钻进速度、优化改造工艺、预测缝网参数等现场应用具有一定的指导性。

1）数据处理方法

（1）电性资料的标准化处理。

① 频率直方图标准化方法，如图 3-4-2（a）所示，通过单一标准层，采用整体平移的方法，适用于岩性相对单一、变化不大的地层；

② 煤系地层测井曲线标准化方法，如图 3-4-2（b）所示，通过两套标准层，采用拉升＋平移的方法，主要针对煤系地层岩性变化大、测井响应范围与差异大的储层。

利用标准井和直方图的方法对韩城区块 900 口老井资料进行处理，对自然伽马（GR）、体积密度（DEN）、声波时差（DT）和补偿中子（CNL）4 条测井曲线进行标准化，结果显示：数据曲线吻合程度较好，能够体现地层真实的电性特征，同时也解决了各测井系列单位差异的问题。

（a）频率直方图标准化方法　　　（b）煤系地层测井曲线标准化方法

图 3-4-2　测井数据标准化方法

（2）横波时差曲线计算。

根据韩城顶板岩性建立煤层、石灰岩横波时差及砂泥岩横波时差经验模型。

① 煤层、石灰岩横波时差经验模型。

$$K = DTC/DEN \qquad\qquad (3\text{-}4\text{-}1)$$

3 号煤层： $\qquad\qquad DTS = 1.379K + 267.8 \qquad\qquad (3\text{-}4\text{-}2)$

5 号煤层： $\qquad\qquad DTS = 1.689K + 156.7 \qquad\qquad (3\text{-}4\text{-}3)$

11 号煤层： $\qquad\qquad DTS = 1.444K + 288.5 \qquad\qquad (3\text{-}4\text{-}4)$

K_2 石灰岩： $\qquad\qquad DTS = 3.6609K + 92.466 \qquad\qquad (3\text{-}4\text{-}5)$

式中　K——横波指数；

　　　DTC——纵波时差，μs/ft；

　　　DEN——体积密度，g/cm^3；

　　　DTS——横波时差，μs/ft。

② 砂泥岩横波时差经验模型。

根据 GR 值确定岩性（泥岩，GR＞140；砂质泥岩，105＜GR＜140；泥质砂岩，75＜GR＜105；砂岩，GR＜75），由岩性纵波建立与横波的对应关系，如图 3-4-3 和图 3-4-4 所示。

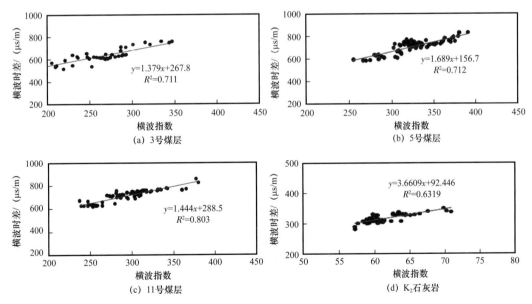

图 3-4-3　各煤层、石灰岩横波指数相关性

对韩城部分定向井进行应用计算，在普通砂泥岩及石灰岩层段各方法计算结果均比较好，但是在煤层中只有地区经验公式法的预测结果能够满足要求。

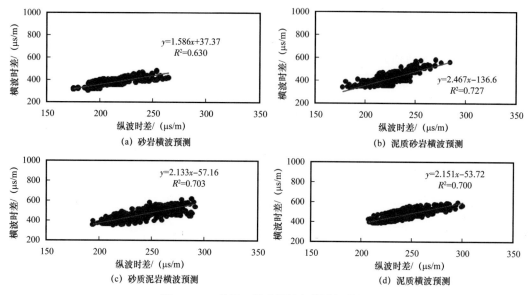

图 3-4-4　砂岩、泥岩纵波与横波相关性

2）模型建立

基于弹性力学理论，经过一定的假设条件和边界条件，推演用于计算煤岩地应力的机理模型，应用测井信息（包括声波全波列和密度等）确定模型参数，计算地应力大小。不同的学者根据不同的条件提出众多的地应力模型，应用较为广泛的为黄氏模型，具体模型如下：

$$\sigma_v = \int_0^H \rho(h)g\mathrm{d}h \qquad (3\text{-}4\text{-}6)$$

$$\sigma_H = \left(\frac{u_s}{1-u_s} + \mathrm{str}_1\right)(\sigma_v - ap_p) + ap_p \qquad (3\text{-}4\text{-}7)$$

$$\sigma_h = \left(\frac{u_s}{1-u_s} + \mathrm{str}_2\right)(\sigma_v - ap_p) + ap_p \qquad (3\text{-}4\text{-}8)$$

式中　σ_v——垂向应力，MPa；

σ_H——水平最大地应力，MPa；

σ_h——水平最小地应力，MPa；

ρ——密度，g/cm³；

H——储层深度，m；

p_p——孔隙压力，MPa；

u_s——静泊松比；

h——地层厚度，m；

g——重力加速度，m/s²；

str$_1$、str$_2$——构造校正量，必须分段考虑。

该模型认为地下岩层的地应力主要由上覆岩层压力和水平方向的构造应力产生，且水平方向的构造应力与上覆岩层的有效压力成正比。通过模型计算，初步确定了韩城区块三向应力分布（表3-4-4），量化了主力煤层地应力的大小，与理论数据相比，由实际压裂反算的破裂压力比模型预测略高，相对误差在20%以内。

表3-4-4 韩城区块压裂井层三向应力计算

井号	层位	煤层深度/m	裂缝形态	垂向应力/MPa	水平最小地应力/MPa	水平最大地应力/MPa
韩5-11	11号	617.0	水平缝	14.77	15.87	22.77
韩5-11向1	11号	660.0	水平缝	15.53	16.88	24.12
韩5-11向2	11号	663.0	水平缝	15.63	17.03	24.32
韩5-11向3	11号	675.0	水平缝	13.78	14.76	21.04
韩8-03向4	5号	1096.0	垂直缝	25.98	22.15	23.06
韩8-03向4	11号	1134.0	水平缝	26.83	28.35	40.87
韩8-03向5	5号	1050.0	垂直缝	22.60	16.90	17.69
韩8-03向5	11号	1083.0	垂直缝	23.40	21.84	32.62
韩8-04向1	5号	1086.0	垂直缝	11.24	9.79	10.12
韩8-04向1	11号	1126.5	水平缝	12.26	12.97	17.74
韩8-13向3	5号	920.5	垂直缝	11.20	9.66	10.00
韩8-13向1	5号	902.0	垂直缝	20.94	17.30	18.04
韩8-13向1	11号	934.0	水平缝	21.70	22.86	32.96
宜5-05向4	11号	886	水平缝	21.43	21.72	31.75
宜5-05向3	11号	878.5	水平缝	21.25	22.85	32.80
宜5-05	11号	796.5	水平缝	18.64	19.84	28.52
宜5-04向1	11号	896.5	垂直缝	22.64	21.36	32.02
宜5-04向1	5号	863	垂直缝	21.85	17.92	18.70
宜5-04	11号	835	水平缝	19.59	21.07	30.20
宜5-04	5号	803	垂直缝	18.83	15.53	16.20

3）综合应用

（1）指导水平井快速钻进。

保德区块保－平 14 井在钻至 4 号 +5 号煤层（777m）后钻井液失返漏失，漏失量 116m³，针对该井漏失性质做了以下分析：从测井剖面看，邻井盖层、煤层稳定，局部无断裂构造；从邻井钻井历史看，未发生井漏；从邻井压裂排采情况看，破裂压力不明显，施工压力低，排采 5～6 年，采出程度高，井底压力低，泄压半径大。综合上述分析，由于邻井长期排采，造成局部平面上应力释放，形成低压区，导致该井在钻遇目的层时钻井液大量漏失。

（2）裂缝形态预测与方案优化。

压裂形成水力裂缝形态取决于三向应力的相对大小关系，井底压力与垂向应力的相互关系与裂缝形态紧密相连，一方面，若压裂形成水平缝，则施工过程中的井底压力始终大于垂向应力；另一方面，若压裂形成垂直缝，则施工过程中的井底压力始终小于垂向应力。在此情况下，如果井底压力突破垂向应力，可能在垂直缝基础上再形成水平缝，即构成所谓的 T 形缝。

对大宁—吉县区块 300 井次的施工压力进行计算分析，在三向应力关系较敏感的深度位置，主要分布在 1100m 以深的煤层，易形成复杂的裂缝缝网，裂缝形态以水平缝为主，占比 87.63%，在明确了区块地应力的基础上，指导该区块适合采用较高排量、较大规模的改造思想。

（3）认识及讨论。

研究不同区块煤层、煤岩力学性质具有一定的差别，如保德区块 5 号煤层煤岩内聚力大、8 号煤岩泊松比较大，这可能对施工压力有比较大的影响。同一煤层当煤体结构发生变化时，如原生结构煤变化到碎粒煤时，破裂压力会有明显变化。

由于煤岩机械性质偏弱，很容易受构造应力、上覆地层压力的影响破坏煤体结构，释放煤层的原有应力，造成水平两向应力差偏小，使得裂缝延伸具有多向性、随机性与复杂性，解释了偶尔实测人工裂缝方向与阵列声波解释结果有较大区别的原因。

三、裂缝监测解释技术

现阶段国内外压裂裂缝监测技术多种多样，每种技术各有优缺点，根据煤层不同的改造工艺需求，综合几种不同监测技术，对改造裂缝进行实时解释分析（徐剑平，2011；赵玉婷等，2018；石磊等，2013）。

1. 实用性分析

人工裂缝是煤层气解吸、降压、流动的重要通道。为深化研究煤层压裂启裂、扩展（延伸）与射孔、施工参数及裂缝形态的关系，开展了 4 种不同的裂缝监测及解释技术，监测方法特点及适应性各有不同，具体见表 3-4-5。结合不同煤层埋深、煤层厚度、煤体结构及井型开展相应的监测及评价研究，揭示压裂裂缝的扩展规律，深化煤层认识，完善煤层气勘探开发工程技术评价手段。

表 3-4-5 不同裂缝监测方法适用性对比

类型	基本原理	技术适用性	现场要求	费用
稳定电场（大地电位）	布设稳定电场，接收并处理流体扩散引起的地面电位变化，获得裂缝方位、长度	适合地质情况清楚的老区，监测老区新井压裂影响，使用简单	地面地形平坦	较低
地面微地震（四维影像）	计算能量确定裂缝走向及长度、能量连续性特征等	适合地质情况较复杂新区及水平井，研究地应力、裂缝方位对井距的影响，使用简单	局部有网络信号	较高
井下微地震	通过井中的检波器接收微地震波，计算和描述岩体破裂事件空间位置	适合新区，地质复杂区新井、水平井。邻井井筒条件好	邻井与目标井距离不大于 800m	高
阵列声波	通过压裂前后测井声波变化识别地层纵向变化	识别裂缝高度	井筒及固井质量好	高

2.监测及解释技术

1）四维影像裂缝监测及解释技术

该技术首先通过在野外地表条件下部署采集站观测系统阵列，进行微地震纵横波（P波和S波）数据采集；其次，运用地震波振幅特性和层析成像技术对压裂段附近空间能量进行扫描，实现对压裂施工造成的储层破裂"成像"定位（王维波等，2012）；最后，通过压裂期间在时间域内不同时间段破裂活动三维空间形态的"四维影像"参数求取，可视化解释压裂裂缝的空间形态和演变过程，从而对压裂方案和现场施工进行科学、合理、客观的评估。

通过该监测方法，对部分煤层气井进行监测解释，提高裂缝的认知程度（赵争光等，2014），综合应用情况较好，例如大宁区块吉 2-50 向 1 井，具体监测结果如图 3-4-5 所示，监测结果解释见表 3-4-6。

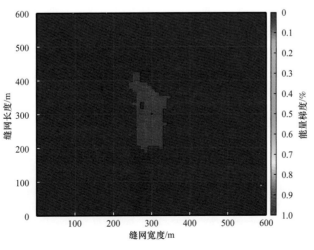

图 3-4-5 裂缝监测结果

表 3-4-6　监测结果解释

层号	缝长 / m	半缝长 / m	缝高 / m	缝高范围 / m	缝网最大宽度 / m	缝网纵横比	方位	裂缝改造体积 / m³
1	240	西北 130 东南 110	20	1230~1250	110	0.46	N17°W	318000

2）稳定电场裂缝监测及解释技术

稳定电场压裂裂缝监测技术监测裂缝启裂点到最终发育的全过程，可应用在直井、斜井和水平井。该项技术通过测量地层中流体扩散引起的地面电位变化，来解释推断压裂裂缝参数，监测压裂施工时注入液体的发育方向及长度等参数。具体现场测点布置如图 3-4-6 所示。

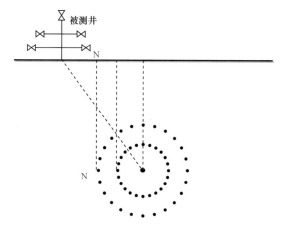

图 3-4-6　现场测点布置示意图

数据处理后，给出视纯异常曲线图和环形图，在视纯异常环形图中，圆点为被压裂点在地面的投影，环外标出测试点方位角，正北方向（N）为 0°并顺时针旋转，90°为正东（E）方向、180°为正南（S）方向、270°为正西（W）方向。根据现场及被测井情况，选取发送与接收系统的供电参数，如供电电流和供电频率等，数据处理显示了保德区块保 1-58 向 1 井的测试曲线图及环形图（图 3-4-7 和图 3-4-8）。

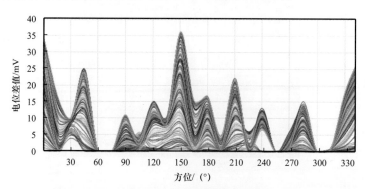

图 3-4-7　压裂全过程裂缝监测曲线

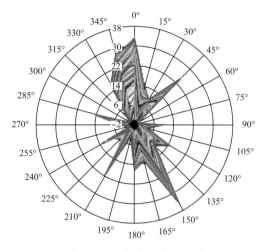

图 3-4-8　裂缝监测环形图

　　根据监测结果显示,该煤层 60°、75°、255°、300° 和 315° 5 个方位无裂缝产生,其余方位均有不同程度的裂缝发育,形成两个大方向主裂缝网,裂缝长度最远距离为 74m、方位为 150°,其他较长的裂缝距离为方位 0°、69m,方位 345°、57m,其余方位和裂缝长度如图 3-4-8 所示。

　　3)阵列声波裂缝高度监测及解释技术

　　多极子阵列声波测井仪(MPAL)可以在各种地层中提取纵波、横波和斯通利波的波速,获得地层各向异性特征,进而在储层地质评价中提供孔隙度求取、渗透率估算、岩性识别、力学特性预测等一系列重要参数。通过进行压裂前后多极声波测井,两次响应的差别就是储层压裂后形成的裂缝在多极声波测井上的反映,利用套管多极声波测井可以进行储层压裂改造后裂缝延伸高度评价。

　　大宁区块吉 4-33 向 3 井压裂前地层各向异性方向平均为 68.6°(吉 4-33 向 3 井压裂前各向异性整体较弱,各向异性方向仅供参考),压裂后地层各向异性方向平均为 51.2°;吉 4-33 向 4 井压裂前地层各向异性方向平均为 43.2°,压裂后地层各向异性方向平均为 49.1°,如图 3-4-9 所示。

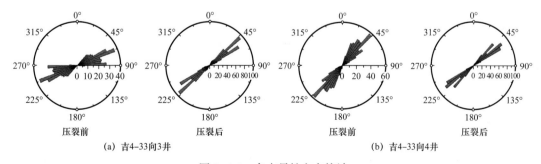

(a) 吉4-33向3井　　　　　　　　　　　　　(b) 吉4-33向4井

图 3-4-9　各向异性方向统计

　　由吉 4-33 向 3 井井段的各向异性对比图(图 3-4-10)可见,在射孔井段压裂前后各向异性大小变化明显,指示储层成功被压开,贯穿 11—14 号层,同时裂缝向上延伸至

1396m，向下可延伸至1453m，由此确定压裂缝高为1396～1452m，共计56m，检测压裂缝走向为46.7°，如图3-4-11（a）所示。由于压裂前后各向异性大小差异较大，推测压裂效果较好。

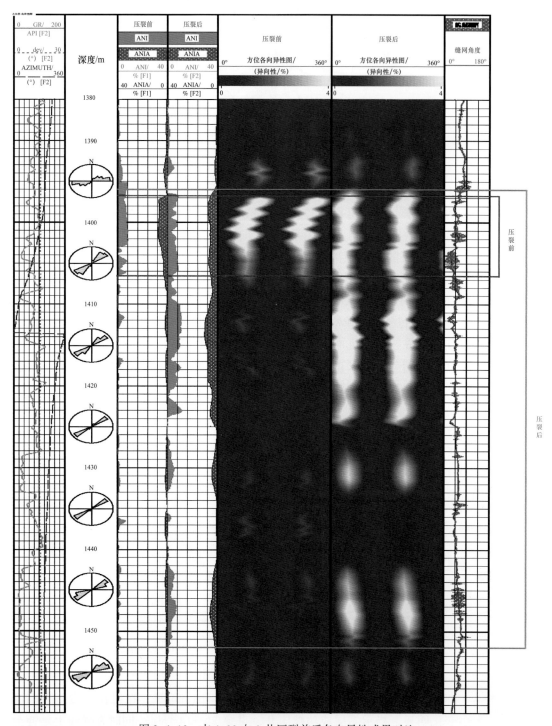

图3-4-10　吉4-33向3井压裂前后各向异性成果对比

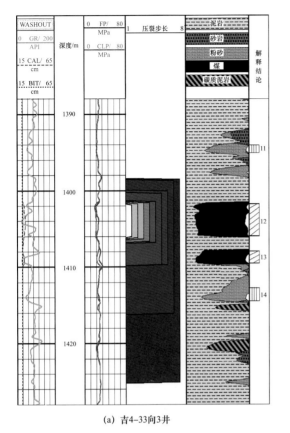

(a) 吉4-33向3井

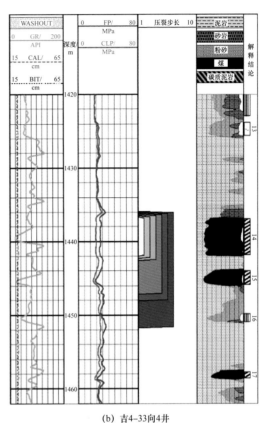

(b) 吉4-33向4井

图 3-4-11　煤层压裂高度预测成果

由吉 4-33 向 4 井井段的各向异性对比图（图 3-4-12）可见，在射孔井段压裂前后各向异性大小有变化，但不明显，指示地层裂缝在纵向上延伸不大，由压裂后的各向异性大小变化可以确定压裂缝高为 1432.6～1446.4m，共计 13.8m，检测压裂缝走向为 51.3°，如图 3-4-11（b）所示。

4）微地震裂缝监测及解释技术

井下微地震裂缝监测技术（邵茂华等，2014；李雪等，2012）是油气压裂改造较常用和先进的技术方法之一，但微观上仍然难以分辨裂缝启裂规律，因此在现有井下微地震数据体基础上引用了矩张量反演地震处理技术，通过震源非弹性变形或裂纹，得到岩体介质破裂的震源机制解、参数以及破裂能量。认识上由识别裂缝方位、波及长度，深化到微观上的破裂类型（张性、剪切、滑移）、倾角（水平、垂直等）、方向等，揭示裂缝扩展规律。

微地震监测以岩石的剪切滑动产生的信号为监测对象，高排量对地层的冲击较大，而煤层容易破碎，因此能量波及的范围较宽；通过大量的室内模拟实验，进一步确定了水力压裂岩石破裂规律与岩石所受力关系，以及岩石破裂产生的声发射（微地震波）信号的特征、频率、能量等参数。在完成室内机理研究和实验的基础上，利用微地震法对煤层气井水力压裂裂缝形态进行了现场监测，实际案例见大宁区块桃平 06 井裂缝监测结果，如图 3-4-13 所示。

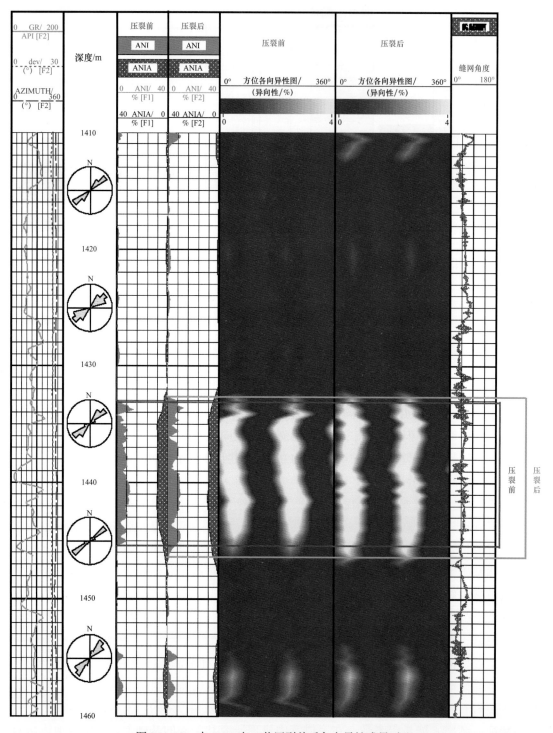

图 3-4-12　吉 4-33 向 4 井压裂前后各向异性成果对比

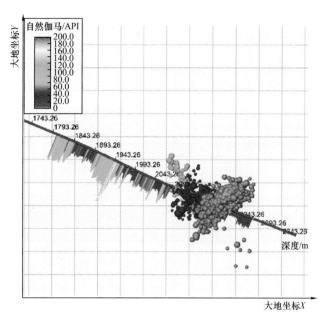

图 3-4-13 桃平 06 井第一到第三级微地震监测

四、压裂裂缝综合评估技术

裂缝扩展规律是认识水力缝网的重要手段，裂缝的评估技术有多种方法，包括井下微地震评估、稳定电场裂缝评估、井下实时监测与注入/压降试井等方法，但煤层高效压裂技术和诊断评估技术还不成熟，需要进一步完善和应用验证。受天然裂缝影响，煤层水力压裂过程中主裂缝延伸困难，多条裂缝的同时扩展造成主缝的导流能力低，压裂后产量低。"十三五"期间，通过大量井例统计分析，进一步提高煤层裂缝的综合评估技术。

1. 综合诊断

1）微地震结合多点矩张量反演识别煤岩破裂机制

应用多点矩张量反演（MEMTI）技术对微地震事件分组（刁瑞，2018），破裂机理（图 3-4-14）相近的微地震事件分为一组统一求解，由于从地震学破裂机理计算的理论存在多解性，因此对一个破裂震源，会给出两个等效的破裂面，真实的破裂面是这两个解中的一个，之后可以通过压裂压力分析确定最终结果。

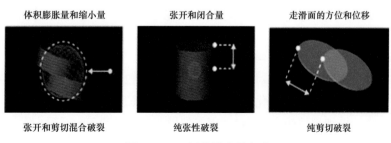

图 3-4-14 矩张量破裂方式

该方法在大宁区块现场进行了两口水平井监测，目标层是 5 号煤层和 8 号煤层。其中，桃平 06 井监测 8 号煤层裂缝参数，具体结果见表 3-4-7，从结果来看，工作液与排量基本相近的情况下，微地震事件少，裂缝延伸的长度差别大，但延伸方向基本一致，事件点呈现非对称性，段间似有重叠，裂缝形态有变化。

表 3-4-7　桃平 06 井微地震监测结果

压裂级数	层位	缝网长轴 /m	缝网短轴 /m	走向	高度 /m	监测方法
第一级	8 号	159	63	NE 45°	10	微地震
第二级	8 号	117	40	NE 23°	15	微地震
第三级	8 号	79	77	NE 25°	20	微地震

在该井的第二级测试压裂排量上升过程中，微地震事件产生 6 次，主要在提排量阶段产生。按作业时间顺序归纳为 2 组，如图 3-4-15 所示，用多点矩张量反演：第一组破裂面走向 NE158°/NE177°，破裂面倾角 30°/89°，破裂滑动方向 –112°/79°，裂缝张开角度 29°，以剪切和张开成分为主；第二组破裂面方位 NE–84°/NE19°，破裂面倾角 48°/68°，破裂滑动方向 –24°/–137°，裂缝张开角度 5°，以剪切和体积膨胀为主。

在第二级挤液作业排量恒定过程中，微地震事件产生 23 次，反演结果归纳为 3 组破裂类型，解释结果如图 3-4-16 所示。第一组破裂面方位 NE–170°/NE–41°，破裂面倾角 18°/62°，破裂滑动方向 –45°/–104°，裂缝张开角度 –15.7°，以剪切破裂为主，第二组破裂面方位 NE–64°/NE–28°，破裂面倾角 57°/76°，破裂滑动方向 21°/–144°，裂缝张开角度 –52.45°，以闭合和剪切成分为主；第三组破裂面方位 NE127°/NE–29°，破裂面倾角 36°/74°，破裂滑动方向 –115°/–75°，裂缝张开角度 17°，以剪切为主。

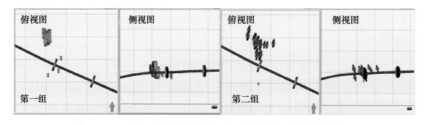

图 3-4-15　第二级测试压裂微地震监测矩张量反演结果

在测试压裂中出现张性和剪切两种破裂类型。在挤液作业时，在稳定的低排量注入过程中，煤质破裂有一定的变化，总体多为剪切破裂（滑移），但破裂张开角度及倾角是变化和多样的（包括水平裂缝）。

2）四维影像监测结合裂缝反演验证改造规模

通过四维影像裂缝监测方法对大宁区块吉 2-65 向 2 井监测分析，由表 3-4-8 可见，随着施工排量以及施工液量的变化，缝网长度与最大宽度不断地向前突破，最终通过能量的分析与优选，得到裂缝方位为 N12°W，裂缝长度为 200.2m，缝网最大宽度为 80m，整个缝高为 20m，缝高控制较好，满足该井施工改造要求。

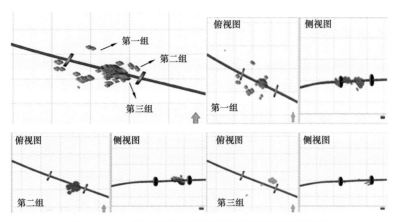

图 3-4-16 第二级挤液微地震监测矩张量反演结果

表 3-4-8 裂缝监测结果

缝长 /m	半缝长 /m	缝高 /m	缝网最大宽度 /m	缝网纵横比	方位 / (°)	裂缝改造体积 / m³
220	西北 100 东南 120	20	80	0.36	N12°W	210000

运用压裂数值模拟软件进行反演模拟,如图 3-4-17 所示,获得的裂缝半长为 94.1m,与裂缝监测的裂缝半长 100.1m 接近,相差 6.0%,裂缝高度为 21.5m,与监测结果相差 7.5%,整体改造规模与裂缝监测结果相近,对后续煤层气改造规模预测提供了一定的指导依据。

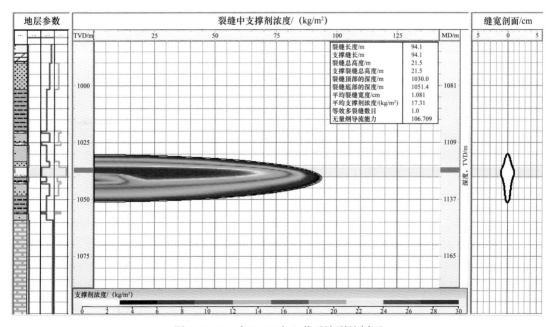

图 3-4-17 吉 2-65 向 2 井反演裂缝剖面

3）多方法综合评估

为了进一步认识与评估压裂裂缝参数，采用三维影像（地面微地震）、井下微地震和电位法3种方法进行裂缝监测15次，详细裂缝监测结果见表3-4-9，监测井裂缝总长度基本在200m以内，为深化煤层压裂认识、建立压裂缝网模型、优化施工参数奠定了参数基础。

表3-4-9　压裂裂缝监测结果

项目	层位	用液量 /m³	施工排量 /m³/min	缝网长轴 /m	缝网短轴 /m	走向	高度 /m	监测方法	裂缝形态
1-21向2井	5号	1068	7.5	165	—	NE 18°	10	三维影像	水平
吉19-6井	5号	747.8	8.0	139	—	NE90°	10	三维影像	水平
桃平05井第一级测试	5号	111.2	8.0	80	—	NE 0°	—	微地震	垂直
桃平05井第一级	5号	606.3	4.8	140~160	—	NW20°	10	微地震	垂直
桃平05井第二级	5号	351.0	4.0	80	—	NW25°	15	微地震	垂直
桃平05井第三级	5号	505.0	4.3	200	—	NE 21°	15	微地震	垂直
桃平05井第四级	5号	522.0	4.3	80	—	—	10	微地震	垂直
桃平05井第十一级	5号	590.0	4.4	235.4	—	—	—	电位法	—
桃平05井第十二级	5号	666.0	4.3	237.3	—	—	—	电位法	—
桃平06井第一级测试	8号	90.8	6.0	159	63	NE 45°	10	微地震	复杂缝
桃平06井第二级测试	8号	62.8	5.5	117	40	NE 23°	15	微地震	单缝
桃平06井第三级	8号	300.0	2.0	79	77	NE 25°	20	微地震	复杂缝
桃平06井第一级测试	8号	90.8	6.0	77.6	7	应力方向	—	电位法	单缝
桃平06井第二级测试	8号	62.8	5.5	52.5	32	应力方向	—	电位法	网状
桃平06井第三级	8号	300	2.0	95.5	24	应力方向	—	电位法	网状

三维影像裂缝监测结果显示，人工裂缝近似椭圆形，微地震监测的结果与排量的一致性较好，缝网短轴较大，电法监测的结果与液量的一致性较好，缝网短轴小，两种监测方式对于缝网的反应具有一致性。微地震监测以岩石的剪切滑动为监测对象，高排量对地层的冲击较大，而煤层容易破碎，因此能量波及的范围较宽；电法测试的监测结果与液体滤失的范围有关，煤层割理发育，压裂液容易沿着割理滤失，但支撑裂缝不一定延伸至监测范围。

综合3种监测方法的结果以及邻近区块的裂缝监测情况，在韩城和大宁区块压裂施工主要形成近似椭圆形的复杂缝网。通过裂缝监测统计（排除测试压裂及小规模施工井层监测结果）形成椭圆形缝网的长短轴比为（3~4）:1，具体见表3-4-10。

表3-4-10　裂缝监测缝网长短轴比

井号	层位/压裂级数	监测类型	缝网长短轴比
1-21向2	5号/单层	三维影像	3.6
吉19-6	5号/单层	三维影像	3.8
桃平05	5号/第一级	微地震	4.0
桃平05	5号/第三级	微地震	3.9
韩2-044侧平5	11号/第十一级	电位法	2.8
韩2-044侧平5	11号/第十二级	电位法	3.4

2. 实时监测与试井解释

1）实时监测认识

（1）裂缝扩展规律。

净压力是驱使压裂裂缝扩展的压力，数值上它等于压裂裂缝内部的总压力减去使压裂裂缝闭合的岩石应力。分析净压力与时间的双对数曲线，可以判断裂缝延伸情况，以吉4-20向1井为例，如图3-4-18所示，对不同的双对数斜率进行分析，研究裂缝不同时间的扩展形态，提高压裂裂缝延伸认识，为后期施工方案提供基础依据。

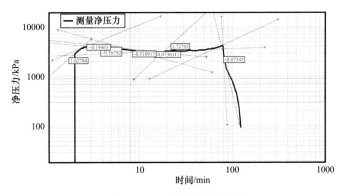

图3-4-18　裂缝扩展分析

① 0～2.9min：双对数曲线斜率大于1，表示裂缝缝高受到控制，地层开始破裂，压裂液进入地层。

② 2.9～9.3min：双对数曲线斜率为-1/5～-1/6，表示裂缝高度上开始延伸减慢，主要是裂缝向储层内部延伸并开始形成主裂缝。

③ 9.3～11.3min：双对数曲线斜率为负值，地层微裂缝张开。

④ 11.3～18.8min：双对数曲线斜率大于1，缝高受到次生裂缝张开影响，延伸受限。

⑤ 18.8～78.3min：双对数曲线斜率小于1/6～1/4，控制缝高延伸，主裂缝延伸稳定，复杂裂缝网络开始发育。

⑥ 78.3～79.3min：主压裂加砂停止，开始注入顶替液。

（2）产能预测。

根据净压力拟合结果，结合小型测试压裂得到的储层、裂缝参数，应用数值模拟软件，对该井的产能模拟及预测，如图 3-4-19 所示。通过拟合模拟结果，裂缝半长 93m，缝高 10.8m，支撑裂缝半长 87.0m，缝高 9.0m，主裂缝平均宽度为 3.3cm，整体上表现为垂直裂缝形态；初期单井产量较高，但由于储层埋深浅，地层天然能量小，后期产量下降较快，同时可以结合举升设计分析，提高产能预测准确性。

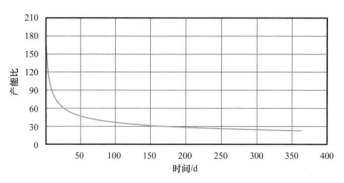

图 3-4-19 产能比预测

2）注入 / 压降试井

结合双对数及半对数拟合情况，如图 3-4-20 和图 3-4-21 所示，结果显示一致，说明求取分析结果较为可靠。试井结果显示，煤层渗透率较差，天然裂缝储容比较小，天然裂缝发育较差，表皮系数较小，反映了水力裂缝外围没有受到污染。综上所述，基质为煤层主要的储集空间，而天然裂缝 / 割理为主要的渗流通道。

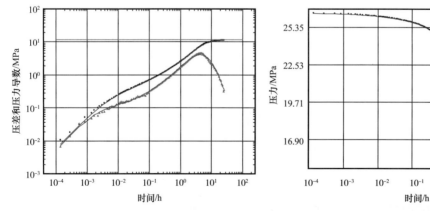

图 3-4-20 注入 / 压降试井双对数拟合分析   图 3-4-21 注入 / 压降试井半对数拟合分析

3. 效果评价

随着煤层气勘探开发的逐步深入，认为仅依靠单井的排水降压无法满足煤层气生产开发要求，通过裂缝监测及评估方法，得出裂缝的方位角、长度、高度、延伸范围等参数。结合目前已有的井网，确定合理的压裂规模，使一个区域范围内的井与井之间形成统一的压力系统，同时还可以根据对裂缝的认识，对布井方式提出建议，建立井间干扰，通过片区井网影响整个区域，使其更利于实现整体压裂、面积降压。

1）缝网参数优化

依据裂缝监测结果，开展 UFM 模型的优化研究。调整影响缝网模型的敏感参数，获得相应的压裂历史模拟结果，拟合符合率大于 75%，认为使用的缝网参数符合煤层地质特征，通过不断调整输入参数和模拟计算，最终确定理想的地质缝网模型，使模型能够与煤层复杂缝网相匹配，并依据优化后模型开展不同规模、不同排量下裂缝参数的模拟，有效指导施工参数优化。

在现有井网井距条件下，当缝网长短轴比为 4 : 1 时，实现大于 260m 的缝网长度，合理的液量不小于 1400m³，且排量不低于 12m³/min。当缝网长短轴比为 3 : 1 时，实现 230～250m 的缝网长度，合理液量应大于 1000m³，且排量不低于 10m³/min。

如果缝网长短轴比为 2 : 1 时，液量为 2000m³，排量为 14m³/min，模拟结果能实现 174m 长的缝网，但很难达到现有井网井距条件下 260m 的缝网长度要求，这也给后续研究要求提出了新的思路和借鉴。

2）综合效果应用

在保德区块保 1-14 井组利用井下微地震技术开展了压裂人工裂缝监测，结果如图 3-4-22 所示，具体参数见表 3-4-11。通过监测结果可以对本区域压裂形成的裂缝规模与施工规模的关系及裂缝的走向进行预测。

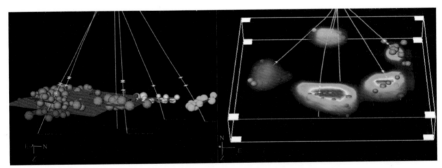

图 3-4-22　保 1-14 井组各段微地震事件破裂面拟合及密度显示三维图

表 3-4-11　保 1-14 井组压裂裂缝网络描述

井号	层位	总长度 / m	总宽度 / m	总高度 / m	方位	微地震有效事件数	有效压裂体积 / 10⁴m³
保 1-14 向 1	8 号 +9 号	198	164	40	NE145°	15	2562.5
保 1-14 向 2	4 号 +5 号	71	35	30	NE5°	18	
保 1-14 向 3	8 号 +9 号	232	138	45	NE38°	18	
保 1-14 向 3	4 号 +5 号	235	135	40	NE33°	20	

续表

井号	层位	总长度 /m	总宽度 /m	总高度 /m	方位	微地震有效事件数	有效压裂体积 /10⁴m³
保 1–14 向 4	8 号 +9 号	342	160	30	NE146°	21	
保 1–14 向 4	4 号 +5 号	349	140	50	NE127°	66	
保 1–14 向 5	8 号 +9 号	235	128	30	NE2°	19	

从监测结果来看，裂缝长度为 71～349m，平均为 237.4m；裂缝宽度为 35～164m，平均为 128.6m；裂缝高度为 30～50m，平均为 37.9m。另外，通过分析认为：

（1）保德区块煤岩割理发育，压裂局部改变了地应力的分布特征，使得同一井组压裂施工形成的裂缝方向呈现多向，这说明对开发井网采用同步压裂可以减少局部应力改变带来的裂缝转向。

（2）煤岩塑性较强，应力差较小，导致裂缝延伸方向的规律性不强，裂缝形态表现为复杂的缝网结构。

（3）在大排量、大液量作用下，裂缝易沟通顶底板，主要呈向下延伸趋势。

（4）对 4 号 +5 号煤层，裂缝长度、宽度、高度与压裂液用量、加砂量、施工排量均呈正相关；对 8 号 +9 号煤层，裂缝长度、宽度、高度与压裂液用量、加砂量、施工排量的相关性较小。

第四章　煤层气定量化排采工艺技术

煤层气排采过程是一个非稳态生产过程，排采过程中井底流压、动液面深度、套压、产水量和产气量会不断发生变化，目前研究得到的排采控制方法大多是从煤岩力学特征和排采实践总结得出的半定量化排采方法，没有形成综合的定量化排采方法。而且，煤层气排采连续性差、平均单井产量低及部分排采设备适应性差等问题严重制约着我国煤层气产业的发展。为了实现提高排采连续性和煤层气产量的目标，本章从分析煤层排采井流入动态规律入手，开展提高煤层气单井产量技术和实现连续排采设备攻关研究，取得以下创新成果：从理论上揭示了影响煤层气井产能和采收率的排采因素，提出了煤层气井三阶段多目标最优化排采模式和煤层气定量化排采设计方法；基于煤层气排采特征，提出了井筒防煤粉技术、井筒防偏磨工艺技术、井筒防腐工艺技术及负压排采工艺技术；研发了煤层气井液压驱动多机联动柱塞泵、多相混抽泵和集成式一机多井水力管式泵等新型排采设备；提出了煤层气藏多层合采测试技术，准确了解单层产能。

第一节　煤层气定量化排采设计方法

煤层气井排采制度的合理性直接影响煤层气井的产能和整个煤层气藏甲烷的采收率（徐凤银等，2019）。煤层气井若排采速度过快，则可能发生煤储层伤害，气井产能降低，甲烷采收率降低；若排采速度过慢，则长期不能收回投资成本，经济效益差，而且在一定年限内煤层气的采出程度也低（温声明等，2019）。因此，煤层气井存在合理的排采制度，使煤层气藏甲烷采收率最高。

下面将逐一介绍煤层气井产水产气动态模型、煤层气井排采过程中两相流阶段渗透率反演方法、煤层气井三阶段多目标最优化排采模式及煤层气定量化排采软件的应用。

一、煤层气井产水产气动态模型

压裂直井煤层气井产水产气动态模型包含了煤储层动态渗透率模型、煤层气井产水产气方程、煤层气井压力传播模型、煤层气井物质平衡方程和井筒压力计算模型。

1. 煤储层动态渗透率模型

煤储层的动态渗透率是影响煤层气井水相和气相产能方程中一个独特的因素。煤储层是基质和割理组成的双重孔隙结构（胡爱梅等，2015）。煤基质是吸附气储集空间，发育的煤割理是主要孔隙空间和渗流空间。煤岩偏软易碎，初始状态下煤层气以吸附态赋存于基质中，割理中饱含水。煤层气排采即排水降压采气的过程，排水排出的是割理中的水（李相方等，2012），降低地层压力，基质受应力变化扩张显著降低了割理的孔隙空间和渗透率。当压力降到临界解吸压力后，以井筒为圆心开始出现解吸区扩展，解吸区内是气水两相流动（石军太等，2013）。解吸区动态变化就是煤层气藏产能的动态变化。随着解吸气的出现，解吸区内流态变为气水两相流，解吸区压力传播速度显著下降，加剧的速敏效应造成煤粉产出与堵塞效应增强，并出现滑脱效应和基质收缩效应，显著影响煤层气井的产能。

因此，煤层气渗透率动态变化主要受应力敏感效应、煤基质收缩效应、滑脱效应、煤粉产出和堵塞等控制。下面将介绍将这几种机理耦合的煤储层动态渗透率模型。

1）应力敏感机理及模型

煤层的应力敏感效应首先表现在孔隙度应力敏感性，即随着流体压力的降低，煤储层孔隙度逐渐降低。随着煤储层孔隙度逐渐降低，相应的煤割理渗透率变化模型为：

$$K = K_i e^{c_k(p-p_i)} \qquad (4-1-1)$$

式中　K——割理渗透率，mD；

$\quad\quad K_i$——割理原始渗透率，mD；

$\quad\quad c_k$——应力敏感系数，MPa^{-1}；

$\quad\quad p$——煤层气藏平均地层压力，MPa；

$\quad\quad p_i$——初始地层压力，MPa。

2）煤基质收缩机理及模型

煤储层在排水降压过程中，随着甲烷的解吸、扩散和排出，煤基质收缩，煤储层裂隙渗透率将不断得到改善。

煤层气开发过程中，储层压力降低，煤层气发生解吸并排出，煤基质出现收缩，收缩量通过吸附膨胀实验来计算。仅考虑煤基质收缩效应，孔隙度可表示为：

$$\phi = \phi_i \left[1 + \frac{2v\varepsilon_{max}}{1+2v} \left(\frac{p_d}{p_d + p_L} - \frac{p}{p + p_L} \right) \right] \qquad (4-1-2)$$

式中　ϕ——孔隙度；

$\quad\quad \phi_i$——初始孔隙度；

$\quad\quad v$——泊松比；

$\quad\quad \varepsilon_{max}$——实验室测得吸附最大应变量；

$\quad\quad p_d$——临界解吸压力，MPa；

$\quad\quad p_L$——兰氏压力，MPa。

基于煤储层 PM 模型（Palmer，1998），渗透率之比是孔隙度之比的立方，基质收缩影响下的渗透率模型为：

$$\frac{K}{K_i} = \left(\frac{\phi}{\phi_i} \right)^3 = \left[1 + \frac{2v\varepsilon_{max}}{1+2v} \left(\frac{p_d}{p_d + p_L} - \frac{p}{p + p_L} \right) \right]^3 \qquad (4-1-3)$$

3）滑脱效应影响的渗透率模型

基于 Klinkenberg 模型，考虑滑脱效应影响的渗透率模型可表示为：

$$K = K_i \left(1 + \frac{b}{p}\right) \tag{4-1-4}$$

式中 K——滑脱因子影响下的渗透率，mD；

K_i——煤岩固有渗透率，mD；

b——滑脱因子，MPa；

p——煤层气藏平均地层压力，MPa。

4）煤粉产出和堵塞机理及模型

煤层气井开发过程中，煤粉的脱落和运移会影响煤储层的渗透率（张遂安等，2014），其影响规律可通过煤样流速敏感性评价实验获得，可总结为渗透率稳定、渗透率增加和渗透率下降 3 个阶段（图 4-1-1）。

阶段 Ⅰ：渗透率半稳定阶段（$v \leqslant v_{cr1}$）时，煤粉不产出，渗透率不变。

阶段 Ⅱ：渗透率增加阶段（$v_{cr1} < v \leqslant v_{cr2}$）时，少量煤粉产出并被排出，渗透率增加。但实际生产过程中该阶段持续时间较短，可以不考虑。

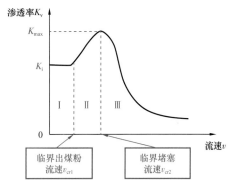

图 4-1-1 煤样流速敏感性评价实验渗透率随流速变化关系图

该阶段渗透率可表示为：

$$K_v = \frac{K_{max} - K_i}{v_{cr2} - v_{cr1}} v + \frac{K_i v_{cr2} - K_{max} v_{cr1}}{v_{cr2} - v_{cr1}} \tag{4-1-5}$$

阶段 Ⅲ：渗透率下降阶段（$v \geqslant v_{cr2}$）时，大量煤粉产出并发生运移，堵塞地层，渗透率下降。

该阶段渗透率可表示为：

$$K_v = K_{max} \left[1 - \frac{D_{v,\,max}\left(v - v_{cr2}\right)^n}{b^n + \left(v - v_{cr2}\right)^n}\right] \tag{4-1-6}$$

式中 $D_{v,\,max}$——理论最大渗透率伤害率；

$v - v_{cr2}$——相对流速；

K_{max}——实验过程中最大渗透率，mD；

n——渗透率伤害率指数；

K_v——不同流速下对应渗透率，mD；

K_i——地层初始渗透率，mD；

v_{cr2}——实验中与 K_{max} 对应的流速，cm/s；

v_{cr1}——实验中有煤粉产出对应的流速，cm/s。

针对具体煤层气区块，可以取样开展流速敏感性实验，利用如上模型，可以拟合得到该区块考虑煤粉堵塞伤害的渗透率具体表达式。

5）综合考虑多因素影响的煤储层动态渗透率模型

综合考虑应力敏感效应、煤基质收缩效应、滑脱效应和煤层堵塞伤害机理，建立了多机理综合影响的煤储层动态渗透率模型：

$$
K = \begin{cases}
K_{\mu} = K_i \left[1 - c_p(p_i - p) + \dfrac{2v\varepsilon_{max}}{1+2v}\left(\dfrac{p_d}{p_d + p_L} - \dfrac{p}{p + p_L}\right) \right]^3 \left(1 + \dfrac{b}{p}\right), & v \leqslant v_{cr2} \\[12pt]
K_{\mu}\left[1 - \dfrac{D_{v,max}(v - v_{cr2})^n}{v_{0.5}{}^n + (v - v_{cr2})^n} \right], & v > v_{cr2}
\end{cases}
\tag{4-1-7}
$$

式中　K_ε——地层压力变化动态对应渗透率，mD；

p_i——初始地层压力，MPa；

c_p——孔隙体积压缩系数，MPa^{-1}；

v——泊松比；

ε_{max}——煤岩体积最大应变量；

$v_{0.5}$——$0.5D_{v,max}$ 时所对应的相对流速。

2. 煤层气井产水产气方程

煤层气井一般都要进行压裂，因此在上述动态渗透率模型的基础上，考虑压裂缝应力敏感（c_F 为压裂缝应力敏感指数），建立了如下的煤层气井压裂直井产水、产气方程（Shi et al.，2018）。

产水方程：

$$
\begin{cases}
\displaystyle\int_{p_f}^{p_{ave}} K \mathrm{d}p = \dfrac{q_w \mu_w B_w}{0.536 K_{rw} h}\left[\ln\left(\dfrac{R_a}{L_f} + \sqrt{\dfrac{R_a^2}{L_f^2} - 1} \right) + S + S_v \right] \\[14pt]
\dfrac{1}{c_F}\left[\mathrm{e}^{c_F(p_f - p_{ave})} - \mathrm{e}^{c_F(p_{wf} - p_{ave})} \right] = 3.733 \dfrac{L_f \mu_w B_w q_w}{K W_{fe} K_{rw} h}
\end{cases}
\tag{4-1-8}
$$

式中　R_a——裂缝延伸方向传播距离，m；

L_f——压裂裂缝半长，m；

B_w——水的体积系数，m^3/m^3；

q_w——井口产水量，m^3/d；

μ_w——水的黏度，mPa·s；

K_{rw}——水相相对渗透率；

h——储层厚度，m；

p_f——裂缝端点处的压力，MPa；

p_{ave}——平均地层压力，MPa；

p_{wf}——井底流压，MPa；

S——表皮系数；

S_v——煤粉堵塞影响的机械表皮系数；

c_F——压裂缝应力敏感系数，MPa^{-1}；

KW_{fe}——原始地层压力下裂缝的导流能力，$mD·m$。

其中：

$$S_v = \left(\frac{K}{K_v} - 1 \right) \ln \left(\frac{r_v}{r_w} \right) \tag{4-1-9}$$

式中　r_w——井眼半径，m；

r_v——煤粉堵塞影响的半径，m。

产气方程：

$$\int_{p_f}^{p_i} pK dp = \frac{1.291 \times 10^{-3} T \bar{\mu} \bar{Z} q_g}{K_{rg} h} \left[\ln \left(\frac{R_a}{L_f} + \sqrt{\frac{R_a^2}{L_f^2} - 1} \right) - \frac{3}{4} + S + S_v \right] +$$
$$\frac{2.282 \times 10^{-21} \beta r_g \bar{Z} T \bar{K}}{h^2} \left(\frac{2}{L_f} - \frac{1}{r_e} \right) q_g^2 \tag{4-1-10}$$

式中　T——地层温度，K；

$\bar{\mu}$——气体平均黏度，mPa·s；

$\bar{Z}$——平均气体偏差系数；

$\bar{K}$——储层平均渗透率，mD；

K_{rg}——气相相对渗透率；

q_g——井口产气量，m^3/d；

r_e——井控半径，m；

β——非达西系数。

3. 煤层气井压力传播模型

煤层气井压力传播模型与常规油气藏压力传播模型类似，在考虑应力敏感效应、煤基质收缩效应、气水两相渗流情况下，还考虑了煤层气井特有属性——气水两相流流度 λ_t 和解吸效应影响的地层压缩系数 C_d。该模型可以预测出压裂裂缝延伸方向和垂直方向的压力传播半径，因此以上煤层气井产水、产气方程中的 R_a 和 R_b 可通过煤层气井的压力传播模型计算得出。煤层气井压力传播模型为（Sun et al., 2017）：

$$R_a(t) = R_a(t - \Delta t) + 0.3625 \sqrt{\eta / t} \cdot \Delta t \tag{4-1-11}$$

$$R_b(t) = \sqrt{R_a(t)^2 - L_f^2} \qquad (4-1-12)$$

裂缝井：

$$R_a(0) = L_f \qquad (4-1-13)$$

直井：

$$R_a(0) = r_w \qquad (4-1-14)$$

$$\Delta t = 1, \quad t = 1, \ 2, \ 3 \cdots \qquad (4-1-15)$$

$$\eta = \frac{\lambda_t}{\phi C_t}, \ \lambda_t = \frac{KK_{rg}}{\mu_g} + \frac{KK_{rw}}{\mu_w} \qquad (4-1-16)$$

$$C_t = C_d + C_f + C_g S_g + C_w S_w \qquad (4-1-17)$$

$$C_d = \frac{p_{sc} Z T V_L b}{p Z_{sc} T_{sc} \phi (1 + bp)^2} \qquad (4-1-18)$$

式中　R_a——裂缝延伸方向传播距离，m；

　　　R_b——裂缝垂直方向传播距离，m；

　　　η——导压系数，mD·MPa/（mPa·s）；

　　　λ_t——综合流度比，mD/（mPa·s）；

　　　ϕ——孔隙度；

　　　K——煤岩割理渗透率，mD；

　　　K_{rw}——水相相对渗透率；

　　　K_{rg}——气相相对渗透率；

　　　t——生产天数，d；

　　　C_t——综合压缩系数，MPa^{-1}；

　　　μ——黏度，mPa·s。

4. 煤层气井物质平衡方程

根据物质平衡方程可以预测出平均地层压力和含水饱和度的变化过程，因此以上煤层气井产水产气方程中的平均地层压力和相对渗透率可通过煤层气井的物质平衡方程计算得出。考虑应力敏感效应、煤基质收缩效应的煤层气藏物质平衡方程为：

$$G_p = \beta A h \frac{V_L p_d}{p_L + p_d} + A h \phi_i (1 - S_{wi}) \frac{1}{B_{gi}} - \beta A h \frac{V_L p}{p_L + p} -$$

$$A h \phi_i \left[1 - S_{wi} - (C_p + C_w S_{wi})(p_i - p) + \beta \frac{2 v \varepsilon_{max}}{1 + 2v} \left(\frac{p_d}{p_d + p_L} - \frac{p}{p + p_L} \right) + \frac{W_p B_w}{A h \phi_i} \right] \frac{p T_{sc}}{Z T p_{sc}}$$

$$(4-1-19)$$

$$S_w = \frac{S_{wi} + C_w S_{wi}(p_i - p) - \dfrac{W_p B_w}{Ah\phi_i}}{1 - C_p(p_i - p) + \beta \dfrac{2v\varepsilon_{max}}{1 + 2v}\left(\dfrac{p_d}{p_d + p_L} - \dfrac{p}{p + p_L}\right)} \tag{4-1-20}$$

式中　G_p——累计产气量，m^3；

　　　β——判断系数，当压力低于临界解吸压力时等于1，否则等于0；

　　　A——井控面积，m^2；

　　　h——储层厚度，m；

　　　V_L——兰氏体积，m^3/m^3；

　　　p_d——临界解吸压力，MPa；

　　　p_L——兰氏压力，MPa；

　　　S_{wi}——原始含水饱和度；

　　　B_{gi}——原始气体体积系数；

　　　p——地层压力，MPa；

　　　ϕ_i——孔隙度；

　　　c_p——孔隙体积压缩系数，MPa^{-1}；

　　　C_w——地层水压缩系数，MPa^{-1}；

　　　p_i——原始地层压力，MPa；

　　　v——泊松比；

　　　ε_{max}——煤岩体积最大应变量。

　　　W_p——累计产水量，m^3；

　　　B_w——地层水体积系数；

　　　T_{sc}——标准温度，K；

　　　Z——气体偏差系数；

　　　T——地层温度，K；

　　　p_{sc}——标准压力，MPa；

　　　S_w——含水饱和度。

5. 井筒压力计算模型

套压是控制煤层气井排采制度的主要参数。煤层气藏流动状态从单向流转变为两相流的标志是井筒见套压。下面介绍见套压前后的井筒压力计算模型。

未见套压时液位计算公式如下：

$$h_l = H - 10^6 \frac{p_{wf} - p_{sc}}{\rho_w g} \tag{4-1-21}$$

式中　h_l——垂直液位，m；

　　　H——井筒垂直深度，m；

p_{sc}——大气压，0.101MPa；

p_{wf}——井底流压，MPa；

ρ_w——水的密度，kg/m³；

g——重力加速度，m/s²。

见套压后井筒压力分布模型（套压和液位计算需根据模型迭代求解）如下：

$$\begin{cases} p_{wf}-10^{-6}\rho_w g\left(H-h_1\right)=p_t e^{0.003418\frac{\gamma_g h_1}{\bar{Z}T}} \\ A_c p_t \dfrac{\bar{Z}T}{0.003418\gamma_g}(e^{0.003418\frac{\gamma_g h_1}{\bar{Z}T}}-1)=0.101G_p \\ \bar{Z}=f(\bar{p},\bar{T}),\ \bar{p}=\dfrac{0.101G_p}{A_c h_1},\ \bar{T}=273.15+T_0+\dfrac{dT}{dh_1}h_1 \end{cases} \quad (4\text{-}1\text{-}22)$$

式中 p_t——套压，MPa；

γ_g——气体相对密度；

$\bar{Z}$——平均气体偏差系数；

A_c——套管环空截面积，m²；

T——地层温度，K。

稳套压后井口产气量计算公式如下：

$$\begin{cases} V_{gsc}=\dfrac{1}{0.101}A_c p_t \dfrac{\bar{Z}T}{0.003418\gamma_g}(e^{0.003418\frac{\gamma_g h_1}{\bar{Z}T}}-1) \\ Q_{gt,(i)}=\dfrac{V_{gsc,(i-1)}-V_{gsc,(i)}}{\Delta t}+Q_{gsc,(i)} \end{cases} \quad (4\text{-}1\text{-}23)$$

式中 i——时间步长，d；

$V_{gsc,(i-1)}$——标准状况下 i-1 时间步下气体体积，m³；

$V_{gsc,(i)}$——标准状况下 i 时间步下气体体积，m³；

$Q_{gt,(i)}$——i 时间步下井口产气量，m³/d；

$Q_{gsc,(i)}$——标准状况下 i 时间步下产气量，m³/d。

二、煤层气井排采过程中两相流阶段渗透率反演方法

煤储层动态渗透率变化幅度大，是煤层气藏排采过程中最关注的动态参数。准确及时地从生产数据中反演出煤层气藏动态渗透率是十分重要的。下面介绍一种可以反演两相流阶段渗透率动态的方法。

一般情况下，两相流阶段压力已经传到了井控边界，因此该反演方法中的 R_a 和 R_b 取边界值；生产压差取平均地层压力与井底流压之差；煤层气井产气量一般较低，可忽略高速非达西的影响。基于上述假设的反演方法如下：

（1）物质平衡方程。物质平衡方程即式（4-1-19）。

（2）气水产能方程。气水产能方程如下：

$$
\begin{cases}
q_{\mathrm{w}} = \dfrac{0.543 K K_{\mathrm{rw}} h \left(p_{\mathrm{ave}} - p_{\mathrm{wf}} \right)}{\mu_{\mathrm{w}} B_{\mathrm{w}} \left[\ln \left(\dfrac{R_{\mathrm{a}}}{L_{\mathrm{f}}} + \dfrac{R_{\mathrm{b}}}{L_{\mathrm{f}}} \right) + S \right]} \\[6mm]
q_{\mathrm{g}} = \dfrac{774.6 K K_{\mathrm{rg}} h \left(p_{\mathrm{ave}}^{~2} - p_{\mathrm{wf}}^{~2} \right)}{T \overline{\mu}\, \overline{Z} \left[\ln \left(\dfrac{R_{\mathrm{a}}}{L_{\mathrm{f}}} + \dfrac{R_{\mathrm{b}}}{L_{\mathrm{f}}} \right) + S \right]}
\end{cases}
\tag{4-1-24}
$$

（3）平均地层压力和平均含水饱和度计算。

$$
\begin{cases}
p_{\mathrm{ave,\,new}} = p_{\mathrm{ave,\,old}} - \dfrac{F(p_{\mathrm{ave,\,old}})}{F'(p_{\mathrm{ave,\,old}})} \\[4mm]
F = G_{\mathrm{p}} - \beta A h \dfrac{V_{\mathrm{L}} p_{\mathrm{d}}}{p_{\mathrm{L}} + p_{\mathrm{d}}} - A h \phi_{\mathrm{i}} (1 - S_{\mathrm{wi}}) \dfrac{1}{B_{\mathrm{gi}}} + \beta A h \dfrac{V_{\mathrm{L}} p}{p_{\mathrm{L}} + p} + \\[4mm]
\quad A h \phi_{\mathrm{i}} \left[1 - S_{\mathrm{wi}} - \left(C_{\mathrm{p}} + C_{\mathrm{w}} S_{\mathrm{wi}} \right)(p_{\mathrm{i}} - p) + \beta \dfrac{2 \nu \varepsilon_{\max}}{1 + 2\nu} \left(\dfrac{p_{\mathrm{d}}}{p_{\mathrm{d}} + p_{\mathrm{L}}} - \dfrac{p}{p + p_{\mathrm{L}}} \right) + \dfrac{W_{\mathrm{p}} B_{\mathrm{w}}}{A h \phi_{\mathrm{i}}} \right] \dfrac{p T_{\mathrm{sc}}}{Z T p_{\mathrm{sc}}} \\[4mm]
S_{\mathrm{w}} = \dfrac{S_{\mathrm{wi}} + C_{\mathrm{w}} S_{\mathrm{wi}} (p_{\mathrm{i}} - p) - \dfrac{W_{\mathrm{p}} B_{\mathrm{w}}}{A h \phi_{\mathrm{i}}}}{1 - C_{\mathrm{p}} (p_{\mathrm{i}} - p) + \beta \dfrac{2 \nu \varepsilon_{\max}}{1 + 2\nu} \left(\dfrac{p_{\mathrm{d}}}{p_{\mathrm{d}} + p_{\mathrm{L}}} - \dfrac{p}{p + p_{\mathrm{L}}} \right)}
\end{cases}
$$

$$\tag{4-1-25}$$

三、煤层气井三阶段多目标最优化排采模式

优化排采的根本目的是提高产能，因此根据产气阶段的不同，将煤层气井排采阶段划分为早期排水阶段、解吸区扩展阶段和全区解吸阶段。并以早期压力传播速度、有效渗透率、解吸区扩展范围、15 年内累计产气量作为目标进行最优化设计。

1. 全过程排采控制方法

实现煤层气定量化排采在现场最直接的措施是通过控制动液面高度和产水量来控制井底流压。如图 4-1-2 所示，可以设想在煤层气井生产的 3 个阶段，即早期排水阶段、解吸区扩展阶段和全区解吸阶段。其中，必有一个经济窗口，因为压力下降过快，渗透率伤害严重，而压力下降过慢，产量过低不经济。并且在这个经济窗口中，也一定有一条最优降压路径。通过建立三段式井底流压下降模型，来表现出经济窗口，并基于此设计出了相应的定量化排采软件中的设计模块。

煤层气井排采过程中可通过改变三段曲线时间长短，来控制井底流压下降的快慢。煤层气井生产的 3 个阶段时间—压力函数图像如图 4-1-3 所示，根据图像下降特征，将

图像分为 L 形下降、直线形下降和台阶形下降。三段式井底流压下降模型中的第一段为早期排水阶段，该阶段井底流压由原始地层压力 p_i 下降到煤层气解吸压力 p_d，根据煤层气井排采的时间—压力图将第一段分为 3 种下降形式——L 形、直线形和台阶形；第二段为解吸区扩展阶段，该阶段地层压力随时间继续下降，由煤层气解吸压力 p_d 降低至地层完全解吸时的井底流压 p_{wf}，此阶段的时间—压力函数图为台阶形下降；第三阶段为全区解吸阶段，随着排采的进行，地层压力继续下降，该阶段的压力由地层完全解吸时的井底流压 p_{wf} 降低至废弃压力 p_a，此阶段的时间—压力函数图为台阶形下降。

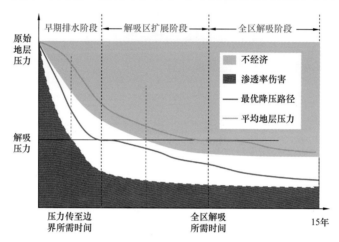

图 4-1-2 煤层气井全过程排采控制示意图

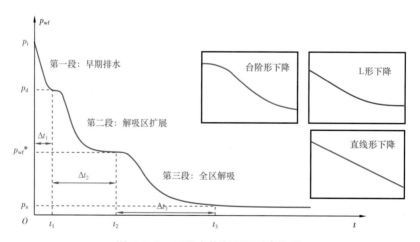

图 4-1-3 三段式井底流压下降模型

p_i—原始地层压力，MPa；p_d—解吸压力，MPa；p_{wf}—地层完全解吸时井底流压，MPa；p_a—废弃压力，MPa

根据煤层气井三阶段排采的时间—压力关系建立了三段式井底流压下降数学模型（表 4-1-1）。

单相排水时间 Δt_1 可通过式（4-1-26）和式（4-1-27）初步计算得出。其原理就是在井底流压下降至临界解吸压力前，保证压力波已传到井间的假想边界。该阶段持续的最短时间也可通过式（4-1-26）和式（4-1-27）计算。

表 4-1-1　三段式井底流压下降模型

时间段	下降形式	下降公式	无量纲压力	无量纲时间
第一段	L 形	$p_{wd1} = 2 - \dfrac{2}{1 + (1 - t_{D1})^n}$	$p_{wd1} = \dfrac{p_{wf} - p_d}{p_i - p_d}$	$t_{D1} = \dfrac{t}{\Delta t_1}$
	台阶形	$p_{wd1} = \dfrac{1}{1 + (2t_{D1})^n}$		
	直线形	$p_{wd1} = 1 - t_{D1}$		
第二段	台阶形	$p_{wd2} = \dfrac{1}{1 + (2t_{D2})^n}$	$p_{wd2} = \dfrac{p_{wf} - p_{wf}{}^*}{p_{wf}(t_1) - p_{wf}{}^*}$	$t_{D2} = \dfrac{t - t_1}{\Delta t_2}$
第三段	台阶形	$p_{wd3} = \dfrac{1}{1 + (2t_{D3})^n}$	$p_{wd3} = \dfrac{p_{wf} - p_a}{p_{wf}(t_2) - p_a}$	$t_{D3} = \dfrac{t - t_2}{\Delta t_3}$

注：Δt_1 为单相排水时间，d；Δt_2 为解吸区扩展时间，d；Δt_3 为全区解吸时间，d。

$$\Delta t_1 \geqslant \frac{r_e{}^2 \phi \mu_w C_t}{0.3481K} \ , \quad C_t = C_p + C_w \ , \quad 短裂缝井 \qquad (4\text{-}1\text{-}26)$$

$$\Delta t_1 \geqslant \frac{r_e{}^2 \phi \mu_w C_t}{0.5184K} \ , \quad C_t = C_p + C_w \ , \quad 长裂缝井 \qquad (4\text{-}1\text{-}27)$$

解吸区扩展时间 Δt_2、全区解吸时间 Δt_3 和 $p_{wf}{}^*$ 需要通过优化才能确定。

2. 综合控制排采制度设计方法——多目标优化控制矩阵

在地质和工程因素满足的情况下，合理控制排采制度可进一步实现煤层气藏长期平稳高效开发。多目标优化控制矩阵具体是通过调控直接控制参数与间接控制参数，使 4 个目标函数组成的综合目标函数值最大，以达到优化最佳井底流压下降路径的目的。4 个目标函数包括早期压力传播速度、有效渗透率、解吸区扩展范围和 15 年内累计产气量。直接控制参数包括井底流压、日产水量、日产气量和套压。间接控制参数为气水饱和度，使气水两相处于共渗区。

3. 多目标优化综合指标确定

多目标优化综合指标确定分为 3 个步骤，分别为评价指标选取及权重确定、数据标准化处理、计算各个排采制度的得分。

（1）评价指标选取及权重确定。

① 选取 15 年累计产气量、储层有效渗透率、压力波传到边界所需时间及完全解吸所需时间 4 个参数作为评价指标。

② 利用层次分析法确定各项指标的权重。

（2）数据标准化处理。

由于各项评价指标的量纲、数量级及指标的正负取向均有差异，因此需要对原始数据进行标准化处理。越大越好的指标，称为正向指标；越小越好的指标，称为逆向指标。具体处理方法如下：

正向指标：

$$y_i = \frac{x_i - \min}{\max - \min} \times 100 \qquad （4-1-28）$$

逆向指标：

$$y_i = \frac{\max - x_i}{\max - \min} \times 100 \qquad （4-1-29）$$

通过以上处理，所有数据即可转化为同一数量级，范围都在［0，100］，且无论正向指标还是逆向指标，都已转化为正向指标，这样在后续计算操作更为方便。

（3）计算各个排采制度的得分。

在确定各个指标的权重后，可以通过式（4-1-30）计算各个排采制度的得分，从而对各个排采方案进行评价分析。

$$S_j = \sum_{i=1}^{4} y_i \omega_i \qquad （4-1-30）$$

式中　S_j——第 j 个排采制度的得分；

　　　y_i——第 i 项标准化指标数据；

　　　ω_i——第 i 项指标的权重。

通过以上 3 个步骤最终获得各个排采制度的得分，比对得分并确定最佳综合指标，对排采制度进行优化。

四、煤层气定量化排采软件的应用

依托 Matlab 平台，煤层气定量化排采软件基于上述煤层气井产水、产气动态模型进行编制，可模拟并预测煤层气压裂直井多层合采的过程，可对动液面、产气量、地层压力、动态渗透率、压力传播、地层平均含水饱和度等排采特征参数进行动态展示，可进行快捷的三阶段井底流压设计。

1. 煤层气定量化排采软件功能展示

1）软件操作界面

煤层气定量化排采软件的操作界面如图 4-1-4 所示，该软件输入部分分为储层参数模块、物性参数模块、煤粉影响模块、井底流压控制模块和输出控制模块。储层参数模块需要输入各气层中深、孔隙度、绝对渗透率、产层厚度、供给半径等井控区域内储层物性参数，以及裂缝半长、表皮系数、裂缝压缩系数等压裂缝特征参数。物性参数模块需要输入各气层相对渗透率特征曲线、原始含气饱和度等储层中流体特性参数，以及兰氏压力、兰氏体积等吸附解吸特性参数。煤粉影响模块需要输入临界速敏流速、最高渗透率伤害程度等表征煤粉产出与堵塞效果的参数。井底流压控制模块可输入三段式井底流压设计参数，进行排采制度设计。输出控制模块可查看井口压力、井底流压、地层压力等排采特征参数随时间变化的动态曲线，以及压力分布和渗透率分布的可视化动态。

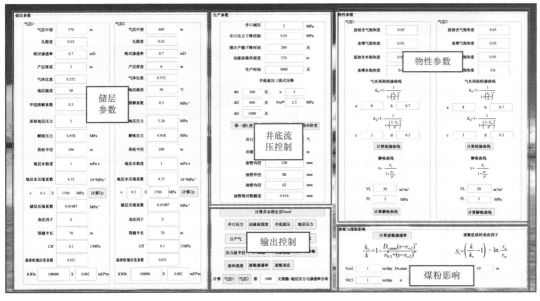

图 4-1-4　煤层气定量化排采软件操作界面

2）软件功能展示

应用该软件完成排采过程模拟后，可展示排采特征参数随时间变化的动态图（图 4-1-5），以及储层压力分布和动态渗透率分布的三维可视化动态图（图 4-1-6）。

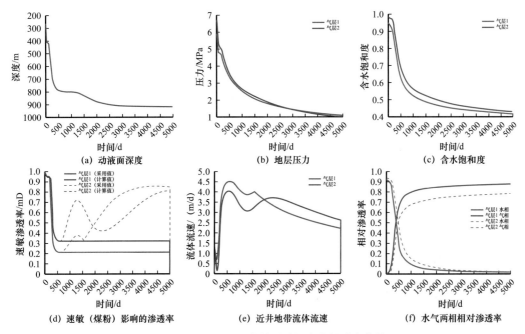

图 4-1-5　排采特征参数随时间变化的动态曲线

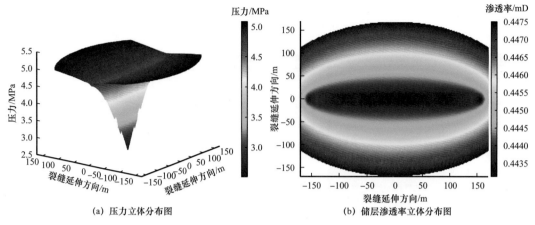

(a) 压力立体分布图 　　　　　　　　(b) 储层渗透率立体分布图

图 4-1-6　压力及储层渗透率分布图

3）历史拟合及产气量预测

该软件采用的产气、产水模型更加可以反映煤层气井排采动态特性。应用该软件进行煤层气井控套压生产的模拟，对韩城区块 18 口煤层气井、保德区块 33 口煤层气井的控套压生产过程进行了历史拟合，并预测了将来的产水、产气动态。总体应用效果良好，验证了软件的准确性。

2. 煤层气井排采制度合理性评价

应用该软件，可以评价已开发煤层气井排采制度的合理性。首先对实际井的生产历史进行历史拟合，确定目标区块储层参数，然后优化设计多个排采制度，优选出最优排采制度，对比实际排采制度与最优排采制度的开发效果，评价现有制度的合理性。

以塘 –1 井为例，利用该软件进行历史拟合，取得了良好的拟合效果，并为该井设计了 20 套井底流压下降方案，最后通过该软件对各套方案进行评价，优选获得最终优化方案。

1）历史拟合

软件中输入的控制条件为井底流压和井口套压，塘 –1 井的历史拟合结果如图 4-1-7 所示。

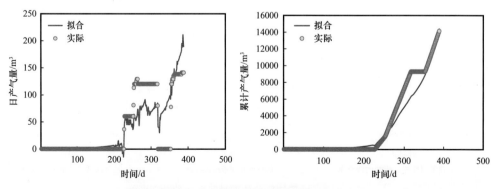

图 4-1-7　塘 –1 井历史拟合结果

2）井底流压下降方案设计

设计了 20 套不同的方案，设计要素包括第一段井底流压下降类型、各段时间（Δt_1、Δt_2、Δt_3）、$p_{wf}*$，具体参数设计见表 4-1-2。

表 4-1-2 不同井底流压下降方案参数设计

要素	设计类型或取值			
第一段下降形式	L 形			
Δt_1/d	根据煤层气压力传播模型计算得到最优值为 28			
Δt_2/d	100	300	500	700
Δt_3/d	$\Delta t_1 + \Delta t_2 + \Delta t_3 = 5000$			
$p_{wf}*$/MPa	0.2	0.55	1.1	1.65	2.75

3）方案评价与优选

对各套方案进行评价，通过评价结果优选出最佳的井底流压下降路径。方案评价结果如图 4-1-8 所示。

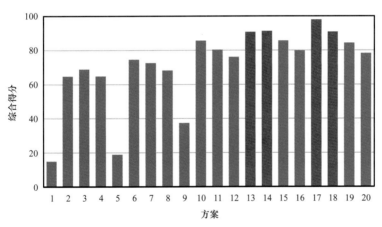

图 4-1-8 不同方案评价得分

各方案设计的关键参数见表 4-1-3。

表 4-1-3 各方案设计的关键参数

方案	$p_{wf}*$/MPa	Δt_2/d	方案	$p_{wf}*$/MPa	Δt_2/d
1	0.2	100	6	0.55	300
2	0.2	300	7	0.55	500
3	0.2	500	8	0.55	700
4	0.2	700	9	1.1	100
5	0.55	100	10	1.1	300

续表

方案	$p_{wf}*$/MPa	Δt_2/d	方案	$p_{wf}*$/MPa	Δt_2/d
11	1.1	500	16	1.65	700
12	1.1	700	17	2.75	100
13	1.65	100	18	2.75	300
14	1.65	300	19	2.75	500
15	1.65	500	20	2.75	700

综合得分前四的方案是 17、14、18 和 13，得分分别为 98.04、91.26、90.84 和 90.80。方案对比结果表明，方案 17 是最佳方案，综合得分最佳。该方案关键指标 Δt_2 为 100 天，$p_{wf}*$ 为 2.75MPa。得分最高的前四组方案关键指标见表 4-1-4。

表 4-1-4　得分相对较高的几个方案比较

方案	Δt_1/d	Δt_2/d	$p_{wf}*$/MPa	得分
13	28	100	1.65	90.80
14	28	300	1.65	91.26
17	28	100	2.75	98.04
18	28	300	2.75	90.84

优选出的最佳方案为方案 17，该方案的井底流压下降路径如图 4-1-9 所示，该下降路径中第一段下降形式为 L 形，其中 Δt_1=28 天，Δt_2=100 天，$p_{wf}*$=2.75MPa。

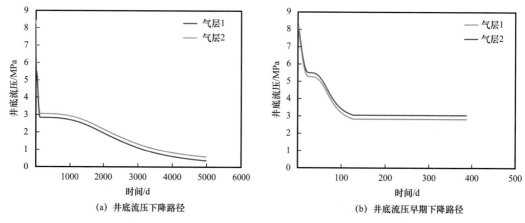

图 4-1-9　最优方案井底流压下降路径

如图 4-1-10 所示，通过对比优化设计的排采制度和实际排采制度的累计产气量，发现若采用优化设计的排采制度，生产至 400 天的累计产气量比实际高出约 $4.8\times10^4 m^3$，预计将来可超出更多。

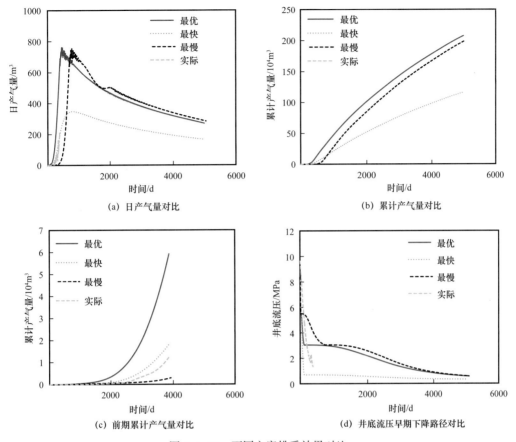

(a) 日产气量对比 (b) 累计产气量对比

(c) 前期累计产气量对比 (d) 井底流压早期下降路径对比

图 4-1-10　不同方案排采效果对比

3.煤层气井定量化排采制度优化设计

下面以金试 2 向 1 井为例，展示煤层气井定量化排采制度优化设计过程。

首先将该井储层参数输入煤层气定量化排采软件中，然后设计多个不同的排采方案，对比这些方案结果，最终确定了金试 2 向 1 井的最佳排采工作制度。在金试 2 向 1 井的生产过程中，严格按照优化设计的排采制度执行，记录该井的生产动态，与优化设计方案的预测结果进行对比。结果表明，采用前期优化设计的排采制度进行生产，实际累计产气量与预测结果吻合程度高达 90% 以上。

（1）井底流压下降方案设计。输入煤粉影响的渗透率变化曲线、气水相对渗透率曲线和等温吸附解吸曲线。

（2）井底流压下降方案设计优选。设计了 20 套不同的方案，设计要素包括第一段井底流压下降类型、各段时间（Δt_1、Δt_2、Δt_3）和 $p_{wf}*$，具体参数设计见表 4-1-5。

优选综合得分最高的方案，并对比最优方案、最快方案和最慢方案效果，对比参数为井底流压、日产气量和累计产气量，对比结果如图 4-1-11 所示。

（3）实际井开发效果对比。按照设计方案对目标煤层气藏进行了排采作业，软件预测结果与实际生产动态对比效果如图 4-1-12 所示。

表 4-1-5　不同方案参数设计

要素	设计类型或取值			
第一段下降形式	L 形			
Δt_1/d	根据煤层气压力传播模型，计算得到最优值为 60			
Δt_2/d	250	500	750	1000
Δt_3/d	$\Delta t_1 + \Delta t_2 + \Delta t_3 = 5500$			
p_{wf}*/MPa	0.3	0.8	1.3	1.95	3

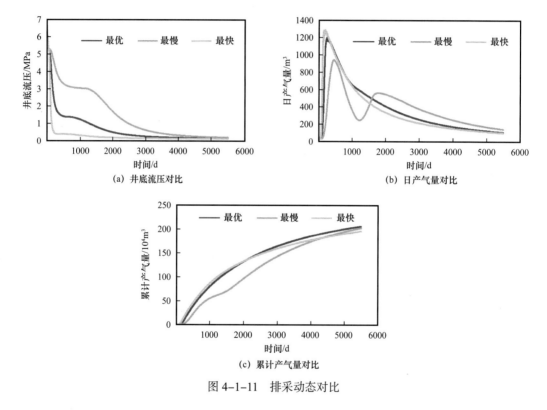

(a) 井底流压对比　　　　(b) 日产气量对比

(c) 累计产气量对比

图 4-1-11　排采动态对比

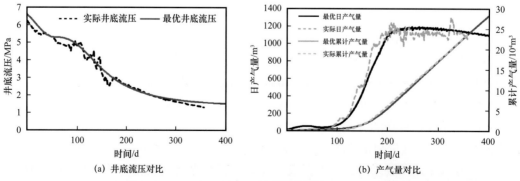

(a) 井底流压对比　　　　(b) 产气量对比

图 4-1-12　排采拟合效果

软件预测结果与实际生产动态对比结果近乎吻合。对比结果表明，该软件所预测的方案效果准确，可用于实际煤层气藏的工作方案优选及生产动态预测。

第二节　提高煤层气排采连续性工艺技术

一、煤层气排采工艺特征

1.煤层气井生产特征

煤层气排采是利用机械举升设备将井筒内的水举升到地面，逐步降低井底流压。随着井底流压降低，逐渐形成压降漏斗并逐步向外扩展，进而逐步降低煤层的储层压力，促使吸附在煤基质孔隙内表面的煤层气被解吸，然后通过基质孔隙的非达西渗流扩散到天然裂隙，煤层气再从裂隙中渗流到井筒，从而被采出。与常规油气井不同，煤层气井具有以下生产特征。

1）产水量小且变化范围大

煤层气井在不同阶段产水量变化范围大，初期单相排水阶段以返排压裂液为主，产水量较高。对于沟通断层或者压窜含水层的井，最高日产水量可高达上百立方米。随着井底压力降低，当储层压力降至解吸压力以下时，气体开始解吸，此时气相渗透率逐渐增加，水相渗透率不断减小，产水量会随着产气量上涨而逐步降低，在生产后期普遍在 $1m^3/d$ 以下。煤层气排采需要缓慢降压，持续稳定地控制动液面下降，这就意味着煤层气井用机械举升设备不仅要在前期较大排量时能满足降液面需求，还要在排采后期很好地适应小排量时的稳定排水降压，而且能根据井况实现排量的连续变化。

2）地层出煤粉

煤粉是由煤岩煤质特征、工程改造和排采生产三者共同作用产生的。其中，煤岩煤质特征决定了煤粉的固有来源，工程改造是煤粉产生的主要途径，而排采生产为煤粉运移提供了动力，实现煤粉产出。煤层中的煤粉会随着气水产出由储层流出进入井筒。在煤层气井排采过程中由于气水产量降低或者设备故障停机，储层中流体流速降低，携煤粉能力减弱，产气通道中煤粉就会沉积堵塞导致渗透率降低造成储层伤害，进入井筒中的煤粉会吸入生产管柱并在井底沉积，发生卡泵、埋泵现象，造成修井作业导致生产不连续，缩短检泵周期，影响煤层气正常生产。

3）杆管偏磨腐蚀严重

煤层气井均为小井眼，且井身轨迹相对较差；采出液为水，相对油井润滑效果差，同时伴随煤粉颗粒的产出，摩擦系数进一步增大。采出液阴离子以 Cl^-、HCO_3^- 和 CO_3^{2-} 为主，部分井含有少量 SO_4^{2-}，矿化度差异大，浅部煤层普遍低于10000mg/L，同时气体组分中普遍含有 CO_2 气体，部分井含有少量的 H_2S 气体，对杆管腐蚀性强。腐蚀特征上既存在点蚀、坑蚀和溃疡状腐蚀，还存在应力腐蚀的问题，偏磨和腐蚀的综合作用大幅度降低了井下管柱和设备的使用寿命，增加了作业井次，缩短了检泵周期，增加了煤层气井生产成本，降低了煤层气井生产效率和产量。

4）沉没度低

常规油气抽采中的泵沉没度一般都有上百米且较稳定，而煤层气生产机理不同，泵沉没度不断降低。以鄂尔多斯盆地东缘的韩城区块煤层气井为例，在排采初期泵沉没度一般在400m以上，而随着排水降压不断进行，沉没度不断降低，到提产或者稳产阶段泵沉没度甚至不足10m。井下泵普遍存在供液不足和气体影响的问题。泵沉没度的不同，导致泵工作时的沉没压力区别很大，泵腔的充满度和压力变化范围显著不同，泵阀的开启条件存在明显差别，对机械举升设备要求也会比较高。

2. 排采设备选型

煤层气井排采遵循连续、缓慢、稳定、长期的原则，不配套的排采设备直接影响煤层气井排采效果。煤层气井生产特征对排采设备的适应性提出了更高的要求，煤层气排采设备的选型不能只是对采油采气举升方式进行简单照搬，而应根据煤层气井的地质特点与实际生产情况，做大量适应性改进、创新和配套完善（徐春成，2013）。

煤层气排采设备主要有"三抽"有杆泵系统、螺杆泵系统和电动潜油泵（以下简称电潜泵）系统。这3种设备各有其特点和适应性："三抽"有杆泵系统排采设备适应性强、操作简单、性能可靠，其下泵深度和排量都能适应煤层气开采的要求。螺杆泵系统具有地面设备结构简单、操作方便、占地面积小、运行稳定、不易气锁、排量大等优点，在防砂、排粉、平稳降液等方面更具有优越性，但受井身轨迹影响严重，且调速范围小、排量变化范围小，不能满足煤层气井精确排采的需求，同时必须保持足够的动液面，避免抽空，因此在煤层气开发的某些特殊场合有一定的应用。电潜泵是油田上成熟的采油技术，但在煤层气排采中，由于工作环境和使用要求不一样，存在一些技术问题，如排液量小，使泵对气体的适应性变差，容易产生气蚀或气锁，水中煤粉含量多时泵容易烧坏等（王旱祥等，2014），因此尚未推广应用。

通过查阅文献与现场统计资料，总结可用于煤层气井抽采的设备有6种，各排采设备的工作参数和主要技术特点见表4-2-1。

表 4-2-1 煤层气排采设备的适应性对比

项目	条件	有杆泵	电潜泵	水力泵	气举	螺杆泵	射流泵
排量 /（m³/d）	正常范围	1~100	80~700	30~600	30~300	5~250	10~300
	最大值	500	1400	1200	1000	1000	500
泵深 /m	正常范围	<3000	<2000	<3500	<3000	<1500	<2000
	最大值	4420	2500	5400	3600	3000	3500
井身	定向井	一般	适宜	适宜	很适宜	不宜	适宜
操作问题	高气水比	较好	一般	一般	很适宜	较好	一般
	出煤粉	一般	适宜	一般	很适宜	适宜	一般

续表

项目	条件	有杆泵	电潜泵	水力泵	气举	螺杆泵	射流泵
维修管理	检泵工作	较大	大	容易	容易	较大	容易
	免修期 /a	0.5	1	0.5	2	1	0.5
	自动控制	适宜	适宜	适宜	一般	一般	适宜
	生产测试	一般	不适宜	不适宜	很适宜	不适宜	不适宜
	灵活性	适宜	适宜	适宜	很适宜	一般	适宜

为系统全面地评价各排采设备在煤层气井工况、管理维护和经费投入等多方面指标，从而筛选出适应性最好的排采设备，设计了两组评价对比参数。一组用来评价某种排采设备成功应用的可能性，用 X 表示。采用 5 级评估系数，即 $X=4$ 为优秀，$X=3$ 为良好，$X=2$ 为及格，$X=1$ 为差，$X=0$ 为不可能。另一组用来表征某种人工举升法的复杂性、基建投入费用等因素，用 Y 表示。采用三级评估系数，即 $Y=3$ 为高等，$Y=2$ 为中等，$Y=1$ 为低等。通过专家打分法对 21 个评价参数进行量化打分，见表 4-2-2。

表 4-2-2　评价参数打分

局部参数项		不同排采工艺的评估值					
		有杆泵	电潜泵	水力泵	气举	螺杆泵	射流泵
X_1	初期和稳定期产量	3	1	2	3	2	3
X_2	1500m 深度举升	4	3	4	3	2	3
X_3	长期连续工作	3	3	3	3	3	3
X_4	调整产量灵活性	3	3	3	2	3	3
X_5	系统效率	2	3	3	2	3	3
X_6	60℃以下连续工作	3	3	3	4	3	4
X_7	含煤粉	2	2	1	4	2	4
X_8	抗腐蚀性能	2	1	2	2	2	2
X_9	结垢影响	2	2	1	3	1	2
X_{10}	举升水	2	3	1	2	3	3
X_{11}	高气水比	2	2	2	4	2	4
X_{12}	实现足够生产压差	3	3	3	2	3	4
X_{13}	排采工艺配套水平	4	2	2	4	3	2
X_{14}	工艺方法的完整性	3	3	3	3	3	3
X_{15}	操作可靠性	3	3	3	3	2	3

局部参数项		不同排采工艺的评估值					
		有杆泵	电潜泵	水力泵	气举	螺杆泵	射流泵
Y_1	维护简便性	3	1	3	2	2	3
Y_2	地面设备稳定性	3	4	2	3	2	2
Y_3	能量利用有效性	3	3	2	1	3	2
Y_4	系统灵活性	3	2	1	2	2	1
Y_5	设备简易程度	2	2	3	2	3	3
Y_6	一次投资	3	2	2	1	1	2

对两组数据分别取几何平均数进行对比，取两组的计算结果，再次计算几何平均数作为综合两组数据的评价参考，即各排采设备的最终对比参考值，用 Z 表示。计算公式如下：

$$\bar{X} = \sqrt[n]{\prod_{i=1}^{n} X_i} \qquad (4-2-1)$$

$$\bar{Y} = \sqrt[n]{\prod_{i=1}^{n} Y_i} \qquad (4-2-2)$$

$$Z = \sqrt{\bar{X}\bar{Y}} \qquad (4-2-3)$$

有杆泵（"三抽"有杆泵）排采设备最终评分结果最高，其次为射流泵（表4-2-3）。从技术可行性方面来看，射流泵得分最高，但是由于单井投资成本较高，操作相对复杂，且地面柱塞泵故障率较高，需要定期维护保养，因此管理投资方面评分较低。

表4-2-3 评分结果对比

局部综合参考值		不同排采工艺的评估值					
		有杆泵	电潜泵	水力泵	气举	螺杆泵	射流泵
X	适应性	2.65	2.26	2.10	2.83	2.44	2.91
Y	有效性	2.80	2.14	2.04	1.70	2.04	2.04
Z	综合参考值	2.73	2.20	2.07	2.19	2.23	2.44

有杆泵目前是在煤层气井上推广应用的主流工艺，但是由于煤粉、偏磨、腐蚀等影响，导致井下杆管和泵故障多发，造成修井作业频繁，严重影响排采连续性，因此需要配套防煤粉、防偏磨和防腐蚀工艺提高煤层气井排采连续性。

二、井筒防煤粉工艺技术

在煤层气开采过程中，煤粉产出是必然发生的（王旭祥等，2012）。一方面在工程改造过程中，煤层结构遭到破坏而产生煤粉；另一方面在排采过程中，气水产出伴随煤粉产出（魏迎春等，2016）。煤粉依靠流体携带出地层，运移进入井筒。在井底不断沉积会掩埋、堵塞吸液口，吸入泵筒在固定阀沉积，导致阀球坐封不严、泵效降低，进入杆管环空后沉积落入泵筒，进入柱塞与泵筒间隙导致卡泵，这些情况最终将会导致躺井而进行检泵作业，并影响产气效果，甚至降低气井产能。因此，需要开展井筒内煤粉沉降规律的研究，为下步井筒排煤粉工艺及装备的研究提供基础。

1. 煤粉沉降理论计算

煤粉从地层产出经射孔孔眼进入井筒，一部分会随着流体流动进入生产管柱，一部分会在管套环空中沉降，落入井底并不断沉积。煤粉在生产管柱内和管套环空中沉降或举升的临界条件需要通过临界携煤粉流速计算得到。

1）临界携煤粉流速

煤粉沉积是由于井筒内液流速度不足导致，当流体速度达到一定量后，可以将井筒中的煤粉携带出井口。如果小于临界值，煤粉将下沉到井筒，因此在煤层气垂直井筒中，确定携煤粉流速是关键。国内学者在考虑煤粉颗粒形状和群体颗粒干扰的情况下，通过实验结果修正煤粉沉降末速计算公式，其平均误差在 4.5% 左右（刘新福，2012），计算公式为：

$$v_a = \frac{0.2}{1 + 0.508 S_c^{1/3}} \left(\frac{\rho_s - \rho_l}{\rho_l^{0.438}} \frac{d_c^{1.562}}{\mu^{0.562}} g \right)^{0.696} \quad (4-2-4)$$

式中　v_a——实际沉降末速，m/s；

　　　g——重力加速度，m/s²；

　　　d_c——煤粉粒径，m；

　　　ρ_s——煤粉颗粒密度，kg/m³；

　　　ρ_l——液体密度，kg/m³；

　　　μ——液体黏度，Pa·s；

　　　S_c——煤粉颗粒体积分数。

为保证煤粉上升，需要液体流速达到举升煤粉的临界流速，此值必大于煤粉沉降末速且与该值有正相关性。国内学者研究了在垂直井筒中流体携带固体颗粒的临界流速，得到当液体平均流速为颗粒沉降末速的 2.918 倍以上时，颗粒将总体表现为上升，即能被举升至地面（李明忠等，2000）。临界携煤粉流速计算公式为：

$$v_{Lj} = \frac{0.584}{1 + 0.508 S_c^{1/3}} \left(\frac{\rho_s - \rho_l}{\rho_l^{0.438}} \frac{d_c^{1.562}}{\mu^{0.562}} g \right)^{0.696} \quad (4-2-5)$$

2）排煤粉临界产水量

现场实践发现，在生产管柱中煤粉易在泵筒内和柱塞上端沉积。当泵筒内和柱塞上端杆管环空内液体流速不低于临界携液流速时，就可以保证煤粉上升，从而排出生产管柱。因此，可以通过临界携液流速计算得到排煤粉的临界产水量。

煤层气井常用管式泵泵径规格有 $\phi32mm$、$\phi38mm$、$\phi44mm$ 和 $\phi57mm$，计算不同粒径煤粉进入泵筒排出时所需的临界产水量，如图 4-2-1 所示。常用 $\phi73mm$ 油管搭配 $\phi19mm$ 抽油杆，计算不同粒径煤粉排出杆管环空所需的临界产水量，并与泵径计算结果对比，见表 4-2-4。

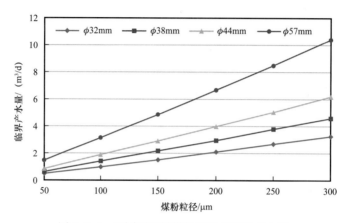

图 4-2-1　不同泵径排煤粉所需的临界产水量

表 4-2-4　不同粒径煤粉排出杆管环空的临界产水量

粒径 /μm		50	100	150	200	250	300
杆管环空排出煤粉所需的产水量 /（m³/d）		1.59	3.37	5.23	7.15	9.12	11.12
临界产水量 /（m³/d）	$\phi32mm$	0.47	0.99	1.54	2.10	2.68	3.27
	$\phi38mm$	0.66	1.40	2.17	2.97	3.78	4.61
	$\phi44mm$	0.88	1.87	2.91	3.98	5.07	6.18
	$\phi57mm$	1.48	3.14	4.88	6.67	8.51	10.37

在 $\phi73mm$ 油管搭配 $\phi19mm$ 抽油杆的杆管组合条件下，杆管环空排出煤粉所需的产水量均大于表 4-2-4 中 4 种常用泵径条件下的临界产水量，即当气井日产水量大于杆管环空携煤粉的临界产水量，就可以保证煤粉被排出生产管柱，而不在泵筒内和杆管环空中沉积。

2. 防煤粉管式泵

在煤层气排采中，因液体中含有大量煤粉，普通抽油泵在排水过程中，煤粉易沉积在固定阀周围，并黏附在阀球、阀座上，短工作时间后固定阀失效，需要停抽检泵；特别是在停抽后，固定阀被煤粉掩埋更加严重，导致抽油机无法启动。针对上述问题对普通抽油泵进行改进，使其能够对沉积在固定阀周围的煤粉进行冲洗，延长抽油泵在煤层气井况下的使用周期，设计防煤粉管式泵。

1）防煤粉管式泵结构

防煤粉管式泵主要由柱塞总成、泵筒总成、泵筒短节、保护罩和固定阀总成五部分组成，如图4-2-2所示。泵筒总成、泵筒短节、保护罩和固定阀总成随生产管柱下入设计深度，柱塞总成连接抽油杆下入泵筒中。

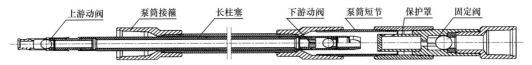

图4-2-2　防煤粉管式泵结构

柱塞总成由上游动阀、下游动阀和长柱塞组成。柱塞具有刮砂槽，外表面采用镍基合金粉末喷焊后精磨而成。在原管式泵柱塞长度的基础上，加长柱塞使其在下冲程行至下死点时仍使一部分柱塞保留在泵筒外，这样就避免了常规管式泵在下冲程过程中或在下死点时柱塞全部进入泵筒，使其上部沉积的煤粉进入泵筒，避免柱塞被煤粉卡死。

泵筒总成由泵筒和两个泵筒接箍组成，上接箍连接油管柱，下接箍连接泵筒短节。泵筒短节内有保护罩，保护罩连接在固定阀总成上端，避免泵筒内煤粉直接在固定阀上沉积，同时其上开有斜孔，可以改变液体流动方向，对沉积在泵筒短节内的煤粉进行冲洗，使其悬浮并排出泵筒。泵筒采用高精度冷拔管，内孔镀铬后精磨而成，与柱塞间隙配合起到密封作用，保证柱塞在行至上死点和下死点时都能与泵筒保持密封，避免柱塞脱出泵筒导致液体漏失。

固定阀总成由固定阀球、固定阀罩、固定阀座和下接箍组成。在固定阀罩上端接头有内外两套螺纹，外螺纹通过双母接箍与泵筒短节相连，内螺纹与保护罩连接。固定阀下端安装的下接箍一般与绕丝筛管相连接，绕丝筛管选用0.3mm缝宽，用于阻挡大颗粒煤粉或砂粒吸入。

2）防煤粉管式泵工作原理

防煤粉管式泵在上端连接油管柱后，下入设计泵挂深度，柱塞连接抽油杆，并做上下往复运动，实现井下泵抽汲排水。在上冲程时，抽油杆带动柱塞总成上行，柱塞与泵筒和泵筒短节内压力降低，固定阀球在压差作用下打开，井液和煤粉吸入固定阀，经固定阀座、固定阀罩进入保护罩，在流经保护罩上斜孔时，液体在斜孔导向作用下对泵筒短节内沉积的煤粉进行冲洗，使其悬浮并和井液一起充满整个泵筒；同时柱塞总成上部的井液和煤粉随柱塞向上运动排出井筒。上冲程过程就是实现柱塞上部液体和煤粉排出，同时吸液时对泵筒短节内煤粉冲洗悬浮，为下冲程排煤粉做准备。

下冲程时柱塞下行，固定阀球回落坐封，泵筒内压力升高，柱塞上的下游动阀和上游动阀打开。柱塞在下行时进入泵筒短节，将泵筒内悬浮的煤粉颗粒随井液一起挤压进

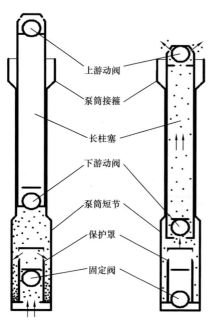

图 4-2-3　防煤粉管式泵工作原理

上游动阀
泵筒接箍
长柱塞
下游动阀
泵筒短节
保护罩
固定阀

入柱塞中腔，并上行排出泵筒进入杆管环空。下冲程过程即实现泵筒内煤粉排出，并将煤粉运移至柱塞上部杆管环空中，与上冲程循环往复将吸入的煤粉排出井筒，如图 4-2-3 所示。

3. 冲洗井筒排煤粉工艺

煤层气井产水量变化大，产气后产水量逐渐减少，泵排量不能满足排煤粉水量要求。随着生产时间的延长，井底沉积的煤粉不断增多，最终掩埋吸液口导致修井。因此，提出了冲洗井筒排煤粉工艺方案，设计了冲洗泵筒和井底的两套管柱和工艺参数，分别对油管、泵筒和井底沉积的煤粉进行冲洗，实现生产管柱和井底沉积煤粉的彻底排出。

1）冲洗井筒管柱方案

煤粉卡堵柱塞和掩埋固定阀是煤层气井最常见的修井问题。通常遇到此情况只能压井，将井口压力和产气落零，然后提出井下泵和管柱，进行检泵作业，施工时间长、作业费用高且作业后产气恢复慢（刘冰等，2014）。为了减小施工对产气的影响，提高井下泵的使用寿命，同时节省作业费用，提出了一种冲洗泵的工艺方法，其管柱结构如图 4-2-4 所示。

具体工艺流程为：将原井中抽油杆和柱塞提出管柱，下入空心抽油杆进入泵筒，通过地面泵车打压将洗井液从空心抽油杆内注入，在空心抽油杆与油管环空返出，实现正洗泵筒。这样下入的空心抽油杆高速高压液体对泵筒内和固定阀上沉积的煤泥进行冲洗，上返液体也会将原油管内沉积的煤粉携带出井筒返至地面，实现清洗效果。

2）冲洗井底管柱方案

煤层气井在生产过程中，地层中的煤粉颗粒和近井带的压裂砂会随着气水产出进入井筒并在井底沉积。常规冲洗井方法就是提出原井管柱，下入油管后注入洗井液进行冲洗。由于煤储层经过一段时间的排采，孔隙压力降低，含水饱和度大幅下降，液体漏失严重导致返液困难，同时被洗井液冲击悬浮起的煤粉会随液体一起漏失进入储层，对储层造成伤害，影响气井产量。为此提出一种冲洗井底工艺方法，避免液体漏失进入储层造成伤害，同时减少洗井液用量和施工时间，其管柱结构如图 4-2-5 所示。

具体工艺流程为：将井内原管柱提出井筒，下入底端连接封隔器的油管至射孔段下部并坐封，从而封隔射孔段避免洗井液漏失进入煤层。在油管柱内下入空心抽油杆至井底，从空心抽油杆内注入洗井液冲洗井底煤粉，经空心抽油杆与油管环空返至地面，实现煤粉排出。

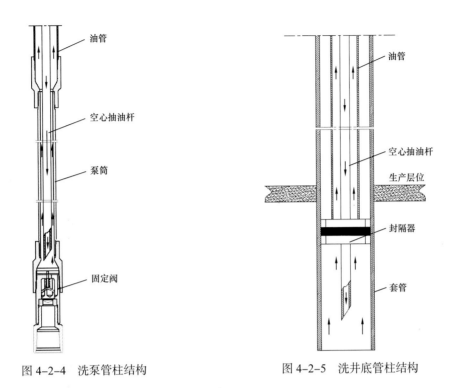

图 4-2-4 洗泵管柱结构　　　　　　图 4-2-5 洗井底管柱结构

三、井筒防偏磨工艺技术

煤层气井偏磨问题一直以来是导致煤层气井检泵作业的首要原因，其故障类型主要表现为抽油杆接箍磨穿、油管本体磨穿、油管螺纹磨穿和抽油杆磨损严重。

1. 杆管偏磨原因分析

研究表明，杆管磨损速度受到井身结构、杆管组合、生产参数、采出液物性等诸多因素的影响，是各种因素共同作用的结果。

1）井身结构造成杆管偏磨

采用有杆泵排采方式进行煤层气开发，其抽油杆柱将在油管内做上下往复运动，而实际的井身结构并非完全是直线，油层套管在一定程度上存在螺旋弯曲，受井身结构的约束。如果钻井时井眼轨迹没有按照设计钻成要求的质量，将在井眼弯曲（出现狗腿）的位置形成抽油杆与油管的接触，在往复运动的相对滑动中，造成抽油杆柱和油管偏磨。

2）杆柱弯曲造成杆管偏磨

杆柱的弯曲变形和失稳变形是造成杆管偏磨的基本原因。抽油机运行过程中，杆柱受到交变载荷的作用，会产生弯曲变形。在下冲程，液柱载荷从杆柱转移至油管，杆柱因弹性收缩而发生螺旋弯曲；泵筒与柱塞之间的摩擦阻力、液体对杆柱的浮力及井液通过柱塞产生的阻力使杆柱下部容易产生失稳弯曲，使杆管相互摩擦引起磨损，这种接触摩擦导致的杆管偏磨受井液腐蚀性、低沉没度、生产参数不合理等因素的影响较大

（曹峰等，2017）。

3）采出液造成杆管偏磨

煤层气采出液对杆管偏磨的影响主要表现在两个方面：一方面，煤层气采出液主要是水，杆柱表面部分的金属与井液中的腐蚀成分发生化学反应造成腐蚀破坏。井液中包含着不同的腐蚀成分，并随地层条件的不同腐蚀危害也不断变化。产出水直接接触杆柱和油管，水中离子、矿化物的存在使井液对抽油杆的腐蚀加重。另一方面，煤层气产出液为水，有时其水量尚不能充满杆管环空，杆管摩擦处于水润滑状态，动摩擦因数大大增加，加快了杆管磨损。

4）生产参数造成杆管偏磨

杆管偏磨受到泵径、冲程、冲次以及泵沉没度的影响。在理想情况下，杆柱所有重量都加载在抽油机"驴头"上，"驴头"速度与杆柱速度同步，杆柱一直处于拉伸状态；但对于实际生产，杆柱下冲程还受到泵筒与柱塞之间的摩擦阻力、液体对杆柱的浮力及井液通过柱塞产生的阻力作用。煤层气排采生产参数选择不合理，如冲次较高、冲程较小、泵径较大等，使杆柱下冲程的速度比"驴头"的运动速度滞后，导致中和点下方的杆柱大部分处于受压状态，发生失稳变形。变形的杆柱与油管相互接触摩擦，更加剧了杆管的偏磨程度（刘国强等，2014）。

2. 杆柱偏磨点计算与防偏磨设计

杆管防偏磨设计的常用手段是在偏磨位置安装扶正器，偏磨点的位置预测不准则直接影响杆柱的防偏磨设计效果。

1）中和点计算

中和点即当轴向载荷为零的点。中和点以上井段，杆柱受拉力作用，不会产生屈曲变形，但是杆柱会受拉变直，内侧会首先接触油管上壁而出现偏磨，即几何偏磨；中和点以下，杆柱受压力作用，当轴向压力增大到一定程度时，抽油杆柱将在油管内发生屈曲变形而与油管接触，具体分为失稳偏磨和弯曲偏磨。

在下冲程时，第 $i+1$ 段杆柱所受轴向力为：

$$P_{i+1} = P_i + F_{ri} + f_{rt} + f_{rL} + \left(F_{mg} - F_b\right)\cos\frac{\alpha_i + \alpha_{i+1}}{2} | \left(i = 0, 1, 2\cdots\right) \qquad (4\text{-}2\text{-}6)$$

式中　f_{rL}——液柱与杆柱间摩擦力，N；

　　　f_{rt}——油管与杆柱间的摩擦力，N；

　　　F_{ri}——杆柱运动产生的惯性载荷，N；

　　　F_{mg}——杆柱自重，N；

　　　F_b——杆柱受到的浮力，N；

　　　α_i——井斜角，（°）。

其中：

$$P_0 = f_v + f_{df}$$

式中　f_v——液体流过游动阀时产生的阻力，N；

　　　f_{df}——柱塞与泵筒之间的摩擦力，N。

当第 $i+1$ 段的轴向力 $P_{i+1}=0$ 时，此点便为中和点。

2）临界轴向压力

在中和点以下，杆柱在油管内发生屈曲是杆管偏磨的必要条件。当杆柱的轴向压力超过临界轴向压力，将会出现偏磨点。我国学者通过对二维弹性杆屈曲变形的分析，得出杆柱发生 j 次屈曲的临界条件：

$$F_{cj} = B_j \left(\frac{EI}{q} \right)^{\frac{1}{3}} \qquad （4-2-7）$$

式中　F_{cj}——临界屈曲载荷，N；

　　　B_j——屈曲系数，N/m；

　　　E——抽油杆材料弹性模量，Pa，一般取 2.01×10^{11}Pa；

　　　I——抽油杆截面惯性矩，m^4，对于圆钢，$I=\pi d^4/64$；

　　　d——抽油杆柱直径，m；

　　　q——抽油杆轴向分布力，N/m。

当杆柱的轴向压力（F_{ce}）等于或大于杆柱的一次屈曲临界压力时，将发生杆管偏磨现象。因此，杆管偏磨的临界条件是：

$$F_{ce} \geqslant 3.51 \left(\frac{EI}{q} \right)^{\frac{1}{3}} \qquad （4-2-8）$$

对于目前煤层气排采常用的钢抽油杆，弹性模量 E 为常数，其临界压力取决于杆柱直径 d 和杆柱受到的轴向分布力 q。

3）失稳偏磨点与扶正器设计

杆柱在受压情况下，如果杆柱的轴向压力大于临界压力，会发生失稳现象，导致抽油杆柱变形，如图 4-2-6 所示，L 为杆柱长度，A 点为中和点，则该点受轴向合力为零，可以看作一铰支，杆柱最下端 B 点泵筒内与柱塞连在一起，可以看作另一铰支，抽油杆柱任意点 x 截面处所受的弯矩 M 为：

$$M(x) = -FV \qquad （4-2-9）$$

式中　V——在力作用下杆柱偏移 X 轴的距离。

由微小弯曲变形引起的挠曲线近似微分方程为：

$$\frac{d^2 V}{dx^2} = \frac{M(x)}{EI} \qquad （4-2-10）$$

将式（4-2-9）代入式（4-2-10），可得：

$$\frac{d^2 V}{dx^2} = \frac{-FV}{EI} \qquad （4-2-11）$$

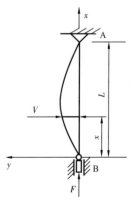

图 4-2-6　杆柱失稳受力示意图

令 $k = \sqrt{F/(EI)}$ ，则式（4-2-11）可以整理得：

$$\frac{\mathrm{d}^2 V}{\mathrm{d}x^2} + k^2 V = 0 \qquad （4-2-12）$$

其通解为：

$$V = A\sin kx + B\cos kx \qquad （4-2-13）$$

根据约束条件，当 $x=0$ 时 $V=0$，可得 $B=0$，则式（4-2-13）可化简为：

$$V = A\sin kx \qquad （4-2-14）$$

由式（4-2-14）可知，当 $kx=n\pi$（$n=0$，1，2…）时，$V=0$。这说明，理想状况下，杆柱在井下弯曲后，每隔 0.5 个正弦波长会返回其垂直时的状态。考虑到扶正器的直径较大，可看作压杆约束，因此，应将扶正器安装在 $V=0$ 处，从而达到增加约束增强抽油杆柱稳定性的效果。扶正器安装间距为：

$$x = \frac{n\pi}{k} = \frac{n\pi}{\sqrt{F/(EI)}} \qquad （4-2-15）$$

n 是自然数，约束越多，压杆稳定性越好，当 $n=1$ 时 x 最小，扶正器的最佳安装间距 $x_{\min}$ 可表示为：

$$x_{\min} = \frac{\pi}{\sqrt{F/(EI)}} \qquad （4-2-16）$$

4）几何偏磨点与扶正器设计

几何接触点是指柔性抽油杆柱在具有固定轨迹中与油管的接触处。在几何接触点附近容易发生偏磨。因此，几何接触点是衡量井身轨迹对杆柱偏磨影响程度的重要参考。如图 4-2-7 所示，假设某井段之间距离为 s_1，假设杆柱和油管已经发生几何偏磨，则几何偏磨点出现在中点处，根据勾股定理可知：

$$\left(R\sin\frac{\beta}{2} \right)^2 + \left(R - \Delta \right)^2 = R^2 \qquad （4-2-17）$$

式中 β——狗腿角；

R——测段井眼中心线曲率半径。

将 $R = s_1/\beta$ 代入式（4-2-17）整理得到：

$$\Delta = \frac{s_1}{\beta}\left(1 - \cos\frac{\beta}{2} \right) \qquad （4-2-18）$$

实际计算时，需考虑扶正器外径许可的单边磨损量 δ_f，取 $\delta_\mathrm{f}=2\sim4\mathrm{mm}$，杆柱变形量 $\Delta = (D_\mathrm{t} - D_\mathrm{r} - 2\delta_\mathrm{f})/2$，$D_\mathrm{r}$ 为杆柱外径。由此可得杆管偏磨计算准则：当满足式（4-2-19）时，杆柱和油管不发生偏磨；当满足式（4-2-20）时，杆柱和油管发生偏磨，偏磨点为中点。

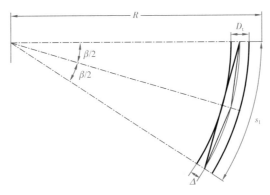

图 4-2-7 几何偏磨点示意图

D_t—油管内径；Δ—井眼中心线到管壁距离；s_1—井段长度

$$\frac{s_1}{\beta}\left(1-\cos\frac{\beta}{2}\right) < \Delta = \frac{D_t - D_r - 2\delta_f}{2} \qquad (4\text{-}2\text{-}19)$$

$$\frac{s_1}{\beta}\left(1-\cos\frac{\beta}{2}\right) \geqslant \Delta = \frac{D_t - D_r - 2\delta_f}{2} \qquad (4\text{-}2\text{-}20)$$

将式（4-2-19）和式（4-2-20）变形，可以计算安装扶正器的间距：

$$s_1 = \frac{\beta \cdot \Delta}{1-\cos(\beta/2)} = \frac{(D_t - D_r - 2\delta_f)\beta}{2[1-\cos(\beta/2)]} \qquad (4\text{-}2\text{-}21)$$

5）弯曲偏磨点

在下冲程时，抽油杆柱中和点以下受到轴向力和侧向力的作用，在达到压杆稳定的临界载荷之前，杆柱变形主要由侧向力决定。

由侧向力产生的杆柱变形量为：

$$\delta = \left(\frac{F_n L_s^3}{384EI}\right)\left(\frac{24}{u^4}\right)\left(\frac{u^2}{2} - \frac{u\cosh u - u}{\sinh u}\right) \qquad (4\text{-}2\text{-}22)$$

式中 F_n——一跨杆柱总侧向力，N；

E——抽油杆材料弹性模量，Pa，一般取 2.01×10^{11} Pa；

I——抽油杆截面惯性矩，m^4，对于圆钢，$I=\pi d^4/64$；

L_s——一跨抽油杆端点距离，m；

u——杆柱稳定系数，$u=\sqrt{FL_s/(4EI)}$；

F——一跨抽油杆底部的轴向力；

$\cosh$——双曲余弦函数，$\cosh(x)=[\exp(x)+\exp(-x)]/2$；

$\sinh$——双曲正弦函数，$\sinh(x)=[\exp(x)-\exp(-x)]/2$。

当抽油杆变形量 δ 等于管柱之间的间隙，则杆柱和油管发生接触，容易产生偏磨，满足的关系式为：

$$\delta = \frac{D_t - D_r}{2}$$ （4-2-23）

3. 杆管偏磨治理

煤层气井中的防偏磨技术可以分为避免杆管接触类、减小杆柱屈曲类和抗磨类。

1）避免杆管接触类

避免杆管接触类是通过在偏磨段的杆柱上安装扶正器及扶正接箍，避免杆管直接接触摩擦，达到杆管防偏磨效果。常用的扶正器有滚轮扶正器、杆间扶正器、插接式扶正器、热固式扶正器以及滑套式扶正器。

滚轮扶正器一般为三轮结构，滚轮有金属和非金属材质之分，原理为通过滚轮的滚动，降低接触摩擦力，从而延缓偏磨。但是在实际应用中，井液中存在大量煤粉，造成滚轮卡死，导致滚动摩擦变为线性接触摩擦，加快油管磨穿，因此基本已被淘汰。

杆间扶正器安装在抽油杆接箍位置，避免抽油杆接箍磨穿导致抽油杆脱扣。扶正块表面分布 4 道导流槽，可以加快煤粉排出，并且有刮削油管内壁煤泥垢的作用，现场应用效果良好，但价格相对插接式扶正器较高。

插接式扶正器的优点在于使用灵活，可以安装在抽油杆本体任意位置，且价格便宜，在现场应用时可根据防偏磨软件设计结果，在相应位置安装即可，使用方便。与之类似的是现场使用的注塑抽油杆，也称为热固式扶正器。原因就是将尼龙扶正块通过加热熔化固定在抽油杆本体特定位置，从而避免抽油杆本体与油管直接接触。

滑套式扶正器的特点在于具有 3 个减磨曲面，其曲率半径与油管的内径相同。该扶正器可在油管内以任意角度灵活转动，确保扶正器总是以一个减磨面同油管内壁接触，改变了常规扶正器的线接触为面接触，防偏磨效果更明显。另外，滑套的外壁喷焊镍基粉末合金层，在摩擦过程中，接触面之间会形成润滑膜，减少了摩擦力，两侧斜面流线型设计降低了采出液的流动阻力，使抽油杆往复运动的阻力大大降低，使用寿命是尼龙扶正器的 5 倍以上。该扶正器只能安装在抽油杆接箍位置，因此现场使用时需要使用抽油杆短节来调节安装位置。

2）减小杆柱屈曲类

杆柱的正弦屈曲和螺旋屈曲是产生杆管偏磨的直接原因，减小杆柱屈曲可以减少偏磨。这类技术主要有抽油杆下部加重技术，现场应用时多使用加重杆。

加重杆的原理是通过增大抽油杆直径增加抵抗弯曲能力，同时其重量的增加也将中和点位置下移，即降低失稳弯曲长度，从而减少杆柱屈曲，减少偏磨。

3）抗磨类

在依靠扶正器和加重杆来减少偏磨的同时，增加了杆柱系统的复杂性，也增加了故障的发生率。对于泵上偏磨严重井段，扶正器间距仅为 4m 左右，密度过大，不仅影响井液的排出，也增加了悬点载荷，因此现场采用内衬防腐耐磨油管来解决该问题。

内衬防腐耐磨油管是将耐磨衬里用热胀工艺附着在油管内壁上制成的复合型油管。衬里材料为超高分子量聚乙烯，其抗滑动摩擦磨损性是油管本体材料的 5～8 倍，是尼龙材料的 5 倍以上，滑动摩擦系数是钢的 1/3，并且耐多种化学介质，包括强碱和强酸的腐蚀。

四、井筒防腐工艺技术

近年来，煤层气井中腐蚀井数呈逐年上升的趋势，且因腐蚀导致的油管漏、抽油杆断等井下故障也逐年增加。腐蚀严重缩短了杆管的使用寿命，且加速杆管的磨损失效（赵金等，2012）。据统计，油管腐蚀漏的时间明显小于偏磨漏，并且腐蚀井油管磨漏时间相对无腐蚀井时间明显缩短，说明腐蚀缩短油管的使用寿命且加速油管磨漏。

1. 煤层气井腐蚀类型

对腐蚀井的产出气现场取样，实验室对气样进行气体组分含量分析，结果表明主要成分为甲烷、乙烷、二氧化碳和氮气，其中甲烷含量为 90.07%～99.58%（摩尔分数），乙烷含量为 0.01%～0.44%（摩尔分数），二氧化碳含量为 0.03%～4.10%（摩尔分数），氮气含量为 0.02%～9.23%（摩尔分数）。含硫化氢井的含量为 0.02～21.70mg/m³，普遍在 3mg/m³ 以下。水质化验结果表明，阳离子以 Mg^{2+}、Ca^{2+} 为主，阴离子以 Cl^-、HCO_3^- 和 CO_3^{2-} 为主，部分井含有少量 SO_4^{2-}；pH 值为 4.69～9.86，平均为 8.38，且 97.8% 的井采出液均为碱性；矿化度为 1147.63～77387.22mg/L，平均为 5220.24mg/L，总体具有 pH 值高、碱度大、矿化度高的特点。

对腐蚀井的抽油杆表面腐蚀物现场取样，取样位置为连接柱塞的两根抽油杆，实验室对抽油杆表面腐蚀物进行全岩矿物 X 射线衍射分析发现，其矿物组分为亚铁的硫化物（FeS、FeS_2）、亚铁的碳酸盐（$FeCO_3$）、铁的氧化物［FeO（OH）］及其他矿物。其中，其他矿物成分为白云石［CaMg（CO_3）$_2$］、石灰石（$CaCO_3$）及石英（SiO_2），其中铁的氧化物即 FeO（OH）是由 $FeCO_3$ 结晶在空气中失水干燥形成的（赵红梅等，2003），反应方程式如下：

$$4FeCO_3 \cdot nH_2O + O_2 = 4FeO（OH）+ 4CO_2 +（4n-2）H_2O$$

结合气样组分分析结果判断，煤层气井抽油杆腐蚀是由酸性气体 CO_2 和 H_2S 引起的电化学腐蚀，其腐蚀产物分别为 $FeCO_3$、FeS 和 FeS_2。依据腐蚀物化验结果和不同腐蚀因素腐蚀机理分析，总结为 4 种腐蚀类型，即 CO_2 腐蚀、H_2S 腐蚀、以 CO_2 腐蚀为主导的混合腐蚀和以 H_2S 腐蚀为主导的混合腐蚀。

2. 煤层气井腐蚀强度

以金属在腐蚀环境中的腐蚀速率来表示腐蚀环境的腐蚀强度。对于煤层气井，腐蚀以点蚀和蚀坑对管杆危害最大，因此以金属腐蚀速率的深度指标来表示腐蚀强度。

金属腐蚀速率的深度指标计算公式为：

$$v_L = \frac{\Delta m}{St} \times 8.76 / \rho \qquad （4-2-24）$$

式中 v_L——腐蚀速率的深度指标，mm/a；

   Δm——腐蚀前后质量的变化，g；

   S——金属的表面积，m^2；

   t——腐蚀进行的时间，h；

   ρ——被腐蚀金属的密度，g/cm^3。

参照石油天然气行业标准 SY/T 0087.2—2012《钢质管道及储罐腐蚀评价标准 埋地钢质管道内腐蚀直接评价》将腐蚀强度分为轻、中、重和严重 4 个指标，见表 4-2-5。

表 4-2-5 金属腐蚀性评价指标

腐蚀强度	轻	中	重	严重
最大点蚀速率 /（mm/a）	<0.305	0.305～0.611	0.611～2.438	>2.438

为对比不同腐蚀井的腐蚀速率，将修井作业过程中取出的抽油杆样品在室内测定质量损失计算腐蚀速率，由此间接得到腐蚀井的腐蚀强度。通过该方法共测得 109 口腐蚀井的腐蚀强度数据，其中 28.4% 为轻度腐蚀，34.9% 为中度腐蚀，34.9% 重度腐蚀，1.8% 为严重腐蚀，总体以中度、重度腐蚀为主。

3. 防腐工艺技术

通过腐蚀机理和腐蚀物分析，煤层气井腐蚀主要为电化学腐蚀。借鉴常规油田防腐工艺方法，从阴极保护技术、防腐层技术和药剂防腐技术三方面开展工艺应用（张宏录等，2015）。

1）阴极保护技术

阴极保护技术的原理是在被保护的金属表面通入足够大的阴极电流，使其电位变负，从而抑制金属表面上腐蚀电池阳极的溶解速率。具体方法可根据电流的来源分为牺牲阳极阴极保护法和外加电流阴极保护法，如图 4-2-8 所示。

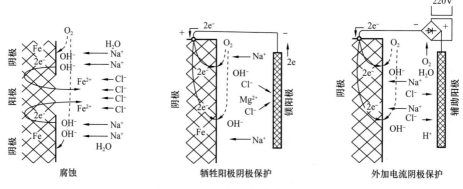

图 4-2-8 阴极保护技术原理

（1）牺牲阳极阴极保护技术。

工程中常用的牺牲阳极材料有镁合金、锌合金和铝合金三大类，其中铝原料来源广，制造工艺简单，价格低廉，是牺牲阳极品种中的后起之秀。用铝合金制成的阴极保护器在被保护的金属表面通入足够大的阴极电流，消耗腐蚀介质，达到保护井下管杆的目的。现场选用了 3 种铝合金阳极材料进行现场试验，其材质成分见表 4-2-6。

表 4-2-6　铝合金阳极材料成分

材质	铝镁合金		铝锌合金		碳铝合金	
	铝	镁	铝	锌	碳	铝
含量 /%	94	3	96.4	2.3	58.3	25.6

阴极保护器主要参数：自然电源保护范围 100m，最高工作温度 110℃，有效发生电量不小于 1.1A·h/g，消耗率不大于 12.36kg/（A·a），电流效率不小于 65%。

油管阴极保护器在现场应用情况见表 4-2-7。

表 4-2-7　油管阴极保护器试验情况

类别	油管无腐蚀		油管有腐蚀	
	井数 / 口	使用时间 /d	井数 / 口	使用时间 /d
铝镁	18	206	4	181
碳铝	7	312	3	234
铝锌	6	359	3	327
试验井腐蚀速率 /（mm/a）	0.35～2.83		0.52～1.49	

从不同材质油管的阴极保护器使用结果可以看出，铝锌合金效果相对最好，其次为碳铝合金，最差为铝镁合金。

（2）外加电流阴极保护技术。

外加电流阴极保护技术就是利用强制电流补充金属失去的电子，阻止腐蚀反应。基于该原理在实验室开展电防腐工艺模拟实验，实验利用挂片和煤层气井排采水模拟实际生产环境，对比电防腐效果。经对比发现，在强制电流保护下的金属挂片未发生腐蚀，而未保护的挂片由于长时间暴露在高矿化度的排采水和空气中，腐蚀较为严重。结合煤层气井的井场环境条件和排采特点，电防腐工艺主要设备由恒电位仪、辅助阳极、电缆和接线箱组成。恒电位仪将 220V 的交流电整流为 0～30V 连续可调直流电，为防腐提供需要的保护电流。辅助阳极采用导电性能好、使用寿命长的镁合金材料，埋深至冻土层以下，保证与从套管顶部流出的电能形成闭合回路。

工作时，电位仪正极与阳极桩连接，负极与管柱连接。电子从恒电位仪负极流出传导至油管，并通过油管向下传导，通过在油管尾管处安装的接触器和套管导通，并沿套管回流至井口，经大地和阳极桩导通，形成闭合的电防腐回路。将煤层气井的套管、油管、抽油杆、抽油泵和井下工具等金属作为阴极并始终处于保护电位以下，达到煤层气井全井防腐蚀保护的目的。

为达到防腐目的，保护点电位应该在 -0.85V 或更负，最小电流密度应不小于 150mA/m²，最小保护电流为：

$$I_0=iS_1+iS_2 \qquad (4-2-25)$$

式中　i——保护电流密度，mA/m²；

　　　S_1——油管横截面积，m²；

　　　S_2——套管横截面积，m²。

以 ϕ73mm 油管、ϕ139.7mm 套管为例，计算最小保护电流应为 0.375mA。

经测量，大地电阻约为 100Ω/m，所以阳极桩距离井口长度和保护电压关系如下：

$$U=（RI_0+100LI_0）/1000 \qquad (4-2-26)$$

式中　U——电防腐技术所需保护直流电压，V；

　　　I_0——最小保护电流，mA；

　　　R——套管与油管的电阻之和，Ω；

　　　L——阳极桩距离汇流点的长度，m。

假设阳极桩与井口距离为 10m，预测临界电压为 2.4V，电流为 15～20mA。

试验时，在井场安装恒电位仪和阳极桩，恒电位仪设置在井场控制柜内，阴极用电缆引至井口汇流点，阳极引至阳极桩。接线时，阴、阳极电缆严禁接反，阴、阳极电缆应设明显区别标志。为了达到高效稳定的防腐效果，需要将电流尽可能地传递到井底。但由于井口、杆、管等都为金属材料，因此需要对"驴头"悬绳器、气水管线、油管悬挂器、油管与套管之间进行绝缘处理，在油管尾管处安装接触器，保证电流在油管和套管间传导。经实验测量，排采井采出液电阻为 4×10^4Ω，远大于金属电阻，在实施过程中认为其不导电。

该项技术先后在保德、韩城区块开展 5 口井现场试验，设备安装完毕后实测自然电位为 -0.57V，通电极化电位选择为 -2.9V，保护电流 20mA，极化时间选择 48h。48h 后保护点电位降为 -0.96V，处于保护电位以下，平均检泵周期提升 3 个月以上，有效提升了排采的连续性，证明该项技术对电化学腐蚀有明显的抑制作用。

2）防腐层技术

防腐层技术原理是被保护的金属表面形成一层防腐层，物理隔离腐蚀介质与金属表面接触，保护金属表面避免腐蚀发生，延长使用寿命。防腐层的形式也多种多样，有简单的油膜、覆盖层，有复杂的复合结构防腐层、功能防腐层，有金属防腐层、非金属防腐层，有浸涂、淋涂、喷涂、电泳、电镀等多种涂装方法。

经过广泛调研油田现有的防腐层技术产品，并结合煤层气井下工况，优选出两种防腐层材料的工艺产品进行了试验对比，分别为外喷涂防腐抽油杆和外包覆防腐抽油杆。

（1）外喷涂防腐抽油杆。

外喷涂防腐抽油杆外表喷涂高分子改性环氧粉末材料，经过特殊工艺处理，使其固化在杆体表面形成耐腐蚀高强度的防腐涂层。该抽油杆表面光滑，不易结垢，具有很高的抗腐蚀性能，适应各种不同的腐蚀介质环境，如矿化度达到 100000mg/L 时使用效果仍很好，涂层厚度为 0.13～0.38mm，抗冲击，但由于煤层气井杆管偏磨严重，涂层易磨损脱落，导致集中腐蚀失效，因此常与内衬防腐耐磨油管配合使用。

（2）外包覆防腐抽油杆。

外包覆防腐抽油杆是在抽油杆表面涂刷一层防腐涂料，然后再覆着一层改性超高分子量聚乙烯防腐材料，并对杆头进行特殊处理，使抽油杆本体金属与腐蚀环境彻底隔离实现防腐。该抽油杆表面外覆材料厚度为 2.5mm，耐磨效果明显，现场修井过程中观察测量，最大磨损量为 0.78mm/a，现场试验对比数据见表 4-2-8。

表 4-2-8　外包覆抽油杆现场试验对比数据

井号	使用时间 / d	普通杆磨损速率 / mm/a	防腐杆磨损速率 / mm/a	磨损降低率 / %	腐蚀强度
H15-10X1	921	1.43	0.66	53.85	重—无
H3-2-069	918	1.69	0.45	73.37	重—无
H10-03X2	912	1.25	0.78	37.60	中—无
H3-019	921	1.15	0.73	36.52	中—无

通过对比表 4-2-8 中相同位置处抽油杆使用前后的磨损量和腐蚀情况可以看出，外包覆防腐抽油杆均无腐蚀，而表面外包覆材料的抗磨性能显著，磨损缓慢使用寿命长。外包覆材料的磨损速率小于 0.78mm/a，实际材料厚度为 2.5mm，预计使用寿命可达 40 个月以上，约为普通 D 级抽油杆平均使用寿命的 4 倍，效果显著。以 40 个月为使用时间，以井深 1000m、每次修井更换 40% 的抽油杆为标准，进行各类抽油杆成本对比，同等条件下使用外包覆抽油杆比使用普通抽油杆节省 38% 左右的成本费用。

3）药剂防腐技术

药剂防腐即缓蚀剂，是一类用于腐蚀环境中抑制金属腐蚀的添加剂，又称腐蚀抑制剂或阻蚀剂。常规油气井缓蚀剂常以氧化膜型缓蚀剂和沉淀型缓蚀剂为主。此两种缓蚀剂的作用机理以化学防护为主、物理吸附为辅，形成防护膜时间较长，不适用煤层气井采出液随着不同排采阶段持续排出地面的排采方式，适合煤层气井独特排采方式的缓蚀剂应以吸附膜型缓蚀剂为研究理念（陈松鹤等，2016）。吸附膜型缓蚀剂是指能吸附在金属表面形成吸附膜从而阻滞腐蚀的物质，此缓蚀剂以物理吸附为主。

（1）缓释剂初步筛选。

参照石油天然气行业标准 SY/T 5273—2014《油田采出水处理用缓蚀剂性能指标及评价方法》和 SY/T 0026—1999《水腐蚀性测试方法》的规定进行实验。应用广口瓶静态失重法对缓蚀剂进行初步评选，分别对铬酸钠 + 六偏磷酸钠（1 : 2）、丙炔醇、十七烯基胺乙基咪唑啉季铵盐（ODD）、0.025% 曼尼希碱 + 十六烷基三甲基溴化铵（1 : 2）、亚硝酸二环己胺和季铵盐衍生物（QY）6 种缓蚀剂进行评价，确定主、辅缓蚀剂，筛选结果见表 4-2-9。结果表明，QY 和 ODD 两种药剂缓蚀性能良好。

表 4-2-9　缓蚀剂初步筛选对比

编号	性质	主成分	平均腐蚀速率 / (mm/a)	缓蚀率 /%
N80			1.3105	—
N-1	水溶	铬酸钠 + 六偏磷酸钠（1∶2）	0.2489	81
N-2	水溶	丙炔醇	0.4718	64
N-3	水溶	ODD	0.1704	87
N-4	水溶	0.025% 曼尼希碱 + 十六烷基三甲基溴化铵（1∶2）	0.3538	64
N-5	水溶	亚硝酸二环己胺	0.2883	78
N-6	水溶	季铵盐衍生物（QY）	0.249	81

（2）缓蚀剂复配实验。

室内评价实验结果表明，缓蚀剂缓蚀率应不小于 90%，单剂应用于现场并不符合经济、安全的运行原则，故需要对缓蚀剂进行复配研究。利用缓蚀剂的协同作用复配制备高效、环保的缓蚀剂配方，并辅加一些表面活性剂和助溶剂增强缓蚀效果，应用于煤层气井井下管杆防腐。

根据初步筛选的缓蚀剂结果，将主、辅缓蚀剂 ODD 和 QY 分别按照 20∶80、40∶60、50∶50、60∶40 和 80∶20 五组复配比例模拟现场工况条件，在高温高压动态反应釜中进行复配试验。试验开始密封高温高压反应釜后，先通氮气除氧，然后分别通入二氧化碳保持分压 7300Pa，硫化氢分压 900Pa，再通氮气至 3MPa。其实验结果表明，ODD 和 QY 比例为 60∶40 时缓蚀效果最佳（表 4-2-10）。

表 4-2-10　不同配比缓蚀剂缓蚀率对比

缓蚀剂配比	平均腐蚀速率 / (mm/a)	缓蚀率 /%
空白	1.325	—
20∶80	0.146	89
40∶60	0.119	91
50∶50	0.093	93
60∶40	0.066	95
80∶20	0.106	92

缓蚀剂配方需与模拟煤层采出水进行配伍性实验，将缓蚀剂配方加入实验介质中，静置 3 天，无沉淀结垢生成，表明缓蚀剂配方与采出液配伍性良好。

（3）缓蚀剂添加制度。

在煤层气井中液体缓蚀剂在井下停留的时间较短，大部分被煤层采出水携带到地面，残留在井底和油套管表面吸附的量很少。由于研制的缓蚀剂类型是吸附型缓蚀剂，主要依靠缓蚀剂在管杆表面形成的致密保护膜隔离作用实现防腐，因此及时进行修复补膜是保证缓蚀剂持续防腐的关键。周期性地加注缓蚀剂是维护缓蚀剂膜完整性的主要途径。

考虑缓蚀剂在井下的有效浓度、确保缓蚀剂的缓蚀效果，在缓蚀剂加注实验阶段，先进行首次大剂量预膜，然后再按照加注制度加注缓蚀剂进行补膜。

吸附型缓蚀剂的预膜量根据单井的管柱组合按照经验公式计算。

$$V=2.4LD \qquad (4-2-27)$$

式中　V——缓蚀剂预膜量，L；

　　　L——油管、套管长度，km；

　　　D——油管、套管内径，cm。

由于缓蚀剂从套管加注，因此首次预膜量为：

$$V=2.4（L_1D_1+L_2D_2）+0.35V_0 \qquad (4-2-28)$$

式中　L_1——需要预膜油管总长度，m；

　　　L_2——需要预膜套管总长度，m；

　　　D_1——油管内径，cm；

　　　D_2——套管内径，cm；

　　　V_0——井筒内液体体积，L。

假设实验井井身深度1000m，需要预膜套管长度600m，油管长度600m，则首次预膜量计算结果见表4-2-11。

表4-2-11　首次预膜量计算

井号	预膜油管总长度/m	预膜套管长度/m	油管内径/mm	套管内径/mm	首次预膜量/L	
					计算结果	调整结果
实验井	600	600	60.3	139.70	26.8	27

补膜量的确定：以弱碱性采出液条件下的CO_2腐蚀类型为例，当缓蚀剂浓度为十七烯基胺乙基咪唑啉季铵盐（ODD）60mg/L、脂肪醇聚氧乙烯醚硫酸钠（AES）200mg/L、双油基酰胺乙基咪唑啉40mg/L及乙醇50mg/L时，可达到较好的缓蚀效果。根据该方法并结合生产经验，对实验井每次缓蚀剂补加量进行计算，缓蚀剂加药周期根据腐蚀速率分为15天一次或者30天一次。

第三节　煤层气井无杆举升工艺设备

煤层气井排采设备以有杆泵为主，排采过程中存在杆管偏磨、多井联合排采调参困难的问题，部分井场空间有限，"三抽"系统无法正常安装使用，影响了排采连续性。为解决这些问题，研发了煤层气液压驱动多机联动柱塞泵排采技术和集成式一机多井水力管式泵排采技术，消除杆管偏磨，实现同一井台多井联合排采，互不干扰；针对含水量大、降液面困难、气液固三相混采的煤层气井，设计了煤层气井新型电潜轴流式多相混抽泵，有效提高了排采强度，满足大液量井的排采要求。

一、煤层气液压驱动多机联动柱塞泵排采技术研究

1.系统工艺原理及总体方案设计

煤层气液压驱动多机联动柱塞泵排采系统是针对我国煤层气井井身结构复杂、出水量小且不稳定、采出液固相含量高的特点，设计的一种液压驱动的无杆排采系统。该排采系统从根本上解决了"三抽"排采系统杆管偏磨的问题，而且具有调参方便、调参范围大的优点；煤层气开发井场平台上往往是多井联合排采，该排采系统通过设计液压控制系统，可以实现同一平台多机联动，而且互不干扰，大大节约了排采成本。

1）系统方案及工艺原理

根据动力液不同，提出两种煤层气液压驱动多机联动柱塞泵排采系统（图4-3-1）：以液压油为动力液，液控系统通过液压管线驱动动力缸，带动抽油泵往复运动，由地面液压站、压力传输管和井下机组（动力缸和抽油泵）构成；以水或井液为动力液，液控系统通小油管和油管环空驱动井下抽油泵抽汲，由地面液压站、小油管和井下泵组构成。

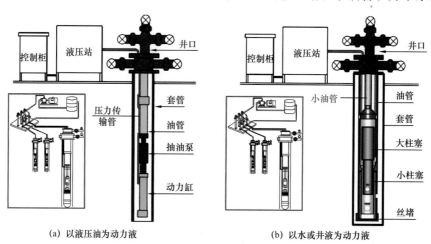

(a) 以液压油为动力液　　　　　　　　(b) 以水或井液为动力液

图 4-3-1　煤层气液压驱动多机联动柱塞泵排采系统示意图

2）系统优点

煤层气液压驱动多机联动柱塞泵排采系统与常规"三抽"排采系统相比具有以下优点：

（1）改变传统采油方式，采用液压驱动，实现无杆采油，彻底解决杆管偏磨、抽油杆断脱等问题，降低了故障率，延长了检泵周期，大大提高了煤层气井的连续排采产量；

（2）采用地面统一液压泵站，各井口分别安装控制管汇，适合煤层气"同一井台多井联合排采"的要求，实现多机联动，互不干扰，远程独立调参。

（3）能耗低，为传统采油设备的 1/3～1/2。

（4）地面设备简单，占地小，维护方便，成本低，约为传统"三抽"系统的 1/2。

（5）适用于直井、斜井、水平井、稠油井等。

（6）以水或井液为动力液方案：代替液压油作为动力液，降低了工作压力，减少了

能耗，避免污染环境；省去了液压管，降低了成本；具备反洗井功能。

2. 井下机组结构设计

根据系统方案和功能要求，提出了 4 种不同的井下机组结构方案，其中以液压油为动力液的系统提出 3 种方案，如图 4-3-2 所示。

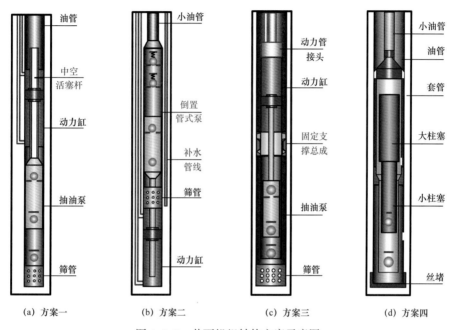

(a) 方案一　　(b) 方案二　　(c) 方案三　　(d) 方案四

图 4-3-2　井下机组结构方案示意图

1）方案一：常规管式泵方案

该方案在不改变常规"三抽"排采系统井下机组结构顺序的前提下，直接用动力缸代替抽油杆作为抽油泵的驱动装置，井下机组组合方式从上到下依次是油管、动力缸、抽油泵和筛管。煤层气井产液量普遍较小，可采用直径较小的油管，于采用大直径的动力液管线。动力缸的活塞杆中空处理，液体从固定阀进入泵腔，经过进油阀进入柱塞，由出油阀直接进入中空活塞杆，穿过动力缸进入油管，举升到地面。为了防止煤粉卡泵和埋固定阀，可采用上置式固定阀结构。煤粉可以在内筒和外筒之间沉积，防止煤粉埋固定阀，此方案适用于煤粉含量较少的情况。

2）方案二：倒置式管式泵方案

该方案将抽油泵倒置，井下机组组合方式从上到下依次是小油管、变径接头、抽油泵、筛管和动力缸。采用小油管依然是基于煤层气井出液量小的特点，尽量减小油管直径，增大油套环空，便于采用更大直径的动力液管线。为了防止煤粉影响，加入连续补水工艺，注水管道与动力管道捆绑在油管一侧，注水管道延伸至泵的吸入口，从地面往井下连续补水，携带出大量煤粉。此连续补水的方案适用于煤粉含量较多的情况。该方案中，倒置式的结构特点使井液排出更方便，但是动力缸活塞杆受压容易失稳，活塞杆长度及泵的冲程受到限制，且筛管长度也受到活塞杆长度的限制。

3）方案三：杆式泵方案

该方案井下机组组合方式从上到下依次是动力管线、动力管接头、动力缸、固定支撑结构、抽油泵和筛管。动力管线采用钢制中心管和高压胶管两种管线，高压胶管通过卡子固定在中心管外壁上。动力管线连接到动力管接头上，动力管接头将动力管线的高压液体分别引到动力缸的上下腔。固定支撑结构分成两部分，一部分与油管柱连接，另一部分连接动力缸和抽油泵；固定支撑结构的两部分在井下设计位置处接触配合，实现整个井下工作机组的定位支撑。筛管接在油管柱最下端。

4）方案四：以水或井液为动力液方案

井下泵组主要由柱塞总成和泵筒总成两部分组成，其中柱塞总成由大小两级柱塞通过变径接头串联而成，泵筒总成是由大泵筒及小泵筒通过中间接头串联组成。地面驱动设备控制油管环空加压时，打压介质通过外管与泵筒总成之间的环空经大泵筒下端的变压通道推动大柱塞下端，使柱塞总成上行，此时小泵腔压力减小，固定阀打开，油液进入小泵腔，同时游动阀关闭，大泵腔内油液排出，完成上行程动作；上行程完成后，地面驱动设备控制动力液换向，油管泄压，同时中心管加压，此时压力推动柱塞总成向下运行，小泵腔压力增大，固定阀关闭，游动阀打开，小泵腔油液进入大泵腔；反洗井时，大泵筒上冲程撞顶，小柱塞出小泵筒，从油管环空打压，介质从油管环空进入小泵筒，从柱塞内孔进入中心管，冲洗固定阀、游动阀及管柱中沉积的煤粉等杂质，实现洗井。

3. 液压控制系统设计

分别对两种排采系统的液压控制系统进行设计。液压控制系统主要由动力系统（电动机及高压水泵）、自动化控制系统、过滤系统、液控换向阀（包括换向阀及液控液压站）、计量系统（流量计、压力表等）、管线及其他附件组成（图4-3-3）。其中，以水或井液为动力液，电动机带动高压水泵向井下泵组提供动力液，液压站控制换向阀实现介质的换向，井下泵组将井液输送到水箱后，一部分作为动力液继续循环，一部分排出进入水管线。

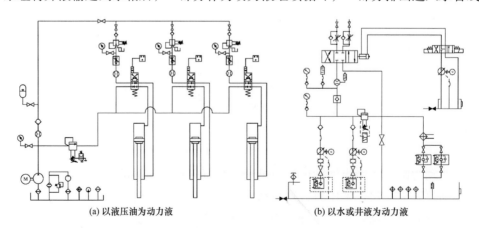

(a) 以液压油为动力液　　　　　　(b) 以水或井液为动力液

图 4-3-3　液压控制系统回路

利用液压仿真软件 AMESim 对设计的液压控制系统进行计算仿真，来验证液压控制方案的可行性，并得到液压系统的动态特性。试验井选取单井（保1-4向2井）模式和三井联动（保1-27井组）模式，对系统结构和工作参数进行计算，结果见表4-3-1。单井模式和三井联动模式的液压系统模型如图4-3-4所示。

表4-3-1　试验井新工艺系统参数计算

模式	井号	大柱塞／mm	小柱塞／mm	冲程／m	冲次／min⁻¹	中心管内径／mm	最高冲次／min⁻¹	额定排量／m³/d	额定流量／L/min
单井	保1-4向2	44	28	2	0.462	40	4	7	30
三井联动	保1-27向1	44	28	4	0.771	40	4	14	90
	保1-27向2	44	28	4	0.857	40	4	14	
	保1-27向3	44	28	4	1.014	40	4	14	

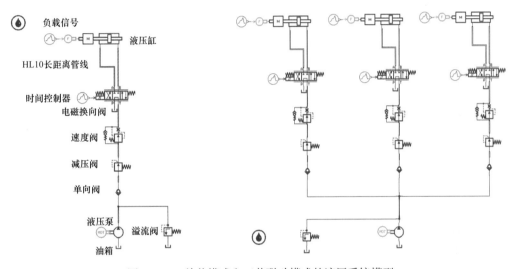

图4-3-4　单井模式和三井联动模式的液压系统模型

从仿真结果（图4-3-5）可以看出，设计的液压系统都能按照计算所得的参数完成工作，特别是三井联动时，各井的泵均可按设定的周期完成各自的往复运动，互不干扰，证明所设计的液压控制系统是可行的。

4. 现场试验应用

1）单井模式现场应用

中石油煤层气有限责任公司忻州分公司保1-4向2井由于铝厂占地，为更好地提高地下资源的采出量，靶点位置距井口偏移较多，使得该井井斜角大，偏磨及断脱严重；该井存在工农关系，导致井场狭小，无法摆放抽油机。因此，螺杆泵和"三抽"排采系统均无法应用于该井进行有效排采。由于该井产液量不高且具有一定的腐蚀现象，也导致电潜泵应用效果不佳，产气量一直无法提升。

为了解决以上问题，2019年12月13日开始在该井试验煤层气液压驱动多机联动柱塞泵，截至2021年1月底已正常运行415天，无故障出现，日产水2.97m³，日产气量最高达到 3070m³（图 4-3-6），无杆排采避免了井下偏磨，地面设备集成撬装化，便于安装和井场摆放，且可远程操控提高工作效率，试验效果良好。

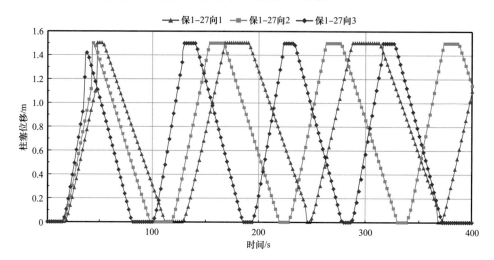

图 4-3-5 三井联动模式仿真结果

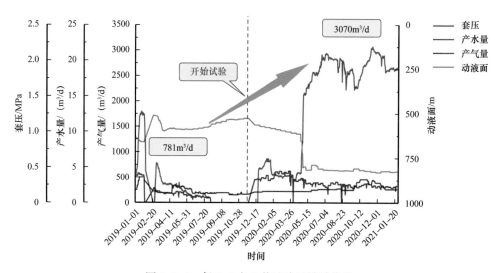

图 4-3-6 保 1-4 向 2 井试验后排采曲线

2）三井联动模式现场应用

2020 年 7 月在保 1-27 井组试验三井联动模式的排采装置，由于保 1-27 向 3 井处于正常连续排采，因此暂时在保 1-27 向 1 井和保 1-27 向 2 井进行试验。截至 2021 年 1 月底，排采系统已经正常运行了 190 天，保 1-27 向 1 井日均产气 1126m³，保 1-27 向 2 井日均产气 1528m³，两口井累计产气 55.8×10⁴m³（图 4-3-7）。该系统地面装置简单，实现了一个液压站同时控制多口井，互不干扰，提高了工作效率，应用效果良好。

二、煤层气多相混抽泵排采技术研究

针对含水量大、气液固混采的煤层气井，设计了煤层气井新型电潜轴流式多相混抽泵（图4-3-8），可满足排量范围40～350m³/d、固相含量不大于8%、气相含量不大于60%的要求。

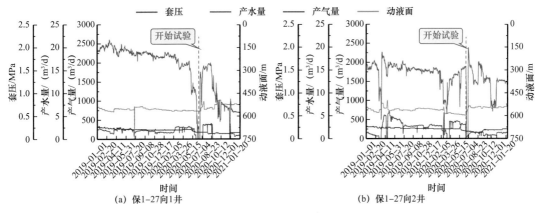

(a) 保1-27向1井　　　　　　　(b) 保1-27向2井

图4-3-7　保1-27井组试验后排采曲线

煤层气轴流式多相混抽泵具有叶片泵和压缩机的双重特性，多级增压单元串联工作。每级增压单元由一个叶轮和一个导轮组成，叶轮随轴旋转，导轮静止。高速旋转的叶轮对流经的多相流做功使之获得动能和压力能，然后经过导轮的扩压作用将多相流的动能转换为压力能，同时导轮叶片能剪切破碎叶轮出口形成的大气团。多相流经过导轮的调整作用以混合程度相对较好的流动状态进入下一级增压单元，为整个泵机组的正常工作提供了保证。

1. 混抽泵增压单元流场分析

1）增压单元的实体建模及网格划分

提出两种增压单元模型，利用流体软件对模型进行实体建模及网格划分后，依据相关理论公式及数据对边界条件进行设定，然后进行仿真求解（图4-3-9）。

2）仿真结果与分析

（1）两种结构增压单元仿真结果的对比。

对两种结构增压单元在不同流量、不同含气率、不同转速下的几百个工况点做了大量的仿真研究，考虑到篇幅有限，只显示

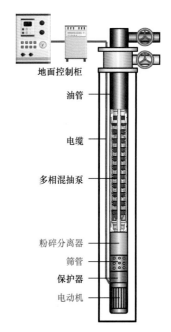

图4-3-8　煤层气多相混抽泵
排采示意图

了转速在3000r/min、泵入口体积含气率（GVF）为35%时的外特性对比结果（图4-3-10）。

由图4-3-10可以看出，相同工况下模型1与模型2相比，模型1虽然轴向力稍大，但是增压值高、轴功率小、效率高，其整体性能要远远好于模型2。后面主要研究分析模型1的特性参数及内流场特性。模型1，即锥形轮毂、柱形轮缘结构的增压单元在转速为3000r/min，泵入口体积含气率分别为0、10%、20%、30%、40%和50%时的部分外特性结果如图4-3-11至图4-3-13所示。

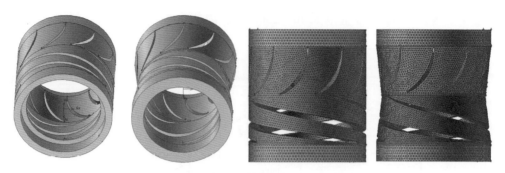

图 4-3-9　增压单元流道模型建立与网格划分图

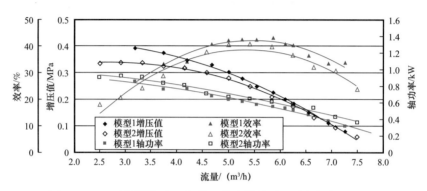

图 4-3-10　两个混抽泵 10 级模型仿真结果对比（含气率为 35%）

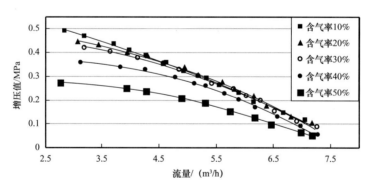

图 4-3-11　流量—增压值外特性曲线

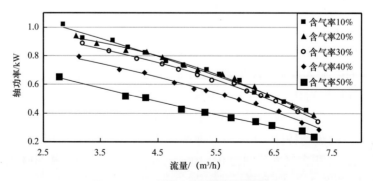

图 4-3-12　流量—轴功率外特性曲线

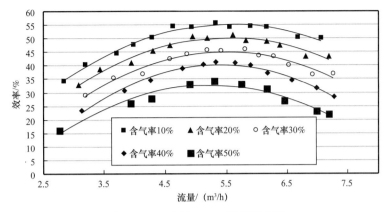

图 4-3-13 流量—效率外特性曲线

由外特性曲线可以看出，当入口体积含气率一定时，随着入口混合流量的增加，增压单元的增压值、轴功率近似线性减小，轴功率的减小也是导致增压值减小的主要原因；效率与混合流量近似符合二次曲线关系，且曲线的曲率半径随含气率的增大而增大。仿真结果表明，该增压单元输送气液两相流时，对体积含气率有一定范围限制，超过该范围，多相泵的增压能力和混抽效果都将大大下降。

（2）转速对泵外特性的影响。

当改变电动机的转速时，泵的特性曲线也会随之发生变化，利用相似公式可以得出转速改变后的泵特性曲线。为了更好地研究螺旋轴流泵的工作特性、指导泵的设计，完善泵的设计理论，须研究转速对该种泵特性的影响规律。

由图 4-3-14 和图 4-3-15 可以发现，无论是纯水还是气液混抽的工况，随着转速的增加，多相泵的增压值也会随之增加。当多相泵的转速不变时，随着泵入口含气率的增加，泵的增压值就会降低，但是现场还必须保持稳定的增压值，就必须相应地提高转速。由图 4-3-16 可以发现，随着转速的增加，最高泵效率也有所增加，最优工况点后移，高效区范围变宽，其性能得到改善；但总体泵效变化幅度不是很大，在工业应用中应考虑在高速且可变速的条件下运行，以适应不断变化的入口条件。

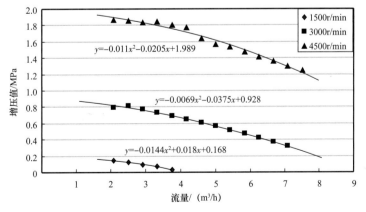

图 4-3-14 纯水时不同转速下流量—增压值关系

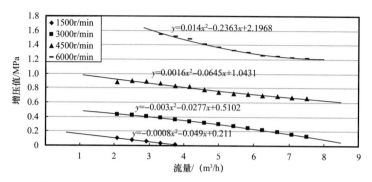

图 4-3-15 含气率为 40% 时不同转速下流量—增压值关系

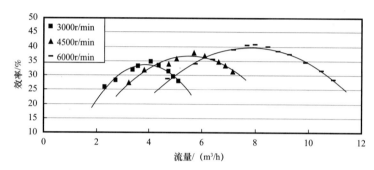

图 4-3-16 含气率为 40% 时不同转速下流量—效率关系

2. 井下螺旋轴流式混抽泵试验研究

1）试验装置

气液混输泵试验装置如图 4-3-17 所示。该试验台架由 10 级增压单元的井下螺旋轴流式混抽泵、吸入部分、排出部分和数据采集部分组成。10 级新研制的 98 型井下螺旋轴流式混抽泵的总体结构如图 4-3-18 所示。井下螺旋轴流式混抽泵的设计参数为：设计流量 5m³/h；设计转速 3000r/min；设计单级扬程 3m；泵入口含气率 30%～70%（短时内可达到 100%）；在泵入口含气率为 35%～40% 条件下泵效为 30%～40%。

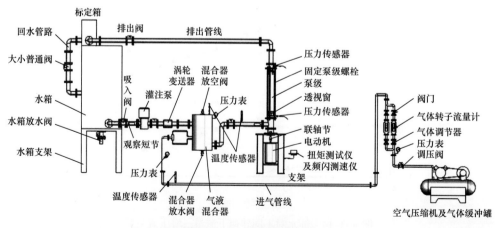

图 4-3-17 试验装置简图

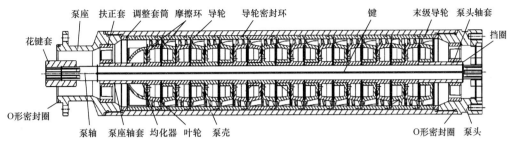

图 4-3-18 试验样机的结构

井下螺旋轴流式混抽泵入口处的气液两相流体的含气率通过混合前气液两相的体积流量来调节控制，试验中采用各自的流量计分别计量气液两相流的体积流量。气液两相流体先经过安装在试验样机泵入口处的气液缓冲罐混合均匀，然后再进入试验样机。通过调节控制空气压缩机的排气压力来控制试验样机的入口压力。

2）外特性研究

以转速为 3000r/min，泵入口体积含气率分别为 0、30%、50%，不同混抽流量时的实验结果，以及气液混抽流量分别为 4.17m³/h、5m³/h，不同含气率时的实验结果为例，进行分析讨论。

（1）纯水工况下的外特性曲线。

在外特性实验过程中，关闭空气压缩机，调节样机排出阀改变泵的工况，得到样机在输送纯水时的外特性曲线，如图 4-3-19 所示。

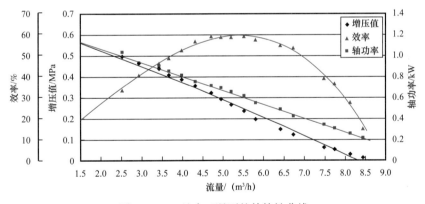

图 4-3-19 纯水工况下的外特性曲线

由流量—增压值曲线可以看出，样机对纯水的增压效果较好。随着流量的增大，样机的增压值近似线性降低，没有出现普通轴流泵的驼峰形曲线。这是是因为设计的叶轮叶片进口冲角 $\Delta\beta_1$ 为 3°～8°，叶片出口角 β_2 为 10°～15°，叶片包角 θ 为 230°～280°，相对较小的 $\Delta\beta_1$ 和 β_2 及相对较大的 θ 都会使叶轮容易获得无驼峰的特性曲线。

由轴功率—流量曲线可以看出，随着流量的增大，样机的轴功率也近似线性减小。因此，启动电动机前，先将井下螺旋轴流式混抽泵的排出阀全部打开，以免因启动电流过大而烧坏电动机。轴功率的降低也是造成泵增压值降低的重要原因。

由效率—流量曲线可以看出，该样机输送纯水时的曲线近似二次曲线，高效区范围比较大，而且最高效率点接近 60%。由 3 条外特性曲线可以看出，设计的井下螺旋轴流式混抽泵输送纯水时的性能非常理想，达到了高效的设计要求。

（2）不同入口含气率工况下的外特性曲线。

井下螺旋轴流式混抽泵实验的处理方法基于多相泵输送气液两相流时的扬程、功率和效率计算公式，这些公式是在一维不可压和气液两相流的基础上经过扩展后提出的。为了更直观地反映混抽泵的增压效果，直接采用实测的增压值。但是，由于计算多相泵的效率时需要用到多相流体的扬程，因此仍需计算气液两相混合流体的扬程。

混输能力与外特性是衡量井下螺旋轴流式混抽泵性能的重要指标。样机在转速为 3000r/min、不同入口体积含气率时，输送气液两相介质的部分外特性实验结果如图 4-3-20 和图 4-3-21 所示。

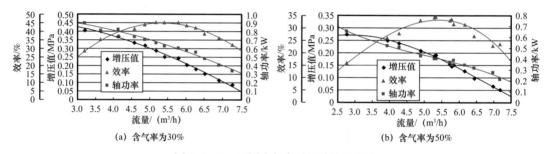

图 4-3-20　不同含气率时的外特性曲线

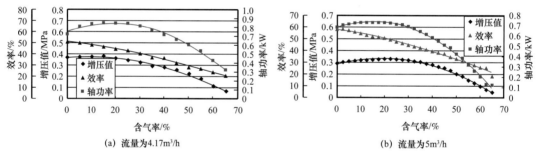

图 4-3-21　不同流量时的外特性曲线

由图 4-3-20 可知，当入口含气率一定时，随着多相泵入口混合流量的增加，增压值、轴功率近似线性减小；效率曲线近似符合二次曲线关系。随着样机入口含气率的增加，样机外特性曲线的总体趋势是增压值降低，轴功率减小，效率降低。增压值和轴功率的外特性曲线由线性减小向曲线过渡，但增压值曲线始终没有类似于普通轴流泵的驼峰曲线；效率曲线相似，但曲线的曲率半径随含气率的增大而减小，说明高效区变低，高效范围变窄。

由图 4-3-21 可知，输送入口相同总体积流量的流体，当入口体积含气率 GVF≤15% 时，轴功率随含气率的增加而增加；当 GVF≥15% 时，轴功率随含气率的增大近似二次曲线下降；当 GVF≤25% 时，随着含气率的增加，流体获得的增压值也随之增加；但随着含气率的进一步增大，流体获得的增压值开始减小，当 GVF≥50% 后，增压值衰减相对较快。效率随入口体积含气率的增加近似线性降低，说明含气率对泵效的影响非常大，在样机工作时应尽量选择在泵的高效区工作，否则泵效将大大下降。

（3）数值计算与实验比较。

井下螺旋轴流式混抽泵转速为 3000r/min、含气率为 40%，以及转速为 3000r/min、流量为 4.17m³/h 时的对比结果如图 4-3-22 和图 4-3-23 所示。

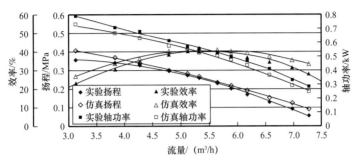

图 4-3-22　含气率为 40% 时混抽泵的实验与仿真结果对比

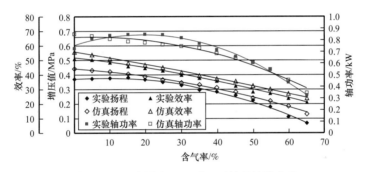

图 4-3-23　流量为 4.17m³/h 时的外特性曲线

由图 4-3-22 和图 4-3-23 可以看出，数值模拟值和实验值的外特性曲线吻合相对较好，增压值的相对误差平均值为 3.45%，轴功率的相对误差平均值为 4.31%，总效率误差的平均值为 6.8%。由两种结果对比参照可以更准确地验证新结构的性能。在设计工况点两者基本吻合，远离设计工况则两者相差也逐渐增大。模拟值曲线更平滑，一般是增压值稍大，效率稍高，轴功率稍低。

3. 现场试验应用

通过现场调研与技术交流，最终选择保 1-03 向 2 井作为试验井，根据试验井的井况数据和生产需求，对排采系统进行优化与选型（表 4-3-2、表 4-3-3、图 4-3-24）。

表 4-3-2　保 1-03 向 2 井试验前的井况数据

泵径 / mm	泵挂深度 / m	抽油机 型号	冲程 / m	冲次 / min⁻¹	井底压力 / MPa	套压 / MPa	动液面 / m	日产气量 / m³	日产水量 / m³	备注
83	900.21	CYJ12		4.5	7.309	0.19	596.81	38.94	68.52	水色清

表4-3-3 煤层气多相混抽泵排采系统主要设备参数

序号	部件名称	规格型号
1	多相混抽泵	排量100m³/d，扬程1350m
2	变频电动机	YQY413系列43kW，1150V，30A
3	保护器	QYH101G型
4	粉碎式处理分离器	旋转式带粉碎功能
5	变频控制柜	TK660-75kW
6	增压变压器	容量80kV·A，初级电压380V，输出800～1400V
7	井下压力传感器	QYCWY-1型
8	井口	适用于5$\frac{1}{2}$in套管的电泵井口

图4-3-24 新的煤层气多相混抽泵现场试验图

2019年11月28日在中石油煤层气有限责任公司忻州分公司保1-03向2井开始试验，该井产水量大降压困难，抽油杆断脱频繁，常规电潜泵易气蚀、煤粉堵塞，导致该井排水降压效果不佳，排采连续性较低（平均115天）。2019年11月28日开展多相混抽泵试验，无故障连续运行235天，日均产水81.28m³，动液面从560m降至992m，截至2021年1月底，累计产气3.9×10⁴m³，日均产气356m³，最高达到1064m³（图4-3-25），通过地面监测，推算泵内多相流含气量不大于3%，固体含量不大于5.7%，排采连续性延长4个月，效果良好。

三、集成式一机多井水力管式泵

1.水力管式泵结构原理

普通管式抽油泵具有结构简单、耐用性强的优点，但在井斜角度大、产出液杂质多的复杂工况下易出现杆管偏磨、阀门易漏失等现象（王水生，2003）；而水力活塞泵具有无杆管偏磨、易受颗粒堵塞、井下泵结构复杂特点。水力管式泵举升工艺充分整合上述两种泵的优点，并结合煤层气井的排采特点，基于管式泵的活塞运动思路和水力活塞泵的液力驱动方法，形成一机多井集成橇装化、智能化排采设备。

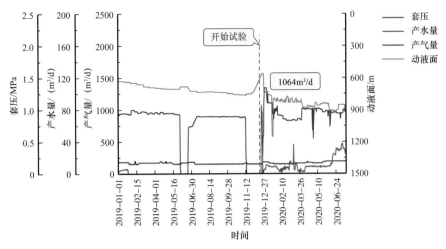

图 4-3-25 试验前后排采曲线

1）水力管式泵举升工艺工作原理

水力管式泵举升工艺由井下泵组、油管和中心管、地面动力系统及控制系统组成。

水力管式泵设计使用沉降过滤后的煤层气井产出液作为驱动液，通过地面水管式泵排采控制系统，形成高压的驱动液，利用地面装置上的换向装置，定时或定量交替往井筒油管或中心管注入驱动液，驱动井下泵组进行往复运动，把井下液抽汲至地面。

上行程：地面驱动泵抽汲水箱内的液体，液压缸左行时，液控阀打开，液压缸左腔液体加压，产生高压驱动液，经中心管和油管形成的环空进入井下泵组，推动泵筒上下，此时游动阀关闭，固定阀打开，泵筒以上的液体经中心管排至地面；油套环空中液柱压力顶开固定阀，油套环空中液体进入泵内，如图 4-3-26 所示。

正常运行时，泵筒下端未到达洗井孔就进行换向，转为下行程；需要洗井时，泵筒上行至上死点时不换向，地面驱动泵持续注入驱动液，泵筒下端超过洗井孔，驱动液由洗井孔进入柱塞，打开游动阀，由中心管排出，完成对泵筒内腔、游动阀和泵上排出管柱的冲洗，将固体颗粒排出，此过程为自清洗流程（赵骞等，2016）。

下行程：当井下泵筒到达上止点时，地面设备的导流阀换向，驱动液由中心管注入，驱动泵筒下行，此时固定阀关闭，泵内的液体受到压力作用，压力持续增大，泵内的压力高于游动阀压力时，游动阀打开，泵组内液体通过中心管和油管环空排出，如图 4-3-27 所示。

井下泵组以动筒式管式泵为设计模型，设计柱塞固定、泵筒上下运行的排采泵；取消抽油杆作为井下泵的连接动力介质，采用水作为井筒泵运行的介质，避免井筒下入电缆的情况，井筒中仅有排采泵为运动部件；采用油管中加入同心管的方式建立水介质的运移通道，水介质经过地面设备的压缩后以高压状态经过同心管进入泵筒，产出液经过同心管与油管形成的环形空间排至地面；为提高井筒泵的泵效，在泵筒运行至上止点时高压动力液具有冲洗阀球的功能，在此功能的基础上进一步实现高压动力液清洗泵筒及油管的目的；地面设备自动化匹配 485 接口，为实现设备自动化控制做好准备。

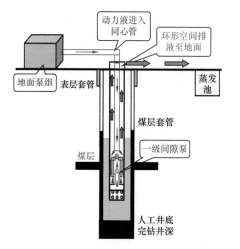

图 4-3-26 上行程示意图

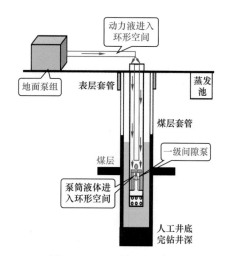

图 4-3-27 下行程示意图

2）水力管式泵举升工艺技术特点

水力管式泵举升工艺主要包括井筒工艺和地面驱动系统（图 4-3-28），其中井筒举升工艺主要包括井下液力管式泵组、两套同心管柱组成的驱动液通道和混合液通道、防气体装置、液面监测仪器。地面驱动系统包括地面液压驱动泵、油压转水压的能量转换装置、换向导流装置、自动控制系统、水过滤装置和水箱（梅永贵等，2016）。

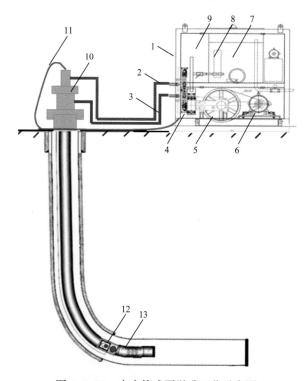

图 4-3-28 水力管式泵举升工艺示意图

1—地面水箱；2—地面中心管水线；3—地面油管环空水线；4—换向水阀；5—三柱塞泵；6—电动机；7—地面水箱；
8—过滤器；9—自动化控制柜；10—井口；11—压力计线缆；12—井下泵组；13—防气防砂装置

水力管式泵排采工艺具备如下技术特点：

（1）井筒中结构简单，运动部件少，能保证井底设备运行稳定，故障率低。

（2）设备的动力系统置于地面，不使用井下电缆提供动力，动力设备出现故障时便于维修，维修不需要起下管柱。

（3）井下泵组能在井斜0°～90°范围内平稳运行。

（4）设备安装及完井检泵作业操作简单。

（5）无杆排采系统的扬程可达到1500m，满足开采较深煤层气的需求。

（6）无杆排采工艺的排量最高可达到60m³/d，有无级调速的功能，可与自动化系统匹配，达到实时传输数据和远程操作、监控的目的。

（7）整套设备的费用低。

与有杆举升工艺相比，水力管式泵具有杜绝偏磨、任意井斜度放置等优点；与无杆举升工艺相比，水力管式泵具有排粉能力强、管外无电缆、外径小、任意井斜度放置、投资低、占地少等优点，适用于60m³以下排量。

2. 集成式水力管式泵应用

1）排采试验情况

集成式无杆排采设备主要在水力管式泵的基础上进行了集成式设计，在现场试验的选井上，主要考虑在井筒情况相对稳定、产气量较小的煤层气定向井进行试验，第一批设备应用在HBZ43-1井组和HBZ43-2井组，初期设计试验一机三井集成式排采；第二批两套集成式无杆泵设备分别应用在HBZ43-3井组的4口井上。试验井组情况见表4-3-4。

表4-3-4 试验井组情况

序号	井场	井号	3号煤层垂深/m	15号煤层垂深/m	15号煤层斜深/m	预测产水量/m³	水力泵深度/m	水力泵井斜角/(°)	备注
1	HBZ43-1	HBZ43-1-1	490	585	635	1～10	572.5	43.6	2019年3月14日至6月30日
2		HBZ43-1-2	490	585	635	1～10	592.5	43.1	2019年3月14日至2020年12月
3		HBZ43-1-3	490	585	635	1～10	588.5	42.2	
5	HBZ43-2	HBZ43-2-1	646	736	836	5～10	792.5	29.1	2018年11月2日至2019年4月17日
6		HBZ43-2-2	627	717	817	5～10	819.5	31.2	
7		HBZ43-2-3	618	708	808	5～10	792.5	26.4	
8	HBZ43-3	HBZ43-3-1	481	571	581	10	622.5	30.7	2019年10月29日至2020年12月
9		HBZ43-3-2	481	571	581	10	614.5	37.0	
10		HBZ43-3-5	481	571	581	10	649.5	30.1	
11		HBZ43-3-6	481	571	581	10	608.5	29.3	

2）应用效果

通过对表4-3-5中HBZ43-3井组在排采初期水量充足时的系统效率和井下泵效分析，集成式无杆排采设备运行的稳定性以及系统效率相比单井水力管式泵设备得到了较好的优化，排采时率达到98%以上，系统效率达到30%以上，尤其是能耗情况有明显的改善。

表4-3-5　HBZ43-3井组生产情况统计

序号	井号	排采时率/%	井下泵组效率/%	系统效率/%
1	HBZ43-3-1	99.4	89.8	32.3
2	HBZ43-3-2	98.5	93.2	33.5
3	HBZ43-3-5	99.3	94.6	35.2
4	HBZ43-3-6	98.7	89.3	31.8

第四节　多层合采测试技术

现阶段煤层气产业在地质勘探、钻井、压裂、排采、集输工艺等方面形成了一系列的勘探开发技术，但在多层合采井测试等方面仍存在一些技术问题。多层合采井逐步增多，现阶段的气体测试技术不能准确掌握合采井单层的产气量。为此，本节提出一种基于热式气体流量计的煤层气多层合采井测试技术，能够方便快捷、准确高效地完成多层合采井的产气产水剖面测试。

一、多层合采测试技术概述

1. 测试原理

煤层气井产出气具有气量从小到大、变化范围大的特点，一般常规的井下流量计无法满足在大量程比内的精度要求，而热式气体流量计压损低、流量范围大，且具有高精度、高重复性、高可靠性，无可动部件以及可用于极低气体流量监测和控制等特点，更易满足煤层气井产气量测定的要求。

热式气体流量计是根据介质热传递原理制成的一种流量仪表，一般用来测量气体的质量流量。根据被测物理量的不同，可以分为以下3种测量关系：

（1）流体流过加热管道时产生的温度场变化与流体质量流量的关系。

（2）加热流体时流体温度上升至某一值所需要的能量与流体质量流量之间的关系。

（3）流体流过加热探头时带走的热量与流体质量流量的关系（梁国伟等，2008）。

鉴于上述3种测量关系，可以分成两种测量方法：一种是给流体加入必要的热量，热能随着流体流动，通过检测相应点的热量变化来测量流量；另一种是在流动的流体中放置发热元件，其温度随流速变化，通过检测发热元件被冷却程度来求出流量。前者属于热量式，代表这种测量方法的仪表有早期的托马斯流量计、非接触式的边界层流量计和热分布型流量计；后者属于热导式，代表这种测量方法的仪表有热线风速仪、浸入型流量计等（刘海涛，2012）。

根据工作方式，可以将热式气体流量计分为恒温差式和恒功率式（于斌等，2011；郭应举等，2017）。恒功率式测量值从实际温度变化获得，测量管质量和检测元件质量的热惯性会降低响应速度；恒温差式的温度分布没有变化，不受检测元件等质量热惯性影响。同时，考虑煤层气中含水的特点、产气量范围等因素，需要对温度变化反应速率较快，因此选择恒温差式作为重点研究对象。

恒温差式是在仪器上安装两个温度传感器，一个用于加热，另一个用于检测被测介质温度。当加热元件的温度高于气体的温度时，气体流过时会带走一部分热量，确保加热元件和被测气体温度差保持恒定，控制并测量热源提供的功率，功率消耗随流量的增加而增加，由功率的消耗计算气体流量，如图 4-4-1 所示。

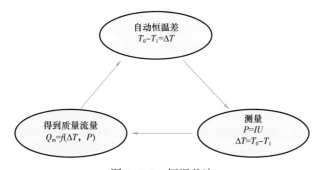

图 4-4-1　恒温差法

T_0—加热探头温度，℃；T_1—检测探头温度，℃；ΔT—两探头之间的温差，℃；P—补偿功率，W；
I—电流，A；U—电压，V；Q_m—气体质量流量，kg/m³

热式气体流量计的原理建立在热平衡原理基础上，主要有热线和热膜两种形式（田丽霞，2014）。热线式和热膜式的工作原理相同，在气流通道中放置热线（铂丝或钨丝）R_H 和补偿电阻 R_c，在稳定的流场中形成平衡电桥，当气流通过流量传感器时，热线被冷却，热线温度下降，其电阻值随之减小，电桥失去平衡。通过集成运算放大器组成的反馈电路会自动增加供给热线的电流 I_H，使热线恢复到原来的温度和电阻值，从而使电桥恢复平衡。实际上在气体流量变化时，热线电阻并不变化，而是以恒温方式工作。当它有变化的趋势时，通过运算放大器的反馈作用使供给热线的电流 I_h 发生变化，从而保持探头温度（电阻）的恒定。

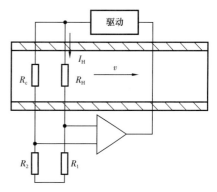

图 4-4-2　热式气体流量计原理
（据梁国伟等，2008）

R_H—测热电阻，Ω；R_c—补偿电阻，Ω；
v—气体流速，m/s；I_H—驱动电流，A

根据热平衡原理（图 4-4-2），电流流过热线所产生的热量应等于流体流过热线所带走的热量。因为热线产生的热量 W 取决于焦耳定律，而流体所带走的热量 H 取决于热耗散规律，所以有 $W=H$。

2. 测试热式探头形式及影响因素

浸入型热式流量计探头已形成多种形式，广泛适用于各种场合。最简单的探头就是一段直径非常微小的圆柱体金属线，安装在一个微型支架上，如图4-4-3（a）所示，实验室用的热线风速仪即是这种形式。其直径通常只有2～5μm，长度有毫米量级，电阻仅有几欧姆，一般只用于实验室场合，对流速变化的反应非常灵敏（周浩杰，2017）。

用于实际管道测量空气流量的热线探头如图4-4-3（b）所示，在两个金属支架上固定一根螺旋状的热线，其结构有较高的灵敏度，完全能满足一般的工程测量，但在强度和稳定性上始终存在问题。铂丝螺线管稳定性好，但强度较低，不容易定型；钨丝螺线管强度较高，但容易氧化，稳定性不够好。在陶瓷基片上做成的铂膜电阻[图4-4-3（c）]，能较好地解决该矛盾，于是近几年在空气流量检测中得到了较广泛的应用。在陶瓷基片上沉积加热电阻和补偿电阻的组合铂膜探头[图4-4-3（d）]，该结构使补偿电阻和加热电阻处于同一流场中且位置确定，能更好地补偿流体温度变化带来的影响，在气体流速测量和工业管道气体流量测量中正逐步得到广泛应用。图4-4-3（e）和图4-4-3（f）所示结构都可以解决探头的固定问题和动态响应问题。图4-4-3（g）所示探头是用半导体工艺研制的微型热式流量传感器，整个探头的加热测量部件被限制在一个非常小的尺度内，对流动的响应很敏感。图4-4-3（h）所示探头应用较广，其速度探头与温度探头都由铂电阻组成，有坚固的保护外壳，铂丝不直接与流体接触，但其动态响应速度大大降低，只适合于测量流量变化缓慢的定常流动。

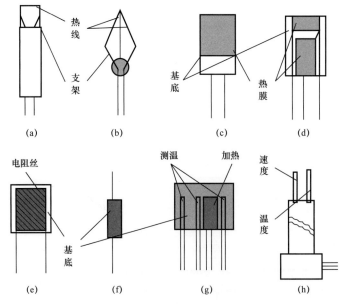

图 4-4-3　热式探头的形式（据梁国伟等，2008）

不同的被测介质温度对热式探头的工作有很大影响。根据式（4-4-1）来分析，对于空气，在常温范围内其导热系数 κ 和定压比热容 c_p 变化量相对较小，系数 a 和 b 的变化如图4-4-4所示。随着温度的增大，系数 a 和 b 都在不同程度地增加。即使质量流量不变，由于系数 a 和 b 都在增大，流量信号 I 也不会是常数。因此，热式气体流量计尚不是真正的质量流量计，其输出信号除与质量流量有关外，还与气体物性参数，如导热系数、定压比热容等有关。

$$I_H^2 R_H = \left(a + b\sqrt{\rho v}\right)\left(T - T_0\right) \tag{4-4-1}$$

式中 a、b——系数；

       ρ——密度，kg/m^3；

       v——流速，m/s；

       T——热线的温度，℃；

       T_0——气流的温度，℃。

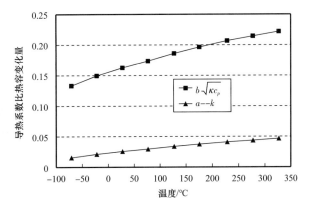

图 4-4-4 系数 a 和 b 变化曲线（据梁国伟等，2008）

c_p—定压比热容；κ—导热系数；a--k 表示在一定的条件下，a 的变化等同于 κ 的变化

被测介质湿度 φ 主要表现在对导热系数 κ 和密度 ρ 的变化上。空气中的水蒸气对热式探头的影响有与图 4-4-4 相同的规律，影响量与湿空气的相对湿度和温度有关。图 4-4-5 为湿空气密度随相对湿度和温度变化曲线，可以看出，温度较低时（如小于40℃），空气湿度引起的差异较小，但当温度较高时，空气湿度的影响较明显。

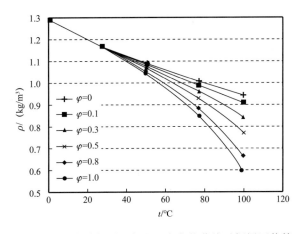

图 4-4-5 湿空气密度随相对湿度和温度变化曲线（据梁国伟等，2008）

3. 环空测试流速分布

热导式流量计在井筒内的测试，就是测试工况条件下管道内气体、液体的流速，流速与环空截面积的乘积为瞬时气量。经过温度和压力补偿计算，可以计算单井的产气量。关键在于准确测得代表横截面积的流速。

1）油套环空截面积计算及测试误差

一般煤层气井套管内径 R_T 为 124mm，油管外径 R_Y 为 89mm，在设计井下流量计时要求外径 R_J 为 22mm，因此正常生产时的油套环空（图 4-4-6）与测试点的油套环空（图 4-4-7）按照公式计算得到：

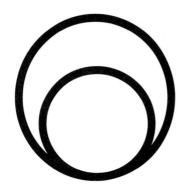

图 4-4-6　油套环空示意图

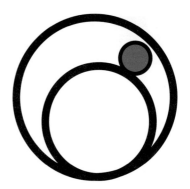

图 4-4-7　测试过程中油套环空示意图

油套环空截面积 = 套管内截面积 − 油管截面积 = π（$R_T^2/4 - R_Y^2/4$）= 0.00585m^2

测试环空截面积 = 套管内截面积 − 油管截面积 − 井下流量计截面积

$$= \pi（R_T^2 - R_Y^2 - R_J^2）/4 = 0.00547m^2$$

由于在测量时加入了井下流量计，使得测量点截面积变小，与正常生产时相差 6.5%，根据质点在环空宽、窄间隙处会减速、加速运动（刘永建等，1996），因此在测量时应考虑缩径带来的误差，并予以补偿。

通过气流流过截面的公式 $Q=AV$ 可知，流量一定时，气流流速与截面积成反比，理想状态下不考虑其他因素，直接将测量出的流速乘以系数 0.935，即可得到生产状态下截面的近似流速。该系数只和单井管柱结构有关，也就是说，在管柱结构固定的情况下，系数就是常数。如果井本身的结垢非常严重，则测量的数据会出现较大偏差，但这个偏差可以通过地面流量计进行修正，不影响对每个单层产气量的判断。

2）环空流速分布及其误差

根据油管、套管、流量计的极限分布情况，如图 4-4-8 所示，环空中流量计可能分布的位置是与套管内切且与油管外切，其切点与油管、套管切点的夹角，经过计算最大为 85°。流量计可以处于套管壁相切、弧长 160mm、最大环空距 35mm 的空间内，此空间为异形空间，没有适合的公式进行流速分布状态推算。为便于分析，参考长直圆管道的流速分布公式进行计算。

流体力学中，雷诺数是流体惯性力与黏性力比值的量度，它是一个无量纲数。雷诺数小，意味着流体流动时各质点间的黏性力占主要地位，流体各质点平行于管路内壁有规则地流动，呈层流流动状态。雷诺数大，意味着惯性力占主要地位，流体呈紊流（也称湍流）流动状态，一般管道雷诺数小于 2300 为层流状态，雷诺数大于 4000 时为紊流状态，雷诺数为 2300～4000 时为过渡状态。在不同的流动状态下，流体的运动规律、流速的分布等都不同，因而管道内流体的平均流速 v 与最大流速 v_{max} 的比值也不同（汪志明，2008）。因此，雷诺数的大小决定了黏性流体的流动特性。

根据雷诺数的定义，推算煤层气在环空中的雷诺数存在层流和紊流两种形态：流速小于 0.5m/s，其雷诺数小于 2300 是层流状态；流速大于 0.5m/s，都是紊流状态。

王磊（2009）给出了流速分布等值线，如图 4-4-9 所示，环空中心流速最大，越靠近管壁流速越低。

根据前人的研究成果，在紊流的管道内，气体流速分布按对数曲线规律分布。公式为：

$$\frac{v_{max}}{v} = \left(\frac{r}{R}\right)^n \qquad (4-4-2)$$

流体的雷诺数不同，n 不同，雷诺数为 1.1×10^5（经典的工程数值）时，$n=1/7$，截面的平均流速 $\bar{v}=0.82-0.87v_{max}$。

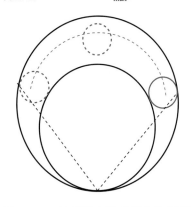

图 4-4-8　流量计在油套环空分布模型

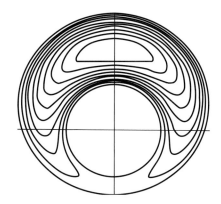

图 4-4-9　流速分布等值线

如果按上述公式进行计算，会发现在环套空间内流体的计算非常复杂，不同类型的环套相对位置、处于不同测量位置的流量计都会对测量结果产生较大影响。分析速度分布曲线可知，随着偏心距的减小，宽窄间隙的速度分布越接近（孙智等，2004）。因此，尽量保证仪器直径较小，所处的位置尽量靠中间，减少速度分布产生的误差。

为此，通过实验室检定的方式对流量计误差进行标定。刻度的目的是必须精确找出测量值与反映地层物理参数的工程值之间的转换关系（刘秩，2013），通过刻度之后，可以把相关曲线修正，实现工程值与仪表性能的比对，进而确定仪表设计与实现的电路。仪表加工完成后，通过在模拟油套环空的实流检定装置上进行水、气标定，标定结果显示最大误差为 3.1%，满足要求。

4. 仪表工作原理

仪器采用热导式工作原理（图4-4-2）：在流量计上安装有两个测温探头，一个功率较大可以加温，另一个电流较低专门用于检测介质温度，均采用PT100铂热电阻。当气流流过加热探头时，会带走热量，使两个探头之间的温度（温差）发生变化，内置的惠斯通电桥不再平衡，加热探头的电流会增大，提高加热探头的温度，使得两探头保持恒定温差。流速越高，带走热量越多温差越大，加热探头上的电流就会越大，检测探头电流的变化，可得到电流与气体流速的关系，从而计算出油套环空内气量的变化。

二、多层合采测试技术的形成

1. 测试系统设计

煤层气井多层合采测试系统包括地面PC系统、检测仪以及井下测井仪（图4-4-10）。地面解码系统由煤层气监测仪和PC机上的煤层气监测软件组成，煤层气监测软件主要是显示当下各层产气相关数据和状况及精确显示当前液面深度；PC机通过RS485接口和煤层气监测仪连接。

图4-4-10　测试系统原理示意图

煤层气监测仪给井下测试仪供电，并把井下测试仪采集的数据通过编码后，通过电缆发送到地面的煤层气监测仪。煤层气监测仪解码后，用RS485传输到PC机显示，煤层气监测仪后面板通过插头连接电缆，前面板显示煤层气监测仪的总开关、电压调试旋钮、井下供电开关等。井下供电开关用于井下测试仪供电控制，面板上的插孔是地面监测仪器使用。

井下测井仪，采用单芯电缆，标准曼彻斯特码传输，仪器短，可靠性高，全套仪器如图4-4-11所示，包括五只电缆接头、一只遥传短节、三只测量短节。电缆长度根据产气层的距离确定，电缆接头用于仪器和电缆的连接，遥传短节用于数据编码传输和给测量短节供电。测量短节共有三只仪器，通过TPS总线与遥传短节连接，用于采集探头所处部位井温、压力及流量参数的变化，将测量数据通过TPS编码传输给遥传短节。测量短节测量井温、压力和流量三个参数。井温传感器采用Pt100铂金电阻，其电阻值随温度变化，给该电阻供上恒定微弱电流（电流不能大于1mA，否则会由于电阻本身功耗而升温，导致测量误差），外界温度变化引起探头电阻值变化，电阻变化导致探头两端电压随之变化，通过检测电压的变化而达到测温的目的，Pt100铂电阻通过快速导热材料封装在耐压外管中。压力参数通过高精度压力传感器，测量短节所处位置的环境压力，从而计算煤层气井液面的高度。流量测量采用前面提到的热式流量计，可精确测量井下产气层煤层气。

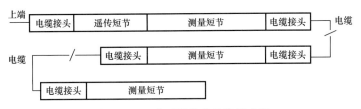

图 4-4-11　井下测井仪连接示意图

2. 主要技术指标

1）井下测井仪

（1）单芯电缆：ϕ5.6mm。

（2）外径：ϕ22mm。

（3）耐温：120℃。

（4）耐压：2MPa。

（5）传输方式：曼彻斯特码（与 DDL Ⅲ 兼容）。

（6）井温：Pt1000 铂电阻探头，响应时间不大于 1s，精度 ±0.5℃，分辨率 0.02℃。

（7）压力：分辨率 0.006MPa，测量范围 0～6MPa，测量精度 0.5%。

（8）流量（热导流量计）：测量范围 5～20000m³/d。

2）地面煤层气监测仪

（1）供电电压：AC220V±10%。

（2）工作温度：-40～85℃。

（3）直流供电：0～200V 连续可调，最大电流 3A。

（4）通信方式：RS485 接口。

3）遥传短节设计

遥传短节采用多路遥传技术（图 4-4-12），仪器电路如图 4-4-13 所示，遥传短节包括隔离电路、电源及驱动电路、加法器以及微处理器（WTC），隔离电路连接在电缆和微处理器之间，保证电缆信号不被干扰，同时使直流电压通过。

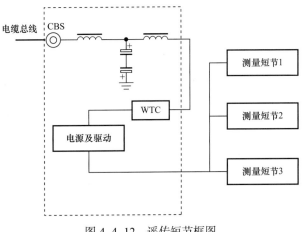

图 4-4-12　遥传短节框图

微处理器 WTC，实现两个功能：（1）微处理器通过加载电路和脱离电路到仪器总线与下挂仪器通信，实现地址的发送和下挂仪器数据的接收；（2）微处理器同时将采集到的数据通过一定规则编成曼彻斯特码，曼彻斯特码的上升沿和下降沿分别形成两路交替脉冲信号，通过运放相加，得到归零曼彻斯特码，再经驱动送到电缆，传送至地面系统。

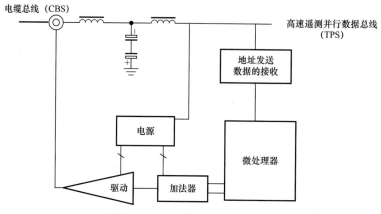

图 4-4-13　遥传短节电路框图

遥传短节原理：电源向微处理器 WTC 供电，微处理器 WTC 向加法器输入交替曼彻斯特码交替脉冲（M1、M2），加法器输出归零码给驱动电路，经过驱动电路和电缆传输至对应的测量短节。微处理器 WTC 通过 TPS 总线接收数据信号，并进行曼彻斯特编码处理后输出给 TPS 总线，TPS 总线与电缆连接。

3. 测试仪结构

测试仪的结构和安装如图 4-4-14 和图 4-4-15 所示，在油管的外侧固定（焊接）托筒、集流块；流量计测量探头固定于集流块内，集流块下端加工有双螺旋导气斜面，使气体大约有 75% 导入流量测量探头，提高流量测量精度。

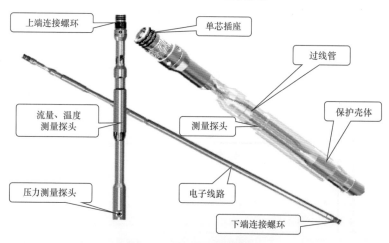

图 4-4-14　测试仪结构图

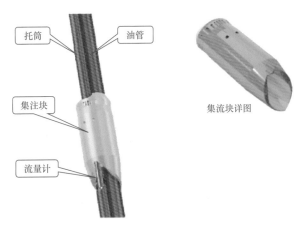

托筒　油管　集注块　流量计　集流块详图

图 4-4-15　仪器井筒安装示意图

煤层气监测软件主要用于井场连接仪器测试井下数据，同时也是检测仪器的一种方法。煤层气监测仪前面板上的通信口连接 RS485 转 U 口线，另一端接 PC 机，打开软件，就可以实时监测仪器测试的数据。

4. 实验室标定

通常需要应用实验室标定装置对测试仪的精确度进行检测，实验室标定装置主要有气量标定装置、水量标定装置、温度标定装置和压力检定装置，如图 4-4-16 至图 4-4-19 所示。

图 4-4-16　气量标定装置

图 4-4-17　水量标定装置

图 4-4-18　温度标定装置

图 4-4-19 压力检定装置

温度采用金属铂探头，其电阻值随环境温度变化，经过电路处理、采集室内标准温度下的测量值，计算出校准系数，输入处理软件，仪器工作时将采样值换算成工程值，完成环境温度的测量。压力数据标定与温度测量类似，室内给仪器逐步加标准压力，采集一组数据，计算得出仪器校准系数。因仪器工作温度不高于50℃，故不需做温度补偿。

流量标定在专用装置中完成，最左边一列是标定装置给出的标准流量值，随后是三支流量计的采样值，获得的数据输入处理软件，仪器工作时的测量值通过查表及分段线性处理，获得实际的测量值。

在标准条件下使用空气标定，现场测试介质为甲烷，加之温度、压力的不同，故测得的数据需校准，遵循气体的导热系数随温度升高而增大的特性。在通常的压力范围内，其导热系数随压力变化很小，只有在压力大于196MPa，或压力小于2.67kPa（20mmHg）时，导热系数才随压力的增加而加大。因此工程计算中常可忽略压力对气体导热系数的影响。仪器通常用空气或氮气在略高于常压的室温工况条件下标定（校准）。如实际使用工况有异或不用于同一气体，均可通过各自条件下的比热容或换算系数换算。

5. 测试技术确定

按照上述方法，确定了多层合采测试技术，分为地面监测仪和井下测试仪。煤层气地面监测仪为现场要求的 RS485 接口，数据可以传输到煤层气公司的数据平台。而在井场现场时，也可以用 RS485 转 U 口线连接计算机，直接在计算机上显示。地面监测仪选用小量程压力探头，量程为 0～6MPa，且多密度采集压力点数，精度和分辨率都有很大提高。井下测试仪电路用恒温差法，将测量探头完全裸露在被测流体中，探头的测量可完全真实地反映流体流量，且实时性好，反应灵敏。井下测试仪温度、压力、流量数据均推算为刻度后工程值，上传至煤层气地面监测仪，再由地面监测仪按照现场总线 RS485 数据格式上传到系统平台，从而实现了多层合采测试。具体测试步骤如下：

（1）下放测量系统，使得相邻测量短节分别位于要测量的煤层井段的上下两侧。

（2）开始测量，遥传短节向测量短节发送地址信号，测量短节收到地址信号后将测量数据信号发送给遥传短节。

（3）遥传短节将接收到的数据信号进行曼彻斯特编码后，通过加法器运放得到归零曼彻斯特码，经过驱动，通过电缆传送至地面监测仪。

（4）地面监测仪给将编码数据信号解码后传输到地面 PC 系统，地面 PC 系统根据测量短节的数据信号计算单层气量。将位于煤层井段的上下两个测量短节的流量值相减，即为该煤层井段的煤层气流量。

三、气水同测工艺方法

1. 油管绑扎式分层测试方法

在每一层煤层之上一定位置设置一只测试仪，并在最底部煤层之下再设置一只测试仪，将电缆和井下测试仪捆绑在油管外侧，随油管一起下井。相邻两只测试仪器测试数值相减得到两只仪器之间煤层的生产数据，采用不同的换算系数得出所测气体的流量或者水的流量。

以沁水盆地煤层气生产主力层 3 号煤层和 15 号煤层为例，1 号、2 号、3 号流量计分别置于 3 号煤层之上、15 号煤层之上、15 号煤层之下，煤层气井的液面位置分为 3 种情况，对应的捆绑式分层测试也有 3 种情况。

（1）第一种情况：液面在 3 号煤层以上，同时也在 1 号流量计以上。

3 号煤层测试：气量 = 地面或水量 =Q_2

15 号煤层测试：水量 =Q_3-Q_2

此阶段一般是单井投产初期，井筒内基本是纯水，煤层尚未解吸产气，井筒内为液相流体，如图 4-4-20 所示。此时较容易测准井筒内的产水量。当然，测试前提是井筒内产液基本平衡或呈现连续下降情况。

（2）液面处于 3 号煤层以下、15 号煤层以上，且 2 号流量计没在水里。

3 号煤层测试：气量 =Q_1 或水量 =Q_2

15 号煤层测试：水量 =Q_3-Q_2

按理想状态看，在排采阶段（图 4-4-21）3 号煤层出水受产气影响，水量会显著下降。15 号煤层产水也会受到开采时间的影响，出现平稳下降的情况。

因此在这个阶段，将 2 号流量计置于 15 号煤层以上 10~20m 的位置，一方面可以使测量纯水状态的时间相对长一点，另一方面缩短流量计在气水混合物状态的时间，尽量使测量更准确。

（3）1 号、2 号流量计置于纯气态中，3 号流量计处于泵筒之上，处于纯水态中。

3 号煤层测试：气量 =Q_1-Q_2 或水量 =Q_2

15 号煤层测试：气量 =Q_2 或水量 =Q_3-Q_2

实际生产到产水量已经大幅下降，剖面测试以产气为主的阶段时（图 4-4-22），单测 3 号煤层产水难度很大，需要恢复一定的液面到 2 号流量计也浸入水中。因此，如无特别的生产需要，不进行水量测试。

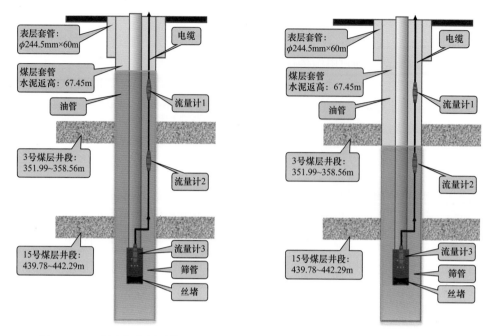

<table>
<tr><td>图 4-4-20 投产初期测试管柱</td><td>图 4-4-21 排采中期测试管柱</td></tr>
</table>

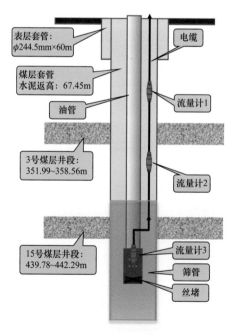

图 4-4-22 液面降至 15 号煤层以下测试管柱

2. 偏心式分层测试方法

仪器通过偏心测试井口下入油套环空，进行水量、气量的测试，其计算方法与捆绑式测试方法一致。地面工艺设计如图 4-4-23 所示，井下工艺设计如图 4-4-24 所示。

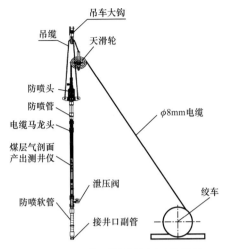

图 4-4-23 偏心测试地面工艺设计

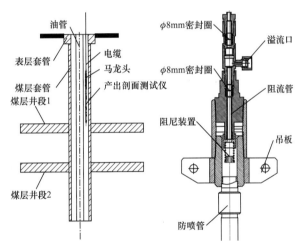

图 4-4-24 偏心测试井下工艺设计

分层测试仪器内置湿度传感器，同一支流量计可以区分气态或纯水态，进行测量。主要分两个步骤：（1）通过下放流量计到不同的位置，进行气量和水量测试；（2）通过公式计算，得到不同煤层气的产气、产水数据。

同时，偏心式分层测试采用 Server6000 型测井系统，是专为生产测井、工程测井、射孔而设计的可配接脉冲、模拟、数字信号井下仪器，包括分时传输数字模拟脉冲混合仪器。该系统采用了一系列先进技术和仪器，具有可靠性高、可连接井下仪器种类多、抗震性好、应用广泛等特点。

四、分层测试现场应用

用分层测试仪器，对郑庄 12 口井和樊庄 13 口井不同层位的产气量进行分析，结果见表 4-4-1 和表 4-4-2。由此可见，郑庄作业区产气能力以 15 号煤层为主，樊庄作业区产气能力以 3 号煤层为主。郑庄 3 号煤层产气量只占 31% 的结果，彻底颠覆了人们通常的 3 号煤层产量明显高于 15 号煤层的认识，确认了 15 号煤层是主力开发煤层，为郑庄 15 号煤层规模开发提供了依据。

表 4-4-1 郑庄 12 口井不同层位产气量测试结果

序号	井号	产气量 / (m³/d)			3 号煤层产量占比 / %
		3 号 +15 号煤层	3 号煤层	15 号煤层	
1	HBZ44-3	1780.06	613.04	1167.02	34.44
2	HBZ44-4	1835.84	746.07	1089.77	40.64
3	HBZ44-5	1739.1	310.19	1428.91	17.84
4	HBZ44-6	1701.27	207.42	1493.86	12.19
5	HBZ44-7	1956.78	547.18	1409.6	27.96
6	HBZ44-8	1334.99	397.8	937.19	29.8
7	HBZ44-9	1234.78	605.17	629.61	49.01
8	HBZ44-10	1206.46	470.91	735.55	39.03
9	HBZ44-11	1786.86	606.18	1180.68	33.92
10	HBZ44-12	371.82	49.32	322.5	13.26
11	HBZ44-13	1837.68	404.87	1432.81	22.03
12	HBZ44-14	829.25	569.11	260.14	68.63
	平均值	1467.91	460.6	1007.3	31.38

表 4-4-2 樊庄 13 口井不同层位产气量测试结果

序号	井号	产气量 / (m³/d)			3 号煤层产量占比 / %
		3 号 +15 号煤层	3 号煤层	15 号煤层	
1	HBF44-15	2544.53	2356.7	187.82	92.62
2	HBF44-16	1536.24	976.15	560.09	63.54
3	HBF44-17	1071.62	886.85	184.78	82.76
4	HBF44-18	937.2	629.33	307.87	67.15
5	HBF44-19	984.17	902.35	81.82	91.69
6	HBF44-20	1842.86	1228.61	614.26	66.67
7	HBF44-21	1839.04	1169.85	669.2	63.61
8	HBF44-22	3172.12	2136.45	1035.66	67.35
9	HBF44-23	2432.1	1373.05	1059.05	56.46

续表

序号	井号	产气量 /（m³/d）			3 号煤层产量占比 /%
		3 号 +15 号煤层	3 号煤层	15 号煤层	
10	HBF44–24	1890.59	1105.68	784.91	58.48
11	HBF44–25	1470.1	850.28	619.81	57.84
12	HBF44–26	1011.87	699.42	312.45	69.12
13	HBF44–27	2077.42	997.95	1079.47	48.04
平均值		1754.6	1177.9	576.71	67.13

第五章 煤层气稳产增产技术

面对大面积低产气的煤层气井和老井呈现产量下降趋势，为大幅提高单井产气量，提高煤层气采收率，"十三五"期间，依托"煤层气高效增产及排采关键技术研究"项目，开展了巷道型水平井应力释放采气技术、煤层气可控温注氮驱替增产技术、复合解堵增产技术和负压抽排增产4项煤层稳产增产的理论研究和技术攻关，并在沁水盆地、鄂尔多斯盆地东缘进行了现场试验探索。

提出了应力释放开发煤层气的理论新认识，有望区域性大幅提高单井产气量的应力释放的工程技术还在进一步探索之中。在理论分析和室内可行性实验基础上，试验了"两注十采"的控温注氮增产，取得了降低递减率15%、提高采收率5.4%的效果。在储层伤害机理分析、酸液体系筛选基础上，开展酸化解堵试验，取得了3.8倍的增产效果；从煤表面润湿性出发，论证注入表面活性剂减小煤体孔隙结构中的毛细管力，注剂筛选后试验，取得了煤层气产量增幅49%的显著效果。在负压等温解吸特征和负压剩余储量分析的基础上，研制并试验了水环压缩机橇和往复式压缩机橇，取得了明显的降低套压、提高单井产气量的作用。

研究并成功试验了注氮增产、复合解堵（酸化、注剂）、负压抽排等技术，实践证明，技术成果针对不同的适应条件，能够有效提高煤层气单井产气量，降低递减率，提高采收率。

第一节 特低渗透煤层应力释放采气技术

在煤矿井下采掘过程中，由于原本采掘空间内处于承载状态的煤岩被挖出，导致部分载荷向周围煤岩转移，煤层中应力场的分布形式和大小会重新分布，周围煤岩由于承载状态的改变会引起煤岩一系列的变形，最终形成应力释放。在淮南、淮北、铁法、晋城、松藻、鸡西等矿区已成功实施煤矿采动区（或采空区）应力释放煤层气地面井抽采技术，进行了构造煤储层卸压煤层气开发（Sang et al., 2010）。实践表明，煤层气单井产量可达到20000m³/d，产出气体甲烷的体积分数可达到80%，证实了煤层气应力释放抽采理论的有效性和技术原理的可行性（陈红东，2017）。由此提出了用大直径水平井对煤层实施区域应力释放，区域性大幅提高低渗透区的渗透率，从而区域性解放低产区。本节研究了应力释放理论、煤储层、顶底板互层条件下煤储层中井周应力的分布特征，进行了水平井高密度造穴应力释放采气技术的探索。

一、大直径水平井的提出

1.采掘活动对煤层气井排采的影响

1）胡底矿周边煤层气井排采特征

胡底矿位于沁水盆地煤层气富集量比较大的樊庄区块，矿区附近有标志我国首个大型煤层气田发现的晋试1井组，该井组于1999年完井排采，单井最高产气量达到7000m³/d，井组平均产气量达到2500m³/d。本节以胡底矿为例，分析了2016年煤矿采掘活动对煤层气井产量的3次影响，以期能够解释巷道及钻孔活动与煤层气井产量之间的相互关系。

如图5-1-1所示，工作面回采从2016年9月开始，红黄相间分别表示一个月的回采长度，回采工作是分层开采，先开采首分层，开采高度是3m。2016年巷道掘进（图5-1-2）主要体现在两个方面：一是5条主要巷道继续向前掘进；二是准备工作面的进风巷和回风巷已经基本掘进完成。紫色的表示2016年掘进的巷道，2016年施工瓦斯抽采钻孔时间是在2016年3月至7月，红色框表示排采产量降低的煤层气井，绿色框表示排采产量升高的煤层气井。

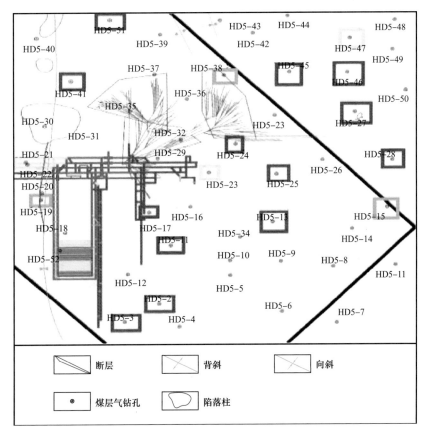

图 5-1-1　2016年胡底矿采掘活动与煤层气排采关系

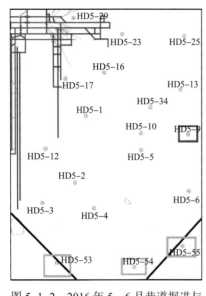

图 5-1-2　2016 年 5—6 月巷道掘进与
排采关系

在 2016 年 4 月迎来一次产量降低，分布范围为 10～600m。2016 年 3—7 月，在该区域施工井下瓦斯抽采钻孔，5 月部分煤层气井产量降低，更远的区域煤层气井产量上升，如图 5-1-2 所示。可以得出，巷道的采掘活动通过应力的变化影响到邻近的煤层气井，致使煤层气井产量有所降低，但是该部分应力的变化，导致更远处煤层气井所处区域的水流有了流动的通道，更容易流出，致使储层压力降低，进而导致更远处的煤层气井产量有一定的提升。在 2016 年 7 月再次迎来一次产量降低，分布范围为 20～800m。在这个时间段内施工瓦斯抽采钻孔的时间是 2016 年 7 月至 2017 年 1 月，如图 5-1-3 所示。也就是说，井下瓦斯抽采特别是长距离的千米钻机钻孔，能够影响到地面煤层气的排采。

从图 5-1-4 分析可知，在 2016 年 12 月，距离井下瓦斯抽采钻孔及巷道掘进比较近的煤层气井，产量均出现一定范围的降低，而较远的煤层气井产量升高。随着开采和瓦斯抽采时间的延长，矿井周围的煤层气井排采产量呈现出靠近采掘活动降低、稍远的距离产量增加的现象。

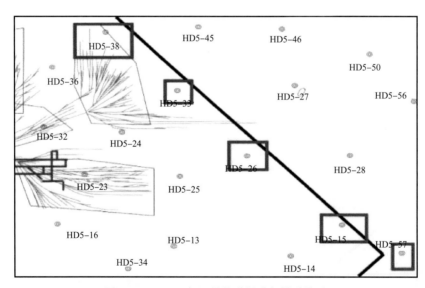

图 5-1-3　2016 年 7 月巷道掘进与排采关系

2）其他矿井周边煤层气井排采特征

通过对坪上、端氏煤矿周边井分析发现（图 5-1-5），2000m 以上不受煤矿影响；1000～2000m 为弱干扰区，自然产气量高；500～1000m 为强干扰区，自然产气量高；小于 500m 为采动泄压区，产水量少，自然产气量低。

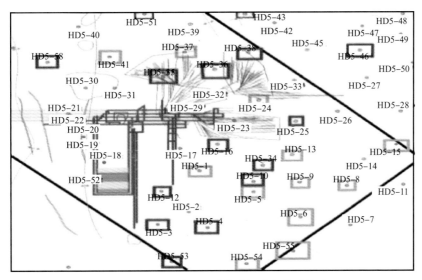

图 5-1-4　2016 年 12 月巷道掘进与排采关系

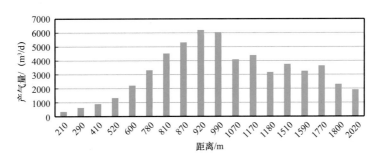

图 5-1-5　坪上、端氏煤矿周边井产气量变化随与巷道距离的变化

综上分析，煤矿开采区域煤层气井排采异常主要受矿井采掘活动、井下瓦斯抽采以及储层流体压力降低的影响。

2. 大直径水平井的提出

基于上述分析可知，煤矿开采过程中，煤层中应力场的分布形式和大小会重新分布，周围煤岩由于承载状态的改变会引起煤岩一系列的变形，发生应力释放，提高煤层的渗透率，促进单井产量的提高。因此，通过分析煤矿采掘及瓦斯抽采活动对煤层气井排采的影响，提出了大直径水平井的设计思路，如图 5-1-6 所示。预测应力释放的效果认为，大直径水平井打成后，随着煤层应力释放，离巷道越近的井产气量越高。

二、应力释放理论

1. 煤矿开采时上覆岩层运动规律

根据煤矿开采时上覆岩层运动的形式（弯拉破坏和剪切破坏）、岩层运动发展至破坏的力学条件、上覆岩层破坏形式的判断、上覆岩层破坏形式的转化等基本特征，可以总结煤矿开采时上覆岩层纵向运动和推进方向上的运动规律（钱鸣高等，2010）。

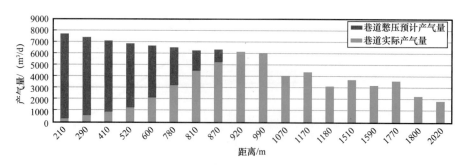

图 5-1-6　巷道对单侧煤层应力释放效果预测

1）煤矿开采时上覆岩层纵向运动发展的基本规律

岩层的纵向运动一般是：在重力作用下弯曲沉降→发生离层后在运动中重新组合成同时运动（或近乎同时运动）的"假塑性"传递岩梁→沉降值超过允许的限度，即发生垮落。

2）煤矿开采时上覆岩层在其推进方向上的运动发展规律

其运动发展状况可分为两个阶段。

（1）初次运动阶段。从岩层由开切眼开始悬露，到对工作面矿压显现有明显影响的一两个传递岩梁初次裂断运动结束为止，为初次运动阶段［图 5-1-7（a）、图 5-1-7（b）］，包括直接顶岩层初次垮落。

（2）周期性运动阶段。从岩层初次运动结束到工作面采完，顶板岩层按一定周期有规律的断裂运动，成为周期性运动阶段［图 5-1-7（c）至图 5-1-7（f）］。在此发展阶段，岩层的约束条件发生了根本性变化，运动步距较初次运动步距小得多。

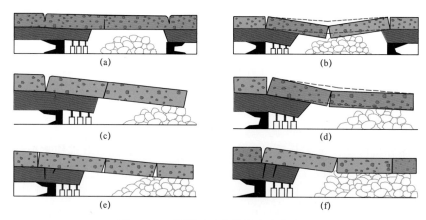

图 5-1-7　岩层运动在推进方向的发展

2. 煤岩体应力场与采动叠加效应

1）地应力测试与分析

地应力的大小、方向，与煤岩层的埋藏深度，所经历的构造运动和地质构造，以及煤岩的岩性、强度与刚度等多种因素有关。总体而言，地应力的大小随埋藏深度的增加，其 3 个主应力值也相应增加。一般情况下，埋藏深度小于 250m 的最小水平主应力（σ_h）往往大于垂直主应力（σ_v），成为中间主应力，而垂直主应力成为最小主应力，即地应

力状态呈现出 $\sigma_H > \sigma_h > \sigma_v$ 的状态（σ_H 为最大水平主应力）；中等埋深矿区（一般深度为 250～600m）的岩层应力状态一般处于 $\sigma_H > \sigma_v > \sigma_h$ 的状态；对于埋深超过 600m 的矿区，受构造运动影响小的矿区地应力状态一般为垂直主应力为最大主应力，即 $\sigma_v > \sigma_H > \sigma_h$，但受近现代构造运动影响明显的矿区，地应力仍可能是以构造应力为主（张晓，2012）。

　　2）地应力与煤岩体强度和结构的关系

　　地应力主要由自重应力场与构造应力场组成，自重应力随埋深的增加而增大，构造应力主要与地质构造运动有关。一般情况下，坚硬岩体内地应力高，软弱岩体内地应力低。煤岩体结构越发育，煤岩体内地应力值越低。煤岩体强度是煤岩固有的性质，一般随地应力（围压）的增大而增大。随着围压的增加，煤岩体结构对其强度的影响越来越小，当围压达到一定水平后，煤岩体强度趋于某一定值，结构效应消失。最后，煤岩体结构面分为原生结构面与次生结构面，原生结构面与煤岩性、成岩环境、煤岩体强度、构造运动发生的时间及强烈程度等多种因素有关。次生结构面是在掘进或采煤活动中，由于应力重新分布导致煤岩体变形与破坏而产生的新断裂与裂纹，主要取决于采动应力与煤岩体强度（康红普，2013）。

　　3）巷道开挖后围岩应力分布特征

　　巷道开挖后围岩应力分布，一般呈现出以下几个特征：

　　（1）巷道围岩稳定性与其轴线与最大水平主应力方向的夹角有很大关系，当巷道轴线与最大水平主应力平行，巷道受水平应力的影响最小，有利于顶底板稳定。

　　（2）巷道开挖以后，在顶底板出现垂直应力降低区，在两帮出现应力高升区。

　　（3）巷道开挖后，水平应力在两帮出现应力降低区，巷道顶板与底板出现应力集中区。

　　（4）巷道开挖后，水平应力在两帮出现应力降低区，在巷道顶板与底板出现应力集中区。

　　（5）巷道围岩塑性区分布随巷道轴线与最大水平主应力方向夹角的不同而发生变化。

　　（6）巷道围岩变形在巷道轴线平行于最大水平主应力方向时最小。

　　（7）巷道开挖以后，垂直应力在工作面前后方出现应力降低区与升高区。

　　（8）水平应力也在掘进工作面前后方出现应力降低区与升高区。

　　（9）当巷道轴线平行于最大水平主应力方向时，掘进工作面垂直应力对称分布，应力值较大，集中应力分布范围较广。

　　4）煤矿开采时围岩应力分布特征

　　随着工作面走向与最大水平主应力夹角的增加，水平应力发生了显著变化。应力分布逐渐发生扭转，在工作面前方的煤柱与煤体上集中应力值与范围明显增加，而在工作面后方两侧煤柱与煤体上水平应力有所减小。当各煤岩层施加的水平应力相同时，煤层与其他比较坚硬的岩层承担同样大小的应力，在工作面前方煤柱上与后方煤体中出现了很大的集中应力，而在工作面后方煤柱中的集中应力小，分布范围小。当各煤岩层施加的水平应力不同时，则正好相反。最后，现场工作面中部支架工作阻力与顶板下沉量不均匀，分段分布，很有可能工作面走向与最大水平主应力呈一定角度，而导致应力分布扭转。

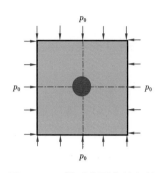

图 5-1-8　轴对称圆巷的条件
p_0—原岩应力

3. 不同形状洞室的二次应力状态

基于蔡美峰（2002）、沈明荣等（2006）关于岩石力学在地下洞室工程的理论研究，作为后期数值模拟的理论基础。

1）深埋圆形洞室弹性分布的二次应力状态

（1）侧压力系数 $\lambda=1$ 时深埋圆形洞室围岩的二次应力状态。

① 基本假设。

视围岩为均质、各向同性、线弹性，无流变行为，且侧压力系数按弹性力学中 $\lambda=v/（1-v）$ 计算（v 为泊松比），本次研究取 $\lambda=1$。原问题简化为荷载与结构都是轴对称的平面应变圆孔问题，如图 5-1-8 所示。

② 基本方程。

静力平衡方程：

$$\frac{\mathrm{d}\sigma_r}{\mathrm{d}r}+\frac{\sigma_r-\sigma_\theta}{r}=0 \tag{5-1-1}$$

几何方程：

$$\varepsilon_r=\frac{\mathrm{d}u}{\mathrm{d}r} \tag{5-1-2}$$

$$\varepsilon_\theta=\frac{u}{r} \tag{5-1-3}$$

式中　ε_θ、ε_r——洞室围岩的切向应变和径向应变。

本构方程（平面应变问题）：

$$\varepsilon_r=\frac{1-v^2}{E}\left(\sigma_r-\frac{v}{1-v}\sigma_\theta\right) \tag{5-1-4}$$

式中　E——弹性模量，MPa；

ε_r——径向应变；

σ_θ——切向应力，MPa；

σ_r——径向应力，MPa。

$$\varepsilon_\theta=\frac{1-v^2}{E}\left(\sigma_\theta-\frac{v}{1-v}\sigma_r\right) \tag{5-1-5}$$

式中　E——弹性模量，MPa；

ε_θ——切向应变；

σ_θ——切向应力，MPa；

σ_r——径向应力，MPa。

③边界条件：

$$r=R_0, \ \sigma_r=0 \tag{5-1-6}$$

$$r \to R_0, \ \sigma_r=p_0 \tag{5-1-7}$$

式中　p_0——原岩应力，MPa；

　　　R_0——洞室半径，m；

　　　r——围岩中任意一点到圆形洞室的洞轴线的距离，m。

④圆形洞室周围围岩的二次应力分布特征。

切向应力与径向应力的解析表达式为：

$$\begin{cases} \sigma_\theta = p_0\left(1+\dfrac{R_0^2}{r^2}\right) \\ \sigma_r = p_0\left(1-\dfrac{R_0^2}{r^2}\right) \end{cases} \tag{5-1-8}$$

式中　σ_θ——切向应力，MPa；

　　　σ_r——径向应力，MPa。

式（5-1-8）表示洞室开挖后应力重分布的结果，即二次应力场的应力分布，洞室周围的应力分布特征如图5-1-9所示。

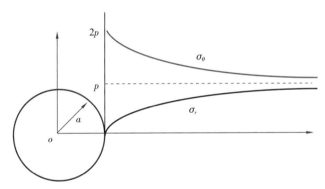

图 5-1-9　圆形洞室的二次应力分布

（2）$\lambda \neq 1$时深埋圆形洞室围岩的二次应力状态。

当侧压力系数$\lambda \neq 1$时，任意一点的应力状态为：

$$\left. \begin{array}{l} \sigma_r = \dfrac{p_0}{2}\left[(1+\lambda)\left(1-\dfrac{R_0^2}{r^2}\right)-(1-\lambda)\left(1-4\dfrac{R_0^2}{r^2}+3\dfrac{R_0^4}{r^4}\right)\cos 2\theta\right] \\[3mm] \sigma_\theta = \dfrac{p_0}{2}\left[(1+\lambda)\left(1+\dfrac{R_0^2}{r^2}\right)+(1-\lambda)\left(1+3\dfrac{R_0^4}{r^4}\right)\cos 2\theta\right] \\[3mm] \tau_{r\theta} = -\dfrac{p_0}{2}\left[(1-\lambda)\left(1+2\dfrac{R_0^2}{r^2}-3\dfrac{R_0^4}{r^4}\right)\sin 2\theta\right] \end{array} \right\} \tag{5-1-9}$$

式中　θ——洞壁任意点到中轴连线与 x 轴的夹角；

　　　σ_θ——切向应力，MPa；

　　　σ_r——径向应力，MPa；

　　　$\tau_{r\theta}$——剪应力，MPa。

当 $r=R_0$ 时，应力公式（5-1-9）可简化为：

$$\begin{cases} \sigma_\theta = \left(K_z + \lambda K_x\right)p_0 = Kp_0 \\ \sigma_r = 0 \\ \tau_{r\theta} = 0 \end{cases} \quad (5\text{-}1\text{-}10)$$

式中　K——挖后围岩的总应力集中系数；

　　　K_z、K_x——垂直、水平应力集中系数，$K_z=1+2\cos2\theta$，$K_x=1-2\cos2\theta$。

图 5-1-10 显示了洞壁应力 σ_θ 的总应力集中系数 K 随 θ 角以及不同 λ 的变化状态。当 $\lambda=1$ 时，洞壁的应力值为 $2p_0$。当 $\lambda=0$ 时，其洞壁的应力分布为最不利状态。$\lambda=1/3$ 是洞顶是否出现拉应力的分界值：若 $\lambda<1/3$，则洞顶将产生拉应力；若 $\lambda>1/3$，洞顶将表现为压应力；若 $\lambda=1/3$，则 $\sigma_\theta=0$。

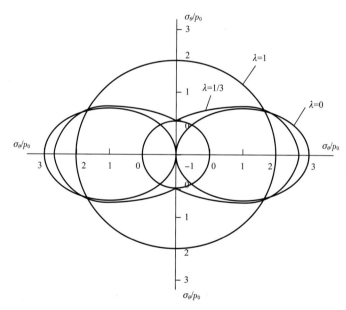

图 5-1-10　洞壁应力 σ_θ 总应力集中系数变化图

2）深埋矩形洞室的二次应力状态

矩形洞室一般采用旋轮线代替 4 个直角，利用级数求解其应力状态。其结果可简化为（$r=R_0$，洞室周边应力）：

$$\begin{cases} \sigma_\theta = (K_z + \lambda K_x)p_0 \\ \sigma_r = 0 \\ \tau_{r\theta} = 0 \end{cases} \quad (5\text{-}1\text{-}11)$$

3）深埋圆形洞室弹塑性分布的二次应力状态

（1）基本假设和解题条件。

① 深埋圆形平巷，无限长。

② 原岩应力各向等压。

③ 原岩为理想弹塑性体。

④ 原岩为塑性不可压缩材料。

⑤ 巷道埋深 $z \geqslant 20R_0$。

近似地，采用 Mohr–Coulomb 准则作为进入
塑性状态的判据。力学模型如图 5-1-11 所示。

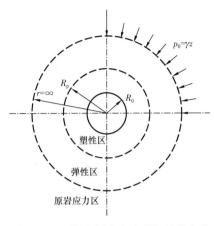

图 5-1-11　洞室围岩应力弹塑性分布的
力学模型

（2）基本方程。

弹性区积分常数待定的弹性应力解为：

$$\begin{cases} \sigma_r = A + \dfrac{B}{r^2} \\ \sigma_\theta = A - \dfrac{B}{r^2} \end{cases}$$（5-1-12）

式中　A、B——积分常数，根据边界条件可推导。

塑性区轴对称问题的平衡方程为：

$$\frac{\mathrm{d}\sigma_r}{\mathrm{d}r} + \frac{\sigma_r - \sigma_\theta}{r} = 0$$（5-1-13）

强度准则方程——Mohr–Coulomb 准则：

$$\sigma_\theta = \frac{1+\sin\theta}{1-\sin\theta}\sigma_r + \frac{2C\cos\theta}{1-\sin\theta}$$（5-1-14）

（3）边界条件。

① 弹性区。

外边界：$r \to \infty$，$\sigma_r = \sigma_\theta = p_0$

内边界（与塑性区的交界面）：$r = R_\mathrm{p}$（塑性区半径）

$$\begin{cases} \sigma_r^e = A + \dfrac{B}{R_\mathrm{p}^2} \\ \sigma_\theta^e = A - \dfrac{B}{R_\mathrm{p}^2} \end{cases}$$（5-1-15）

式中　R_p——弹塑性分界点到洞轴线的距离即塑性圈半径；

　　　A、B——积分常数，根据边界条件推导；

　　　σ_θ^e——切向弹性应力，MPa；

　　　σ_r^e——径向弹性应力，MPa。

② 塑性区。

外边界（弹塑性区的交界面）：$r=R_p$

$$\sigma_r^p = \sigma_r^e$$
$$\sigma_\theta^p = \sigma_\theta^e$$

式中　σ_θ^p——切向塑性应力，MPa；

　　　σ_r^p——径向塑性应力，MPa。

内边界（周边）：$r=R_0$

$$\sigma_r=0$$

（4）弹塑性区内的应力分布特征。

① 弹性区应力：

$$\begin{cases} \sigma_\theta^e \\ \sigma_r^e \end{cases} = p_0 \pm (C\cos\varphi + p_0)\left[\frac{(p_0 + C\cot\varphi)(1-\sin\varphi)}{C\cot\varphi}\right]^{\frac{1-\sin\varphi}{\sin\varphi}}\left(\frac{R_0}{r}\right)^2 \qquad （5-1-16）$$
$$\sigma_z^e = p_0$$

② 塑性区应力：

$$\begin{cases} \sigma_\theta^p = C\cot\varphi\left[\left(\frac{r}{R_0}\right)^{\frac{2\sin\varphi}{1-\sin\varphi}} - 1\right] \\[3mm] \sigma_r^p = C\cot\varphi\left[\frac{1+\sin\varphi}{1-\sin\varphi}\left(\frac{r}{R_0}\right)^{\frac{2\sin\varphi}{1-\sin\varphi}} - 1\right] \\[3mm] \sigma_z^p = \frac{\sigma_\theta^p + \sigma_r^p}{2} = C\cot\varphi\left[\frac{1}{1-\sin\varphi}\left(\frac{r}{R_0}\right)^{\frac{2\sin\varphi}{1-\sin\varphi}} - 1\right] \end{cases} \qquad （5-1-17）$$

其中，式（5-1-15）至式（5-1-17）中提到的 σ_r^p、σ_θ^p、σ_r^e 和 σ_θ^e，与 σ_{rp}、$\sigma_{\theta p}$、σ_{re} 和 $\sigma_{\theta e}$ 含义相同。

③ 塑性区半径：

$$R_p = R_0\left[\frac{(p_0 + C\cot\varphi)(1-\sin\varphi)}{C\cot\varphi}\right]^{\frac{1-\sin\varphi}{2\sin\varphi}} \qquad （5-1-18）$$

式中　C——黏聚力，MPa；

　　　φ——内摩擦角，（°）；

　　　σ_z^p——塑性区沿洞轴方向的正应力，MPa；

　　　σ_z^e——弹性区沿洞轴方向的正应力，MPa。

如图 5-1-12 所示，塑性区径向应力和切向应力只与围岩的强度参数（C、φ、S_c）有关。

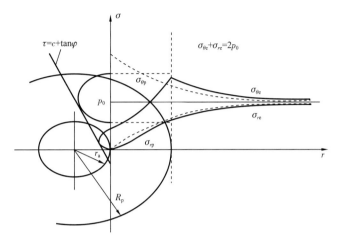

图 5-1-12 洞室围岩弹塑性应力分布图

τ—剪应力，MPa；C—黏聚力，MPa；φ—内摩擦角，（°）；R_p—塑性区半径，m；r_a—洞室半径，m；$\sigma_{\theta p}$ 和 σ_{rp}—切向塑性应力和径向塑性应力，MPa；$\sigma_{\theta e}$ 和 σ_{re}—切向弹性应力和径向弹性应力，MPa；p_0—岩石原始应力，MPa

（5）深埋圆形洞室二次应力状态的弹塑性分布特征。

① 在 $\lambda=1$ 的条件下，塑性区是一个圆环。塑性区内的应力 σ_r^p 和 σ_θ^p 应该满足 Mohr-Coulomb 准则。

② $r=R_p$ 处为塑性区的边界，塑性区边界上的径向应力将影响弹性区的应力、位移和应变的计算。

③ 当 $r>R_p$ 时，围岩进入弹性区。计算式中增加了由于塑性区边界上的径向应力 $\sigma_r^{R_p}$ 的作用所引起的增量。分布规律与纯弹性分布大致相同，仍可用 $\sigma_\theta^e+\sigma_r^e=2p_0$ 来计算结果。

三、煤层应力释放数值模拟

1. 大直径水平井井周应力计算模型

1）假设条件

（1）煤储层为均质的多孔介质，且弹塑性各向同性。

（2）不考虑界面间的裂缝，以及煤储层或顶底板内的裂缝。

（3）煤储层或岩体中的流体为完全饱和的瓦斯和水，且不可压缩。

（4）瓦斯和水的运移完全符合线性达西定律。

（5）忽略渗流场中流体的惯性效应。

（6）忽略温度场对大直径水平井周围应力场的影响。

2）边界条件及参数选取

模型采用对称边界，应力与工区地应力一致；只约束模型不产生垂直方向的刚体位移。

3）计算模型

模型尺寸（长 × 宽 × 高）为 500m×200m×50m，大直径水平井尺寸为 150m×5m×5m（1/4 尺寸为 125m×2.5m×2.5m）。建立的大直径水平井开挖的计算模型如图 5-1-13 所示。

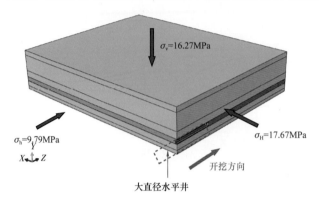

图 5-1-13　大直径水平井开挖过程中井周应力场计算模型

4）网络划分的有限元分析模型

采用非线性有限元计算软件 ABAQUS 自带的映射网格划分技术，网格划分后的有限元分析模型如图 5-1-14 所示。

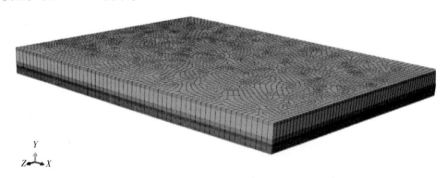

图 5-1-14　大直径水平井开挖网格划分有限元模型

2. 煤层应力释放特征

1）水平井周围"三区"内渗透率的变化规律

水平井开挖后，周围围岩的塑性区、弹性区和原岩应力区内的渗透率将表现出明显不同的变化规律：塑性区内由于煤体的屈服失稳破碎，应力均得到显著释放，塑性区内的渗透率将显著升高，且随着与水平井距离的增加，渗透率将逐渐减小，在塑性区和弹性区的边界处减至塑性区内的最小值；在弹性区范围内，随着与水平井距离的增加，煤体的渗透率将继续呈负指数关系降低，直至恢复至渗透率的最小值；而在原岩应力区内，渗透率几乎保持不变，且等于水平井开挖前的原始煤储层渗透率。

2）水平井开挖方向的对比分析

由图 5-1-15 可看出，水平井沿水平最小地应力方向部署时，水平井周围角点处地应力的应力集中更加明显，应力更容易释放。因此，建议沿水平最小地应力方向开挖水平井。

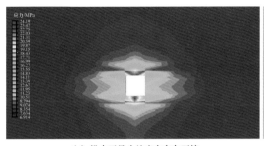 

(a) 沿水平最小地应力方向开挖　　　　　　　　(b) 沿水平最大地应力方向开挖

图 5-1-15　水平井周围 Mises 等效应力对比图

3）水平井形状对井周应力场的影响

圆形大直径水平井井周围岩应力场的变化特征如图 5-1-16 所示。

对圆形大直径水平井，井周围水平最大地应力和水平最小地应力均出现了明显的应力集中。这更有利于地应力的进一步释放，尤其是沿水平和垂直方向，地应力集中明显。对比分析矩形大直径水平井和圆形大直径水平井井周围岩水平最小地应力分布及应力剧烈扰动区大小的差异特征，如图 5-1-17 所示。

(a) 水平最大地应力　　　　　　　　　　(b) 水平最小地应力

(c) 垂向地应力

图 5-1-16　圆形大直径水平井、井周围岩应力的变化特征

矩形大直径水平井井周应力集中部位主要集中在 4 个角点处，且 4 个角点处的应力集中明显较四侧壁中点处更显著；圆形巷道的应力主要集中在沿水平最大和垂向地应力方向，且应力变化明显较矩形大直径水平井更剧烈。建议开挖圆形的大直径水平井。

矩形巷道和圆形大直径水平井井周围岩应力沿垂直巷道方向的变化规律如图 5-1-18 所示。

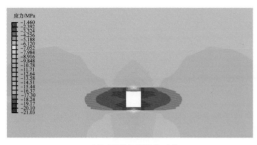 

(a) 矩形大直径水平井　　　　　　　　　　　(b) 圆形大直径水平井

图 5-1-17　大直径水平井形状对井周围岩地应力的影响

由图 5-1-18 可以看出，矩形大直径水平井和圆形大直径水平井开挖后地应力扰动区的范围基本一致，均约为 80m；但是圆形大直径水平井影响范围内应力释放更为剧烈，应力释放剧烈区内应力变化更明显，而矩形大直径水平井的应力剧烈扰动区范围内甚至在一定区域内还出现了应力集中现象，这不利于地应力的释放。因此，圆形大直径水平井的应力释放更加明显，且相对更加彻底，建议选择圆形的大直径水平井。

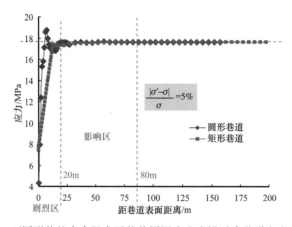

图 5-1-18　不同形状的大直径水平井井周围岩应力沿垂直巷道方向的变化规律

4）水平井尺寸对井周应力场的影响

由图 5-1-19 可知，井眼尺寸明显影响井周水平最大地应力的集中程度。井径越小，井周应力集中现象越明显，应力变化越剧烈，但井眼周围应力扰动区的范围越小；而井径越大，井周应力集中现象越不明显，应力变化越缓慢，但井眼周围应力扰动区的范围却越大。

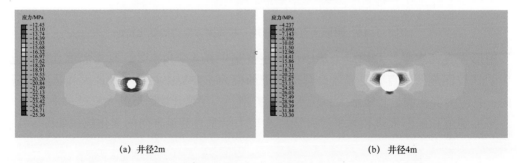

(a) 井径2m　　　　　　　　　　　　　　(b) 井径4m

图 5-1-19　井眼尺寸对大直径水平井井周围岩水平最大地应力的影响

总之，为提高水平井周围应力扰动区的范围，应尽可能地采取措施以不断增大水平井井眼的尺寸，这样才能获得逐渐增加的应力扰动区范围及应力剧烈变化区的范围。

以上数值模拟与分析，应力释放区范围是以变化 5% 以上为界，且只考虑煤岩应力变化，未考虑流体流出后对三轴应力平衡破坏带来的影响。因而，模拟只是展示了其应力释放的规律性，模拟结果的具体数值与大量现场实际的煤矿巷道掘进、煤的采掘影响范围还有较大差别。但是，水平井直径越大，应力释放范围越大的规律是肯定的，对煤层气井产气量的正向影响也是毋庸置疑的。

3. 大直径水平井井网、井位优化

通过提出地面井施工工程量类似于矿井巷道规模的水平井，在该水平井的周围部署垂直井，形成煤层气大区域高产，为煤层气高效高产提供新的思路。

1）大直径水平井井网、井位优化原则

（1）向斜区域：由于压实作用，向斜轴部区域裂隙不发育，宜在轴部区域部署大直径水平井，在翼部部署垂直井。

（2）背斜区域：由于受张力作用，导致其轴部区域裂隙较为发育，不利于煤层气的保存。应部署在其翼部的下方侧，通过排水实现大范围的降压，同时在翼部的上方部署垂直井。

（3）断层区域：断层构造在改变储层大裂隙系统和渗透性的同时，也对煤层气的封闭保存和产出条件造成影响，断层发育区域适合部署垂直井，不利于部署大直径水平井。

（4）"锅底"区域："锅底"区域是对煤层赋存中小盆地一种形象的称呼，大直径水平井适合部署在"锅底"区域，也可以考虑十字交叉部署大直径水平井，这样有利于煤层水的排采，在"锅壁"区域部署垂直井，这样形成大直径水平井排水、垂直井产气的模式。

（5）采掘活动影响区域：在采矿活动的周围区域，由于巷道掘进、工作面回采、煤层瓦斯抽采等活动，会导致邻近未采掘区域应力的释放，可以部署垂直井。

（6）煤层赋存平缓区域：在该区域内煤层赋存稳定，没有较大的构造存在，区域部署大直径水平井影响范围较小。

（7）陷落柱、采掘活动区域：不适合部署煤层气井。

2）水平井井网、井位优化方案

根据上述分析制订的适合胡底矿区储层条件的水平井井网、井位优化方案如图 5-1-20 所示。

根据图 5-1-20 可知，首先根据大直径水平井的井网、井位优化原则，确定最优的大直径水平井方位，进而根据数值模拟得到大直径水平井周围地应力的变化规律及应力释放区的范围。在大直径水平井两侧 200～250m 的范围内分别部署垂直井，且垂直井的间隔也为 200～250m。在大直径水平井的两端，由于大直径水平井端部的应力释放范围为 60～70m，且考虑到垂直井的应力释放范围为 100～120m，因此，大直径水平井两端的垂直井应距离大直径水平井端部 160～200m。

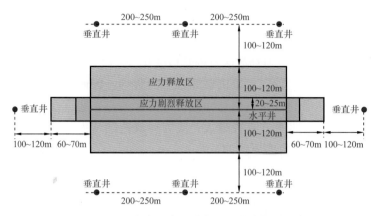

图 5-1-20　大直径水平井井网、井位部署方案

针对大面积特低渗透低产区，可将若干大直径水平井串接成长巷道，两条巷道间距依据应力释放影响范围而定，形成巷道之间以及两侧更大范围的应力释放，在应力释放区部署水平井、直井和定向井，达到区域性提高单井产气量的目的。

四、大直径水平井成井工艺探索

基于前述的应力释放理论和数值模拟，应用 L 型水平井的钻完井特征，提出了大直径水平井成井工艺。在水平段，通过高密度水力喷射造穴形成了垂直于大裂缝的许多张性小破裂。随着洞穴的形成，煤层不断产生裂缝，产生的煤屑不断地清除到地面，洞穴增大，煤层崩落并向洞穴里垮塌，使煤层进一步破碎成小块。这种效应一直向煤层内部延伸，使煤层和围岩形成应力释放，具有明显的渗透性。

1. 水力喷射扩孔技术

水力喷射技术是将水射流器置于水平井目标点位，然后利用高压水射流对井壁和近井地带进行切割作业，使其形成盘状缝槽，调整水射流器到另一个目标点位继续进行水力切割，最终沿井筒形成立体割缝体系（卢义玉等，2021）。水力喷射技术无须机械封隔装置可实施分段压裂，具备施工周期短、造缝位置准确、作业成本低的特点。

1）基本作业过程

（1）工具入井定位。

（2）泵入射孔工作液，水力射孔。

（3）泵入压裂工作液维持喷嘴压降、环空加压，诱导孔内启裂、裂缝延伸。

（4）回拉工具定位，第二段裂缝射孔、压裂。

（5）重复（4），完成多段压裂。

2）工艺原理

从水力喷射工具喷出的水射流冲击物体后，射流改变了方向和速度，损失的动量以作用力的形式传递到被冲击物体。根据动量定理，理论上连续射流作用在物体上的冲击力为：

$$F = \frac{4\rho Q^2}{n^2 \pi d^2} \qquad (5-1-19)$$

式中　n——喷嘴数目；

　　　ρ——流体密度，g/cm^3；

　　　d——喷嘴出口直径，mm；

　　　Q——泵注流量，L/min。

由式（5-1-19）可知，要增大连续流体作用在物体上的冲击力，最佳的调节方法是调节流体密度。在造穴前置液中混入石英砂或粉陶，以增加混砂流体的密度，增大冲击力；同时混杂的石英砂或粉陶还对岩石有刮削作用，更增强了喷射冲击效果和破裂效果。水力喷射射孔最大孔深可达 2～3m，最大孔径可达 30mm，证实了采取射流造穴是可行的。

水力喷射技术可以网格化流体运移通道，避免了单一通道造成堵塞而引起整个煤层气井筒无法产气，扩大卸压范围和程度，进一步强化煤层气解吸扩散（王晓光，2019；卢义玉等，2021）。水力喷射技术预计 200 万～300 万 / 井次。从工艺的可实施性、经济性和推广性对比来看，选择水力喷射技术进行巷道型水平成井工艺。

2. 水力喷射成井探索

针对大直径水平井成井，探索了定向筛管喷射、定向扇形喷嘴、双眼大直径喷嘴工艺，并开展现场试验。完成了定向筛管为主，配套水平井观测装置、锚定式双封工具、定向喷枪的研制，主要解决水平段支撑、喷射、筛管观测等问题。

1）定向喷射筛管

定向喷射筛管钻完井下套管过程中，下入水平井水平段，用于后期水平井高密度喷射造穴过程中，对煤层形成喷射。

2）水平井定向观测装置

水平井定向观测装置，用于观测和调整入井的筛孔方向。井下电视摄像头连接电缆通过专用的油管柱下入煤层气 L 型水平井水平段。

3）锚定式双封喷射工具

（1）基于伯努利方程的喷射造穴。

基于伯努利方程，通过加工双封喷射工具对上部煤层进行水力喷射技术形成洞穴，工具可满足 1.5～6m³/min 的施工条件，设计效果如图 5-1-21 所示。

图 5-1-21　水力喷射造穴设计效果

（2）双封喷射封隔器。

双封喷射封隔器要求对煤层形成有效的喷射，同时能够对破碎下的煤粉进行有效清理，避免喷射管柱被埋，双封喷射一体工具由上封隔器、本体和下封隔器组成。

（3）双封喷射工艺管柱。

双封喷射工艺管柱如图 5-1-22 所示，喷射工艺流程为通井、下入压裂管柱、坐封、安装压裂井口、地面试压、压裂施工，完成后拆压裂井口，起出压裂工艺管柱。

4）定向喷枪工具

在双封喷射工具的基础上，为提高喷射效果，又试验研制了扇形喷枪、旋转喷枪及双眼喷枪，现场对比各种喷枪的喷射效果。

（1）扇形喷枪。

扇形喷枪在喷射煤层的同时，通过扇形切割煤层，实现煤块的掉落。开展不同扩散角喷嘴的系列化室内实验分析研究，不同型号喷嘴见表 5-1-1。

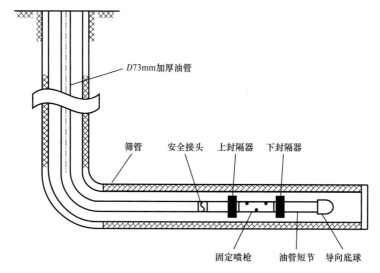

图 5-1-22　压裂管柱结构

表 5-1-1　不同型号喷嘴

喷嘴	结构说明	剖面图 1	剖面图 2	上视图	下视图
1 号	出口椭圆长轴 5mm，短轴 3.14mm				

续表

喷嘴	结构说明	剖面图 1	剖面图 2	上视图	下视图
2 号	出口矩形长 13.5mm，宽 2mm，出口 45° 倒角，倒角半径 1.5mm		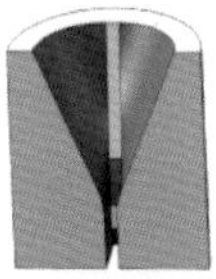		
3 号	出口矩形长 9mm，宽 3mm，无直管段，出口 45° 倒角，倒角半径 1.5mm		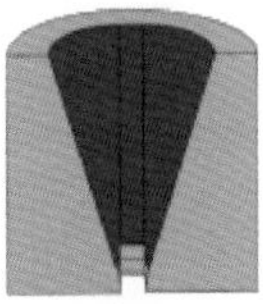		
4 号	出口矩形长 9mm，宽 3mm，出口 60° 倒角，倒角半径 1.5mm		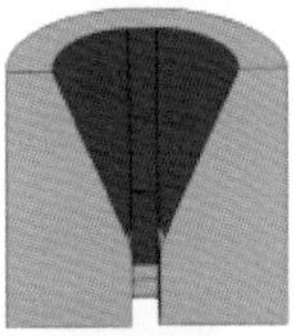		
5 号	出口矩形长 9mm，宽 3mm，出口 45° 倒角，倒角半径 2.5mm	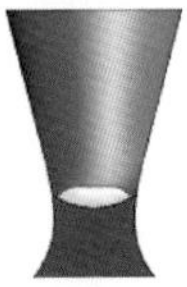	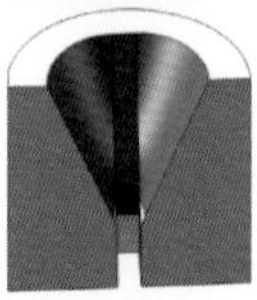		
6 号	出口矩形长 13mm，宽 3mm，出口 60° 倒角，无直管段		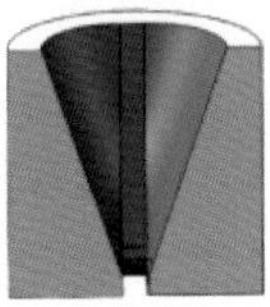		
7 号	出口矩形长 15mm，宽 3mm，中间矩形长 5mm，宽 3mm，出口 50° 倒角		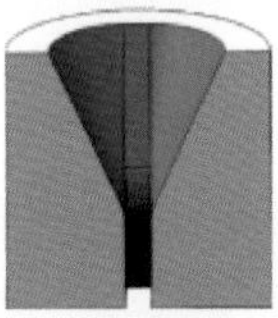		
8 号	出口椭圆长轴 8.34mm，短轴 3.1mm	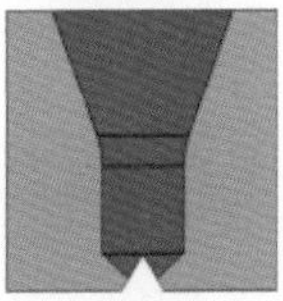	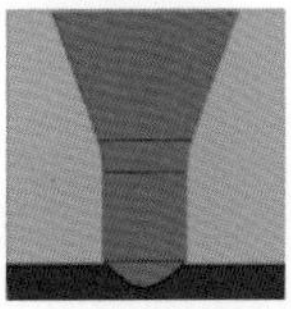		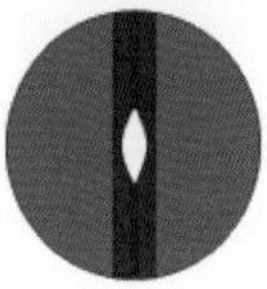

实验所用的喷嘴总体上可分为两大类，即出口有约束的喷嘴（2号、3号、4号、5号、6号、7号）和出口无约束的喷嘴（1号、8号）。出口有约束的喷嘴出口扩散角小，能量集中；出口无约束的喷嘴出口扩散角大，能量耗散快，但是加入磨料后也可以满足现场条件下切割煤岩的要求。

（2）旋转喷枪。

旋转喷枪如图5-1-23所示。使用清水（或滑溜水）替代钻井液，借用钻井系统的钻杆模拟压裂冲砂中的油管与压裂管线相连，实施喷射造穴 + 正循环洗井 + 缓慢回拖。旋转喷头上安装了3组共9个喷嘴，即2个后向喷嘴、4个侧向喷嘴和3个向前喷嘴，喷嘴直径组合可以近似为后向6mm、侧向8mm、前向8mm和中心10mm。

（3）双眼喷枪。

双眼喷枪由扰流器（图5-1-24）和双眼喷嘴（5-1-25）两部分组成。

① 扰流器。主要配套压裂管柱使用，防止在喷砂器枪眼前段涡流区形成砂塞。

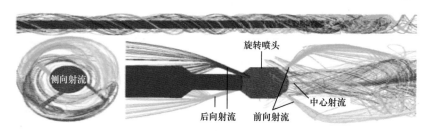

图 5-1-23　旋转喷枪示意图

图 5-1-24　扰流器

图 5-1-25　双眼喷嘴

② 双眼喷嘴。主要配套压裂管柱使用，合理安全地将基液输送到目标地层。采用90°相位角排布，同一轴线的二喷嘴产生的反推力可以相互抵销，防止喷砂器产生径向跳动，

煤层气稳产增产技术 第五章

进一步造成套管孔眼的过分扩大而损伤套管。

3. 大直径水平井成井工艺应用经验

上述水力喷射技术，现场试验3口井。在钻井阶段完成了水平段定向筛管的下入，其中HB51-3井下入筛管207.9m，HB51-4井下入203m，HB51-5井下筛管202m，下入时筛管喷射孔保持向上，进行后续水力喷射成井试验。

根据地质背景，进行高密度造穴设计（施工点位、泵注程序、工艺管柱），然后完成水平井观测、筛管定向和水平井高密度喷射等现场施工，但均未达到预期出煤量的目标。

分析查找原因：一方面，喷嘴直径偏小，喷射距离不足，导致煤层段造穴效果不佳；另一方面，喷嘴数量增加会导致能量分散，降低喷射效果。因此，需要优化喷嘴形状、喷嘴数量、施工规模，提高返煤量。

桑树勋等（2020）也提出水平井诱导控制造洞穴应力释放，最大的技术挑战是诱导水平井塌孔，促进应力释放的高效传递，最大化应力释放扩展范围；控制塌孔速率和强度，不影响井下作业工具正常运行，垮落的煤量能及时排出。因此，如何使应力释放达到最优化和井孔稳定性是今后大直径水平井成井工艺探索的关键科学问题。

煤矿巷道掘进过程中以及煤矿采掘后，附近地面开采的煤层气井产量大幅升高已是普遍规律，应力释放开发煤层气理论已成为共识。但是，巷道掘进对应力释放的影响范围有待进一步论证；在地面开采煤层气过程中，有待石油工程技术与煤矿瓦斯防治技术有机结合，才有可能取得成井工艺的突破，完成经济有效的大直径水平井，实现区域性单井产气量大幅提升。

第二节　煤层气可控温注氮驱替增产技术

我国煤层气储存条件具有"三低一高"（低饱和度、低渗透性、低储层压力、高变质程度）的特点，大部分区块煤层渗透率为$10^{-7}\sim10^{-6}$D，比美国等国家低3~4个数量级（申宝宏等，2013），此类条件下的煤层气开发是世界性难题。针对"三低一高"的煤储层特点，必须经过煤储层改造才能获得有工业价值的产量。近年来，华北油田山西煤层气公司在增产提气方面进行了大量的工作，先后采取了千方液百方砂、清洁压裂液压裂、低浓度瓜尔胶压裂液、低密支撑剂、纯氮气压裂、氮气泡沫压裂、氮气伴注、造穴压裂等十几种增产措施，在沁水盆地南部高煤阶煤层气开发已取得了一定的增产效果。但是部分井区及单井煤层气产量显现出逐步下降的趋势，依靠二次压裂、地面降压抽排技术，稳产难度也逐渐加大。因此，亟待开展煤层气稳产增产关键技术研究，实现煤层气井长期稳产，提高采收率。

近年来，国内外学者针对煤对氮气的吸附理论、注氮气驱替煤层气的作用机理、煤层气井氮气焖压、煤层气水力压裂氮气泡沫伴注等利用氮气进行煤储层改造的理论和方法进行了大量研究（杨宏民等，2010；刘曰武等，2010；孙晗森等，2011；倪小明等，2012；王永辉等，2012），验证了向煤层气井内注入氮气来提高煤层气采收率技术上的可行性。本节基于注气驱替煤层气增产的理论，通过一系列注氮气驱替甲烷的实验，建立了可控温注氮驱替增产技术的注氮选井和工程设计方案，利用良好的现场试验效果表明了煤层气可控温注氮驱替增产技术的应用前景。

一、注气驱替煤层气机理

1. 煤对气体的吸附理论

煤层气的赋存机理中煤对气体的吸附以物理吸附为主。在物理吸附中，煤分子与煤层气（CH_4）分子之间的作用力是范德华力（Rolando et al., 2007）。范德华力越大，则煤体所吸附的气量越大，其大小由吸附势阱深度 E_a 表示。处于吸附状态的 CH_4 只有获得能量 E_a，才能跃出吸附势阱成为自由气体。

如图 5-2-1 所示，在吸附势的作用下，CH_4 气体分子逐渐转变为吸附态沉积在煤体表面上。在吸附过程中，自由的气体分子所经历的是放热过程，即自由态的气体分子必须损失掉部分势能才能够沉积在煤介质的内表面。对于相反的解吸过程是一个吸热过程，这是由于吸附相对静止的气体分子只有获得大于吸附势的能量时，才能够转变为自由态的分子，相应地，获得的动能越大，其无规则的热运动越剧烈。

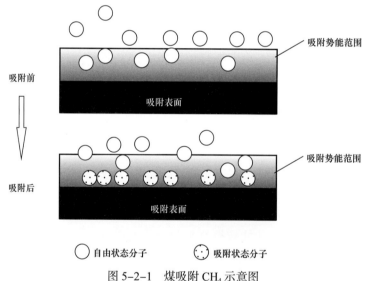

图 5-2-1　煤吸附 CH_4 示意图

煤吸附气体的本质是煤孔裂隙表面分子与气体分子之间相互作用的结果，是气体在煤孔裂隙表面的短暂停留。不同气体组分的吸附能力不同，主要是由于气体分子和煤之间作用力的不同引起的。

从热力学角度来看，自由气体分子的碰撞或温度升高都能为脱附提供能量。气体分子热运动越激烈，其动能越高，吸附气体分子获得能量发生脱附的可能性越大，也表现为吸附性越弱。不同气体分子在相同条件下热运动剧烈程度不同，一般可用平均自由程度来表示：

$$\lambda = \frac{2\mu}{p}\sqrt{\pi\frac{RT}{8M}} \tag{5-2-1}$$

式中　μ——气体的动力黏度，Pa·s；

p——气体压强，MPa；

M——摩尔质量，g/mol；

T——热力学温度，K；

R——摩尔气体常数，8.314J/（mol·K）。

在298.2K、1atm时，利用式（5-2-1）分别用N_2、CH_4和CO_2的参数进行计算，$\lambda(CO_2)$=44.1nm，$\lambda(CH_4)$=53nm，$\lambda(N_2)$=65nm。可以看出，CO_2分子热运动程度最小，故脱附可能性最小，吸附量大；N_2、CH_4脱附可能性大，吸附量较小。

经过一系列研究，对比煤对不同气体的吸附性（图5-2-2），通常认为煤对CO_2、N_2和CH_4的吸附性大小表现为$CO_2>CH_4>N_2$（崔永君等，2005；Song et al.，2019）。

从煤层气开采的角度看，CO_2是一种十分理想的注气气源，因为CO_2注入煤层后，不仅可以大量地置换吸附状态的CH_4，增加CH_4的采出率，还能将CO_2这一温室气体埋藏在地层中，避免其对大气的污染。然而，从瓦斯治理的煤矿安全角度出发，CO_2不宜作为注气气源（夏德宏等，2008；吴迪，2010；白云云等，2017）：

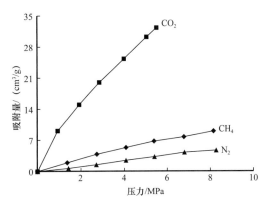

图5-2-2　单组分气体等温吸附曲线
（据崔永君等，2005）

（1）CO_2注入煤层后，虽然能置换煤中的CH_4，但吸附大量CO_2后的煤具有更强的突出危险性。

（2）随着CO_2注入引发的煤基质膨胀，渗透率下降依然是世界公认并尚未攻克的难题。

（3）多余的CO_2气体进入抽采管路会严重影响煤层气的燃烧利用效果，进入采矿空间排出，增加了大气中温室气体含量。

（4）CO_2气源较N_2苛刻，制造、运输与储存成本均远远高于N_2。此外，生产混合气脱CO_2成本更高。

N_2尽管在与CH_4的竞争吸附中处于劣势，但N_2具有以下优点：

（1）N_2是惰性气体，不易燃，干燥，容易获取，有很好的稳定性，安全可靠；

（2）N_2不会和地层内液体及煤岩发生化学反应，在水中的溶解能力只有CO_2的10%（约为0.1g/L），也不会产生新的沉淀堵塞煤层，对煤层造成的伤害较小，同时对井下管柱和工具不产生酸蚀作用；

（3）N_2的压缩系数相对较大，受温度影响较小，可用于保持地层压力（杨宏民等，

2010；白蕊，2016；郝定溢等，2016；高源，2018）。

2. 注氮驱替增产机理

1）"驱赶"和"携载"作用

在煤层连通的裂隙网络中，N_2 和 CH_4 都表现为线性渗流作用，且以层流运动为主，符合达西定律，即

$$u = -\lambda \frac{dp}{dx} \tag{5-2-2}$$

式中　u——流速，m/s；

　　　λ——透气性系数，$m^2/(Pa \cdot s)$；

　　　dp——在 dx 长度内的压差，Pa；

　　　dx——与流体流动方向一致的极小长度，m。

当游离 CH_4 在煤体中流动时，在 CH_4 压力梯度的驱动下向 CH_4 压力较低的暴露面（煤壁或钻孔壁）自然流动，随着 CH_4 的排出，压力梯度逐渐下降。当 CH_4 压力梯度所提供动力不足以克服 CH_4 流动阻力时，煤层裂隙中的游离 CH_4 就处于"停滞"状态。

N_2 被强制注入煤体后，其压力高于煤层 CH_4 压力，大大增加了注气端和析气端的压力梯度，使滞留在裂隙中的 CH_4 重新获得了流动动力。因此，N_2 在煤层裂隙中对游离 CH_4 实际上起到了"驱赶"的作用，增加了其流动的动力，使 CH_4 被 N_2 携带和运载出来。

2）浓度差导致的"扩散"作用

CH_4 在直径小于 100nm 的微孔隙中向外运动时以扩散形式为主，符合菲克扩散定律，即

$$j = -D \frac{\partial X}{\partial n} \tag{5-2-3}$$

式中　j——扩散速度，$m^3/(m^2 \cdot d)$；

　　　D——煤体 CH_4 扩散系数，m^2/d；

　　　X——煤体 CH_4 含量，m^3/m^3；

　　　n——法线方向的扩散距离，m。

微孔中 CH_4 含量所提供的扩散动力不足以克服阻力时，扩散运动也达到了某种平衡。N_2 注入煤层后，由于其对 CH_4 的稀释作用，致使扩散空间内部 CH_4 浓度大于外部，出现了浓度差，促使微孔中的 CH_4 向外扩散；另外，对于 N_2，微孔外部浓度远远大于内部，使外部的 N_2 向内部扩散。因此，在微孔隙内实际上发生的是 N_2 对 CH_4 以扩散方式实现的"置换"作用。

3）发生在煤体表面的是多组分气体的"竞争"吸附

注氮前，在较低储层压力下煤样并未达到吸附饱和，尚留有大量的吸附位。在 N_2 注入煤体的初始阶段，N_2 并未直接去竞争 CH_4 的吸附位，而是迅速占据了"空闲"的吸附

位。宏观表现为随混合气体压力的升高，起初 CH_4 的吸附量略有上升，N_2 的吸附量迅速增加，总的吸附量也随之增加。

随着混合气体压力的不断上升，N_2 分压也不断升高，而 CH_4 分压却出现拐点。如图 5-2-3 所示，当混合压力高于 2.25MPa 后，CH_4 的吸附量开始下降，N_2 的吸附量继续上升且逐渐趋于饱和，总吸附量也趋于饱和（杨宏民等，2010）。

一方面，煤基质表面原有"空闲"的吸附位逐渐不能满足 N_2 吸附的需求；另一方面，CH_4 吸附量降低使得越来越多的 CH_4 离开原占有吸附位，转为游离态。宏观表现为 N_2 开始竞争 CH_4 的吸附位，使部分 CH_4 分子脱离煤体表面，重新回到游离态。在 N_2 分压的作用下要"挤出"一些吸附位，从而"置换"出部分 CH_4 分子。

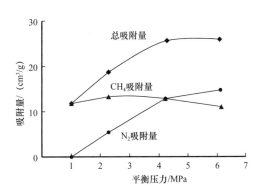

图 5-2-3　混合组分气体等温吸附曲线
（据杨宏民等，2010）

众多室内实验表明，吸附能力比 CH_4 小的 N_2，也能够在一定程度上与 CH_4 进行竞争吸附，置换部分吸附状态的 CH_4。这正是注氮驱替、置换煤层气试验的机理。相比而言，N_2 为惰性气体，相比较 CH_4 和 CO_2 来说更为安全可靠；煤层注入 N_2 后，煤层对 CH_4 的吸附能力比 N_2 的吸附能力强，N_2 不能与 CH_4 竞争吸附促进 CH_4 解吸，但 N_2 在进入煤层后，可以通过降低 CH_4 的有效分压，促进 CH_4 解吸。同时，从注气气源的获取和降低煤矿气体突出风险两个方面考虑，煤层注气促排 / 促抽 CH_4 的工程技术应考虑 N_2（或空气）较为合适。

二、室内模拟实验

为解决沁水盆地高阶、低渗透煤层在开发过程中各种措施增产方式均难以提高煤层气井产气能力的现状，实现这一类煤层的煤层气有效开发，为煤层气井现场生产提供实施依据，实施了低渗透煤注氮增产技术可行性评价实验。通过对低渗透高阶煤进行注氮研究，分析注氮增产的可行性，确定注氮参数（压力、方式等），解决沁水盆地煤层气产量快速递减的问题。

1. 实验样品制备

实验的研究对象是渗透率低的高阶煤，吸附孔都是微小的纳米孔，中间的连通裂隙较少，N_2 和 CH_4 完成介质置换的过程较困难，耗费时间较长。考虑煤柱样品吸附解吸达到平衡的时间长，为了减小实验风险，同时选择了煤颗粒样品进行实验。

（1）选取晋城寺河煤矿高阶煤块样品，制成颗粒状的样品若干［图 5-2-4（a）］。

（2）选取晋城寺河煤矿高阶煤块样品，制成直径 49.47mm、长度 97.12mm 的煤柱样品一块［图 5-2-4（b）］。

(a) 煤颗粒样品   (b) 煤柱样品

图 5-2-4 煤颗粒样品与煤柱样品

测试样品水分（M_{ad}）为 3.57%，灰分（A_d）为 9.85%，挥发分（V_{daf}）为 7.08%，镜质组反射率（R_o）为 3.6%。

2. 实验设计

1）煤柱驱替实验

（1）将煤柱装入夹持器中，加载回压 5MPa，加载围压 10MPa，然后对夹持器抽真空。

（2）注入 0.5MPa 甲烷 20 天，达到吸附平衡。

（3）分别以 0.75MPa、1.5MPa、3.0MPa 注入氮气。

（4）将回压降至 0，计量出口气量，并使用气相色谱仪，测试混合气中不同组分的相对浓度。当出口气 N_2 浓度为 95% 时结束实验。

2）煤柱吞吐实验

（1）将煤柱装入夹持器中，加载回压 5MPa，加载围压 10MPa，然后对夹持器抽真空。

（2）注入 0.5MPa 甲烷 20 天，达到吸附平衡。

（3）以 1.5MPa 的压力分别注入氮气 24h、36h、50h。

（4）将回压降至 0，计量出口气量，并使用气相色谱仪，测试混合气中不同组分的相对浓度。当出口气 N_2 浓度为 95% 时结束实验。

3）热驱实验

（1）基础实验完成后不进行卸样，直接抽真空。

（2）注入 230psi❶ 甲烷 15 天，达到吸附平衡后关闭进气口。

（3）接通氮气源，对氮气进行 70℃预热，450psi 进行驱替。

（4）实时检测出口气体甲烷含量，待甲烷含量小于 1.5% 时，完成 70℃氮驱实验。

（5）进行 50℃氮驱实验，重复上述步骤。不同之处是需对氮气进行 50℃预热。

4）氮气间歇驱替实验

（1）热驱实验完成后不卸样，直接抽真空。

❶ 1psi=6894.76Pa。

（2）注入 230psi 甲烷 15 天，达到吸附平衡后关闭进气口。

（3）接通氮气源，驱替压力定为 450psi，驱替方式为驱 1h 停 1h。

（4）实时检测出口气体甲烷含量，待甲烷含量小于 1.5% 时，完成 70℃氮驱实验。

（5）进行 2h 氮气间歇驱替实验，重复上述步骤。不同之处是驱替方式为驱 2h 停 2h。

5）不纯氮驱替实验

（1）驱替实验完成后不卸样，直接抽真空。

（2）注入 230psi 甲烷 15 天，达到吸附平衡后关闭进气口。

（3）接通气源（气源为含 5% 氧气的不纯氮），驱替压力定为 450psi，进行连续驱替。

（4）实时检测出口气体甲烷含量，待甲烷含量小于 1.5% 时，完成含氧 5% 的不纯氮驱替实验。

（5）进行空气驱替实验，重复上述步骤。不同之处是驱替气体为空气。

3. 实验结果及认识

（1）驱替和吞吐模式均能有效提高煤层产气量，如图 5-2-5 和图 5-2-6 所示。煤颗粒注入 4MPa 氮气闷气 10h，后采气产气 12h，甲烷产率增加了 31.6%。煤柱注入 1.5MPa 氮气，驱替产气 24h，甲烷产率增加了 299.7%。

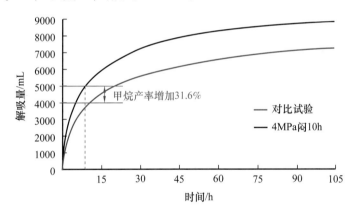

图 5-2-5　煤颗粒先注气后采气效果

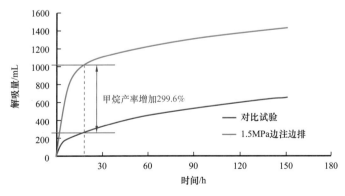

图 5-2-6　煤柱边注边排效果

（2）吞吐模式下，随着闷气时间延长，甲烷产率增加，但是效果不明显，如图 5-2-7 和图 5-2-8 所示。闷气 2h，甲烷产率变化不明显，说明时间过短，氮气还没有和甲烷发生充分的置换。随着闷气时间增加至 6h、10h、21h，当累计解吸时间达到 8h，甲烷产率均增加约 30%，说明随着平衡时间延长，置换效果更充分。闷气 10h 与 21h 相比，甲烷产率相差不大。不同闷气时间，当累计解吸时间达到 12h，煤柱先闷气后边注边排的甲烷产率均达到了 91.2%，边注边排的甲烷产率为 86.3%，甲烷产率相差 4.9 个百分点。

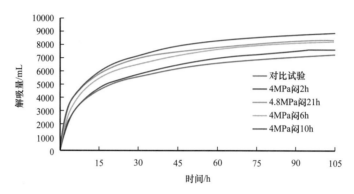

图 5-2-7　煤颗粒不同闷气时间先闷后采效果

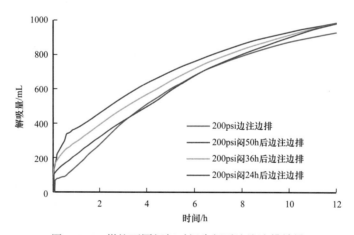

图 5-2-8　煤柱不同闷气时间先闷后边注边排效果

（3）驱替注气压力越高，相同甲烷产量所需时间越短，如图 5-2-9 所示。样品不注氮气，自然解吸 815h，解吸的甲烷量为 1075mL。

①0.75MPa 压力边注边排，解吸 1075mL 需要 46h，时间缩短为原来的 1/17。

②1.5MPa 压力边注边排，解吸 1075mL 需要 24.5h，时间缩短为原来的 1/32。

③3MPa 压力边注边排，解吸 1075mL 需要 12.9h，时间缩短为原来的 1/62。

（4）高温注氮，提高驱替效果。高温注氮能够提高甲烷产气速率，使甲烷尽早产出。由图 5-2-10 可以看出，50℃注氮平均速率加快 10.24%，70℃注氮平均速率加快 24.10%。分析原因认为，注气温度提高，煤岩逐渐升温，导致甲烷解吸被驱替速率逐渐加快。

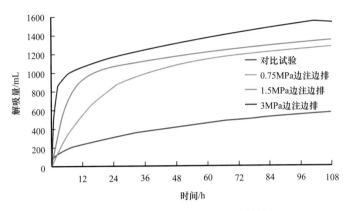

图 5-2-9　煤柱不同压力边注边排效果

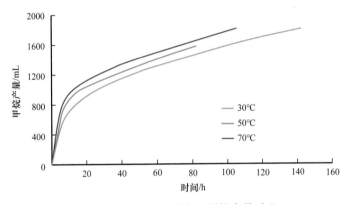

图 5-2-10　不同温度氮驱甲烷产量对比

（5）驱替后期，可间歇注氮，如图 5-2-11 所示。相对于停注，氮驱时气体流速高，驱替、携带效率高。因此，间歇氮驱时间长的相对甲烷总产量高，建议后期采用间歇驱。

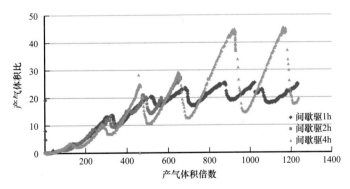

图 5-2-11　甲烷产气体积比与产气体积倍数关系

（6）不纯氮驱替，可降低注气成本，达到相同驱替效果。图 5-2-12 总体对比显示：70℃氮驱和 4h 氮气间歇驱效果接近，优于 30℃氮气连续驱替。考虑到空气成本最低，可以考虑减氧空气驱替。

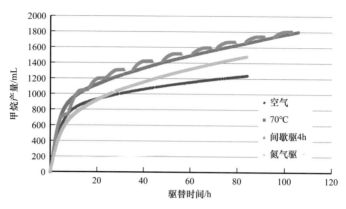

图 5-2-12　不同方式下氮气驱甲烷产量对比

三、现场试验设计

1. 注氮选井方案

1）选井原则

根据调研相关文献和前期实验研究成果，为保证措施效果，确定以下选井原则：

（1）注氮区域尽量选择原产量较高、产量递减严重的区域。

（2）井网较完善，适宜做井组注氮增产试验。

（3）注氮井远离断层，避免氮气通过断层大量进入煤层顶底板岩层，浪费氮气。

（4）注氮区域应远离煤矿，避免氮气进入巷道造成安全事故。

2）选井方案

依据选井地质条件和背景，如构造、埋深、厚度、含气量、煤体结构、孔渗特征、顶底板、地应力特征、资源和储量情况，结合实际生产、地面情况，选取相应的试验井区，开展注氮增产试验。

3）注氮关键参数设计

（1）注氮压力。

注氮压力的选取应遵循如下原则：

① 注氮压力大于煤层气储层的静水压力，同时小于煤层气储层的破裂压力，保证将氮气压入煤层时煤层不发生破裂，氮气不会从注氮井沿压裂裂缝直接到达生产井。

② 注氮压力尽可能大，保证从注氮井到生产井足够大的压力梯度，将氮气压入煤层原始微裂隙，使氮气在压力和浓度梯度作用下，向煤基质块的微孔隙扩散。

③ 参考煤层气井压裂、排采的工程资料，确定注氮压力范围。

注氮压力的确定需要参考注入/压降测试，根据地层原始储层压力和破裂压力确定注入压力和注入试验期。以樊北区块单井 3 号煤层为例，9 口井的注入压降测试报告（表 5-2-1、表 5-2-2）表明，地层原始储层压力为 2.42～5.04MPa，平均值为 3.7MPa，破裂压力为 9.46～17.54MPa，平均值为 13.3MPa，建议注入压力为 7～9MPa，注入试验期为 6～12 个月。

表 5-2-1　3号煤层注入/压降试井分析结果

参数	数值
储层压力/MPa	3.34
压力梯度/（MPa/m）	4.61×10^{-3}
渗透率/mD	0.02
表皮系数	−1.23
调查半径/m	5.11
储层温度/℃	25.24

表 5-2-2　3号煤层原地应力测试分析结果

参数	第三循环	第四循环	平均值
闭合压力/MPa	11.93	12.07	12.00
闭合压力梯度/（MPa/m）	1.65×10^{-2}	1.67×10^{-2}	1.66×10^{-2}
破裂压力/MPa	14.72	14.52	14.62
破裂压力梯度/（MPa/m）	2.03×10^{-2}	2.01×10^{-2}	2.02×10^{-2}
压力点深度/m	723.62		

参考试验井组生产及压裂数据（表 5-2-3），地层原始储层压力为 1.5～5.9MPa，平均值为 3.1MPa，破裂压力为 10～37MPa，平均值为 19MPa。

表 5-2-3　试验井组储层压力及破裂压力

试验方案	试验井组	储层压力/MPa	破裂压力/MPa
方案一	HBJ52-29	（2.3～3.9）/2.9	（10～12）/11
方案二	HBP52-126	（1.6～3.7）/2.7	（15～19）/17
方案三	HBX52-110	（3.9～5.9）/4.4	（19～34）/22
方案四	HBJ52-41	（1.5～4.6）/2.6	（11～37）/24

注：表中数据为"（最小值～最大值）/平均值"。

综上所述，建议氮气注入压力为 7～9MPa，注入试验期为 6～12 个月。

（2）注氮排量。

充分利用现有制氮设备排量，不对注气井区周围已建管网系统造成较大输气负荷。

（3）注氮温度。

煤吸附甲烷的能力随温度升高而降低。当氮气温度高于煤层温度时，高温高压氮气将热量传导给煤层，增大煤层中甲烷分子的热动能，可充分利用氮气压缩机的排气温度。例如，二级排气不经空冷器降温直接排出。注氮温度依据设备出口提供，且越高越好。

2.井筒工程方案设计

1）井筒工艺

注氮增井井筒工艺如图 5-2-13 所示,在煤层上部管柱下压缩式 Y441 耐高温封隔器密封注气管柱,油管采用耐高温油管。通过地面管线保温、隔热油管等措施,可将综合传热系数控制在 0.01~0.08W/(m² · ℃)之间,经计算千米温降小于 8℃。

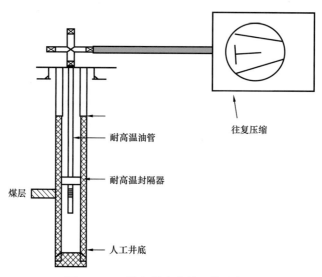

图 5-2-13　注氮增产井筒工艺示意图

2）注氮井口工艺

井口采用 KQ65-25 型标准采气井口,从采气树顶部测试阀门处注入高压氮气。

3.地面工程方案设计

1）空气压缩工艺

以空气为注气气源,采用空气压缩机逐级压缩空气从标准大气压提升至 1.2MPa 后进入制氮装置系统。空气压缩机采用循环冷却水作为级间冷却器。由于该工程气量相对较小,深冷分离技术相对于该工程局限性高,经济性较差,能耗较高,设备占地面积大。因此,推荐变压吸附法(PSA)和集成膜分离法(MEM)两种较为合适的分离技术,并进行经济性比选。

2）橇装制氮工艺

采用 PSA 橇装制氮装置作为氮气源。由空气压缩机出口来气进入空气缓冲罐缓冲后,经过气水分离器分离、两级过滤后进入除油器除油过滤,最后进入制氮膜组,氮气浓度满足空气中氧气含量不大于 5%,富氧废气通过膜侧面排入大气,合格氮气经缓冲罐进入下游,排气压力达到 2.5MPa。

3）氮气压缩工艺

从流量计来的 2.5MPa 氮气进入高压氮气压缩机,将系统压力提升至 10MPa 后进入注气管线注气。

4）可控温注氮工艺

由于煤吸附甲烷的能力随温度升高而降低。当氮气温度高于煤层温度时，高温高压氮气将热量传导给煤层，增大煤层中甲烷分子的热动能。因此，在不额外耗能的前提下，注入温度越高越有利于煤层气增产。

采用立式四级风冷往复活塞压缩机，设计四级排气可选择性经过风冷换热后排出，实现了排气温度（即注气温度）在20～130℃范围内的可控温调节，注气流程如图5-2-14所示。

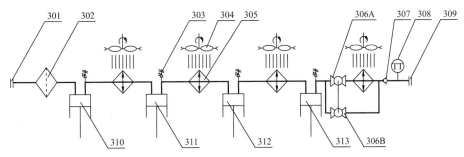

图 5-2-14　可控温注气流程示意图

301—入口；302—过滤器；303—安全阀；304—空冷器风扇；305—空冷器；306A，306B—温度调节阀；307—单流阀；
308—温度传感器；309—出口；310，311，312，313——级、二级、三级、四级压缩缸

在煤层上部管柱下压缩式 Y441 耐高温封隔器密封注气管柱（图5-2-15），油管采用耐高温隔热油管。通过地面管线保温、隔热油管等措施，可将综合传热系数控制在 0.01～0.08W/（m²·℃）之间，经计算千米温降小于8℃。

5）辅助配套系统

（1）放空系统。介质为压缩空气和减氧空气（氮气），介质排放对环境无污染，因此采用就地排放方式，放散管高度高出周边建筑2m即可。

（2）排污系统。主要采用橇装制氮设备内分离器以及高压氮气压缩机排污，排污介质为水与乳化油的混合浊液，无法就地外排，可敷设排污管线引入井场已建排采沉淀池中，定期由污水罐车拉运。

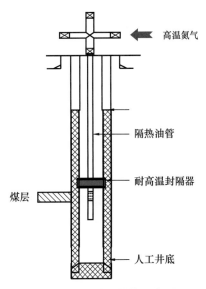

图 5-2-15　管柱结构示意图

四、试验效果分析

（1）井区整体递减趋势得以控制。

利用 Arps 递减规律预测，如图5-2-16所示，当不注氮气时，日产气量降至 9100m³，相比而言，注氮之后日产气量上升了 2600m³，累计增加 58×10⁴m³；递减趋势得到了明显的遏制，年递减率由15%降至不递减，提高采收率5.4%，试验效果远远超出项目预期

"递减率降低 4%"的经济技术考核指标。

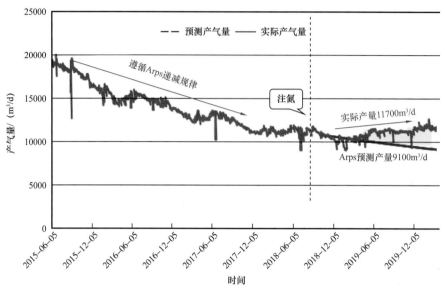

图 5-2-16 Arps 递减曲线

（2）采气井稳产增产效果逐步体现。

现场试验效果表明，煤层气可控温注氮驱替增产技术在实现煤层气井长期稳产、提高采收率方面具有可行性。技术可应用于产气量逐步下降且依靠二次压裂等改造技术依然难以达到稳产的井区和单井。注氮增产技术还需要扩大现场试验，加强注入产出、驱替面积等动态分析管理，完善驱替方向等监测技术，进一步验证该技术的整体适应条件和经济性。在产量和采收率明显提升、经济基本可行的基础上，细化完善规模应用后的脱氮处理工艺技术及投资、成本详细测算，为规模化实施做好充分的技术储备。

第三节 煤层气复合解堵增产技术

煤层气井排采过程中，易发生压敏、速敏和水锁 3 种储层敏感性效应，会导致煤层渗透率降低，产液量下降，压降范围缩小，井底压力流失，从而影响煤层气井的排采效果。针对不同储层伤害类型，可采用相应的解堵工艺恢复渗透率和地层压力，包括解决固相颗粒堵塞的酸化解堵增产工艺和解决水锁问题的注剂解堵增产工艺。

一、酸化解堵工艺技术

酸化解堵是油气田开发常用的一种增产措施，它是在低于地层破裂压力下将一种或几种液体（盐酸、硫酸、氢氟酸、有机酸等）注入储层，酸液将储层中一些矿物质溶解，从而达到增加孔隙、裂缝内液体流动能力的目的。常用的酸化工艺可分为酸洗、基质酸化及酸化压裂。酸液与井下堵塞物接触后，将堵塞物中的有机成分分散至溶剂中成为溶液，无机成分瓦解成细小颗粒，在气流的作用下与地层水乳化或悬浮，在井下气体冲击下带出地面，达到解堵目的（孙海军等，2015）。

天然煤层中含有少量的硅酸盐和碳酸盐类物质，特别是在煤层裂隙中往往夹有碳酸盐类物质，将含有氢氟酸和盐酸成分的工作液注入煤层，使其溶解煤层中的硅酸盐和碳酸盐类物质，以增大煤体的孔裂隙，提高煤层的渗透率。

1. 煤储层伤害机理分析

煤层气勘探开发过程中，钻井、压裂和排采会对煤层造成伤害，伤害机理主要包括以下几个方面：

（1）固相侵入或运移堵塞裂隙。煤岩裂缝是煤层气渗流的通道，粒径小于孔隙直径或裂缝宽度的固相颗粒在正压差作用下通过孔隙和裂缝侵入储层深处，伤害裂缝壁面，堵塞基质孔隙喉道，影响煤层气的渗流和扩散。

（2）流体敏感性。当外来流体与煤层流体不配伍时，黏土矿物会水化膨胀、分散及絮凝沉淀，导致储层渗透率降低，影响煤层气渗流通道。

（3）聚合物吸附滞留。煤岩储层岩石有机质含量高，比表面积大，吸附性强。工作液中聚合物吸附在煤岩表面，使甲烷气体很难从内部孔隙中解吸出来，降低煤层气的解吸、渗流能力。

（4）应力敏感性。煤岩塑性特征明显，储层应力敏感性强，煤岩孔喉压缩使得裂缝闭合，降低裂缝导流、扩散能力。对于降压开采煤层气，应力敏感性值得重视。

（5）煤粉运移堵塞。根据"1/3"架桥理论，当颗粒直径等于或略大于孔喉尺寸的1/3时，颗粒容易发生桥塞，阻碍流体在孔隙中的流动。由于煤岩孔隙度很低（1%～2%），工程作业中产生的煤粉容易在井筒附近堵塞，影响煤层气的扩散、渗流能力。

（6）水相圈闭伤害。具有超低含水饱和度的煤层气井可能不产水或很少产水，煤储层毛细管压力作用强，工作液易滞留在煤层，水相进入煤储层裂隙难以返排，形成水相圈闭伤害，造成供气受阻，影响煤层气渗流。

由以上煤储层的主要伤害机理可知，基质酸化可有效改善煤储层孔隙中煤粉堵塞、固相颗粒侵入充填的状况，达到煤储层解堵增产的目的。

1）煤岩矿物组分分析

煤样中通常含有多种矿物质，主要为黏土类矿物、氧化物矿物和碳酸岩类矿物，煤中常见的黏土矿物有高岭石、水云母、伊利石、蒙皂石和绿泥石等，它们常分散地存在于煤中，黏土矿物有时还会集中成小的透镜体或薄层状，遭遇外来流体后易膨胀造成裂缝或孔隙堵塞，伤害煤层，这就要求在酸化过程中必须加入黏土稳定剂，以防止水化膨胀造成水敏现象（游艺，2013）。通过对韩城区块煤样组分分析（表5-3-1、表5-3-2）发现，煤样黏土矿物含量较高，另外含有少量 $CaCO_3$、$CaMg(CO_3)_2$ 等碳酸盐类矿物，因此采用酸液溶解矿物会有较好的效果。

2）煤储层敏感性特征

当储层中有外来流体进入时，会与分布在孔隙喉道中的敏感性矿物发生反应，造成孔隙通道堵塞，从而导致煤层气井产气量降低，即发生储层伤害。通过岩心流动敏感性评价实验，判断煤储层的敏感性特征，为储层酸化酸液体系的选择提供理论依据。

表 5-3-1　煤样矿物组成

煤样编号	黏土矿物相对含量 /%						混层比（%S）/%	
	蒙皂石	伊蒙混层	伊利石	高岭石	绿泥石	绿蒙混层	伊蒙混层	绿蒙混层
煤粉 h01	—	45	10	15	5	—	15	—
煤粉 h02	—	45	25	15	15	—	15	—
煤粉 h03	—	45	15	15	10	—	15	—

表 5-3-2　煤样黏土矿物含量

煤样编号	矿物含量 /%							
	黏土总量	石英	钾长石	斜长石	方解石	白云石	菱铁矿	黄铁矿
煤粉 h01	81.5	—	—	—	11.0	7.5	—	—
煤粉 h02	66.1	2.9	—	—	2.2	28.8	—	—
煤粉 h03	81.5	2.8	—	—	8.7	5.1	—	1.9

酸敏性伤害是指酸液进入储层与岩石接触后发生有害反应，产生凝胶及沉淀或岩石骨架解体而产生颗粒分散运移，堵塞或缩小孔喉半径，使渗透率降低、渗流能力下降的现象。酸敏试验可以预先判定所选煤样是否适合酸化改造，为此对煤样进行酸敏实验，以便初步判定该区块煤层的酸敏特征。

根据流动酸敏性实验结果来评价酸化改造前后煤层的效果或酸敏性的强弱。流动酸敏性实验结果以酸敏指数（表 5-3-3）来确定酸敏强度：

$$I_a=（K_f-K_a）/K_f \qquad (5-3-1)$$

式中　I_a——酸敏指数；

K_a——注酸后地层水的煤心渗透率，mD；

K_f——注酸前地层水的煤心渗透率，mD。

表 5-3-3　酸敏性评价指标

酸敏指数	酸敏性强弱
$I_a\approx 0$	弱酸敏
$0<I_a\leq 15$	中等偏弱酸敏
$15<I_a\leq 30$	中等偏强酸敏
$I_a>30$	强酸敏

从表 5-3-4 中可以看出，3 块煤心在经过 5% 盐酸酸化 1h 后，渗透率均有所提高，表明韩城区块的煤样无酸敏伤害，可以实施储层酸化改造。

表 5-3-4　煤心酸敏结果

煤心编号	初始渗透率 /mD	反应后渗透率 /mD	酸敏指数	酸敏程度
S1	0.028	0.031	−0.107	弱酸敏
S2	0.039	0.044	−0.128	弱酸敏
S3	0.013	0.025	−0.923	弱酸敏

2. 煤岩酸液体系优选

针对鄂尔多斯盆地韩城区块的无机垢堵塞，利用氢氟酸和盐酸解除碳酸盐、硅质矿物等无机垢堵塞。在酸液体系中加入的醋酸（CH_3COOH）可与碱金属反应且不沉淀，并具有络合金属离子的作用。由于醋酸是弱酸，在反应过程中起到缓速作用，使酸化作用半径增大（袁淋等，2015），其反应速率缓慢，能长时间保持较低的 pH 值，防止铁离子、钙离子和镁离子沉淀，对黏土有一定的稳定作用，可以起到防膨剂的作用。

针对煤岩和煤泥中的有机垢、黄铁矿等还原环境沉积产物，选取氧化剂过氧化氢进行氧化降解，消耗煤岩中部分有机质，释放出有机酸和胶结的无机垢，降低有机质对甲烷的吸附作用，促使吸附气解吸，同时产生溶蚀孔隙和裂缝（李树达，2019）。

1）单组分酸液溶蚀实验

将研磨成粉的煤样分为 54 份，每份 3g，将煤粉分别用质量分数为 3%、6%、9%、12% 及 15% 的盐酸、氢氟酸和醋酸按 3g∶30mL 比例倒入惰性塑料烧杯中，充分振荡使酸液与煤粉充分接触。将反应烧杯置于常温环境中静置，反应时间定为 1h、6h、12h、24h 和 48h，取出塑料反应瓶，用滤纸过滤后把反应后的煤样放入鼓风干燥箱中 80℃ 干燥，直至恒重，然后称重。根据反应前后煤粉质量计算盐酸对煤粉的溶蚀率，并以此来确定单一酸液的最佳反应浓度。

（1）不同浓度盐酸煤粉溶蚀率。

由表 5-3-5 和图 5-3-1 可知，在同一浓度下，随着反应时间增加，对于煤样溶蚀率整体表现为平缓增大趋势。在同样反应时间下，随着反应浓度增大，溶蚀率呈现增大趋势。

表 5-3-5　不同浓度盐酸韩城区块煤粉溶蚀率

反应时间 /h	煤粉溶蚀率 /%				
	3% 盐酸	6% 盐酸	9% 盐酸	12% 盐酸	15% 盐酸
1	1.82	2.68	3.70	4.96	5.08
6	2.99	3.54	4.53	6.95	5.65
12	2.85	4.35	6.18	7.95	8.95

（2）不同浓度氢氟酸煤粉溶蚀率。

由表 5-3-6 和图 5-3-2 可知，在同一浓度下，随着反应时间增加，对于煤样溶蚀率

整体表现为平缓增大趋势，且在前 6h 反应较慢，溶蚀率相近，高浓度时溶蚀率在 6～12h
反应加快。在同样反应时间下，随着反应浓度增大，溶蚀率呈现增大趋势。

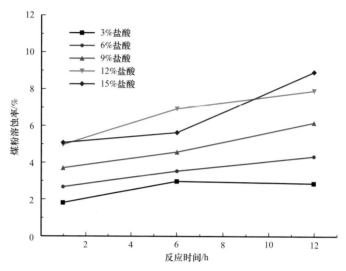

图 5-3-1　不同浓度盐酸韩城区块煤粉溶蚀率

表 5-3-6　不同浓度氢氟酸韩城区块煤粉溶蚀率

反应时间 /h	煤粉溶蚀率 /%				
	3% 氢氟酸	6% 氢氟酸	9% 氢氟酸	12% 氢氟酸	15% 氢氟酸
1	4.35	5.55	6.62	6.14	6.78
6	3.89	6.66	7.35	7.20	7.35
12	6.17	7.25	7.25	9.88	10.91

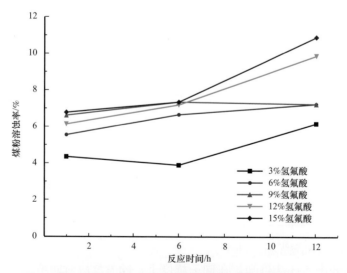

图 5-3-2　不同浓度氢氟酸韩城区块煤粉溶蚀率

（3）不同浓度醋酸煤粉溶蚀率。

由表 5-3-7 和图 5-3-3 可知，在同一浓度下，随着反应时间增加，对于煤样溶蚀率整体表现为平缓增大趋势，溶蚀率在 1%～4% 之间，溶蚀效果不显著。

表 5-3-7　不同浓度醋酸韩城区块煤粉溶蚀率

反应时间 /h	煤粉溶蚀率 /%				
	3% 醋酸	6% 醋酸	9% 醋酸	12% 醋酸	15% 醋酸
1	1.24	2.62	2.66	2.77	3.19
6	1.87	2.60	2.76	4.12	3.92
12	2.10	2.63	3.11	3.48	3.97

（4）不同浓度过氧化氢煤粉溶蚀率。

由表 5-3-8 和图 5-3-4 可知，在同一浓度下，随着反应时间增加，对于煤样溶蚀率整体表现为平缓增大趋势，溶蚀率在 2%～4% 之间，溶蚀效果不显著。

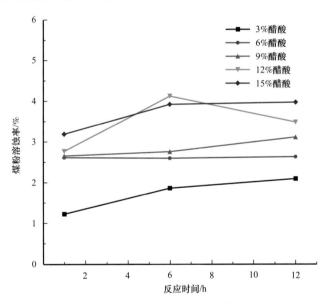

图 5-3-3　不同浓度醋酸韩城区块煤粉溶蚀率

表 5-3-8　不同浓度过氧化氢韩城区块煤粉溶蚀率

反应时间 /h	煤粉溶蚀率 /%		
	3% 过氧化氢	6% 过氧化氢	9% 过氧化氢
1	1.45	3.86	4.52
6	2.12	4.46	4.01
12	2.92	4.64	4.88

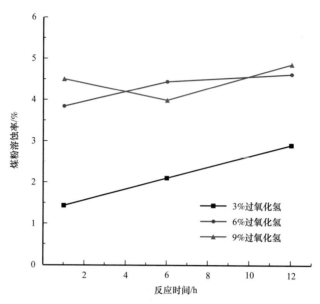

图 5-3-4　不同浓度过氧化氢韩城区块煤粉溶蚀率

根据上述实验结果，得到如下结论：

（1）随着反应时间增加，不同酸液对于煤样溶蚀率整体表现为增大趋势，且在前 6h 内反应较快，反应 6~12h 时溶蚀率变化逐渐减缓。

（2）在同一浓度、同一反应时间下，盐酸对煤样溶蚀率最大，氢氟酸次之，醋酸和过氧化氢对其溶蚀率最小，这主要是由于醋酸酸性较弱，因此整体溶蚀率略低于氢氟酸和盐酸对煤样溶蚀率。过氧化氢主要进行氧化降解，消耗煤岩中有机质，释放出有机酸和胶结的无机垢，溶蚀率最低。

（3）对于同一类型不同浓度的酸液，随着酸液浓度增加，溶蚀率整体表现为逐渐增加趋势，但当酸液浓度超过 9% 以后，煤样的溶蚀率变化趋于缓慢。之后继续增大酸液浓度，煤粉溶蚀率变化不大。

2）酸化解堵工作液配方

根据单一酸液与煤粉反应的特点，配制 5 种不同酸液配比的酸性溶液，总酸液浓度为 12%。不同浓度混合酸下煤粉溶蚀率见表 5-3-9 和图 5-3-5。

表 5-3-9　不同配比酸液的煤粉溶蚀率

反应时间 /h	煤粉溶蚀率 /%					
	A	B	C	D	E	F
1	6.59	8.84	7.91	9.74	8.06	6.77
6	15.10	12.32	13.61	12.85	11.56	10.80
12	16.52	13.83	14.04	15.86	14.35	12.95

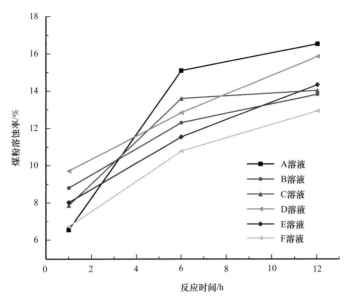

图 5-3-5　不同种类混合酸液的韩城煤粉溶蚀率

由上述实验可知：

（1）随着反应时间增加，煤样溶蚀率整体表现为增大趋势，且在前 6h 内反应较快，反应 6～12h 的溶蚀率变化减缓。

（2）对于韩城区块煤样，酸液反应 12h，溶蚀效果表现为：A＞D＞E＞C＞B＞F。

（3）根据实验效果，酸液配方为 8% 盐酸 +2% 醋酸 +2% 氢氟酸 +3% 过氧化氢。

3）煤岩酸液体系添加剂的优选

为避免酸化过程中出现过度腐蚀和二次沉淀，增加酸液的有效作用范围，促进排液和稳定黏土，在酸化处理时要在酸液中加入添加剂，在改善酸液性能的同时，防止酸液在煤层中产生有害的影响。针对韩城区块的储层特征和流体特性，对酸液中各种添加剂进行单项性能的筛选和综合分析，优选出性能好的添加剂，提高酸液体系性能。常用的添加剂种类有黏土稳定剂、铁离子稳定剂、缓蚀剂等。

（1）黏土稳定剂的优选。

黏土矿物广泛存在于煤层中，当不配伍的液体进入地层就会造成黏土矿物膨胀、分散和运移，导致渗透率下降，产生地层伤害，也可能随地层流体而运移至近井地带形成桥堵。使用黏土稳定剂的作用是减少或防止地层中存在的黏土或微粒造成的伤害，提高酸化解堵成功率。

针对氯化钾（KCl）、氯化铵（NH_4Cl）和聚季铵 3 种黏土稳定剂开展评价，黏土稳定剂的防膨性能实验结果见表 5-3-10 和图 5-3-6。

黏土稳定剂防膨性能的实验结果表明，6 种黏土稳定剂的防膨能力由高到低的顺序为：0.5%KCl＞1.0%KCl＞1.0% 聚季铵＞1.0%NH_4Cl＞0.5%NH_4Cl＞0.5% 聚季铵。根据以上结果，黏土稳定剂选择 0.5%KCl 溶液。

表 5-3-10　不同种类黏土稳定剂的防膨性能实验结果

序号	黏土稳定剂 /%		煤岩原始高度 /cm	煤岩膨胀高度 /cm	膨胀率 /%
1	KCl	0.50	1.82	0.14	7.69
2		1.00	1.81	0.28	15.47
3	NH₄Cl	0.50	1.82	0.42	23.08
4		1.00	1.82	0.39	21.43
5	聚季铵	0.50	1.82	0.56	30.77
6		1.00	1.82	0.37	20.33

（2）铁离子稳定剂的优选。

由于煤层水富含 Fe^{3+}、Mg^{2+}、Ca^{2+} 等离子，在酸化作业中，酸液与这些离子反应会产生有害沉淀物，从而给地层带来二次伤害。因此，有效地防止铁离子沉淀，是直接影响到酸化改造效果好坏的关键。

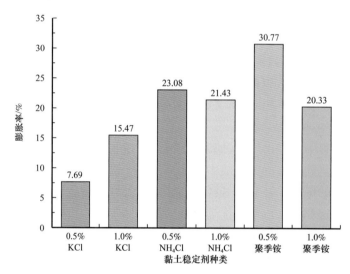

图 5-3-6　不同种类黏土稳定剂的防膨性能实验结果

防止铁离子沉淀机理如下：

① pH 值控制剂：控制 pH 值的方法是向酸液中加入弱酸（一般使用的是乙酸、柠檬酸铵），弱酸的反应非常慢以至于盐酸反应完后，残酸仍维持低 pH 值，低 pH 值有助于防止铁二次沉淀。

② 络合剂：酸液中能与 Fe^{3+} 形成稳定络合物的一类化学剂。应用最多的是能与 Fe^{3+} 形成稳定五元环、六元环和七元环螯合物的螯合剂，以羟基羧酸和氨基羧酸为主。如氨三乙酸（NTA），是一种氨羧类螯合剂，分子式为 $N(CH_2COOH)_3$，它之所以能与酸液中的铁离子形成稳定的螯合物，是由其分子结构决定的。在 NTA 分子中，既有氨基又有羧基，可与铁离子形成配位键。羧基上的氧原子同样也可以与铁离子相结合。NTA 分子

中含有多基配位体，能与铁离子形成多个 S 原子环结构，从而达到稳定铁离子的目的。

铁离子稳定剂稳定铁离子能力计算公式如下：

$$N = \frac{aV_1}{bV_2} \qquad （5-3-2）$$

式中　N——稳定铁离子（Fe^{3+}）能力；

　　　a——氯化铁标准溶液铁离子（Fe^{3+}）浓度，%；

　　　V_1——铁离子（Fe^{3+}）标准溶液用量，mL；

　　　b——试样中铁离子稳定剂样品浓度，%；

　　　V_2——铁离子稳定剂样品体积用量，mL。

铁离子稳定剂评价实验采用滴定法，通过测定铁离子稳定能力对 3 种铁离子稳定剂 EDTA、NTA 和柠檬酸铵的水溶液进行了评价。铁离子稳定剂性能测定结果见表 5-3-11 和图 5-3-7。

表 5-3-11　铁离子稳定剂性能测定结果

序号	铁离子稳定剂种类	浓度 /%	铁离子稳定剂溶液加量 /mL	稳定铁离子能力
1	EDTA	0.5	22	8.8
2		1	39	7.8
3	NTA	0.5	37	14.8
4		1	54	10.8
5	柠檬酸铵	0.5	29	11.6
6		1	43	8.6

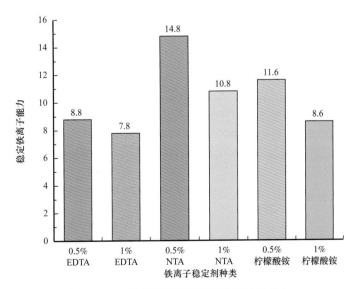

图 5-3-7　铁离子稳定剂稳定铁离子的能力

结果表明，0.5%NTA 铁离子稳定剂的稳定铁离子能力最强，因此在煤层气井酸化过程中加入浓度为 0.5% 的 NTA 铁离子稳定剂能有效稳定游离的铁离子，避免二次沉淀的产生，防止地层伤害，提高酸化作业的增产效果。

（3）缓蚀剂的选择。

在进行煤层气开发作业时，会使用大量机械设备，酸化作业过程中，酸液容易对金属造成腐蚀，不仅对经济效益造成损失，也会埋下安全隐患。因此，在进行煤储层酸化改造时，优选酸液的缓蚀剂是顺利安全作业的重要保障。

为达到理想的防腐蚀效果，在酸液中添加酸化缓蚀剂 XT-105。XT-105 酸化缓蚀剂的主要成分为有机胺类，以醛胺酮缩合物为主要成分，复合其他多种表面活性剂组分，具有酸溶性好、对岩心渗透率伤害低、产品黏度低、无刺激性臭味、现场使用方便等优点。

使用静态失重法对 XT-105 酸化缓蚀剂缓蚀性能进行评价，实验程序和标准参照国家石油天然气行业标准 SY/T 5405—1996《酸化用缓蚀剂性能试验方法及评价指标》。缓蚀性能评价结果见表 5-3-12。

表 5-3-12　酸液体系缓蚀性能评价结果

钢片编号	缓蚀剂浓度 /%	长 / cm	宽 / cm	高 / cm	孔直径 / cm	腐蚀前质量 / g	腐蚀后质量 / g	腐蚀质量 / g	平均腐蚀速率 / g/（$m^2 \cdot h$）
118	0	4.984	1.291	0.145	0.392	12.9906	11.6524	1.3382	26.26
153		4.991	1.298	0.145	0.393	12.9925	12.0088	0.9837	
104	0.5	4.985	1.309	0.16	0.404	12.9654	12.4137	0.5517	11.61
125		5.003	1.302	0.156	0.385	12.9710	12.4770	0.4940	
129	1.0	4.994	1.300	0.159	0.401	12.9658	12.4595	0.5063	10.42
126		5.002	1.304	0.156	0.410	12.9776	12.5483	0.4293	
109	1.5	4.989	1.310	0.149	0.399	12.9778	12.5646	0.4132	8.49
113		5.004	1.296	0.147	0.407	12.9745	12.6327	0.3418	

从实验结果（表 5-3-13）可知，在酸液中添加 0.5%～1.5% XT-105 酸化缓蚀剂，30℃时的静态腐蚀速率为 8.42～11.61g/（$m^2 \cdot h$）。反应后钢片锈迹较少，且无明显条蚀或点蚀现象，达到缓蚀剂一级指标。缓蚀剂浓度达到 0.5% 后，其浓度变化对腐蚀速率基本无影响，故建议在酸化工作液中加入 0.5% 的 XT-105 缓蚀剂即可达到适宜的防腐蚀效果。

4）酸化解堵工作液评价

（1）渗透率评价。

通过储层渗透性动态伤害评价对酸化前后的渗透率进行测定，采用酸化解堵工作液浸泡样品，浸泡时间定为 24h，测试时每个样品施加的围压均为 4MPa，进口压力为 0.5MPa，出口压力为 0.1MPa。

表 5-3-13 不同缓蚀剂浓度下钢片腐蚀对比

缓蚀剂浓度 /%	0	0.5	1.0	1.5
腐蚀前				
腐蚀后				

根据达西公式:

$$K = \frac{2p_0 q \mu L}{A\left(p_1^2 - p_2^2\right)} \times 1000 \qquad (5\text{-}3\text{-}3)$$

式中　K——气测渗透率,mD;

　　　A——煤样横截面积,cm^2;

　　　L——煤样长度,cm;

　　　q——气体流量,mL/s;

　　　p_0——标准大气压,MPa;

　　　μ——气体黏度,mPa·s;

　　　p_1——进口端压力,MPa;

　　　p_2——出口端压力,MPa。

酸化前后渗透率测试结果见表 5-3-14 和图 5-3-8。

表 5-3-14 酸化前后渗透率

样品编号	样品长度 /cm	样品直径 /cm	初始渗透率 /mD	酸化后渗透率 /mD	酸化增透倍数
h01	4.62	2.5	0.055	0.4455	8.1
h02	4.83	2.5	0.024	0.0456	1.9
h03	4.5	2.5	0.038	0.5814	15.3
h04	4.55	2.5	0.028	0.1036	3.7

4 个检测样品在酸化实验后都出现渗透率明显改善的趋势。H01 号煤样渗透率从 0.055mD 增加到 0.4455mD,H02 号煤样渗透率从 0.024mD 增加到 0.0456mD,H03 号煤

样渗透率从 0.038mD 增加到 0.5814mD，H04 号煤样渗透率从 0.028mD 增加到 0.1036mD，各自增大的倍数依次为 8.1 倍、1.9 倍、15.3 倍和 3.7 倍。即酸化溶解了煤中矿物质，增加了煤储层孔裂隙之间连通性，因此煤样渗透率增加，但又由于各个煤样的裂隙发育情况各有不同，因此表现为增透倍数有所差异。

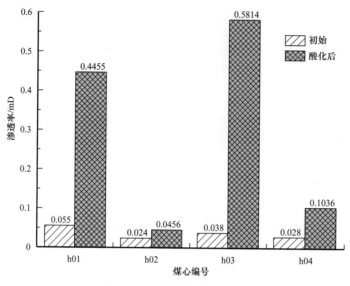

图 5-3-8　酸化前后渗透率

（2）孔隙度评价。

根据玻意耳 - 马略特定律，在恒定温度下，岩心室体积一定，放入岩心室的岩样固相（颗粒）体积越小，则岩心室气体所占体积越大，与标准室连通后，平衡压力越低；反之，当放入岩样固相体积越大，平衡压力越高。

$$p_1 V_1 = p\left(V - V_s + V_1\right) \tag{5-3-4}$$

$$V_s = V - \frac{V_1\left(p_1 - p\right)}{p} \tag{5-3-5}$$

$$\phi = \frac{V_f - V_s}{V_f} \times 100\% \tag{5-3-6}$$

式中　ϕ——孔隙度，%；

　　　p_1——原始压力，MPa；

　　　p——平衡压力，MPa；

　　　V_1——标准室体积，cm³；

　　　V——岩心室体积，cm³；

　　　V_f——岩样外表体积，cm³；

　　　V_s——岩样固相体积，cm³。

酸化前后孔隙度测试结果见表 5-3-15 和图 5-3-9。

表 5-3-15 酸化前后孔隙度

样品编号	样品长度 /cm	样品直径 /cm	初始孔隙度 /%	酸化后孔隙度 /%	增量 /%
H01	4.62	2.5	15.6	15.85	0.25
H02	4.83	2.5	1.39	7.17	5.78
H03	4.5	2.5	10.32	13.88	3.56
H04	4.55	2.5	14.17	15.3	1.13

4 个检测样品在酸化实验后孔隙度都出现改善趋势。H01 号煤样孔隙度从 15.6% 增加到 15.85%，H02 号煤样孔隙度从 1.39% 增加到 7.17%，H03 号煤样孔隙度从 10.32% 增加到 13.88%，H04 号煤样孔隙度从 14.17% 增加到 15.3%，孔隙度增量依次为 0.25%、5.78%、3.56% 和 1.13%。即酸化溶解了煤中矿物质，增加了煤储层孔裂隙之间连通性，因此煤样孔隙度增加，但又由于各煤样的裂隙发育情况各有不同，因此表现为孔隙度增加量有所差异。

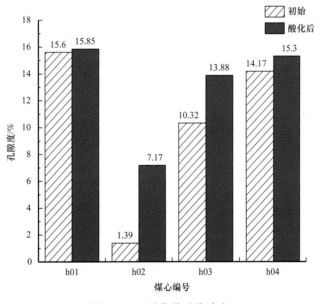

图 5-3-9 酸化前后孔隙度

3. 现场应用

在韩城区块选取了 Y4-16X2 井开展试验，该井于 2011 年 7 月投产，最高日产气量为 1330m³，试验前日产气 313m³，日产水 1.27m³，日产气量下降明显，存在固相颗粒堵塞。开展试验后，日产气量最高提升至 4054m³，稳定日产气 3890m³，平均日产水量为 3.23m³，措施效果明显（图 5-3-10）。

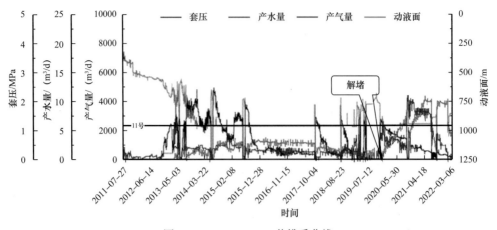

图 5-3-10　Y4-16X2 井排采曲线

二、注表面活性剂解堵工艺技术

1. 注表面活性剂解水锁机理

煤层气采用排水降压的开采方式，煤层气的产出过程可以分为饱和水相单相流动阶段、非饱和的单相水流动阶段和气水两相渗流阶段，其中在第二阶段和第三阶段中，由于煤层压力下降，气体源源不断地从煤层基质中解吸出来。

煤是非均质、成分复杂的不同孔隙的多孔介质，煤层内具有的孔隙和裂隙形成了煤体内既有连通网络又有孤立空间的系统，它们有巨大的孔隙表面。裂隙空间都是由许多大小不等、弯曲、连通的小孔道组成，当互不相溶的两相流体在岩石孔隙、裂隙内相互接触时，流体之间会产生弧形状分界面，由于润湿性和界面张力的差异，会产生毛细管压力。排水采气过程中，当毛细管压力及渗流阻力与地层压力达到动态平衡后，甲烷就失去了运移动力，在临界孔隙中不再运移，此时大孔隙已经被水溶液充填，致使甲烷不能够被解吸运移出来，从而导致水锁效应，水锁伤害是低渗透储层最主要的伤害形式（安耀清，2012）。造成水锁效应的基本因素有煤储层的物理性质、水溶液的润湿性、注入压力、毛细管压力等。其中，最重要原因是毛细管压力的影响，因此通过减小毛细管压力就可以增强水溶液的渗透能力，使水溶液能够进入更小孔径解吸运移煤层气。

水溶液的润湿性主要影响毛细管压力的作用。当水溶液润湿性较好时，水溶液与煤表面之间的接触角就会较小，通过毛细管压力公式可知，毛细管压力就会越小，水溶液就能够进入更加微小的孔隙中将甲烷解吸驱替运移出来。如果能使流体间界面张力减小，那么毛细管压力就会降低，从而把大部分滞留水排出。表面活性剂能降低气相和液相的界面张力，提高气相相对渗透率，从而使注入过程克服水锁效应所需的启动压力降低（安耀清，2012）。由于煤体孔径大小不同，毛细管压力也会变化。当孔径达到临界孔隙尺度时，毛细管压力就会阻碍水溶液的继续渗透，会造成微小孔径中的甲烷不能够被解吸驱替运移。毛细管压力采用式（5-3-7）计算：

$$p_{\mathrm{c}} = \frac{2\sigma\cos\theta}{r} \qquad\qquad (5-3-7)$$

式中　p_{c}——毛细管压力；

　　　r——毛细管半径；

　　　σ——表面张力；

　　　θ——润湿角。

通过上述对水锁影响因素的分析可以得知，要减弱水锁效应可以通过减小毛细管压力来实现。根据毛细管压力公式可以看出，降低注入溶液的表面张力，增大注入溶液与煤储层之间的润湿性，选择有更小接触角的表面活性剂，在注入压力足够的情况下选择合适的注入压力可以减小煤体孔隙结构中的毛细管压力。

2. 表面活性剂工作液

由于煤体中特殊的孔裂隙结构，向煤中注入表面活性剂溶液首要考虑的问题就是易注性，能够长时间将表面活性剂注入煤体中且不易被堵塞，因此在选择表面活性剂时避免选用高分子表面活性剂。其次，要使煤基质能够被润湿，使其能够在孔隙表面被吸附，选用的表面活性剂配成溶液后应当具有较小的表面张力以及接触角，且表面活性剂本身不能够与煤体表面的化学键发生反应降低活性剂的性能，所以阳离子型表面活性剂和有机胺类型的表面活性剂不能被选用。除此之外，还需秉着药品使用安全性、易获取性、高效作用性及经济方便性等要求准则选取实验表面活性剂。

根据以上表面活性剂选取要求初选出 5 种表面活性剂，其主要成分、物性状态、基本性能见表 5-3-16。

表 5-3-16　表面活性剂基本性能

编号	主要成分	离子类型	状态	性能
B1	十二烷基苯磺酸钠（LAS）	阴离子	粉末	易溶于水，耐酸碱，热稳定，具有良好的发泡、洗涤、乳化和分散等性能，可与非离子表面活性剂混用，不影响原有性能
B2	十二烷基硫酸钠（SDS）	阴离子	粉末	有优异的渗透、润湿、乳化、扩散和起泡性能，耐酸碱、硬水及无机盐等
B3	磺化琥珀酸二辛酯钠盐（快渗 T）	阴离子	透明液体	渗透快速、均匀，具有良好的润湿、渗透、乳化、起泡等性能
B4	脂肪醇聚氧乙烯醚（JFC）	非离子	透明液体	稳定性好，耐强酸强碱、次铝酸盐，耐硬水及金属盐等
B5	烷基酚聚氧乙烯醚 -10（OP-10）	非离子	透明液体	可溶于各种硬度的水中，耐酸碱，具有优良的匀染、乳化、润湿、扩散等性能

1）表面张力测定

将选取的 5 种表面活性剂配制成质量分数分别为 0.05%、0.08%、0.1%、0.2%、0.5% 和 1.0% 的溶液。利用全自动界面张力仪进行表面张力测定，统计测量结果见表 5-3-17 和图 5-3-11。

表 5-3-17　各单体表面活性剂表面张力

质量分数 /%	表面张力 /（mN/m）				
	B1（ABS）	B2（SDS）	B3（快渗 T）	B4（JFC）	B5（OP-10）
纯水	73				
0.05	43.2	36.8	31.3	36.5	32.0
0.08	41.7	35.9	30.1	35.6	31.7
0.1	37.8	34.5	28.2	34.9	31.0
0.2	35.4	34.6	28.3	34.6	31.2
0.5	30.7	34.4	27.9	34.5	31.3
1.0	30.2	34.5	27.7	34.1	31.1

由上述实验可以看出，表面活性剂溶液在低浓度时随着质量分数的增加，表面张力呈下降趋势。

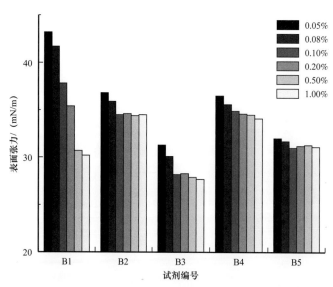

图 5-3-11　不同浓度表面活性剂溶液的表面张力

在三种阴离子表面活性剂中，B3（快渗 T）降低表面张力的能力最为突出，最优浓度为 0.1%；在两种非离子表面活性剂中，B5（OP-10）降低表面张力能力更好，最优浓度为 0.05%。

2）接触角测定

通过测量表面活性剂溶液与所选煤样接触角的大小，可以判定表面活性剂对煤的润湿性。首先，将各单体表面活性剂分别配制成质量分数为 0.05%、0.08%、0.1%、0.2%、0.5%、1.0% 的表面活性剂溶液，测量接触角。测定结果见表 5-3-18。

表 5-3-18　接触角测定结果

质量分数 / %	接触角 /（°）				
	B1（ABS）	B2（SDS）	B3（快渗 T）	B4（JFC）	B5（OP-10）
0.05	8.6	25.9	38.9	0	9.1
0.08	7.2	28.2	28.5	0	8.7
0.1	7.1	25.0	渗透	0	渗透
0.2	0	0	渗透	0	渗透
0.5	0	0	渗透	0	渗透
1.0	0	0	渗透	0	渗透

0.5%KCl 溶液在样品上的接触角测试结果为 92.5°，结合观测到的现象，对比可见，B1（ABS）、B2（SDS）和 B4（JFC）润湿性能较强，而 B3（快渗 T）和 B5（OP-10）则表现出了良好的渗透性能。

结合韩城区块储层特点，选择表面活性剂时应遵循以下原则：

（1）韩城区块煤层机械强度普遍较低，因此注入溶液要有良好的渗透能力，从而减少注入过程中可能发生的储层伤害。

（2）优良的降低表面张力的能力。

（3）不同类型表面活性剂的协同作用。

根据以上原则，选取降低表面张力能力强、渗透性较好的快渗 T 和 OP-10 进行配方实验，形成新型解水锁剂 C1（0.1% 快渗 T+0.05%OP-10）。

3）助剂选择及效果评价

为达到良好的解水锁效果，选择乙醇作为助剂，具体原因如下：

（1）小分子醇类本身具有降低表面张力的能力。

（2）小分子醇类具有一定的抑制黏土膨胀的作用和消泡作用。

（3）乙醇具有沸点低、易挥发的特性，可以与地层液体形成低沸点的共沸物，易于气化排出，从而减弱水锁伤害。

（4）乙醇对环境影响很小，符合环保要求。

根据表面活性剂吸 / 释水实验结果（图 5-3-12），乙醇加量达到 3% 时，渗透率恢复效果较好，且加量超过 3% 后渗透率增加效果不显著。结合煤样吸 / 释水实验结果，选取 3% 为乙醇的最优添加量。

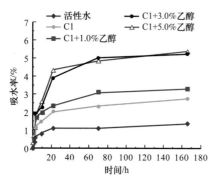 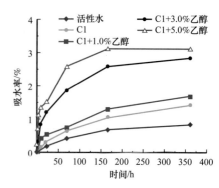

图 5-3-12　吸 / 释水实验测试结果

综合实验分析，得到注剂配方为 0.05%OP-10+0.1% 快渗 T+3% 乙醇。

3. 现场应用

在保德区块 B1-31X1 井和 B2-23X3 井实施注剂增产，实施前单井平均日产气量分别为 4012m³ 和 971m³，表现出地层供液能力不足、气锁现象。通过向地层中注入活性水恢复地层压力，并通过注表面活性剂的方式进一步降低地层水表面张力，促进排液。解堵工作液采用"防膨液 20m³ + 解堵剂 80m³ + 顶替液 50m³"，采用外径为 73mm、钢级为 N80 的油管作为施工管柱，注入方式为光油管注入，增产实施后平均日产气量分别增至 5322m³ 和 2107m³（图 5-3-13、图 5-3-14），增幅 49%。累计增产 113.25×10⁴m³（表 5-3-19），取得了显著效果。

表 5-3-19　注剂解堵试验前后生产参数对比

井号	生产参数对比				生产时间 / d	增产量 / 10⁴m³
	日产气量 /m³	日产水量 /m³	井底压力 /MPa	套压 /MPa		
B1-31X1	4012/5322	1.86/2.68	1.83/1.85	0.17/0.16	267	34.98
B2-23X3	971/2107	3.21/3.17	0.56/0.6	0.26/0.16	689	78.27

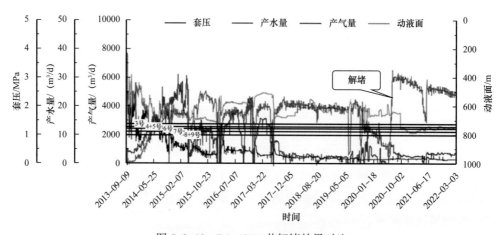

图 5-3-13　B1-13X1 井解堵效果对比

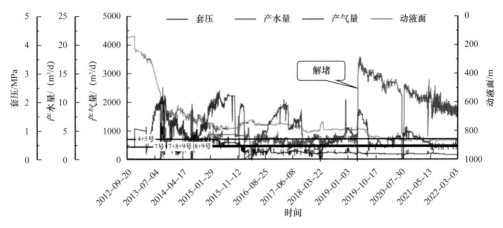

图 5-3-14　B2-23X3 井解堵效果对比

第四节　煤层气负压抽排增产技术

我国煤层气藏多为欠饱和煤层气藏，原始储层压力高于临界解吸压力，煤层压力降至临界解吸压力以下是煤层气产出的先决条件。但对于弱含水、超欠压煤储层等缺少排水降压条件的煤层气藏，以及靠近煤矿采动区/采空区的煤层气井，或煤储层压力趋近废弃压力的煤层气井，为促进煤层气的解吸和渗流，有必要使煤储层压力降至更低水平。通过在地面井口安装负压设备将井筒压力降至更低水平，给裂隙游离甲烷气体流入钻孔提供动力，裂隙煤层气流出后再形成基质与裂隙煤层气压力差，从而增大生产压差，降低管网回压对排采的影响，提高裂缝导流能力，促进井间干扰以及增强甲烷滑脱和煤基质收缩等有利效果，提高煤层气采收率和单井产量（彭川等，2019）。

一、负压条件下煤层气等温解吸特征

常规等温解吸实验中，最低试验压力点在 1MPa 左右，为了探究负压条件下煤层气等温解吸特征，针对不同含水煤样进行了负压解吸实验，并将负压解吸实验的实验压力转换成相对压力，与常规解吸数据进行对比（图 5-4-1、图 5-4-2）。

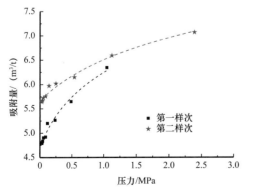

图 5-4-1　空气干燥基煤样负压解吸实验结果

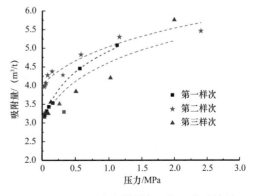

图 5-4-2　平衡水煤样负压解吸实验结果

从图 5-4-3 中可以看出，平衡压力低于 1MPa 后，随着压力降低继续解吸，剩余吸附量持续下降，但下降的幅度增大（王凤林等，2019）。表 5-4-1 列出了不同煤样常规解吸和负压解吸阶段平均单位压降解吸量。

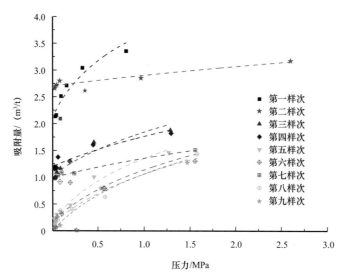

图 5-4-3　饱和水煤样负压解吸实验结果

表 5-4-1　不同煤样平均单位压降解吸量

项目	常规解吸阶段			负压解吸阶段		
	干燥煤样	平衡水煤样	饱和水煤样	干燥煤样	平衡水煤样	饱和水煤样
起始压力 /MPa	8.06	8.14	7.97	0.946	1.02	0.701
终结压力 /MPa	0.95	1.03	0.71	−0.07	−0.067	−0.07
起始吸附量 /(m³/t)	9.64	8.43	3.59	6.34	5.08	3.35
终结吸附量 /(m³/t)	6.34	5.08	3.35	4.76	3.2	2.13
单位压降解吸量 / m³/(t·MPa)	0.466	0.471	0.033	1.525	1.73	1.57

从表 5-4-1 可以看出，不论何种含水煤样，常规解吸阶段单位压降对应的解吸量均不到 0.5m³/t，而负压解吸阶段，单位压降对应的解吸量均大于 1.5m³/t，是常规解吸阶段的 3 倍多。

以平衡水煤样为例，常规煤层气井的废弃压力为 0.7MPa，使用负压排采措施后，煤层气井的废弃压力可降低至 0.02MPa。0.7MPa 对应的剩余吸附量为 4.7m³/t，0.02MPa 对应的剩余吸附量为 3.5m³/t，解吸量增加 1.2m³/t。

对于研究区块控制半径为 150m、所在煤层厚度为 15m 的煤层气井，煤体密度为 1.45g/cm³，采用负压增产措施后，单井累计产气量可增加 46.1×10⁴m³。

从图 5-4-3 中可以看出，平衡压力低于 1MPa 后，随着压力降低继续解吸，剩余吸附量持续下降，但下降的幅度增大（王凤林等，2019）。表 5-4-1 列出了不同煤样常规解吸和负压解吸阶段平均单位压降解吸量。

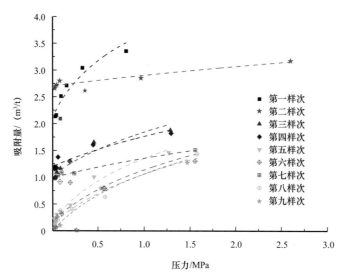

图 5-4-3　饱和水煤样负压解吸实验结果

表 5-4-1　不同煤样平均单位压降解吸量

项目	常规解吸阶段			负压解吸阶段		
	干燥煤样	平衡水煤样	饱和水煤样	干燥煤样	平衡水煤样	饱和水煤样
起始压力 /MPa	8.06	8.14	7.97	0.946	1.02	0.701
终结压力 /MPa	0.95	1.03	0.71	−0.07	−0.067	−0.07
起始吸附量 /（m³/t）	9.64	8.43	3.59	6.34	5.08	3.35
终结吸附量 /（m³/t）	6.34	5.08	3.35	4.76	3.2	2.13
单位压降解吸量 / m³/（t·MPa）	0.466	0.471	0.033	1.525	1.73	1.57

从表 5-4-1 可以看出，不论何种含水煤样，常规解吸阶段单位压降对应的解吸量均不到 0.5m³/t，而负压解吸阶段，单位压降对应的解吸量均大于 1.5m³/t，是常规解吸阶段的 3 倍多。

以平衡水煤样为例，常规煤层气井的废弃压力为 0.7MPa，使用负压排采措施后，煤层气井的废弃压力可降低至 0.02MPa。0.7MPa 对应的剩余吸附量为 4.7m³/t，0.02MPa 对应的剩余吸附量为 3.5m³/t，解吸量增加 1.2m³/t。

对于研究区块控制半径为 150m、所在煤层厚度为 15m 的煤层气井，煤体密度为 1.45g/cm³，采用负压增产措施后，单井累计产气量可增加 46.1×10⁴m³。

二、负压环境剩余可采储量

计算煤层采收率，预测剩余可采储量是试验措施调整的重要依据，负压环境剩余可采储量的计算关键在于废弃压力的确定，设备额定进口压力传播至储层除去管路等损耗后的实际压力，即最终废弃压力。

1. 废弃压力确定

井口安装负压设备后进行抽汲，受气柱重力、摩擦、动能变化造成压力损失，当压力传播到储层后，管路压力损失由式（5-4-1）计算。

沿程压力损失：

$$\Delta p = \rho g h = 28.97 \frac{\gamma_{\mathrm{g}} \rho g h}{RZT} \tag{5-4-1}$$

式中　p——中深压力，MPa；

　　　Z——井筒内气体的平均偏差系数；

　　　T——中深温度，K；

　　　R——通用气体常数，$R=8.314\mathrm{J/（mol \cdot K）}$；

　　　γ_{g}——天然气相对密度。

废弃压力确定：

$$p_{\text{废弃}} = p_{\text{进口}} + \Delta p \tag{5-4-2}$$

2. 负压环境剩余可采储量

负压前实际累计解吸气量：

$$Q_{\mathrm{g}} = K_{\mathrm{C}} + K_{\mathrm{rg}} h \ln\left(\frac{r_{\mathrm{e}}}{r_{\mathrm{w}}}\right)\left(p_{\text{原始地层}} - p_{\text{井底}}\right)\lambda_{\mathrm{g}} \tag{5-4-3}$$

负压环境剩余可采储量：

$$Q_{\mathrm{g}} = K_{\mathrm{C}} + K_{\mathrm{rg}} h \ln\left(\frac{r_{\mathrm{e}}}{r_{\mathrm{w}}}\right)\left(p_{\text{原始地层}} - p_{\text{废弃}}\right)\lambda_{\mathrm{g}} \tag{5-4-4}$$

式中　Q_{g}——煤层气产气量，$\mathrm{m^3}$；

　　　K_{rg}——气相相对渗透率；

　　　K_{c}——绝对渗透率，D；

　　　h——煤层厚度，m；

　　　r_{e}——控制半径，m；

　　　r_{w}——煤层气井半径，m；

　　　λ_{g}——流体特征综合系数。

3. 试验井计算

选取临汾、保德区块吉 19 井组和保 4-08 井组进行负压环境剩余可采储量模拟计算，如按正常排采制度，以废弃压力 0.2MPa 计算，预测剩余累计产气量为（2.0～140）×10^{4}m^3。采用负压排采增产技术，设备额定进口压力最低为 -0.1MPa，单井废弃压力为 0.02MPa，剩余累计产气量为（3～179）×10^{4}m^3（表 5-4-2）。

表 5-4-2　负压环境预测最高日产气量和剩余可采储量统计

井号	试验前日产气量 / m^3	试验前累计产气量 / m^3	累计解吸气量 / m^3	正常排采方式剩余累计产气量 /m^3	负压环境预测最高日产气量 /m^3	负压环境预测剩余累计产气量 /m^3	单井增产 / m^3	井组增产 / m^3
J19	290	881532	2750489.9	320940	440	545598	224658	
J19X1	25	226448	2758197.3	49896	98	84823	34927	386280
J19X2	220	552189	2612057.7	81193	317	138028	56835	
J19X3	82	411502	3667575.8	99800	337	169660	69860	
J19-2X1	105	199229	15325308	151201	295	237042	85841	—
B4-08X1	475	527449	401776.52	462179	667	903312	441133	
B4-08X2	518	517762	4738699.4	534419	871	967547	433128	3707876
B4-08X3	853	1068838	12056885	1485230	1131	3217807	1732577	
B4-08X4	801	674512	8227658.1	907752	1014	2008790	1101038	

三、负压排采设备研制

为满足负压排采需要，针对不同生产井生产情况，采用水环压缩机橇、往复式压缩机橇和负压排采智能监控设备与评价系统 3 套负压排采增产设备。

1. 水环压缩机橇

单井负压排采设备采用水环压缩机橇，压缩机橇由水环真空泵、气液分离器、冷水机和水罐组成。泵体中装有适量的水作为工作液。叶轮旋转时，叶轮轮毂与水环之间形成一个月牙形空间，这一空间的容积不断发生变化，使气体被吸入、压缩。叶轮连续不停地旋转，压缩机就不断地吸入和排出压缩气体（图 5-4-4、图 5-4-5）。水环压缩机灵活性较强，适用于产气量较小的单井。

设备进气管线与采油树输气口连接，设备外输管线与井场外输工艺管线连接，水环压缩机启动后，在井口处形成一定的负压，通过管线将煤层气从井下抽出，加压外排至外输工艺管线中，设备散热采用闭式循环系统，适应野外无循环水工况，设备启动后，最低进口压力可降至 -0.1MPa，排气压力为 0.3MPa（表 5-4-3），满足煤层气加压输送要求。

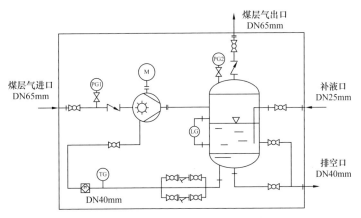

图 5-4-4 水环压缩机橇流程图

图 5-4-5 水环压缩机橇实物图

表 5-4-3 水环压缩机橇技术参数

介质	甲烷
进口压力 /MPa	−0.1
排气压力 /MPa	0.3
排温 /℃	<90
功率 /kW	24
海拔 /m	<2500
排量 /（m³/d）	300～2000
外形尺寸 /（mm×mm×mm）	4000×1200×1730

2. 往复式压缩机橇

丛式井组负压排采采用往复式压缩机橇，主要包括气液分离设备、计量设备、缓冲罐和控制柜等（图5-4-6、图5-4-7）。设备进气缓冲分离器与煤层气井口连接，排气口与外输管网连接，气体由压缩机加压后外输，具有占地面积小、工作稳定性高、无须安装基础、实现连续抽排的特点，最低进口压力可降至0.02MPa，外排压力0.3MPa（表5-4-4），满足煤层气管网集输要求（李海涛等，2017）。

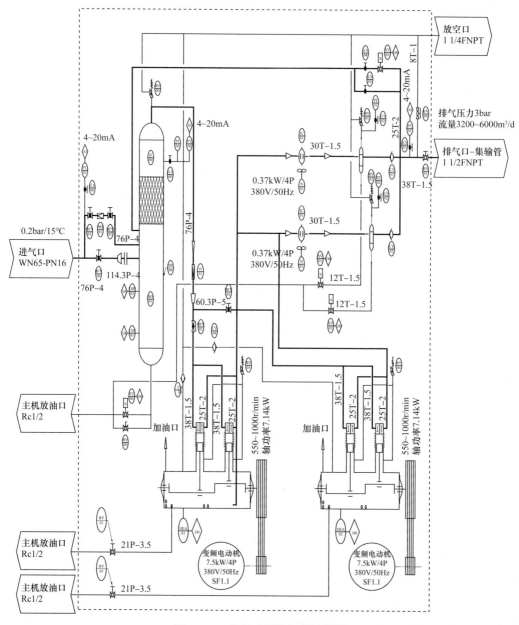

图 5-4-6　往复式压缩机橇流程图

图 5-4-7 往复式压缩机橇实物图

表 5-4-4 往复式压缩机橇技术参数

介质	甲烷
进口压力 /MPa	0.02
排气压力 /MPa	0.3
排温 /℃	环境温度 +14
功率 /kW	11
海拔 /m	<2500
排量 / （m³/d）	3500
质量 /kg	970
外形尺寸 / （mm×mm×mm）	1600×1500×2600

3. 负压排采智能监控设备与评价系统

煤层气井负压排采智能评价系统具有采集、控制、通信、分析等功能，能够实现对压缩机转速、排采井的套压、产气量、井底流压、功图等生产参数的自动采集与无线传输，控制模块能够对抽油机冲次、电动调节阀门开启角度、压缩机转速等生产参数的远程调节（图 5-4-8）。提供及时、准确的动态数据，分析总结工作参数调整后井场数据变化规律，根据数据规律变化寻找更适合煤层气井生产的排采制度。对比稳压排采、定产排采对煤层气开采方法与井况适应性，服务煤层气排采生产（冯堃等，2020）。

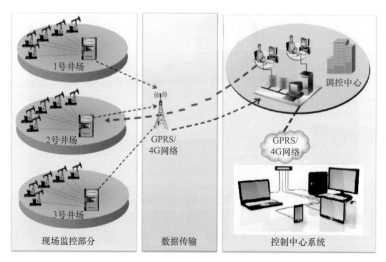

图 5-4-8　智能排采系统结构图

设备能够满足数据实时监控，分析归纳总结负压排采规律，预测产气趋势，实现阈值报警系统，能够对排采异常参数适时调整，分析整理出各种情况下的变化规律。再由人工干预调控井场内煤层气井或压缩机的工作制度实现远程控制的功能，从而起到承上启下的作用（图 5-4-9）。

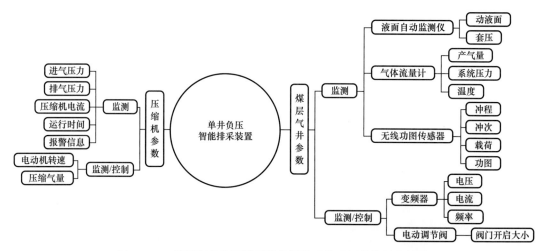

图 5-4-9　煤层气井负压排采智能评价系统现场监控部分结构

评价系统通过对煤层气井特征数据智能分析，快速掌握每口井的排采特征，据此将接收到的排采任务分解为若干个排采控制周期，根据每个控制周期的井况实施针对性的控制。该系统针对稳产阶段，稳压排采、定产排采，设计不同的控制逻辑，当控制模块接收到排采任务时，依据当前的排采阶段执行对应的控制逻辑。

通过负压排采智能评价系统与往复式压缩机配合，将井底流压控制在最适合解析的范围内，根据产气量变化及井下压力变化，为每一口井制定稳压排采的井底流压上下限，达到精细控制的目标。

四、现场应用

1. 保德区块

在保德区块靠近煤矿采动区的 2 个井组 7 口井开展现场试验，其中 6 口井产量明显提升，有效率达 85%。7 口井总产气量由 4124m³ 提高至 5383m³，单井平均增产 24%，累计增产 $52×10^4$ m³，如图 5-4-10 所示。

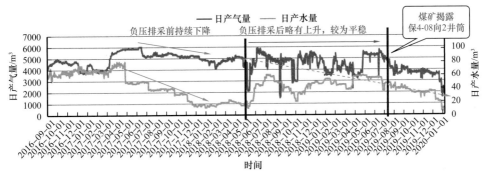

图 5-4-10　保德区块负压增产排采曲线

2. 韩城区块

在韩城区块 H4-3-2 采气支线完成负压抽采设备安装并进行投产试验，该支线管道上的 H15-07、H15-08 和 H15-11 三座井台，其中正在排采生产 5 口，临时停排井 13 口，利用负压排采技术进一步降低管线压力，提高单井产量。

试验前日产气 647m³，安装负压设备后最高日产气量上涨至 1306m³，试验 87 天累计增产 22811m³，负压设备自耗气累计 1440m³。负压设备将支线管道系统压力由 0.11MPa降至 0.04MPa，5 口正在排采生产井最高增加日产气量 354m³，平均增加日产气量 132m³，试验期间累计增加产气量 11488m³，如图 5-4-11 所示。

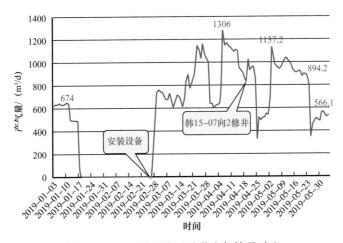

图 5-4-11　韩城区块试验井产气情况对比

3. 临汾区块

在 J19 井组管汇处使用往复式压缩机对 4 口井进行试验，对比试验前后 6 个月生产数据，开展负压排采增产技术后 6 个月累计产气量增产 $8.65 \times 10^4 m^3$，日产气量由 $525 m^3$ 增加至 $1123 m^3$；井底流压由 1.51MPa 降至 1.08MPa，效果显著（图 5-4-12）。

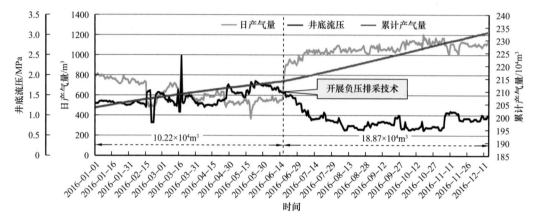

图 5-4-12　J19 井组开展负压前后日产气量、累计产气量、井底流压变化

参 考 文 献

安耀清，2012. 吐哈油田致密砂岩气藏压裂酸化技术研究［D］. 北京：中国地质大学（北京）.

白强，庞斌，林伟，等，2016.HL 型抽油杆断裂失效分析［J］. 金属热处理，41（7）：187–191.

白蕊，2016. 煤层气注 N_2 增产工艺参数优化研究［D］. 西安：西安石油大学.

白云云，张永成，2017.CO_2-ECBM 技术的利弊分析［J］. 石油化工应用，36（1）：3-6.

蔡美峰，2002. 岩石力学与工程［M］. 北京：科学出版社.

曹峰，李德君，姚欢，等，2017. 煤层气井油管偏磨漏失分析［J］. 热加工工艺，46（2）：251–253.

曹茜，戚明辉，张昊天，等，2019. 一种基于应力 – 应变特征的岩石脆性指数评价改进方法［J］. 岩性油
  气藏，31（4）：54-61.

陈猛，2010. 井下螺旋轴流式混抽泵增压单元仿真设计研究［D］. 青岛：中国石油大学（华东）.

陈勉，庞飞，金衍，2000. 大尺寸真三轴水力压裂模拟与分析［J］. 岩石力学与工程学报，19（增）：
  868–872.

陈德敏，隆清明，岳建平，等，2020. 煤岩定向射孔对水力压裂裂纹扩展影响的研究［J］. 煤炭科学技
  术，48（11）：129–134.

陈红东，2017. 构造煤地质 – 地球物理综合响应及其判识模型——以宿县矿区为例［D］. 徐州：中国矿
  业大学.

陈立超，王生维，2019. 煤岩弹性力学性质与煤层破裂压力关系［J］. 天然气地球科学，30（4）：503–
  511.

陈松鹤，蒋建勋，王凤林，等，2016. 煤层气井 MCZ 缓蚀剂体系的研制［J］. 西安石油大学学报（自然
  科学版），31（6）：92-96.

陈治喜，陈勉，金衍，1997. 岩石断裂韧性与声波速度相关性的试验研究［J］. 石油钻采工艺，19（5）：
  56-60，75.

崔春兰，董振国，吴德山，2019. 湖南保靖区块龙马溪组岩石力学特征及可压性评价［J］. 天然气地球科
  学，30（5）：626-634.

崔永君，张群，张泓，等，2005. 不同煤级煤对 CH_4、N_2 和 CO_2 单组分气体的吸附［J］. 天然气工业，
  25（1）：61-65.

党枫，2020. 沁水盆地柿庄南区块不同构造地质单元煤层气井产能影响因素分析［D］. 北京：中国地质
  大学（北京）.

邓泽，康永尚，刘洪林，等，2009. 开发过程中煤储层渗透率动态变化特征［J］. 煤炭学报，34（7）：
  947–951.

习瑞，2018. 微地震与地面地震联合定位方法应用研究［D］. 青岛：中国石油大学（华东）.

杜悦，黄小青，2017. 中国南方高煤阶煤层气产能主控因素分析［C］//2017 年全国天然气学术年会论
  文集.

冯堃，孙晓勇，2020. 煤层气井负压排采智能评价系统研制［J］. 中国煤层气，17（4）：13-15.

傅雪海，姜波，秦勇，等，2003. 用测井曲线划分煤体结构和预测煤储层渗透率［J］. 测井技术，27（2）：
  140-143，177.

傅雪海，秦勇，韦重韬，2003.煤层气地质学［M］.徐州：中国矿业大学出版社.

傅雪海，秦勇，薛秀谦，等，2001.煤储层孔、裂隙系统分形研究［J］.中国矿业大学学报，30（3）：11-14.

高杰，侯冰，谭鹏，等，2017.砂煤互层水力裂缝穿层扩展机理［J］.煤炭学报，42（S2）：428-433.

高源，2018.煤层气注氮增产技术研究［D］.北京：中国石油大学（北京）.

高建申，孙建孟，姜艳娇，等，2016.侧向测井电极系结构影响分析及阵列化测量新方法［J］.吉林大学学报（地球科学版），46（6）：1874-1883.

管保山，刘玉婷，刘萍，等，2016.煤层气压裂液研究现状与发展［J］.煤炭科学技术，44（5）：11-17，22.

归榕，万永平，2012.基于常规测井数据计算储层岩石力学参数——以鄂尔多斯盆地上古生界为例［J］.地质力学学报，18（4）：418-424.

郭建春，苟波，王坤杰，等，2017.川西下二叠统超深气井网络裂缝酸化优化设计［J］.天然气工业，37（6）：34-41.

郭应举，李白，赖晓虎，等，2017.一种基于热力学的流量计：CN 201620122983.0［P］.2017-01-18.

郝定溢，叶志伟，方树林，2016.我国注气驱替煤层瓦斯技术应用现状与展望［J］.中国矿业，25（7）：77-81.

侯树宏，柴敬，吕兆海，2008.近浅埋煤层软岩条件下综采工作面顶板破断规律［J］.煤炭技术，27（10）：46-48.

胡爱梅，陈东，等，2015.煤层气开采基础理论［M］.北京：科学出版社.

贾奇锋，刘大锰，蔡益栋，2020.煤层气开采井间干扰研究进展［J］.煤炭学报（S2）：1-4.

贾雪梅，蔺亚兵，马东民，2019.高、低煤阶煤中宏观煤岩组分孔隙特征研究［J］.煤炭工程，51（6）：24-27.

姜继海，宋锦春，高常识，2002.液压与气压传动［M］.北京：高等教育出版社.

焦义，2016.负压下构造煤加卸载过程瓦斯渗透率变化研究［J］.煤炭工程，48（9）：106-108.

近藤精一，石川达雄，安部郁夫，2006.吸附科学［M］.2版.李国希，译.北京：化学工业出版社.

鞠玮，姜波，秦勇，等，2020.多煤层条件下现今地应力特征与煤层气开发［J］.煤炭学报，45（10）：3492-3500.

康红普，2013.煤岩体地质力学原位测试及在围岩控制中的应用［M］.北京：科学出版社.

李根，唐春安，李连崇，等，2010.水压致裂过程的三维数值模拟研究［J］.岩土工程学报，32（12）：1875-1881.

李雪，赵志红，荣军委，2012.水力压裂裂缝微地震监测测试技术与应用［J］.油气井测试，21（3）：43-45，77.

李勇，汤达祯，许浩，等，2014.鄂尔多斯盆地柳林地区煤储层地应力场特征及其对裂隙的控制作用［J］.煤炭学报，39（S1）：164-168.

李存磊，杨兆彪，孙晗森，等，2020.多煤层区煤体结构测井解释模型构建［J］.煤炭学报，45（2）：721-730.

李海涛，虎海宾，赵凯，等，2017.负压采气技术在丘东气田低压气井中的应用［J］.天然气勘探与开发，40（2）：56-62.

李明忠，王卫阳，何岩峰，等，2000.垂直井筒携砂规律研究［J］.石油大学学报（自然科学版），24（2）：33-35，43.

李树达，2019.井筒解堵技术在普光气田的适应性分析［J］.化工管理（1）：212.

李相方，石军太，杜希瑶，等，2012.煤层气藏开发降压解吸气运移机理［J］.石油勘探与开发，39（2）：203-213.

李新德，2015.液压传动实用技术［M］.北京：中国电力出版社.

李延河，2010.应力集中区巷道失稳机理及支护体系研究［J］.中州煤炭（10）：6-8.

李玉伟，艾池，于千，等，2013.煤层水力压裂网状裂缝形成条件分析［J］.特种油气藏，20（4）：99-101.

李增亮，陈猛，2010.井下气液混抽泵外特性试验研究［J］.流体机械，38（2）：1-4.

李召兵，2017.气井分层与合层开采产能评价及开发效果研究［D］.大庆：东北石油大学.

李志明，张金珠，1997.地应力与油气勘探开发［M］.北京：石油工业出版社：191-206，5-23.

梁全，苏齐莹，2004.液压系统AMESim计算机仿真指南［M］.北京：机械工业出版社.

梁北援，王会卿，2019.微破裂向量扫描在微震监测中的解释原则［J］.地球物理学进展，34（4）：1314-1322.

梁国伟，文英杰，黄震威，等，2008.热式气体流量计原理及影响因数分析研究［J］.中国计量学院学报（3）：201-205，224.

刘冰，魏文强，唐勇，等，2014.煤层气井排煤粉环空射流泵的数值模拟［J］.石油机械，42（3）：80-83.

刘东，2014.煤层气开采中煤储层参数动态演化的物理模拟试验与数值模拟分析研究［D］.重庆：重庆大学.

刘剑，梁卫国，2017.页岩油气及煤层气开采技术与环境现状及存在问题［J］.科学技术与工程，17（30）：126-139.

刘岩，苏雪峰，张遂安，2017.煤粉对支撑裂缝导流能力的影响特征及其防控［J］.煤炭学报，42（3）：687-693.

刘秩，2013.声波测井仪器发展及刻度井研究［J］.中国石油和化工标准与质量，33（23）：61.

刘方槐，颜婉荪，1991.油气田水文地质学原理［M］.北京：石油工业出版社.

刘国强，王凤清，王峰，等，2014.CD区块管杆偏磨机理分析与治理措施［J］.石油机械，42（5）：96-100.

刘海龙，吴淑红，2014.煤层气井压裂效果评价及压裂施工工程因素分析［J］.非常规油气，1（3）：64-71.

刘海涛，2012.热式质量流量计应用于煤层气井产出剖面测量方法［D］.大庆：东北石油大学.

刘明宽，2018.煤层气井多层合采产能预测［D］.北京：中国石油大学（北京）.

刘沛清，赵芸可，2020.伯努利方程对流体力学理论建立的历史贡献［J］.力学与实践，42（2）：258-264.

刘新福，2012.煤层气井有杆排采井筒煤粉运移规律和防煤粉关键技术研究［D］.青岛：中国石油大学

（华东）.

刘彦飞，2016.韩城地区深/浅部煤层气开发地质条件与产能对比研究［D］.北京：中国地质大学（北京）.

刘永建，孙云，田剑英，1996.变偏心度环空中流体流动理论分析与数值模拟［J］.大庆石油学院学报，20（3）：21-24.

刘玉龙，汤达祯，许浩，等，2016a.煤岩类型控制下的微观孔隙结构及吸附特征研究［J］.煤炭工程，48（11）：107-110.

刘玉龙，汤达祯，许浩，等，2016b.基于核磁共振不同煤岩类型储渗空间精细描述［J］.高校地质学报，22（3）：543-548.

刘玉龙，汤达祯，许浩，等，2016c.不同围压下中煤阶煤岩孔裂隙核磁共振响应特征［J］.煤炭科学技术，44（S1）：149-153.

刘玉龙，汤达祯，许浩，等，2017.基于X-CT技术不同煤岩类型煤储层非均质性表征［J］.煤炭科学技术，45（3）：141-146.

刘日武，高大鹏，李奇，等，2019.页岩气开采中的若干力学前沿问题［J］.力学进展，49（201901）：1-236.

刘日武，苏中良，方虹斌，等，2010. 煤层气的解吸/吸附机理研究综述［J］.油气井测试，19（6）：37-45.

卢义玉，李瑞，鲜学福，等，2021.地面定向井+水力割缝卸压方法高效开发深部煤层气探讨［J］.煤炭学报，46（3）：876-884.

陆诗阔，王迪，李玉坤，等，2015.鄂尔多斯盆地大牛地气田致密砂岩储层三维岩石力学参数场研究［J］.天然气地球科学，26（10）：1844-1850.

路保平，鲍洪志，2005.岩石力学参数求取方法进展［J］.石油钻探技术，33（5）：47-50.

马兵，2010.多煤层地区煤层气合层排采理论研究［D］.焦作：河南理工大学.

马寅生，1997.地应力在油气地质研究中的作用、意义和研究现状［J］.地质力学学报，3（2）：41-46.

梅永贵，郭简，苏雷，等，2016.无杆泵排采技术在沁水煤层气田的应用［J］.煤炭科学技术，44（5）：64-67.

孟贵希，2017.地应力场特征及其对煤储层压力和渗透率的影响研究［J］.中国煤炭地质，29（3）：21-27，36.

倪小明，贾炳，曹运兴，2012. 煤层气井水力压裂伴注氮气提高采收率的研究［J］.矿业安全与环保，39（1）：1-5.

彭川，张遂安，王凤林，等，2019.煤层气井负压排采技术潜在增产因素分析［J］.科学技术与工程，19（14）：166-171.

亓宪寅，杨典森，陈卫忠，2016. 煤层气解吸滞后定量分析模型［J］.煤炭学报，41（S2）：475-481.

钱鸣高，石平五，许家林，2010.矿山压力与岩层控制［M］.徐州：中国矿业大学出版社.

乔奕炜，彭小龙，朱苏阳，等，2018.考虑解吸作用及相渗影响的煤层气产能模型研究［J］.中国煤层气，15（1）：17-20.

秦勇，汤达祯，刘大锰，等，2014.煤储层开发动态地质评价理论与技术进展［J］.煤炭科学技术，42

（1）：80-88.

秦积舜，李爱芬，2004.油层物理学［M］.东营：石油大学出版社：344.

屈平，申瑞臣，袁进平，等，2007.煤储层的应力敏感性理论研究［J］.石油钻探技术，155（5）：68-71.

曲占庆，黄德胜，杨阳，等，2014.沁端区块煤层气井压裂支撑剂优选实验研究［J］.石油化工高等学校学报，27（4）：34-38.

任岩，曹宏，姚逢昌，等，2018.吉木萨尔致密油储层脆性及可压裂性预测［J］.石油地球物理勘探，53（3）：511-519，3-4.

桑树勋，周效志，刘世奇，等，2020.应力释放构造煤煤层气开发理论与关键技术研究进展［J］.煤炭学报，45（7）：2531-2543.

邵茂华，曹鼎洪，邹春雷，2014.裂缝监测技术在水平井中的应用［J］.内蒙古石油化工，40（3）：97-100.

申宝宏，雷毅，2013.我国煤矿区非常规能源开发战略思考［J］.煤炭科学技术，41（1）：16-20.

沈琛，梁北援，李宗田，2009.微破裂向量扫描技术原理［J］.石油学报，30（5）：744-748.

沈海超，程远方，王京印，等，2007.断层对地应力场影响的有限元研究［J］.大庆石油地质与开发，120（2）：34-37.

沈明荣，陈建峰，2006.岩体力学［M］.上海：同济大学出版社.

石磊，钟兴久，伍军，2013.储层改造裂缝监测技术研究［J］.内蒙古石油化工，39（20）：112-113.

石军太，李相方，徐兵祥，等，2013.煤层气解吸扩散渗流模型研究进展［J］.中国科学（物理学 力学 天文学），43（12）：1548-1557.

石永霞，陈星，赵彦文，等，2018.阜康西部矿区煤层气井产能地质影响因素分析［J］.煤炭工程，50（2）：133-136.

孙智，高涛，崔海清，2004.流体在内管做轴向运动的偏心环空中的速度分布［J］.大庆石油学院学报，28（1）：10-13.

孙海军，张学民，李健，等，2015.化学解堵工艺在气田的应用探讨［J］.化学工程与装备（1）：104-107.

孙晗森，2021.我国煤层气压裂技术发展现状与展望［J］.中国海上油气，33（4）：120-128.

孙晗森，冯三利，王国强，等，2011.沁南潘河煤层气田煤层气直井增产改造技术［J］.天然气工业，31（5）：21-23.

孙仁远，姚世峰，梅永贵，等，2019.煤层气压裂水平井产能影响因素［J］.新疆石油地质，40（5）：575-578.

汤达祯，王生维，等，2010.煤储层物性控制机理及有利储层预测方法［M］.北京：科学出版社.

田丽霞，2014.浅谈热式质量流量计的原理及应用［J］.山东工业技术（22）：33.

田伟兵，李爱芬，韩文成，2017.水分对煤层气吸附解吸的影响［J］.煤炭学报，42（12）：3196-3202.

汪志明，2008.油气井流体力学［M］.北京：石油工业出版社.

王磊，2009.幂律流体偏心环空流动的数值计算［J］.内蒙古石油化工（22）：35-37.

王磊，杨世刚，刘宏，等，2012.微破裂向量扫描技术在压裂监测中的应用［J］.石油物探，51（6）：

613-619, 537.

王爱国, 张胜传, 余洲, 等, 2016. 稳定电场压裂裂缝监测技术 [J]. 石油学报, 37 (S2): 87-92.

王凤林, 袁玉, 张遂安, 等, 2019. 不同含水及负压条件下煤层气等温吸附解吸规律 [J]. 煤炭科学技术, 47 (6): 158-163.

王旱祥, 兰文剑, 2012. 煤层气井煤粉产生机理探讨 [J]. 中国煤炭, 38 (2): 95-97, 105.

王旱祥, 兰文剑, 刘延鑫, 等, 2014. 煤层气井电潜泵排采系统优化设计 [J]. 煤炭工程, 46 (1): 27-30.

王胜新, 曹新平, 佟国章, 等, 2011. 微地震裂缝监测技术在油水井压裂和注水评价中的应用 [J]. 广东化工, 38 (6): 295-296, 298.

王水生, 2003. 大斜度井多功能管柱的研制与应用 [J]. 石油钻采工艺, 25 (2): 73-75.

王万彬, 陈华生, 舒明媚, 等, 2020. 水力裂缝高度关键影响因素不确定性分析 [J]. 辽宁工程技术大学学报 (自然科学版), 39 (3): 245-258.

王维波, 周瑶琪, 春兰, 2012. 地面微地震监测 SET 震源定位特性研究 [J]. 中国石油大学学报 (自然科学版), 36 (5): 45-50, 55.

王伟光, 2020. 马必东区块煤层气产能影响因素及传质过程 [D]. 北京: 中国地质大学 (北京).

王显军, 王建新, 郭文雕, 2017. 摩尔 - 库伦强度准则在水压致裂数值模拟中的应用 [J]. 地壳构造与地壳应力文集 (1): 178-184.

王晓光, 2019. 煤层水力压裂应力演化机制及应用研究 [D]. 重庆: 重庆大学.

王永辉, 卢拥军, 李永平, 等, 2012. 非常规储层压裂改造技术进展及应用 [J]. 石油学报, 33 (1): 149-159.

王治中, 邓金根, 赵振峰, 等, 2006. 井下微地震裂缝监测设计及压裂效果评价 [J]. 大庆石油地质与开发, 25 (6): 76-78, 124.

魏宏超, 2011. 煤层气井水力压裂多裂缝理论与酸化改造探索 [D]. 北京: 中国地质大学 (北京).

魏迎春, 张傲翔, 曹代勇, 等, 2016. 临汾区块煤层气井排采中产出煤粉特征 [J]. 煤田地质与勘探, 44 (3): 30-35.

温声明, 周科, 鹿倩, 2019. 中国煤层气发展战略探讨——以中石油煤层气有限责任公司为例 [J]. 天然气工业, 39 (5): 129-136.

吴迪, 2010. 二氧化碳驱替煤层瓦斯机理与实验研究 [D]. 太原: 太原理工大学.

吴世跃, 1994. 煤层瓦斯扩散渗流规律的初步探讨 [J]. 山西矿业学院学报, 12 (3): 259-263.

武男, 陈东, 孙斌, 等, 2018. 基于分类方法的煤层气井压裂开发效果评价 [J]. 煤炭学报, 43 (6): 1694-1700.

夏德宏, 张世强, 2008. 注 CO_2 开采煤层气的增产机理及效果研究 [J]. 江西能源 (1): 7-10.

肖长来, 梁秀娟, 王彪, 2016. 水文地质学 [M]. 北京: 清华大学出版社.

徐兵祥, 2013. 煤层气藏产气机理及产能预测方法 [D]. 北京: 中国石油大学 (北京): 45-48.

徐春成, 2013. 煤层气井排采设备选型与优化设计 [D]. 青岛: 中国石油大学 (华东).

徐凤银, 肖芝华, 陈东, 等, 2019. 我国煤层气开发技术现状与发展方向 [J]. 煤炭科学技术, 47 (10): 205-215.

徐剑平，2011. 裂缝监测方法研究及应用实例［J］.科学技术与工程（11）：2575-2577，2581.

许浩，汤达祯，2016.基于煤层气产出的煤岩学控制机理研究进展［J］.煤炭科学技术，44（6）：140-145，158.

闫凤林，李建君，巴金红，等，2020.刘庄储气库 X 注采气井酸化效果综合评价［J］.油气储运，39（3）：303-306.

杨华，孙丹丹，汤方平，等，2011.轴流泵非稳定工况下叶轮井口流场试验研究［J］.排灌机械工程学报，9（5）：406-410.

杨宏民，沈涛，王兆丰，2013. 伏岩煤业 3# 煤层瓦斯抽采合理孔口负压研究［J］.煤矿安全，44（12）：11-13.

杨宏民，于保种，王兆丰，等，2010. 基于吸附势理论的煤对 N_2 吸附特性的研究［J］.煤矿安全，41（4）：1-3.

杨宏民，张铁岗，王兆丰，等，2010.煤层注氮驱替甲烷促排瓦斯的试验研究［J］.煤炭学报，35（5）：792-796.

杨秀娟，张敏，闫相祯，2008.基于声波测井信息的岩石弹性力学参数研究［J］.石油地质与工程，22（4）：39-42.

杨亚聪，穆谦益，白晓弘，等，2012. 苏里格气田后期负压采气工艺可行性研究［J］.石油化工应用，31（8）：34-36.

尹帅，丁文龙，高敏东，等，2017.樊庄北部 3 号煤层现今应力场分布数值模拟［J］.西南石油大学学报（自然科学版），39（4）：81-89.

游艺，2013.煤层气储层酸化技术研究［D］.荆州：长江大学.

于斌，秦贞臻，刘红，2011.热式质量流量计两种工作原理比较［J］.中国高新技术企业（1）：175-176.

于泽蛟，2019.等离子脉冲增产技术在煤层气井的应用实践［J］.能源与环保，41（12）：102-106.

虞继舜，2000.煤化学［M］.北京：冶金工业出版社：62-71.

袁淋，李晓平，肖强，等，2013.非均匀污染下水平气井酸化效果及影响因素分析［J］.新疆石油地质，34（5）：583-587.

袁淋，李晓平，延懿宸，等，2015.水平气井酸化后产能研究新方法［J］.岩性油气藏，27（2）：119-125.

张娜，毕彩芹，唐跃，等，2019.新疆低煤阶煤层吸附能力对煤层气开发影响因素分析［J］.煤炭技术，38（9）：182-185.

张群，潘治贵，1999.烟煤的宏观煤岩分类系统研究［J］.煤田地质与勘探，27（2）：2-4.

张山，刘清林，赵群，等，2002.微地震监测技术在油田开发中的应用［J］.石油物探，41（2）：226-231.

张晓，2012.基于地应力测量的地应力场研究［J］.煤矿开采，17（2）：23-25，60.

张瑶，赵军龙，2020.基于地球物理测井的煤体结构识别及对煤层气开采的影响［J］.矿产勘查，11（10）：2194-2200.

张贝贝，2019.水力压裂对高煤阶煤储层特征及产能的影响［D］.北京：中国矿业大学（北京）.

张宏录，谢先平，马秀敏，等，2015.延川南煤层气田排采井杆管防腐工艺［J］.石油钻采工艺，37（3）：

110–113.

张金才, 尹尚先, 2014. 页岩油气与煤层气开发的岩石力学与压裂关键技术 [J]. 煤炭学报, 39（8）: 1691–1699.

张松航, 汤达祯, 唐书恒, 等, 2008. 鄂尔多斯盆地东缘煤储层微孔隙结构特征及其影响因素 [J]. 地质学报, 82（10）: 1341–1349.

张遂安, 曹立虎, 杜彩霞, 2014. 煤层气井产气机理及排采控压控粉研究 [J]. 煤炭学报, 39（9）: 1927–1931.

张亚蒲, 何应付, 杨正明, 2010. 煤层气藏应力敏感性实验研究 [J]. 天然气地球科学, 21（3）: 518–521.

赵金, 张遂安, 涂乙, 2012. 煤层气排采过程油管腐蚀机理浅谈 [J]. 中国煤层气, 9（4）: 38–41.

赵骞, 陈磊, 温卫东, 2016. 无杆管式泵在郑试1平–5水平井组的应用 [J]. 化工管理（17）: 102–103.

赵红梅, 孙成科, 刘鲲, 等, 2003. 气相中 Fe^{2+} 和 H_2O_2 作用生成 OH 自由基的理论研究 [J]. 化学学报, 61（12）: 1934–1938.

赵露露, 2011. 井下螺旋轴流式混抽泵特性试验研究 [D]. 青岛: 中国石油大学（华东）.

赵庆波, 陈刚, 李贵中, 2009. 中国煤层气富集高产规律、开采特点及勘探开发适用技术 [J]. 天然气工业, 29（9）: 13–19.

赵玉婷, 夏富国, 董传瑞, 等, 2018. 水力压裂常用裂缝监测技术评价 [J]. 石油和化工节能（5）: 267.

赵争光, 秦月霜, 杨瑞召, 2014. 地面微地震监测致密砂岩储层水力裂缝 [J]. 地球物理学进展, 29（5）: 2136–2139.

郑力会, 李秀云, 苏关东, 等, 2018. 煤层气工作流体储层伤害评价方法的适宜性研究 [J]. 天然气工业, 38（9）: 28–39.

智玉杰, 王朝霞, 习进路, 等, 2012. 一种新型液压动力无杆采油系统 [J]. 石油钻采工艺, 34（6）: 117–118.

周睿, 2017. 山西古交矿区煤储层含气量及产能控制因素分析 [D]. 北京: 中国地质大学（北京）.

周浩杰, 2017. 低功耗浸入型热式气体流量计的研制 [D]. 杭州: 中国计量大学.

周世宁, 林柏泉, 1992. 煤层瓦斯赋存与流动理论 [M]. 北京: 煤炭工业出版社: 122–127.

朱宝存, 唐书恒, 张佳赞, 2009. 煤岩与顶底板岩石力学性质及对煤储层压裂的影响 [J]. 煤炭学报, 34（6）: 756–760.

朱洪征, 郭靖, 黄伟, 等, 2018. 低液量水平井存储式产液剖面测井技术与应用 [J]. 钻采工艺, 41（6）: 5052.

朱庆忠, 常颜荣, 方国庆, 等, 2010. 微破裂四维影像油藏精细监测技术及其应用 [J]. 石油科技论坛, 29（1）: 40–43, 72.

朱庆忠, 杨延辉, 王玉婷, 等, 2017. 高阶煤层气高效开发工程技术优选模式及其应用 [J]. 天然气工业, 37（10）: 27–34.

Baron R P, Pearce A J, 1996. Understanding the performance of a low-permeability gas reservoir Hyde field, Southern North Sea [J]. SPE Reservoir Engineering, 11（3）: 210–214.

Batalović V, Danilović D, Maricic V K, 2011. Hydraulic lift systems with piston type pump [J]. Journal of

Petroleum Science and Engineering，78（2）：267-273.

Bird R B，1956. Theory of diffusion［J］. Madison：Advances in Chemical Engineering，1：155-239.

Clarkson C R，2009.Case study：Production data and pressure transient analysis of horseshoe Canyon CBM wells［J］. Journal of Canadian Petroleum Technology，48：27-38.

Clarkson C R，Marc Bustin R，1996. Variation in micropore capacity and size distribution with composition in bituminous coal of the Western Canadian Sedimentary Basin：Implications for coalbed methane potential［J］. Fuel，75（13）：1483-1498.

Economides M J，Martin T，2007. Modern fracturing-enhancing natural gas production［M］. Houston：Gulf Publishing Company.

Flores R M，2013. Coal and coalbed gas：Fueling the future［M］. Netherlands：Newnes：2-3.

Francis W，1980. Fuels and fuel technology：a summarized manual［M］. New York：Pergamon Press：104-106.

Gan H，Nandi S P，Walker P L，1972. Nature of the porosity in American coals［J］. Fuel，51（4）：272-277.

Karn F S，Friedel R A，Thames B M，et al.，1970. Gas transport through sections of solid coal［J］.Fuel，49（3）：249-256.

Kolesar J E，1986. The unsteady-state nature of sorption and diffusion phenomena in the micropore structure of coal［C］. SPE 15233.

Levine J R，1993.Coalification：the evolution of coal as source rock and reservoir rock for oil and gas［M］. In Law B E，Rice D D. AAPG Studies in Geology：39-77.

Liu Y，Tang D，Xu H，et al.，2019a. Quantitative characterization of middle-high ranked coal reservoirs in the Hancheng Block，eastern margin，Ordos Basin，China：implications for permeability evolution with the coal macrolithotypes［J］. Energy Sources Part A：Recovery Utilization and Environmental Effects，41（2）：201-215.

Liu Y，Xu H，Tang D，et al.，2019b.The impact of the coal macrolithotype on reservoir productivity，hydraulic fracture initiation and propagation［J］. Fuel，239：471-483.

Liu Y，Xu H，Tang D，et al.，2020.Coalbed methane production of a heterogeneous reservoir in the Ordos Basin，China［J］. Journal of Natural Gas Science and Engineering，82（1）：103502.

Ma T，2004. An introduction to coalbed methane［C］.Calgary：Proceeding of the Canadian International Petroleum Conference：12-17.

Olsen T N，Bratton T R，Donald A，et al.，2007. Application of indirect Fractuing for Efficient Stimulation of Coalbed Methane［C］. SPE 107985.

Palmer I，1998. How permeability depends on stress and pore pressure in coalbeds：A new model［J］. SPE Reservoir Evaluation & Engineering（1）：539-543.

Reeves S，Pekot L，2001. Advanced reservoir modeling in desorption-controlled reservoirs［C］. SPE Rocky Mountain Petroleum Technology Conference.

Rickman R，Mullen M J，Petre J E，et al.，2008. A practical use of shale petrophysics for stimulation design optimization : All shale plays are not clones of the Barnett Shale [C] . SPE 115258-MS.

Rolando M A, Roque-Malherbe, 2007. Adsorption and diffusion in nanoporous materials [M] . CRC Press.

Roslin A, Esterle J S, 2015. Electrofacies analysis using high-resolution wireline geophysical data as a proxy for inertinite-rich coal distribution in Late Permian Coal Seams, Bowen Basin [J] . International Journal of Coal Geology, 152: 10-18.

Saghafi A, Willams R J, 1987. 煤层瓦斯流动的计算机模拟及其在预测瓦斯涌出和抽放瓦斯的应用 [C] // 第 22 届国际采矿安全会议论文集 . 北京：煤炭工业出版社 .

Sang S X, Xu H J, Fang L C, et al., 2010. Stress relief coalbed methane drainage by surface vertical wells in China [J] . International Journal of Coal Geology, 82（3-4）: 196-203.

Shao X J, Sun Y B, Sun J M, et al., 2013. Log interpretation for coal petrologic parameters : A case study of Hancheng mining area, Central China [J] . Petroleum Exploration and Development, 40（5）: 599-605.

Shi J T, Chang Y C, Wu S G, et al., 2018. Development of material balance equations for coalbed methane reservoirs considering dewatering process, gas solubility, pore compressibility and matrix shrinkage [J] . International Journal of Coal Geology, 195（1）: 200-216.

Song Y, Jiang B, Lan F J, 2019. Competitive adsorption of $CO_2/N_2/CH_4$ onto coal vitrinite macromolecular : Effects of electrostatic interactions and oxygen functionalities [J] . Fuel, 235: 23-38.

Sun Z, Li X, Shi J, et al., 2017. A semi-analytical model for drainage and desorption area expansion during coal-bed methane production [J] . Fuel, 204: 214-226.

Tang D, Wang S, 2010.Control mechanisms of coal reservoir physical properties and prediction methods for favorable reservoirs [M] . Beijing : Science Press.

William T A Ⅲ, 2003. Indirect Hydraulic Fracturing Method for an Unconsolidated Subterranean Zone and a Method for Restriction the Production of Finely Didvided Particulates From the Fractured Unconsolidated Zone : 6644407 [P] .

Xu H, Tang D, Mathews J P, et al., 2016. Evaluation of coal macrolithotypes distribution by geophysical logging data in the Hancheng Block, Eastern Margin, Ordos Basin, China [J] . International Journal of Coal Geology, 165（1）: 265-277.

Xu H, Tang D Z, Tang S H, et al., 2014. A dynamic prediction model for gas-water effective permeability based on coalbed methane production data [J] . International Journal of Coal Geology, 121: 44-52.

Xu H, Zhang S, Leng X, et al., 2005. Analysis of pore system model and physical property of coal reservoir in the Qinshui Basin [J] . Chinese Science Bulletin, 50（z1）: 52-58.

Zhao J, Tang D, Qin Y, et al., 2017. Evaluation of fracture system for coal marcolithotypes in the Hancheng Block, eastern margin of the Ordos Basin, China [J] . Journal of Petroleum Science and Engineering, 159: 799-809.

Zhao J, Xu H, Tang D, et al., 2016. Coal seam porosity and fracture heterogeneity of macrolithotypes in the Hancheng Block, eastern margin, Ordos Basin, China [J] . International Journal of Coal Geology, 159: 18-29.